KB238773

두뇌 인류

인간을 재정의한 뇌과학의 모든 혁신

두뇌 인류

1판 1쇄 인쇄 2026. 1. 21.
1판 1쇄 발행 2026. 2. 4.

지은이 이상건

발행인 박강휘
편집 유승연 | **디자인** 지은혜 | **마케팅** 김나연 정희윤 | **홍보** 박상연
발행처 김영사
등록 1979년 5월 17일(제406-2003-036호)
주소 경기도 파주시 문발로 197(문발동) 우편번호 10881
전화 마케팅부 031) 955-3100, 편집부 031) 955-3200 | **팩스** 031) 955-3111

저작권자 © 이상건, 2026
이 책은 저작권법에 의해 보호를 받는 저작물이므로 저자와 출판사의 허락 없이
내용의 일부를 인용하거나 발췌하는 것을 금합니다.

값은 뒤표지에 있습니다.
ISBN 979-11-7332-485-7 03400

홈페이지 www.gimmyoung.com   **블로그** blog.naver.com/gybook
인스타그램 instagram.com/gimmyoung   **이메일** bestbook@gimmyoung.com

좋은 독자가 좋은 책을 만듭니다.
김영사는 독자 여러분의 의견에 항상 귀 기울이고 있습니다.

인간을 재정의한 뇌과학의 모든 혁신

두뇌 인류

이상건 지음

BRAIN HUMANS

김영사

뇌 연구의 급격한 발전은 경이로움을 자아낸다. 하루가 다르게 질병의 새로운 기전이 밝혀지고, 이를 기반으로 한 치료법이 개발되고 있다. 하지만 뇌의 많은 영역은 여전히 미지에 가려져 있다. 우주와 더불어 뇌는 인류가 밝혀야 할 '마지막 신세계the final frontier'로 여겨진다.

새로운 진리를 밝혀나가는 길은 과거의 성취를 이해하는 것으로부터 시작될 것이다. 과거의 현자들이 어떤 방법으로 진리를 탐구해 학문적 발견을 이루었는지 이해하는 것은 그 자체로 흥미로울 뿐만 아니라, 앞으로의 뇌 연구를 위한 귀중한 지침이 되어준다. 더불어 기존의 믿음에 안주하지 않고 거듭 진실을 찾아가는 과학자들의 숭고한 노력을 느낄 수도 있다.

우리는 인간의 본질이라 할 수 있는 뇌의 정체와 작동 원리를 아직 제대로 이해하지 못하고 있다. 물론 이를 알지 못해도 TV와 같은 기계를 사용할 수는 있다. 그러나 인간의 본질을 제대로 이해하지 못한 채 최첨단의 기계와 무기, 인공지능을 개발하며 무작정 앞으로 나아가다 보면 결국 위험한 종착지에 이를 가능성이 높아질 수밖에 없다.

인간의 본질인 뇌를 이해하고 그 작동 원리를 파악하다 보면 우리는 겸허해진다. 우리가 믿어온 진실이 종종 오류일 수 있으며, 잘못된 지식이 위험을 초래할 수 있다는 사실을 깨닫게 되기 때문이다. 뇌를 탐구하며 얻는 깨달음은 우리를 겸허한 존재로 거듭나게 한다. 우리는 언제든지 틀릴 수 있다. 그렇기에 우리의 탐구는 끝나지 않을 것이다.

이 책은 선사 시대부터 시작된 뇌의 신비를 밝히기 위한 인간의 여정을 담고 있다. 오래도록 연구가 진행되어왔음에도 뇌 연구의 본격적인 성과는 매우 최근에야 나타나기 시작했다. 단, 그 발전 속도는 눈부실 만큼 빨라지고 있다. 수많은 연구자의 실험 결과와 이론적 성과가 드디어 합산되고 있다. 이 책에 담긴 내용은 그중 일부에 불과하다. 하나의 중요 이론이 입증되기까지는 많은 사람의 상상, 가설, 실험이 뒷받침되어야 했다. 실패한 실험조차 훌륭한 반면교사가 되었다. 이 책에서 다루지 못한 많은 연구자의 노력과 성과 없이는 결코 여기까지 올 수 없었다.

일반 역사를 바라보는 관점과 과학 역사를 바라보는 관점에는 차이가 있다. 일반 역사 연구는 인류의 과거 경험을 바탕으로 현재를 이해하고 미래를 예측하는 데 도움을 준다. 과거 사건의 원인과 결과를 분석함으로써 같은 실수를 반복하지 않을 수 있으며, 시대와 문화의 변화를 이해해 현대 사회의 구조와 문화적 배경을 깊이 파악할 수 있다. 이로써 역사 흐름에 대한 비판적 사고력과 분석력을 갖출 수 있다. 이러한 일반 역사를 연구할 때는 주로 직선적이고 점진적인 진행을 보게 된다.

이와 달리 과학사에서는 직선적 진행이 아니라 단계적 발전을 보게 된다. 물론 일반 역사에서도 전쟁이나 혁명과 같은 이유로 급격히 다음 단계로 넘어가는 일이 있지만, 과학사에서는 이 과정이 도드라지게, 또 지속적으로 나타난다. 영국의 역사학자 홉스봄Eric Hobsbawm, 1917–2012의 말처럼 과학의 발전은 각 단계마다 존재하는 문제를 해결하면서 이전 단계와 구별된다. 새로운 단계는 다시 새로운 문제를 제기한다. 그리고 이 과정이 계속 반복된다. 즉, 과학의 발전은 새로운 문제, 새로운 방법, 그리고 새로운 연구 분야나 연구 방식을 촉진하며 이루어진다. 뇌 연구의 역사를 살피며 우리는 이러한 과학적 방법론과 연구의 중요성을 이해하게 될 것이다.

더불어, 인간의 행동, 감정, 인지 기능이 뇌의 어떤 부분과 어떻게 연관되어 있는지 알게 될 것이다. 이는 지각, 학습, 기억, 의식과 같은 뇌의 다양한 기능을 이해하는 데 도움을 줄 뿐만 아니라, 인간이라는 존재 자체를 이해할 수 있도록 도와준다. 뇌에 대한 새로운 이해는 곧 인간에 대한 새로운 이해로 이어져, 새로운 관점과 아이디어를 창출할 것이다.

책의 초반부에서는 뇌 연구의 역사를 시대별로 시간의 흐름에 따라 소개한다. 중반부부터는 신경계의 주요 연구 내용을 주제별로 전개하여 통합적인 이해를 도모하고자 했다. 이 과정에서 초반부에 소개된 내용이 다시 등장할 수 있지만 중복은 가능한 한 최소화했다.

그리고 현재 인간이 알고 있는 지식을 최대한 소개하려 했다. 각 장의 말미에 '지식 상자'라는 별도의 섹션을 구성해 보탬이 되는 지식을 추가로 정리했다. 이 부분을 읽지 않더라도 뇌 연구의 역사를 이해하는 데는 큰 문제가 없으니 가벼운 마음으로 필요한 만큼 참고하길 권한다. 또한 뇌 이해가 글의 지평을 넘어서길 바라는 마음에서 최대한 많은 그림과 사진을 삽입했다. 이로 하여금 부디 뇌과학 발전의 역사가 과거를 넘어 현재로, 보다 현실감 있게 다가가길 바란다.

끝으로, 과학 발전의 역사가 그러했듯이 나뿐만 아니라 보이지 않는 곳에서 많은 분이 이 책을 위해 노력해주었다. 그분들 덕분에 이 책이 세상에 나올 수 있었다. 특히, 완성도를 높이기 위해 노고를 아끼지 않고 편집에 전념해준 유승연 편집자님께 특별한 감사를 전한다.

2026년 이상건

3   뇌와 인간을 계발하다
오늘날의 성과와 미래로 이어지는 뇌 연구의 여정

B R A I N

H U M A N S

1

뇌를 발견하다

고대부터 계속된
'인간 영혼의 출처'를 향한 여정

1

마음은 심장에 있을까, 뇌에 있을까?

고대인의 뇌 전쟁과 두개골 천공술

"과학은 지식을 낳고, 의견은 무지를 낳는다."
히포크라테스 Hippocrates, 약 기원전 460-370

"사람들은 뇌전증을 신이 내린 병이라고 부른다.
병의 원인을 모르기 때문이다.
하지만 우리는 언젠가 원인을 알게 될 것이고,
그때는 더 이상 신이 내린 병이라고 부르지 않을 것이다. 만물이 다 그러하다."
히포크라테스

"과거를 살펴보고, 현재를 진단하여, 미래를 예측하라."
히포크라테스

"건강을 잃으면 지혜도 예술도 없으며, 투쟁할 힘도 사라지고,
부귀도 무용지물이 된다. 우리의 지성을 적용할 곳 역시 사라진다."
헤로필로스 Herophilus, 약 기원전 335-280

고대인은 왜 두개골에 구멍을 뚫었을까?

뾰족한 물체로 두개골에 구멍을 뚫는 기술, 천공trepanation은 '구멍 뚫는 도구 또는 사람'을 뜻하는 그리스어 'trypanon'에서 기원했다(그림 1). 북아메리카, 우크라이나, 포르투갈 같은 지역에서 발견되는 구멍 뚫린 두개골 중 가장 오래된 것은 그 기원이 기원전 6000년까지 거슬러 올라간다. 크기가 작은 것이 특징인 이 시기의 천공은 이동하던 채집 인류의 무리가 남긴 것으로 추정되고 있다. 이러한 천공 기술은 신석기 시대를 거쳐, 의외지만 비교적 최근까지 살아남아 있었다.

1685년, 프랑스 베네딕토회의 수도사이자 현대 고고학의 시조 중 한 사람으로 여겨지는 몽포콩Bernard de Montfaucon, 1655-1741은 어느 날 특이한 물건, 구멍 뚫린 두개골을 발견했다. 부식이나 외상에 의해 두개골에 구멍이 생기는 것은 흔한 일이었다. 그러나 매끈하게 다듬어진 그 구멍은 분명히 인공적으로 만들어진 것이었다. 그렇게

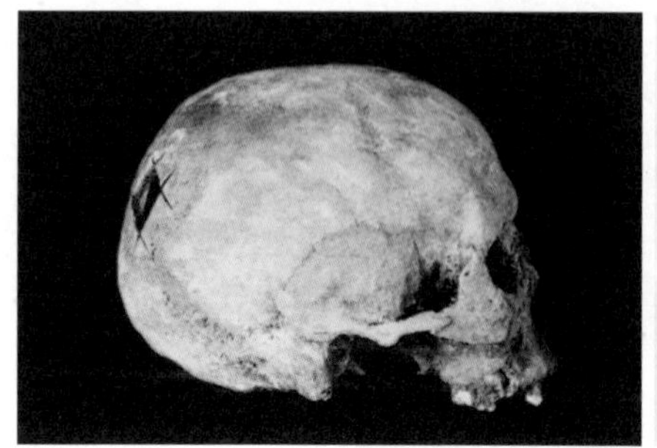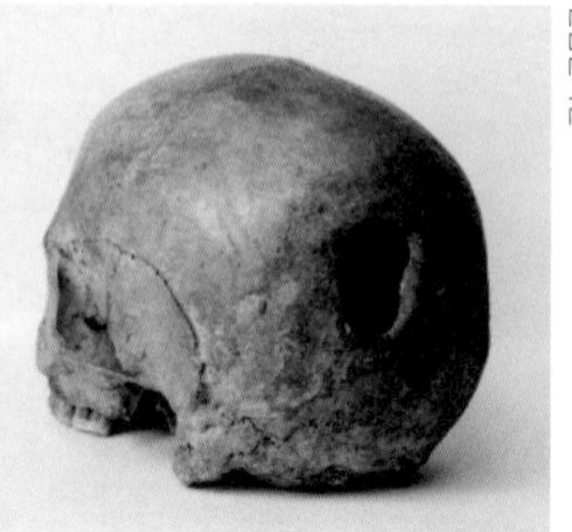

그림 1 | 인공적으로 천공된 두개골

잠시 흥미를 끌었던 두개골은 어쩐 일인지 그 존재가 잊히고 만다.

그러다가 1816년, 프랑스의 지리학자 바르비에 Alexandre Barbiè du Bocage, 1798–1835에 의해 비슷한 형태의 두개골이 발견되면서 다시금 학자들의 흥미를 끌었다. 두개골을 검사한 결과 천공술을 받은 사람이 이후로 최소 수년간 생존했을 것으로 추정되면서 특히 더 큰 주목을 받았다. 천공술 후의 생존 기간은 두개골 손상 후 회복 정도를 병리학적으로 살펴 추정할 수 있었다.

이후 미국의 고고학자이자 신문 편집자인 스콰이어 E. G. Squier, 1821–1888가 '잉카 두개골'이라 불리는 인공적으로 천공된 두개골을 뉴욕으로 가져와 소개하면서부터는 학자뿐만 아니라 대중도 관심을 보이기 시작했다. 19세기 후반에 이르러서는 유럽 각국과 남미에서 비슷한 형태의 두개골이 대량으로 발견되었다. 프랑스에서만 수백 개가 발견되었고, 그중 상당수는 신석기 시대까지 그 기원이 올라갔다. 페루에서도 비슷한 형태의 두개골이 1만 개 이상 발견되었다. 심지어 어떤 두개골은 다른 시기에 만들어진 두 개 이상의 구멍을 갖고

두뇌 인류

있기도 했다. 이를 통해서도 천공술을 거친 두개골의 주인 일부가 생존했음을 알 수 있었다.

당연히 가장 큰 의문은 왜 이런 시술을 했을까 하는 것이다. 서로 멀리 떨어져 아무 관련 없는 지역에서 같은 시술이 시행된 이유도 궁금하다. 특정 지역의 종교적 이유만으로는 설명되지 않는다. 심지어 신석기 시대의 유적에서는 동물 두개골에서도 천공이 발견되었다. 수의학적 치료를 위해 시행되었을 가능성도 보이는 대목이다. 도대체 왜? 폭발적 관심으로 인해 당시에만 두개골 천공을 소개하는 논문이 1,000편 넘게 출판되었다. 하지만 여전히 정확한 답은 없다. 그저 짐작만 할 뿐이다.

유력한 가설은 두통, 뇌전증, 또는 정신 장애를 치료하기 위해 시행했다는 것이다. 두개골에 구멍을 뚫어서 몸 안에 숨어 있는 안 좋은 기운(악령)이 밖으로 나갈 수 있는 길을 만들어주고자 했다는 것이다. 연기가 항상 위로 올라가는 데서 착안해, 구멍만 만들어주면 안 좋은 기운도 위로 빠져나갈 것이라고 생각했을 가능성이 있다. 실제로 20세기에도 아프리카나 태평양 연안의 원시 부족에서 이런 질환이 있는 경우 비슷한 시술을 시행했음이 확인된 바 있다. 이 가설에 따르면 각기 다른 지역에서 같은 천공술이 이루어진 이유도 일부 설명이 된다. 어디에 살든 사람은 결국 비슷한 아이디어를 갖게 되는 것이다.

제4장에서 본격적으로 이야기할 브로카Paul Broca, 1824-1880와 호슬리Victor Horsley, 1857-1916는 의학적 가설을 내놓기도 했다. 자신의 이름을 딴 '브로카 실어증'으로 유명한 브로카는 악령이 빠져나가는 길을 만들어주는 것이 본래 천공의 목적이었을지라도 그 효과는 달리 발현되었을 것이라고 주장했다. 예를 들어, 소아에게 흔히 발생

하는 양성 뇌전증은 예후가 좋아서 특정 나이를 지나면 저절로 완치된다. 당시에는 이러한 경과를 알지 못했으므로 악령을 내쫓기 위해 시술한 천공이 효과를 발휘했다고 생각했다는 것이다. 병이 저절로 나았지만 그 인과관계를 알 길이 없으므로 천공술이 효과가 있다고 판단해 널리 퍼졌으리라는 이야기다. 이외에 브로카는 좀 더 현실적으로 두개골 천공이 외상과 관련된 경막하 출혈 또는 경막외 출혈 등에 적용된 고도의 뇌 수술이었을 가능성도 제시했다(지식 상자 1-1).

1886년에 런던의 국립 신경마비 및 뇌전증 병원National Hospital for Paralysis and Epilepsy의 초대 교수로 임명된 저명한 신경학자 호슬리는 두개골 천공이 운동 피질(대뇌에 운동신경이 위치하는 부분) 주변이나 함몰 골절(두개골이 부러지면서 뼈가 내려앉아 뇌를 누르는 형태의 골절) 경우에 시행된 사례가 흔하다고 지적했다. 실제 호슬리는 뇌전증 환자의 운동 피질 부분 제거 수술을 시행하기도 한 뇌전증 전문가였다. 또, 천공된 남성 두개골이 천공된 여성 두개골보다 네 배 정도 더 많으며, 천공이 두개골 왼쪽에 잦은 점에도 주목했다. 그는 이 소견들을 근거로 두개골 천공이 전쟁 과정에서 생긴 외상(맞은편에서 오른손잡이가 무기로 공격을 하면 왼쪽 머리에 부상을 입을 가능성이 훨씬 높다) 또는 외상 후 발생한 뇌전증을 치료하기 위해 시행되었을 것으로 해석했다. 호슬리는 뇌전증에 초점을 맞추어 설명했지만, 천공 위치가 외상이 잘 생기는 자리였음을 고려하자면 두개강 내 출혈도 잦았을 것이기 때문에 천공이 혈종 제거 수술이었을 가능성도 있다.

같은 맥락에서, 1987년에 인류학 박사 학위를 받은 미국 툴레인 대학교의 인류학자 베라노John Verano는 잉카에서 발견된 두개골을 통해 두개골 천공이 우연히 발견된 외상 치료 기술일 가능성을 제기했다. 머리에 외상을 입은 환자의 상처를 깨끗이 하는 과정에서 깨진 뼛조각들을 제거했을 것이고, 이것이 자연스럽게 구멍을 만들어 뇌압을 낮춤으로써 목숨을 구하는 경험을 하게 되었으리라는 것이었다. 두개골 천공의 발생 시기와 빈도는 기원전 8000년경까지는 인간 사이에 집단적 폭력이 드물다가 기원전 4000년경부터 중앙아시아와 중동의 사막화와 함께 대규모 인류 이동이 진행되며 급격히 폭력과 전쟁이 증가하는 맥락과 잘 맞아떨어지는 점이 있다.

한편, 2023년에 이스라엘의 옛 고대 도시 무덤에서 발견된 한 형제의 유골은 천공술을 바라보던 당시 인식에 대한 단서를 주었다. 죽기 얼마 전에 시행된 것으로 보이는 천공 두개골 주인의 신분이 귀족으로 밝혀졌기 때문이다. CNN과 같은 유력 매체에서도 이를 다루어 두개골 천공이 다시 한번 화제가 되었다. 시신의 지위와 잘 조성된 무덤을 통해 유추해보자면 당시 두개골 천공이 마구잡이로 시행된 것이 아니라 치료 목적으로 진지하게 시행되었을 가능성이 높아 보인다. 정답은 알 수 없지만 말이다.

두개골 천공은 비교적 최근까지 살아남아 있었다. 특히 18세기는 의학 역사학자들이 '천공의 세기'라고 부를 정도로 두개골 외상과 뇌염증 환자들에게 천공술이 많이 시행되었다. 당시에도 이 방법이 실제 도움이 되는지 혹은 해로운지에 대한 논란은 계속 있었다. 감염을 막지 못하는 이상 시술 자체가 해가 될 수 있기 때문이었다. 논란의 여지가 있음에도 천공술은 19세기 미국 남북전쟁 때까지도 다수 시행되었다.

어쨌거나 두개골 천공을 보고 있으면 닥친 문제를 그저 손 놓고 보고만 있지 않고 최선을 다해 해결책을 찾으려 한 인간의 의지와 지성이 느껴진다. 더불어 옳든 그르든 원인과 결과를 엮어내려는 인간의 습성도 다시 한번 상기하게 된다. 결론적으로 천공술은 일부 뇌전증, 뇌감염 같은 자연적으로 치유되는 질병에 시행되다 이후 치료법으로 굳어졌을 가능성과 외상 치료 목적으로 시행되었을 가능성이 높다고 할 수 있겠다.

고대 이집트의 신경학

1862년, 고대 유물 거래상이자 이집트 전문가인 스미스Edwin Smith, 1822-1906는 현재 외상에 관한 가장 오래된 저술로 알려진 '수술 파피루스Surgical Papyrus'를 이집트 룩소르에서 구입해 미국으로 가져왔다(그림 2). 스미스는 이 파피루스에 적힌 내용을 해석하기 위해 많은 노력을 기울였으나 허사였다. 죽을 때까지 파피루스를 그저 보관하는 수밖에 없었다. 그렇게 시간이 흘러 사후에 딸이 파피루스를 뉴욕 역사학회에 기증하면서 돌파구가 마련되었다.

이 파피루스의 가치를 알아본 미국 최초의 여성 이집트 고고학자 윌리엄스Caroline Ransom Williams, 1872-1952는 같은 미국의 고고학자 브레스티드James Henry Breasted, 1865-1935에게 파피루스의 해석을 부탁하는 편지를 썼다. 그리고 브레스티드는 무려 10년의 노력 끝에 그 정체를 파악해냈다. 이집트 문자 해석에는 앞서 1799년에 발견된 로제타석Rosetta Stone이 결정적 역할을 했다(그림 3). 기원전 196년에 만들어진 것으로 보이는 이 돌에는 동일한 고대 이집트의 법령이 이집트 신성문자와 더불어 후기 이집트 민중문자, 그리고 그리스 문자로

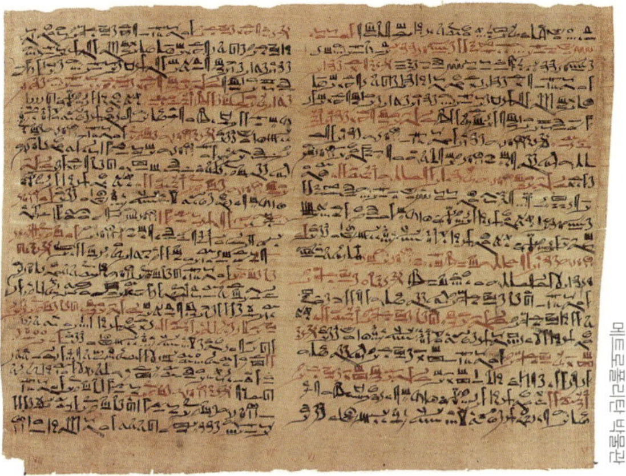

메트로폴리탄 박물관

그림 2 │ 에드윈 스미스 파파루스

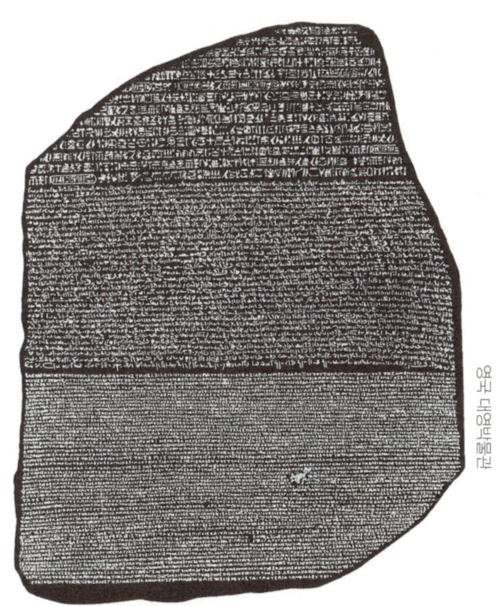

요크 대학박물관

그림 3 │ 로제타석

병기되어 있었다. 바로 그리스 문자가 고대 이집트 상형문자를 해석하는 가장 중요한 디딤돌이 되어주었다.

수술 파피루스는 구매자의 이름을 따서 '에드윈 스미스 파피루스Edwin Smith Papyrus'라고 불린다. 이것은 현재까지 실존하는 주요 의학 파피루스 네 종 중 하나다. 나머지 세 파피루스의 내용이 주로 마술적으로 구성된 반면, 에드윈 스미스 파피루스는 매우 실제적, 과학적, 합리적 내용을 담고 있어 일종의 군대 의학 매뉴얼이라는 평가를 받는다. 길이가 4.68미터에 이르는 이 파피루스는 앞면에 377줄, 뒷면에 92줄이 기록되어 있다. 최소 두 명 이상이 참여한 것으로 추정되며, 첫 번째 사람이 중요한 내용 대부분을 쓴 것으로 보인다. 파피루스의 실제 제작 시점은 기원전 1700년으로 추정하고 있다. 잘 진행되다가 중간에서 갑자기 저자 표시도 없이 끝나는 것이 특이사항이다. 사용된 상형문자의 모양을 고려하면 처음 내용이 작성된 시기는 기원전 1700년보다 훨씬 이전으로 추정되기에, 누군가 원본을 베끼는 과정에서 중단된 파피루스로 보인다.

최초의 저자는 이집트의 고왕국Old Kingdom '피라미드의 시대(기원전 2686~2181)' 사람으로, 군대와 함께 생활한 외과 의사로 추정된다. 창, 칼, 기타 무기에 의한 상처에 해박한 지식을 보이는 그는 머리부터 시작해 목, 팔, 다리 등 해부학적 순서를 따라 외상의 종류와 치료법을 기록했다. 그리고 상처의 정도를 구분해 '고칠 수 있는 상처' '단순 관찰만 가능한 상처' 그리고 '치료 불가능한 상처' 세 가지로 분류했다. 치료법으로는 봉합, 붕대 감기, 부목 대기, 찜질을 추천했다. 또, 머리와 척추의 외상 치료를 위한 움직임 제한, 감염 예방을 위한 벌꿀 사용, 출혈을 멈추기 위한 날고기 사용 등을 권하고 있다.

그림 4 | 임호텝의 형상

　파피루스를 작성한 두 사람 중 첫 번째 사람이 누구인지 확실하지는 않으나 몇몇 학자들은 이집트 의학의 아버지로 불리는 임호텝Imhotep, 약 기원전 27세기일 가능성을 보고 있다('임호텝'은 영화 〈미이라〉에 등장하는 악역으로 유명하지만 이는 실제 임호텝과 역사적 연관성이 거의 없다. 그림 4). 임호텝은 건축가, 의사, 고위 관료, 헬리오폴리스의 태양신 '라Ra'를 섬기는 대제사장 등 여러 직업을 가진 다재다능한 사람이었다. 가장 유명한 업적은 조세르왕Djoser, 약 기원전 27세기을 위해 사카라에 계단식 피라미드를 설계한 것으로, 이는 고대 이집트 피라미드 건축의 시초로 여겨진다. 생존 당시에는 파라오를 섬기는 수상이었다는 점과 몇 가지 기록만 있었으나, 사후 약 2,000년이 지나며 신격화 과정에서 그가 갖고 있던 의학 지식과 치유 능력이 언급되기 시작했다.

　이 파피루스에는 두개골 구조, 뇌 표면 구조, 경막, 뇌척수액, 두개강내 맥동(맥박에 의한 주기적인 움직임) 등이 최초로 기술되어 있다. 특히 두개골 외상 증례가 마흔여덟 가지나 기록되어 있는데, 그 내용으로 보아 저자들이 뇌 외상에 상당히 정통했음을 알 수 있다. 두개골 외상의 위치에 따른 신경 증상이 기록되어 있을 뿐만 아니라, 눈과 손의 운동 협응 장애와 같은 복잡한 내용도 기술되어 있다. 이들은 두개골 외상의 위치와 반대되는 쪽의 상하지에 마비가 오는 것도 알고 있었다.

　두개골 외상이 있는 환자는 앉혀놓으라 권하는 등 치료법을 제시하기도 했다. 언뜻 생각하면 머리에 외상이 있는 환자를 앉혀놓고 치료라 부르는 것이 이해하기 힘들지만, 두개골 외상 후에 뇌압이 상승하는 것을 고려하면 나름 합리적인 시도로 생각할 수도 있다. 끝으로, 파피루스는 부상과 질병을 치료하기 위해 사용된 다양한 의료 도구와 기술, 약초에 대한 정보도 담고 있다.

　이를 보면 의술을 시행하는 이집트인들이 뇌의 중요성을 상당히 잘 알고 있던 것으로 보인다. 다만 의료인이 아닌 이집트인 대부분은 인간 마음의 기원이 심장에 있다고 생각하고 있었다. 고대 이집트의 '사자의 서Book of the Dead'에 기록된 내용에 따르면 사람이 죽어 저승에 가면 그 길목에서 자칼의 머리를 한 신 아누비스Anubis가 저울로 심장 무게를 재서 그 사람이 저지른 죄의 정도를 평가한다고 한다. 이때 죄를 많이 저지른 사람의 심장 무게가 무겁다. 우리가 죄를 짓고 '마음이 무겁다'라고 말하는 것과 같은 맥락이다. 아누비스 옆에서는 새의 머리를 한 신 토트Thoth가 심장에 질문하면서 그 답을 기록한다. 미라를 만들 때도 간, 폐, 위, 창자는 각기 꺼내어 다른 용기에 보관하고 심장은 너무 중요하게 생각해 미라 몸 안에 남겨두는 반면, 뇌는 코를 통해 꺼내서 버렸다고 한다. 이런 점으로 미루어보아 뇌의 중요성이 보편적으로 알려진 것은 아니었음을 알 수 있다.

그리스 이오니아학파의 의학

지중해 너머 그리스의 신화에도 의술과 관련된 이야기가 많다. 제우스Zeus의 아들 아폴론Apollon은 의학의 신으로 받들어졌으며 반인반마 켄타우로스 케이론Chiron을 가르친 스승이었다. 케이론은 아폴론으로부터 치료와 관련된 마법의 노래와 약초 사용법을 배웠다고 한다. 케이론은 다시 아폴론과 님프 코로니스Coronis 사이에 난 아들 아스클레피오스Asclepius를 제자로 두어 의술을 전수했다. 아스클레피오스는 재능 있는 의사가 되어 아픈 어린이들을 돌봤고, 그의 딸 파나케이아Panakeia는 치유와 재활을, 다른 딸 히기에이아Hygieia는 청결과 예방을, 그리고 아들 텔레스포로스Telesphoros는 질병 회복을, 아내 에피오네Epione는 통증을 담당했다. 아스클레피오스의 치유술은 너무 뛰어나 마침내 죽은 사람을 되살려내고 마는데, 이 소식이 제우스의 귀에 들어가 결국 제우스의 번개에 맞아 죽게 되었다.

이러한 신화는 고대 그리스인이 예방, 치료, 재활 등 의학 전반에 많은 관심을 가지고 있었음을 보여준다. 참고로 아스클레피오스는 뱀이 감겨 있는 지팡이를 가지고 다녔는데, 이 지팡이는 현재 미국 의학회American Medical Association, AMA와 같은 많은 의학 단체에서 심볼로 사용하고 있다(그림 5). 지팡이에 감겨 있는 뱀은 나무에 사는

그림 5 | 미국 의학회 심볼

독이 없는 뱀이며, 지팡이를 기어 올라가는 행위는 땅과 하늘을 중재하는 의미로 치유를 상징한다고 한다.

고대 그리스 역사는 크게 초기 그리스, 그리스 황금기(기원전 6-4세기를 포함하는 시기), 그리고 헬레니즘 시대로 나뉜다. 그리스 고전기라고도 불리는 그리스 황금기는 문화 부흥기와 일치한다. 고전기가 시작되면서 그리스인들은 신과 세계에 대한 관점을 달리하기 시작했다. 이 시기에 쓰인 서정시는 그 이전에 쓰인 호메로스Homeros, 약 기원전 8세기의 서사시와 달리 등장인물의 개성, 감정과 인격을 보여준다. 비록 여전히 신에게 의존적이기는 하지만 이제 그들은 애도하고 슬퍼하고 소망할 줄 안다. 인간이 자연에 호기심을 느끼고 자연계 내 인간의 지위에 궁금증을 가지자, 신에 대한 열망은 느슨해지고 인간에 대한 관심이 점점 커졌다.

이러한 생각은 지금의 터키 해안 지역인 이오니아에서 시작되었다. 이오니아는 다양한 문화를 접하고 개방적 사고방식을 가질 수 있는 위치에 있었다. 서정시가 부흥한 곳도 이오니아와 인근 지역이었고, 피타고라스Pythagoras, 약 기원전 570-495가 태어난 곳도 이 지역이었다. 그리스가 독립된 도시 국가로 이루어진 폴리스polis 체제로 구성된 점도 하나의 통치철학과 종교에 얽매이지 않고 자유로운 사상을 발달시킬 수 있는 토대가 되었다.

철학자 탈레스Thales, 약 기원전 624-546도 이러한 사고의 개혁을 이끌었다. 그는 지진이나 홍수를 신이 만드는 것이 아니며, 그러한 현상을 이해하기 위해서는 자연을 연구해야 한다고 주장했다. 그리고 제자들이 초자연적인 힘에 기대지 않고 그들만의 철학을 펼치도록 독려했다. 이 시점, 탈레스학파는 만물이 근본 물질인 물로 구성되어 있다고 생각하고 있었다. 과학과 철학이 구분되지 않던 시기였다. 이 시기의 과학은 자연철학이라는 이름으로 수학, 의학, 물리학, 천문학 등 거의 모든 영역을 망라했으며, 심지어 진화론과 유사한 이론도 포함하고 있었다.

이때 신경계 탐구에 첫발을 내디딘 사람이 알크마이온Alkmaion, 약 기원전 5세기이다. 그는 철학자, 과학자, 그리고 의사로 활동했다. 그의 저작물은 생리학, 심리학, 인식론 분야를 고루 다루고 있다. 알크마이온은 직접 동물 해부를 진행한 것으로 보이며, 처음으로 귀와 입을 연결하는 유스타키오관Eustachian tube을 발견했다. 그는 사람이 사물을 이해하는 과정이 뇌를 통해 이루어진다는 사실을 최초로 지적하기도 했다. 그리고 자극을 받아들이는 단계와 그 뜻을 이해하는 단계가 각기 다른 과정이라고 주장했다. 또, 감각기관이 뇌와 통로로 연결되어 있다는 주장도 했다. 그 예로 동물 해부 과정에서 안구를 적출할 때 따라 나오는 시신경을 들었다. 이 밖에도 잘못된 환경, 영양, 생활 습관이 질병을 초래함을 지적하는 등 뛰어난 통찰력을 보여주었다.

의학의 아버지 히포크라테스

　　황금기가 도래한 기원전 5세기경, 그리스 철학자들의 관심은 우주에서 개인으로 바뀌었다. 그리스의 많은 지역에서 민주적 개혁이 일어났다. 페리클레스Perikles, 약 기원전 495-429 시대의 주민은 직접 투표하여 자신의 정부를 선택했고, 선택의 결과에 책임을 지게 되었다. 민주주의가 확대되면서 철학, 정치, 예술 등 다양한 분야에서 광범위한 변화가 일어났다. 의술에 있어서도 환자가 자신이 받는 치료 방법이나 치료자를 선택할 수 있는 등 선택권이 확대되었고, 의사 또한 신의 뜻으로 모든 것을 귀결시키기보다 자신의 치료 행위에 책임을 지는 분위기로 변모했다.

　　그리스 황금기, 페리클레스 시대에 태어난 이가 바로 '의학의 아

그림 6 | 히포크라테스의 초상

버지'로 불리는 히포크라테스Hippocrates, 약 기원전 460-370다(그림 6). 히포크라테스는 최초로 질병을 미신이나 신들의 행위와 관련 없는 자연 현상이라고 주장했다. 이것이 히포크라테스의 여러 유산 중 가장 중요한 것이다. 히포크라테스는 지금으로부터 2,400년 전 코스라는 섬에서 태어나 라리사 근방에서 죽은 것으로 알려져 있다. 그는 '히포크라테스의 동방 나무'라는 당시에도 수령이 500년 된 두께 15미터 이상의 나무 그늘 밑에서 책을 쓰고 강의를 했다고 한다. 나무 그늘 아래가 히포크라테스의 교실이었던 셈이다.

히포크라테스가 살았던 시대의 아테네에서는 장티푸스의 대유행(장티푸스였다는 사실은 최근 유골 연구로 밝혀졌다)으로 인구의 4분의 1이 죽었다고 알려져 있다. 페리클레스도 이 병으로 죽었다. 일설에는 히포크라테스가 이 질병의 확산을 막기 위해 노력했고 그로 인해 아테네 사람들의 칭송을 받았다고 하는데, 당시 아직 어리고 이름이 알려지지 않았던 히포크라테스의 상황을 고려해보면 후세에 만들어진 이야기인 듯하다. 히포크라테스는 만물은 모두 원자로 구성되어 있다는 이론을 주장한 데모크리토스Democritus, 약 기원전 460-380를 자신의 철학적 스승으로 여겼고, 병중의 데모크리토스를 무료로 치료해주기도 했다.

그의 업적으로 잘 알려진《히포크라테스 전집Hippocratic Corpus》은 히포크라테스와 그 제자들이 만든 것으로 추정되는 60~70여 편의 의학 기록물을 모은 것이다. 여러 저자가 섞여 있어 실제로 히포크라테스가 직접 쓴 내용이 어느 것인지는 알 수 없다. 전집에는 교과서, 강의, 연구, 그리고 기타 노트와 철학적 사고까지 방대한 내용이 포함되어 있으며, 마흔두 가지의 실제 증례가 실려 있다. 또한 세밀한 관찰을 통해 어떻게 하면 질병을 예방하고 진단하며 치료할 수 있는지 설명하고 있다. 질병의 원인이 자연적인 것임을 강조한 것 외에도 놀라운 점은 뇌가 마음의 기원임을 적시하고 있다는 점이다.

히포크라테스는 인간 몸을 구성하는 사체액설을 제시했다(표 1). 혈액blood, 황색 즙yellow bile, 흑색 즙black bile, 그리고 담즙phlegm이라는 네 가지 체액은 온도, 습도, 성격 등에 차이가 있으며, 이 체액들 간의 불균형이 질병을 일으킨다고 설명했다. 당연히 지금의 관점으로 보면 체액으로 모든 것을 설명하려는 시도는 많이 미흡하다. 하지만 사체액설의 가치는 이론의 옳고 그름에 있지 않고, 물리적·물질적 변화가 인간의 질병을 일으킨다는 것을 천명한 데 있다.

더불어 히포크라테스는 뇌 손상에도 해박한 지식을 보였다. 뇌 손상이 다양한 형태의 운동 장애와 마비를 일으키며, 뇌전증의 원인이 될 수 있다고 했다. 뇌 운동신경의 교차 현상 또한 알고 있었다. 그는 왼쪽 뇌에 손상을 입은 사람이 뇌전증 발작을 일으키는 경우 오

체액	성질	요소	온도/습도	특성
혈액	낙관	공기	뜨겁고 축축	용기, 희망
황색 즙	격렬	불	뜨겁고 건조	분노, 야망
흑색 즙	우울	흙	차갑고 건조	내성적, 감성적
담즙	냉정	물	차갑고 축축	평온, 침착

표 1 | **히포크라테스의 사체액설** 각 체액별로 다른 특성을 가졌다. 히포크라테스는 이 체액의 많고 적음에 따라 질병이 발생한다고 생각했다.

른쪽 팔다리에 경련이 나타난다고 기술했다(지식 상자 1-2).

같은 맥락에서 히포크라테스는 뇌전증이 신이나 악마, 또는 나쁜 영혼의 영향이 아니라 뇌 질환의 일종이며, 외부 요인에 의해 일어날 수 있는 자연적 현상이라고 주장했다. 동시에 뇌전증에 가족력이 존재할 수 있다는 사실도 알고 있었으며(현재의 특발성 뇌전증에 해당), 뇌로 가는 혈관 어딘가가 막혀서 발생한다는 추정도 했다. 물론 이는 진실에서 상당히 벗어난 추론이지만 혈관이 막히는 뇌졸중이 뇌전증의 중요 요인임을 생각하면 크게 틀린 말도 아니다.

참고로, 당시에 뇌전증은 '헤라클레스병 Morbus Herculeus'이라고도 불렸다. 그리스 신화에 헤라클레스가 일시적으로 환청과 환시를 겪으면서 자기 자식들을 죽이는 장면이 나오는데, 이를 뇌전증 발작으로 해석해 이름을 붙인 것이었다. 그렇지만 실제로 뇌전증 발작 도중이나 후에 난폭한 행동을 하는 경우는 매우 드물다. 흉악범이 자신이 벌인 짓이 뇌전증 때문이라고 하면 거짓말이다.

사체액설에 근거하여 질병을 바라봤던 예를 하나 들어보자. 히포크라테스는 뇌졸중을 머리로 가는 혈관이 갑자기 막히는 현상이라고 봤고, 그 원인이 차가운 흑색 즙의 과다 분비에 있다고 생각했다. 그래서 몸을 따뜻하게 해주어 발병 7일 이내에 열이 발생하면 과다 분비된 차가운 체액이 따뜻해지며 회복이 시작된다고 보았다. 반면, 열이 나지 않는 사람은 사망 가능성이 높다고 보았다. 혈관과 관련된 발병 기전에 대해서는 놀라울 정도로 정확한 인식을 보였지만, 치료와 관련해서는 의학적 오류가 있던 셈이다.

두개골 외상에도 사체액설이 적용되었다. 두개골 골절의 개방 여부에 따라 다른 방식으로 접근했다. 큰 개방형 두개골 골절은 그대로 두도록 했고, 비개방형 두개골 골절은 구멍을 뚫도록(두개골 천공술) 권고했다. 그는 두개골에 외상을 입으면 피가 나면서 다른 체액들이 상대적으로 많이 축적된다고 믿었다. 그리고 이렇게 과도해진 체액들이 해로운 고름pus을 만들어 뇌에 영향을 미쳐 기능을 방해한다고 생각했다. 그래서 두개골에 구멍을 뚫어 바람직하지 않은 체액들이 빠져나오도록 한 것이었다. 실제로 현대 의학에서도 피가 쌓이면 뇌를 압박하게 되므로, 비개방형 골절같이 배출구가 없는 경우에는 구멍을 뚫어 피를 빼내어 감압을 유도한다.

히포크라테스는 이러한 수술은 가능한 한 신속하게 시행하라고 권고했다. 또한 중요 혈관들을 피하는 방법과 구멍을 뚫는 적당한 속도를 제시했으며, 뇌막염과 같은 감염을 피하기 위해 수술용 기구들을 세분화해서 고안했다. 이와 같은 수술법이 오랫동안 지속된 것을 보면 실제 많은 생명을 구한 것으로 보인다. 단, 구멍을 뚫는 일 자체는 보조의가 했던 것으로 추정된다. 놀랍게도 히포크라테스 선서에서 의사들은 자신의 손에 피를 묻히지 않겠다고 맹세했기 때문이었다.

그리스인들은 여러 가지 약제를 알고 있었음에도 가능하면 어머니 대자연의 힘으로 병이 낫기를 바랐다. 건강한 음식, 환경, 운동을 강조했고, 약이나 다른 시술은 보조 요법으로 여겼다. 따라서 의사의 최우선 역할은 어머니 대자연의 힘을 보조하는 것이며, 환자에게 비자연적 치료를 언제 얼마만큼 행할지 판단하는 것은 그다음이라고 생각했다. 무엇보다 환자가 의사로부터 해를 입지 않고 치료되어야 함을 강조했다. 이는 히포크라테스 선서에도 잘 나와 있다. 근본적으로 히포크라테스의 치료는 부유하고 잘 교육받은 그리스 시민에게 적합한 방법이었다. 그래도 의사들은 환자의 치료 요청을 거절하는 것이 비윤리적이라고 생각하기도 해서 지위나 경제력과 상관없이 가난한 이들을 치료해주기도 했다.

한 가지 짚고 넘어가자면 《히포크라테스 전집》에는 인간 부검을 진행했다는 기록이 없다. 당시 그리스인들은 사람의 육신이 쉬지 못하면 영혼도 평온할 수 없다고 믿었기 때문이다. 사람이 죽으면 신속하게 땅에 묻고 적절한 의식을 행해야만 했다. 그래서 부검을 하는 대신 전쟁터의 병사나 검투사의 상처에 뼈나 내장이 드러나면 관찰해 그 모습을 기록했다. 히포크라테스학파는 환생을 믿고 채식주의를 고수했던 피타고라스 철학에 영향을 받아 동물 해부 역시 꺼렸던 것으로 보인다.

철학 시대, 뜻밖의 쇠퇴

물질을 중시하고 실험과 과학을 강조한 이오니아학파의 노력은 이후 서양 철학의 거두로 일컬어지는 소크라테스Socrates, 기원전 470–399, 플라톤, 아리스토텔레스가 등장하면서 오히려 빛이 바래기 시작한다. 철학과 사상을 소수 엘리트의 전유물로 만들고 형이상학적 사상에 심취한 이들이 실험 자체를 천시하고 노예나 하는 일로 취급했기 때문이다. 물질 연구를 철학보다 하위로 취급해 그동안 쌓아온 과학 지식을 폐기하는 일까지 벌였다. 플라톤 역시 과학자로서 수많은 저작을 남긴 원자 이론의 아버지 데모크리토스의 책을 모두 불태우려 했다고 한다. 페리클레스의 황금기가 과학 연구의 한 정점인 동시에 쇠퇴의 시작점이었던 것이다. 걸작 《코스모스》를 쓴 세이건Carl

Edward Sagan, 1934-1996은 만일 이오니아학파의 연구와 이론을 필두로 한 실험 정신이 계속 정진되었다면 인류의 과학 발전은 훨씬 앞당겨졌을 것이라고 한탄한 바 있다.

철학자들도 인간 정신과 몸에 대해 다양한 이론을 내세우기는 했다. 플라톤Plato, 약 기원전 428-348은 인간의 정신이 세 부분으로 구성되어 각기 다른 곳에 위치한다고 보았다. 그는 지성은 뇌에, 감정과 공포는 심장에, 탐욕과 욕망은 간이나 창자에 있다고 주장했다. 이를 인간 정신의 삼위일체설이라고 부른다. 이 삼위일체설에 근거하여 뇌가 발달한 사람은 지도자 계급에 어울리고, 심장이 발달한 사람은 군인이, 장이 발달한 사람은 노동자가 적합하다고 판단했다. 물론 인간의 정신이 각기 다른 장기에서 기원한다는 말은 틀린 말이지만, 인간 정신을 여러 구성 요소로 구분한 점은 눈여겨볼 가치가 있다.

아리스토텔레스Aristoteles, 기원전 384-322는 의학 교육을 받지 못했음에도 불구하고 많은 동물을 해부하면서 인체에 대한 이해를 추구했다. 그는 뇌가 두 개의 반구로 구성되어 있고, 대뇌와 소뇌가 있으며, 막으로 싸여 있다는 해부 결과를 기술했다. 더불어 대뇌 속에 빈방(뇌실ventricle, 지식 상자 1-3)이 있으며, 몇몇 신경이 뇌로부터 기원한다는 것도 알았다. 또, 인간이 몸체 크기에 비해 상대적으로 큰 뇌를 가지고 있다고 보았다. 그런데 이렇게 자세히 뇌 해부를 설명해놓고도 뜻밖에 인간의 마음은 심장에 있다고 주장했다.

유명한 의학자, 철학자이자 외과 의사인 프락사고라스Praxagoras, 약 기원전 340-280는 아리스토텔레스의 관찰을 더 발전시켜 동맥과 정맥을 구분했다. 그는 동맥이 생명의 정수인 프네우마pneuma(숨·영기)가 전달되는 통로라고 생각했다. 이 생명의 힘이 폐를 통해 흡수되어 왼쪽 심장을 거쳐 동맥으로 전달된다고 여겼다. 동맥이 끝나면서 신경으로 바뀌어 온몸에 생명의 기운을 퍼뜨린다고 생각했기 때문에 그는 영혼이 그 출발점인 심장에 있다고 믿었다. 반면, 뇌는 단순히 척수가 부풀어 생긴 것이라고 보았다.

체계적인 인간 해부의 시작

체계적인 인간 해부는 헤로필로스Herophilus, 약 기원전 335–280에 의해 처음으로 이루어졌다(그림 7). 헤로필로스는 '해부학의 아버지'라는 별명이 붙을 정도로 인간 해부학 발전에 크게 기여했다. 칼세돈에서 태어나 평생 알렉산드리아를 떠나지 않은 헤로필로스는 수백 구의 시신을 해부했을 뿐 아니라 살아 있는 인간의 해부도 시행했다고 전해진다. 여기에는 알렉산더대왕의 동방원정에 참여한 마케도니아 장수이자 훗날 이집트의 지배자가 되는 프톨레마이오스 1세Ptolemy I, 기원전 366–283가 많은 도움을 주었다. 그는 의학 발전에 깊은 관심을 가지는 동시에, 본인의 업적을 남기기 위해 헤로필로스에게 살아 있는 죄수들을 해부용으로 제공했다. 헤로필로스가 해부한 살아 있는 죄수가 600명에 이른다는 기록도 있다. 이러한 왕성한 해부로 인해 후세에 헤로필로스와 그의 동료 에라시스트라투스Erasistratus, 약 기원전 304–250는 '알렉산드리아의 도살자'라는 별명까지 얻게 된다. 단, 헤로필로스가 많은 수의 해부를 체계적으로 시행한 것은 사실이나, 살아 있는 죄수를 실제로 해부했는지에 대해서는 아직까지도 논란이 있다. 이러한 생체 해부 기록은 고대 로마의 켈수스Aulus Cornelius Celsus,

그림 7 | 〈헤로필로스의 첫 번째 해부〉, 니클로스Paul Niclausse, **1955, 파리 의과대학 새 캠퍼스**

기원전 25–기원후 50의 문헌을 통해서만 확인되고 있다. 그러나 켈수스가 헤로필로스보다 300년 후의 사람인 것을 고려하면 이 기록의 진위를 가리기는 쉽지 않다. 어쨌거나 이러한 해부 연구의 발전은 프톨레마이오스 3세기원전 284–222에 이르러 종교주의적, 전통주의적 분위기로 인해 축소되었다.

실제적 실험과 경험적 치료의 중요성을 강조한 헤로필로스는 시신경과 안구 운동신경의 기능을 알아냈다. 그리고 실제 뇌척수액으로 차 있지만 비어 있는 공간처럼 보이는 뇌실에 인간 지성이 위치한다고 생각했다. 아마도 뇌실이 뇌 중앙에 위치하므로 가장 중요한 구조물일 것이라 추론했을 가능성이 크다. 이보다는 뇌가 인간 지성의 기원임을 지적한 점 자체가 중요하다. 이 밖에 운동신경과 감각신경이 뇌에서 기원하며, 혈액과 같이 움직이는 프네우마라는 물질이 신경을 전달할 것이라 추정하기도 했다.

헤로필로스의 동료 에라시스트라투스는 해부학자이자 시리아의 왕실 의사였다. 헤로필로스와 더불어 뇌의 구조와 기능을 밝히는 뛰어난 업적을 남겼다. 심장이 인지의 중심이 아니라 단순히 펌프 기능을 하는 곳이라 판단하기도 했다. 이 밖에도 뇌에서 대뇌와 소뇌를 구분했고, 비슷하게 생겼지만 신경과 인대가 다르다는 사실을 알아냈고, 운동신경과 감각신경이 분리되어 있을 것이라고 추론했다. 소뇌의 크기가 클수록 빨리 달린다는 흥미로운 의견을 제시하기도 했는데, 소뇌가 운동신경과 밀접한 관련이 있으므로 아주 터무니없는 생각은 아니었다. 가장 놀라운 점은 인간의 지능이 대뇌 피질의 주름, 즉 뇌회convolution의 정도와 관련이 있다고 생각했다는 사실이다. 비록 인간의 지성이 뇌실에 존재할 가능성을 부정하지는 않았지만 말이다.

에라시스트라투스의 관찰력을 보여주는 유명한 일화가 하나 있다. 식음을 전폐한 채 누워서 죽어가는 안티오쿠스Antiochus, 기원전 324~261라는 청년을 진찰하던 에라시스트라투스는 그의 의붓어머니가 방에 들어오자 청년의 맥박이 빨라지는 것을 보고 상사병으로 진단했다고 한다(그림 8). 의붓어머니와의 금지된 사랑을 이뤄낼 수 없어 급기야 쓰러지고 만 것이었다. 에라시스트라투스는 청년의 아버지인 셀레우코스왕을 설득해 이 여인과 아들이 맺어지도록 했고, 청년의 병은 나았다고 한다.

알렉산드리아에 해부학 학교를 설립한 헤로필로스와 에라시스트라투스의 업적은 한동안 잊혔다가 제2장에서 이야기할 갈렌에 의해 자세히 알려졌다. 헤로필로스, 에라시스트라투스, 그리고 갈렌이 밝혀낸 해부학, 특히 신경해부학에 대한 내용은 오랜 세월이 흘러 중

그림 8 | 〈안티오쿠스의 병인을 밝히는 에라시스트라투스〉, 다비드 Jacques Louis David, **1774**

세에 베살리우스Andreas Vesalius, 1514–1564가 나타날 때까지 크게 추가
된 내용이 없을 정도로 정교했다.

심장과 뇌, 헤게모니는 어디에

스토아학파에서 인간 영혼을 지배하고 제어하는 중심 부분을
가리켰던 '헤게모니콘hegemonikon'은 시간이 흐름에 따라 정치적 지
배의 개념으로 확장되어 오늘날 정치적 패권을 의미하는 '헤게모

니hegemony'로 이어진다. 이 표현에서 알 수 있듯이 인간 지성의 중심이 어디에 있는가 하는 헤게모니 경쟁은 매우 치열했다.

히포크라테스의 사망 이후 뇌가 육체의 중심이라는 주장이 힘을 더 얻기는 했지만 결코 모두가 동의한 것은 아니었다. 스승인 플라톤이 정신이 머리에서 기원한다는 이론을 선호했음에도 불구하고 아리스토텔레스의 생각은 달랐다. 코끼리를 포함해 총 49종의 동물을 해부하고 관찰한 결과, 그는 심장은 스스로 뛰고 피를 담고 있는 반면, 뇌는 취약하고 피도 별로 없기에, 심장이 인간 지성의 기원이라고 생각했다. 앞서 이야기한 프락사고라스도 이 주장에 힘을 보탰다. 특히, 아리스토텔레스는 뇌에 구불구불 주름이 많은 것에서 아이디어를 얻어 뇌의 역할은 심장에서 발생하는 열을 바깥으로 내보내는 라디에이터 같은 것이라고 생각했다.

그러다 헬레니즘 시대의 헤로필로스와 에라시스트라투스의 활약으로 심장 중심설은 점차 밀려난다. 하지만 여전히 모두가 동의하는 이론은 없었다. 심지어 아스클레피아데스Asclepiades, 기원전 120−40처럼 감각은 우리 몸 전체에 퍼져 있기 때문에 더 이상의 헤게모니 쟁탈전은 무의미하다고 주장하는 학자까지 나오게 되었다.

인간 지성의 중심이 뇌에 있는가, 심장에 있는가 하는 대립 구도는 무려 14세기 르네상스 시대까지도 이어졌다. 현재는 뇌가 인간 지성의 근원임을 확실시하고 있으나, 여전히 여러 표현에서 과거 심장 중심설의 영향을 확인할 수 있다. 영어권에서도 널리 쓰이는 '가슴에서 우러나오는 사과' '가슴이 찢어지게 슬프다' '가슴에 깊이 새기다' 등의 표현이 바로 그 예들이다.

한편, 고대 중국도 의학적으로 심장이 개인의 특성을 결정하며,

감각을 받아들이고 해석하고 이해하는 기관이라고 생각했다. 기원전 2세기부터 기원후 2세기까지 여러 사람이 기록한 것으로 보이는 중국의 전통 의학서 《황제내경黃帝內經》은 세상 만물을 음양 이론과 다섯 가지 중요 요소(나무, 불, 흙, 금속, 물)에 의거해 설명했다. 예를 들어, 음의 기운에 해당하는 신체기관에는 오장과 피, 음경락이 있고, 양에 해당하는 것에는 육부와 기, 양경락이 있다고 보았다. 그리고 심장이 인식을 결정하는 기관으로서 여러 감각기관과 상호작용을 한다고 설명했다. 심장이 균형 잡힌 감정 상태를 유지하게 함으로써 주변을 똑똑하게 볼 수 있도록 한다는 것이었다. 한편, 뇌는 양이나 음 어느 쪽에도 속하지 않는 모종의 저장 기관 정도로 생각되었다.

이렇게 심장이 지성의 기원으로 여겨진 연유에는 직관의 힘이 컸을 것으로 추정된다. 아무래도 심장이 물리적으로 우리 몸의 중심에 있다는 점과 맥박이 빨라지듯 감정 변화에 따라 그 반응을 민감하게 느낄 수 있다는 점을 무시하기는 어려웠을 것이다.

인간 지성의 헤게모니를 둘러싼 수천 년의 논의는 인간이 자신의 존재를 이해하려는 가장 본질적인 물음에서 비롯된 것이었다. 뇌든 심장이든, 인간의 중심을 찾아 헤맨 여정은 곧 인간 존재에 대한 깊은 사유의 역사이기도 하다.

경막외 혈종epidural hematoma과 경막하 혈종subdural hematoma

뇌 외상과 관련된 혈종 유형인 경막외 혈종과 경막하 혈종은 발병 원인과 임상 양상에서 차이가 있다(그림 9).

경막외 혈종은 대개 두개골 골절과 동반되는 경우가 많고, 뇌를 싸고 있는 경막과 두개골 사이의 혈관이 파열되어 발생한다. 이때 주로 파열되는 동맥은 중경막 동맥middle meningeal artery 또는 그 분지들이다. 동맥 출혈이라는 점이 중요하다. 피가 매우 빠른 속도로 쌓인다. 두개골과 경막 사이의 작은 틈으로 피가 고이면서 뇌 압박도 빠르게 나타난다. 따라서 조기에 피를 뽑아내지 못하면 뇌 압박으로 사망하게 된다.

종종 환자는 두부 외상 후 충격으로 잠깐 의식을 잃었다가 깨어나기도 하지만, 시간이 지나며 혈종이 뇌를 압박해 다시 의식을 잃게 된다. 이때 잠시 의식을 차린 상태를 명료기lucid interval라고 한다. 권투 선수가 KO knock-out 당해 쓰러진 후 정신을 차리고 일어나서 상대 선수와 인사도 하고 링을 잘 내려갔는데 얼마 뒤 사망했다는 기사가 나온다면 경막외 혈종일 가능성이 높다.

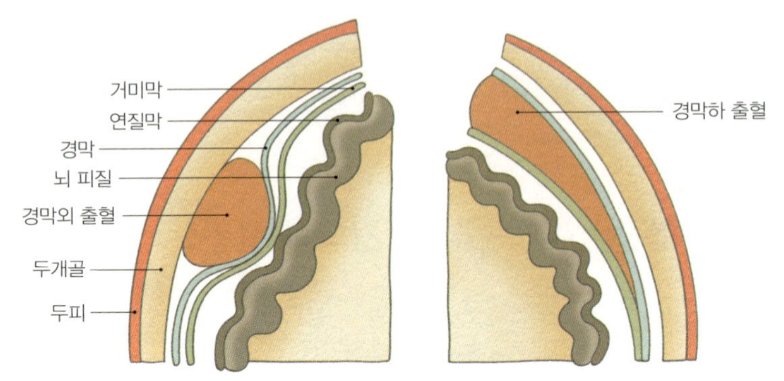

그림 9 | 경막외 혈종과 경막하 혈종

　　경막하 혈종은 보통 뇌와 경막 사이의 혈관, 특히 정맥이 파열되어 발생한다. 정맥이므로 경막외 혈종에 비해 피가 쌓이는 속도가 상대적으로 느리다. 노인, 항혈전 치료제 사용자, 알코올 중독자 등에게 흔하게 발생하며, 경미한 두부 외상으로도 발생할 수 있다. 경막하 혈종은 피가 쌓이는 속도와 뇌 압박 정도에 따라 증상이 서서히 나타날 수 있으며, 두통, 혼란, 기억상실, 성격 변화, 뇌전증 발작 등이 동반될 수 있다. 따라서 가벼운 뇌 외상이라도 위험 인자가 있는 경우에는 시간이 지나며 차츰 두통이나 의식 손상이 나타나지 않는지 잘 살펴봐야 한다.

한쪽 뇌를 다치면
반대쪽 몸에 마비가 오는 이유

한쪽 뇌가 반대쪽 몸과 팔다리를 지배하는 것은 뇌에 피라미드 교차pyramidal decussation라는 것이 있기 때문이다(그림 10). 피라미드 교차는 뇌 운동신경 경로의 중요 부분 중 하나다.

운동신경은 대뇌 피질의 운동신경세포로부터 아래로 내려가다가 뇌간의 하부에서 반대쪽으로 건너가게 된다. 이 구조물을 피라미드라고 부른다. 피라미드에서 약 75~90퍼센트의 신경섬유가 반대편으로 넘어간다. 이 신경섬유들은 교차한 후 척수로 내려가 몸의 다양한 부분을 제어하는 근육으로 연결된다. 그리하여 대뇌 피질의 운동 영역에서 생성된 신호는 반대편 몸의 근육을 제어하게 된다. 따라서 한쪽 반구가 망가지면 반대쪽 팔다리가 마비되고, 발작이 생기면 반대쪽에서 경련이 일어나는 것이다.

왜 이런 교차가 생겼을까? 피라미드 교차는 특히 인간과 같은 고등 포유류에서 복잡한 운동 조정 및 정교한 손놀림을 발달하게 한 중요한 진화 과정이라고 한다. 이러한 교차는 신체의 좌우 조정 능력을 통합 및 향상시키고, 더 복잡한 운동 패턴을 만들 수 있도록 한다.

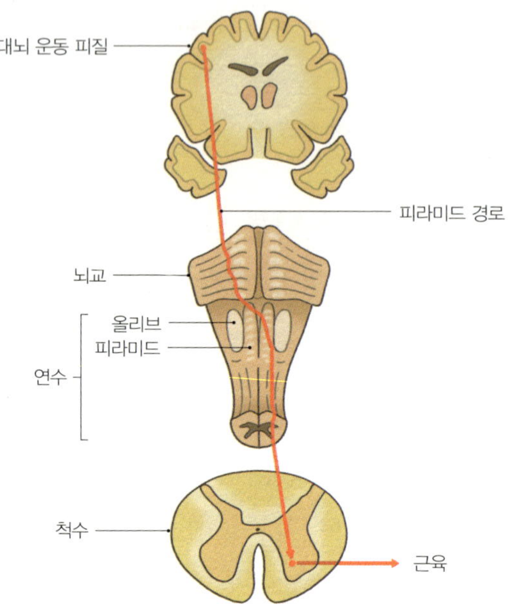

그림 10 │ **피라미드 교차** 대뇌에서 시작된 운동신경이 연수에 위치한 피라미드에서 반대쪽으로 넘어가 척수로 연결된다. 이로써 한쪽 대뇌 반구는 반대쪽 몸의 근육을 지배한다.

더 나아가, 도구 사용과 언어 발달 등 진화의 결정적인 요소들과도 밀접하게 연관된 것으로 보인다.

뇌실ventricle

　뇌실은 뇌 속에 위치한 네 개의 연결된 공간이다(그림 11). 척수액이 차 있는 의미 없는 빈 공간으로 생각하기 쉽지만 중요한 기능을 수행한다. 뇌실은 뇌척수액을 만든다. 이 액체는 뇌실에만 있지 않고 지주막강subarachnoid space을 통해 뇌와 척수 전체를 둘러싸 뇌를 물리적 충격으로부터 보호하며(뇌가 물속에 잠겨 있는 모습이 된다), 영양분을 공급하고 대사산물을 제거한다. 뇌척수액의 생성과 흡수는 뇌내압을 조절하는 중요한 역할을 한다. 뇌척수액의 흐름이나 양에 문제가 생길 경우, 뇌수종hydrocephalus과 같은 문제가 발생할 수 있다. 뇌수종은 뇌실이 커져서 뇌를 압박하는 경우를 뜻한다.

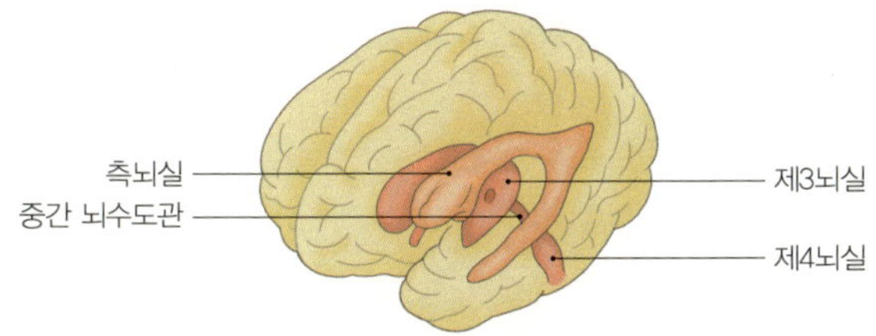

그림 11 | 뇌실의 구조

2

몸을 열어
진실을 보다

해부학이 밝힌 뇌의 비밀

"자연의 역할 중에 생명체를 돌보는 일은 없다."
아스클레피아데스Asclepiades, 기원전 124-40

"건강을 최대한 잘 유지하려면 신경계를 잘 살피는 것이 가장 중요하다."
클라우디우스 갈레노스 Claudius Galenus, 129-216

"나는 한두 번의 관찰로 확신을 갖지 않는다."
안드레아스 베살리우스 Andreas Vesalius, 1514-1564

인간적인 의사 아스클레피아데스

그리스 헬레니즘 시대부터 인간 해부가 불가능해졌기 때문에 이후로 인간의 신경해부학적 구조에 대한 새로운 이론이나 관찰 결과가 나오기 어렵게 되었다. 그래도 이 시기에 놀랄 만한 통찰력을 보여주는 의사들이 드물게 등장했는데, 아스클레피아데스가 대표적이다(그림 1). 아나톨리아에서 의사의 아들로 태어난 아스클레피아데스는 당시에 유명했던 알렉산드리아에서 의학 교육을 마쳤다. 왕실 주치의의 길을 고사하고 30세경에 로마에 정착하면서부터 철학과 의학을 함께 강의했다. 당시에는 드물지 않은 일이었다. 그는 의사로서 환자의 행동 변화 관찰과 경험적 치료, 그리고 기록의 중요성을 강조했다.

쾌락주의(괜한 오해를 받는 말로, 여기서는 건전한 행복을 위한 바람직한 쾌락 추구를 의미한다)를 주장하는 에피쿠로스학파의 영향을 받은 그는 자연의 치유 능력을 강조한 히포크라테스와는 노선이 달랐다. 그는 의사

그림 1 | 아스클레피아데스의 초상

가 노력하지 않으면 환자의 상태는 악화될 수밖에 없다면서 적극적인 개입을 선호했다. 그래서 자연적으로 낫기만 기다리지 말고 건강식 섭취, 일광욕, 마사지, 수중요법, 재활 치료와 같은 적극적인 치료 방법을 권장했고, 필요한 경우에는 약초 치료나 수술 치료도 시행했다. 또한 데모크리토스의 영향을 받아 인간의 몸은 원자에서 비롯된 분자로 구성되어 있으며, 이 분자의 모양이나 위치에 이상이 생기거나 흐름이 막히는 경우 질병이 발생한다고 보았다. 과장을 조금 보태자면 그를 분자 생물학의 시조라고 이야기할 수도 있을 것이다.

아스클레피아데스는 환자를 항상 다정하게 대하고 위안을 주면서 가능한 한 통증이 적은 치료법을 사용하고자 노력했다. 여성에게도 남성과 똑같은 치료를 적용할 것을 주장했으며, 정신 질환을 지닌 환자에게도 인간적인 치료법을 강조했다. 시설에 갇혀 있던 환자들을 풀어주고 운동을 권장하며 작업 치료, 음악 치료 등을 시도했다. 그는 지혜로우면서도 따뜻한 의사였음에 틀림없다.

지식의 전달자 루푸스

1세기경 로마 지배하에 있던 그리스의 의사 루푸스Rufus, 70~110는 해부학, 병리학, 산부인과학, 식이요법 등에 대해 많은 저술을 남겼다. 간혹 비판하기도 했지만 근본적으로는 히포크라테스를 존경하고 그 이론을 대체로 잘 따른 사람이었다. 그는 다른 의사들이 무시했던 노예나 노인의 질병 치료에도 큰 관심을 가졌다. 또, 인간을 해부하지는 못했지만 해부학 지식의 중요성을 설파했고, 질병의 진단과 치료에 있어서 뜬구름 잡는 이론보다는 실용적인 면을 강조했다. 특히 환자와의 적절한 대화를 통해 병력을 청취하는 것을 중요하게 생각했다.

지금 루푸스의 저술은 일부만 남았지만 당대에 그는 동쪽 지방에 큰 영향력을 행사했다. 그 결과 히포크라테스로부터 내려오는 이론이 이후 아랍 세계로 넘어가 중세 시대를 넘어 보존되는 데 중요한 역할을 했다. 새로운 이론을 정립하는 것도 중요하지만 귀중한 지식을 보존하는 것도 매우 의미 있는 일이다.

한편, 루푸스는 심장을 생명의 근원으로 보았지만, 뇌에서 나오는 신경을 운동과 감각을 관장하는 두 종류로 구분하며, 시대를 앞서가는 감각을 보여주기도 했다.

위대한 해부학자 갈레노스

흔히 '갈렌Galen'이라고 불리는 갈레노스Claudius Galenus, 129-216는 의학사에서 높이 추앙받는 인물이다(그림 2). 많은 이들이 갈렌이 히포크라테스와 더불어 현대 의학의 초석을 놓았다고 생각하고 있다. 그는 해부학, 신체 구조 기능학, 실험의학, 신경학 그리고 질병 진단을 아우르는 넓은 영역에서 수많은 업적을 쌓았다. 특히 이 중에서도 신경학 분야의 업적이 가장 빛난다. 갈렌은 헤로필로스, 에라시스트라투스와 더불어 신경해부학을 반석 위에 올려놓았다. 그는 확고하게 뇌가 인간 존재의 근원이자 최종 명령권자라고 생각했다.

갈렌은 현재의 터키에 위치한 그리스 페르가몬이라는 곳에서 태어났다. 당시 이 지역은 제1장에서 언급한 이오니아와 마찬가지로 교역의 중심지로서 크게 번성하고 있었고, 이에 따라 새롭고 진취적인 생각이 피어나기 좋은 조건을 갖고 있었다. 또한 인근 알렉산드리아와 비교될 정도로 훌륭한 도서관과 치유를 기원하는 사원도 있었다. 갈렌은 지역의 수혜를 고스란히 흡수하며 자랐다.

20세에 페르가몬을 떠났다가 28세에 다시 돌아온 갈렌은 검투사를 치료하는 책임 의사로 일하게 된다. 당시 로마는 인체 해부를 금지했으므로 검투사들의 상처는 갈렌에게 인간의 몸 안을 들여다볼 수 있는 귀중한 기회를 주었다. 몇 년 후에 로마에서 한 유명 철학자의 말라리아를 성공적으로 치료하여 명성이 높아진 갈렌은 마침내 황제를 치료하는 의사로 임명되었다.

황제의 주치의가 되었다고 해서 로마에서 편하게 살 수 있던 것은 아니었다. 전쟁을 지휘하기 위해 황제가 수도를 떠나면 동행하여

그림 2 | 갈레노스의 초상

고된 병영 생활을 하는 것이 일상이었다. 그러다 169년에 로마에 심한 역병이 돌자 소환되어 역병 관리라는 중책을 맡게 되었다. 이후로도 계속해서 명성을 높인 갈렌은 마침내 황제 아우렐리우스Marcus Aurelius Antoninus, 121–180로부터 '최고의 의사'라는 극찬을 받는다. 총 네 명의 로마 황제의 주치의로 일한 갈렌은 직접 경험하지 않은 것은 인지할 수 없다고 생각했고, 이에 따라 실제적 실험과 해부, 그리고 경험적 의료를 강조했다.

갈렌은 많은 저서를 남긴 것으로도 유명하다. 500편 이상의 저작을 썼지만 안타깝게도 191년의 로마 대화재로 갈렌의 도서실이 불타면서 상당수가 유실되고 말았다. 저서들 가운데 유명한 것으로는 《인간 신체의 유용성에 대하여On the Usefulness of the Parts of the Body》와 《해부 방법에 대하여On Anatomical Procedures》가 있다. 전자는 인체 각 부분의 특별한 기능을 설명하고 있고, 후자는 해부 방법을 다루며 뇌 구조에 관해 한 챕터에 걸쳐 상세히 기술하고 있다. 또, 《뇌에 대하여On the Brain》에서는 신경계 해부에 관한 중요한 설명을 담기도 했다.

갈렌을 한마디로 평가하기는 어렵지만 그래도 가장 근접한 표현을 고르자면 '위대한 해부학자'라고 하는 것이 맞겠다. 로마의 인간 해부 금지 정책 때문에 갈렌은 양, 돼지, 고양이, 개, 마카크원숭이와 같은 동물을 해부했다. 특히, 사람과 비슷하다는 점에서 영장류에 큰 관심을 가졌다.

비록 동물을 이용하긴 했으나 갈렌은 세밀한 해부 관찰을 통해 뇌에 대한 여러 중요 지식을 남겼다. 우선 뇌신경 다발이 뇌에서 나와 두개골 아래쪽의 구멍을 통해 여러 곳으로 나아가는 것을 발견했다. 갈렌은 이 신경을 일곱 개로 분류했는데, 이 신경들은 뇌로부터 짝을 이루면서 나오는 열두 개 뇌신경cranial nerves의 일부분에 해당한다(지식 상자 2-1).

갈렌은 운동신경과 감각신경이 따로 있을 것으로 추정했다. 그리고 운동신경은 소뇌를 포함하는 뇌 뒷부분에 위치하고, 감각신경은 뇌 앞부분(대뇌)에 위치할 것으로 생각했다. 소뇌가 운동 기능과 깊은 관련이 있다는 점에서 완전히 틀린 말은 아니지만 사실 운동 명령은 뇌 앞부분인 전두엽의 운동 피질에서부터 몸으로 내려가고, 감각 정보는 몸에서부터 뇌 상층 중앙부인 두정엽의 감각 피질로 올라가는 것을 감안하면 그 한계가 드러난다(지식 상자 2-2). 갈렌은 운동신경은 단단한 근육을 지배하므로 딱딱할 것이고, 감각신경은 부드러울 것이라고도 주장했다. 또, 용감한 사람은 근육이 더 강하므로 신경이 딱딱할 것이라고도 했다.

이 외에도 갈렌은 많은 발견을 해냈다. 대뇌가 척수로 연결된다는 사실을 밝히고, 척수신경의 구조를 처음으로 비교적 정확하게 기술한 사람 역시 갈렌이다. 그는 척수를 따라서 위아래로 길게 이어지는 자율신경계인 교감신경계sympathetic nervous system의 줄기와 신경절의 존재도 밝혀냈다(지식 상자 2-3). 교감신경계는 부교감신경계parasympathetic nervous system와 더불어 우리 몸의 장기가 자율적으로 움직이도록 하는데, 갈렌은 이 신경 줄기가 위아래로 길게 연결된 것에 착안하여 이를 통해 우리 몸의 영혼이 자유롭게 이동한다고 생각했다. 영혼이 이동하는 것은 아니지만, 이 신경계를 통해 몸의 각 부분이 조화롭게 작동한다는 점을 고려하면 놀라운 통찰력이다.

부수적으로 갈렌은 반회신경recurrent laryngeal nerve이 성대를 움직인다는 사실도 알아냈다. 돼지를 해부하던 중 의도치 않게 반회신경을 자른 갈렌은 울부짖던 돼지가 갑자기 소리를 전혀 내지 못하는 것을 관찰했다. 이후 외과 의사가 실수로 목 수술을 하던 환자의 반회신경을 절단하는 바람에 목소리가 사라지는 것을 확인하며 인간도 반회신경이 성대운동을 일으킨다는 것을 알게 되었다.

반회신경은 진화 측면에서도 매우 재미있는 신경이다. 미주신경과 같이 뇌에서 출발해 내려오다가 대동맥을 돌아 다시 위로 올라가서 성대에 이른다. 하등동물은 반회신경이 나오자마자 바로 성대로 연결되는데, 포유류는 진화 과정에서 목이 길어지고 심장이 아래로 내려가면서 이렇게 쓸데없이 먼 길을 가게 되었다. 심지어 기린도 이와 같은 경로를 밟기 때문에 매우 긴 반회신경을 가진다(그림 3). 이렇게 불필요하게 긴 주행 경로는 역설적으로 진화론이 옳다는 하

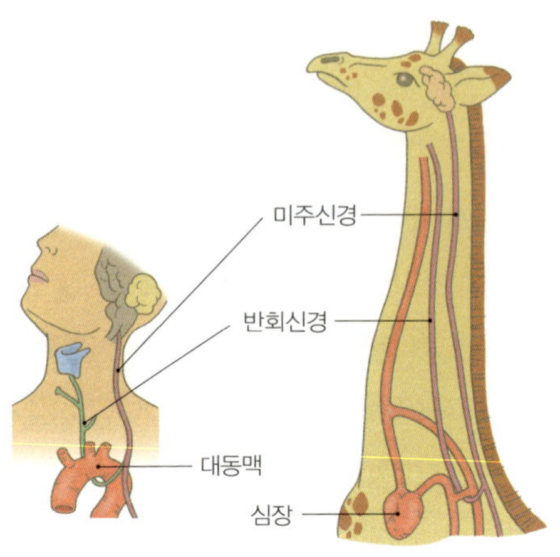

그림 3 | 반회신경의 경로

나의 증거로 여겨진다. 처음부터 완벽하게 설계되었다면 효율적인 직선 경로로 구성되었을 것이기 때문이다.

갈렌은 인간 정신의 기원이 프네우마라고 한 에라시스트라투스의 지론을 받아들이되, 심장에서 만들어진 프네우마가 그곳에 머물러 있는 것이 아니고 뇌 밑에 있는 혈관의 큰 네트워크인 뇌하부 혈관망rete mirabile으로 이동한다고 생각했다. 그리고 이 혈관망을 거쳐 뇌실로 이동하는 과정에서 프네우마가 정교하게 다듬어진다고 추정했다. 심장 중심설과 뇌 기원설의 절충형이지만 뇌 쪽을 훨씬 강조했다. 그러나 오랜 세월이 지난 후 이 혈관망은 동물에게만 존재하고 인간에게는 존재하지 않는다는 사실이 밝혀진다. 인간 해부가 금지된 상황에서 동물 실험에 의존할 수밖에 없었던 갈렌의 한계였다. 아니, 당시 사회 여건의 한계라고 하는 것이 맞을 것이다. 이 이론은 당시에 의심 없이 받아들여져서 르네상스 시대에 가서야 수정될 수 있었다.

그럼에도 인간의 정신이 뇌 근처에 위치한다는 갈렌의 주장은 매우 위대하다. 그는 환자를 통해 뇌 손상이 실제로 마음에 영향을 미칠 수 있음을 관찰했다. 갈렌은 상상력, 인지력, 그리고 기억력이 인간의 지능을 구성하는 기본 요소라고 생각했지만, 아쉽게도 이러한 기본 구성 요소가 뇌의 각기 다른 부분에 위치할 수 있다는 생각에는 도달하지 못했다. 한 가지 재미있는 사실은 갈렌이 인간의 지능이 구불구불한 뇌 피질에 존재한다는 사실을 부정했다는 점이다. 당나귀의 뇌가 겉으로 보기에 인간의 뇌보다 주름이 많음에도 불구하고 지능이 인간보다 낮기 때문이었다고 한다.

실험을 강조한 갈렌은 척수 연구에서 그 실험 정신을 유감없이 발휘했다. 이로 인해 갈렌은 의학사에서 실험을 본격 도입한 초기 인물로 자주 거론된다. 그는 동물의 척수 여러 부분을 절단하여 절단된 부위 이하로 신체의 운동 기능과 감각이 사라지는 것을 확인했다. 경추 5번 부위를 절단하면 사지의 운동 및 감각 기능이 사라지지만 횡격막의 기능은 유지되는 것도 관찰해냈다. 횡격막으로 가는 신경은 경추 5번보다 위에 있는 것이었다. 척수의 반쪽만 절단하는 더 정밀한 실험도 진행했다. 이 경우 마비는 절단된 쪽에서 나타나고, 통증 감각은 반대쪽에서 사라진다는 사실을 관찰했다(그림 4). 이뿐 아니라 척수의 신경 다발을 분리하여 그 일부분을 번갈아 묶는 방법으로 각각의 근육으로 가는 신경을 분리해내기도 했다.

갈렌은 두개골 외상의 신경외과적 수술을 진행했다. 천공을 시행해 고여 있는 혈종을 제거했고, 수술의 정밀도를 높이기 위해 구멍 뚫는 기계와 뼈를 제거하는 기구를 따로 만들었다. 갈렌은 천공

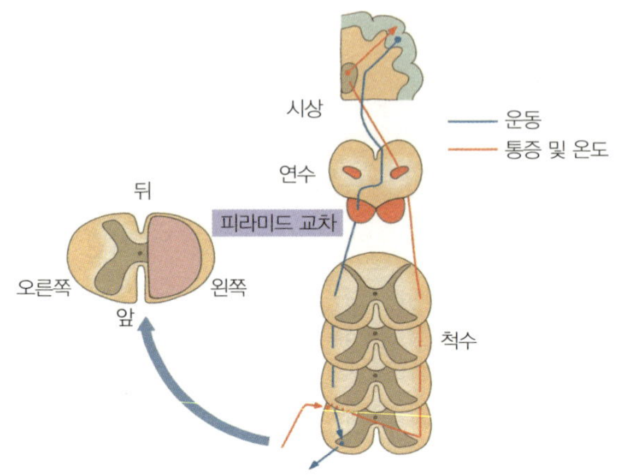

그림 4 | 신경의 경로 운동신경은 대뇌 운동 피질에서 출발한 후 연수에 있는 피라미드를 통해 반대쪽 척수를 따라 내려간다(파란 선. 지식 상자 1–2). 통증과 온도를 느끼는 감각신경은 척수로 들어온 후 거의 바로 반대쪽 척수로 건너간다. 그래서 왼쪽 그림과 같이 왼쪽 척수에 이상이 생기면 그 부분 아래로 왼쪽에 운동 기능 이상이, 오른쪽에 통증과 온도 감각 소실이 오게 된다. 신경학적 검사를 통해 환자의 증상을 잘 분석하면 환자의 병소를 알 수 있다.

기술을 외상 환자에게만 사용하지 않고 소아 환자의 뇌수종 치료에도 사용했다.

갈렌은 다양한 신경계 및 정신계 질환을 인지하고 있었다. 여기에는 뇌염, 망상을 동반한 정신병, 섬망, 조증, 우울증, 뇌전증 등이 망라되어 있었다. 그리고 이들 질병이 인간 영혼의 핵심이자 근본인 헤게모니콘의 심각한 장애로부터 발생한다고 생각했다. 이보다 경미한 장애는 분노, 공포, 욕망과 같은 감정을 제어하지 못해서 발생하므로, 이로부터 자유로워지는 것이 중요하다고 가르쳤다. 또 야망과 질투도 문제를 일으키는 원인이라고 했다. 이렇듯 갈렌은 질병의 원인이 정신과 신체의 항상성이 깨지는 것에 있다고 생각했다. 이는 매우 현대적인 아이디어였다.

한편, 철학자로서 갈렌은 의사의 인간성에 높은 기준을 적용했다. 의사는 반드시 철학적 소양과 높은 도덕적 기준을 갖고 있어야 하며, 독단적인 신념이나 확신dogma에 사로잡히지 않는 유연성을 겸비해야 한다고 말했다. 헬레니즘의 철학을 의학과 결합시켰다고 평가받는 갈렌은 의학을 단순한 과학으로 보지 않고, 철학적 요소가 포함된 분야로 여겼다. 특히, 환자의 정신 상태와 육체적 건강 사이의 연결성을 강조했다.

마음의 물질성을 예측한 스토아학파

헬레니즘 시대에 발생해 전기 로마 시대까지 성행한 철학의 한 유파인 스토아학파는 '로고스logos'로 대표되는 보편적 이성과 금욕적 삶을 중시했다. 길게는 후대 합리주의 철학의 바탕이 되었다고 볼 수 있다. 대표 철학자로 창시자인 제논Zeno, 기원전 334-262, 노예 에픽테토스Epictetus, 약 50-135, 네로황제의 스승이었던 세네카Seneca, 약 기원전 4-기원후 65, 로마의 오현제 중 마지막 황제인 아우렐리우스가 있다.

스토아학파는 인간의 마음을 인간 내부에 존재하는 불이나 열 같은 것으로 설명하면서, 프네우마의 활성화가 인지 기능을 만들어 낸다고 생각했다. 영혼은 공기와 불의 조화로운 조합으로, 몸 전체에 스며들어 우주의 프네우마와도 통한다고 주장했다.

여기까지는 철학자들의 상상에 따른 뜬구름 잡는 이야기지만, 의미 있는 주장도 많았다. 우선 스토아학파는 인간의 마음도 물리 법칙을 따르는 실제적인 존재로 생각했다. 그리고 인간의 영혼을 그 기능에 따라 여덟 가지로 나누었다. 감각, 재생산, 언어, 중심명령 영역 등이 여기에 포함된다. 중심명령 영역과 말초 기능을 분리하려 시도한 흔적이 있다. 비록 마음이 뇌에 있다고는 생각하지는 못했지만, 이처럼 뇌 기능의 분류를 시도하고 마음이 물질적인 것이라고 예측한 것은 그 자체로 가치가 있다.

의학 발전의 정체기, 중세 시대

최근 중세 시대가 단순 암흑기가 아니라는 재평가가 이루어지고 있지만, 의학과 뇌 연구 측면에서는 새로운 발견이 거의 없었다. 의학의 정체기라고 할 만하며, 심지어 그전까지 연구된 내용조차도 종교적 상황에 묻히고 말았다.

중세 시대 초기에는 그리스와 로마의 의학 지식이 큰 변화 없이 계승되었다. 특히 갈렌과 히포크라테스의 업적이 중요하게 여겨졌다. 한편, 수도원이 점차 중요 의료 기관의 역할을 하면서, 수도사들이 병자를 돌보고 의학적 지식을 보존하고 전파하는 데 기여했다.

종교의 지배하에 있던 4, 5세기 중세 시대에도 갈렌의 아이디어에 공감하는 신부들이 있었다. 그중 가장 유명한 사람은 시리아 지역에서 활동하던 주교 네메시우스Nemesius, 약 4세기다. 정신의 뇌실 기원설을 지지한 그는 두 개의 측뇌실lateral ventricle에 지각이, 중간 뇌실에 인지 기능이, 그리고 후방 뇌실에 기억이 있다고 생각했다. 이 지론은 아우구스티누스Aurelius Augustinus, 354-430에 의해 적극적으로 받아들여진 후 약간의 수정을 거치게 된다. 전방 뇌실은 지각이 도달하는 곳이고, 후방 뇌실은 운동에 관여하는 곳이며, 중간 뇌실은 기억을 담당하는 곳으로 분류되었다. 두정엽에 감각신경이 모이고, 소뇌가 운동과 관련이 있으며, 그 중간에 위치하는 해마와 시상이 기억에 관여하는 것을 고려하면 우연인지 모르지만 각 기능이 자리하는 위치가 비슷하기는 하다.

뇌 연구의 역사에는 두 개의 셀 독트린cell doctrine이 있었다. 여기서 '독트린'이란 학문적 신념이나 이에 대등한 이론 체계를 가리키는 말이다. 첫 번째 셀 독트린은 뇌실에 여러 뇌 기능이 나뉘어 존재한다는 것이었다. 뇌실의 역할을 잘못 짚었지만 최초로 뇌 기능의 국소론 개념(특정 뇌 기능이 상응하는 특정 뇌 영역에 존재한다는 이론)을 포함하고 있었다. 이때의 셀은 단순히 '방(뇌실)'을 의미한 것이었다. 훨씬 더 유명한 두 번째 셀 독트린은 신경세포 하나하나가 독자적인 존재로서 시냅스를 통해 다른 신경세포와 교류한다는 이론이다. 여기서의 셀은 현대 생물학에서 말하는 '세포'를 의미한다.

8세기부터는 이슬람 세계가 역할을 하기 시작했다. 이 시기, 서유럽을 공략하며 그 주위를 둘러싼 무슬림 세력은 종교와 상관없이 새로운 지식을 받아들일 준비가 되어 있었다. 한때 바그다드에는 전 세계 수십만 권의 책이 아랍어로 번역되어 보관되어 있었다. 반면, 중세 초기를 지나 점차 강화되는 종교의 영향으로 유럽에서는 갈렌의 연구를 비롯한 그리스, 로마 시대의 의학 연구 업적이 묻힌 상태였다. 그런데 아이러니하게도 무슬림에 의해 점령된 스페인을 기독교 세계가 되찾아오면서, 무슬림 세계가 보존해온 선조의 유산과 다시 마주할 수 있었다. 아랍어로 번역되었던 저서들이 다시 중세 유럽의 언어로 번역되기 시작했다.

이 시기에 가장 유명한 학자는 페르시아의 철학자이자 의학자인 아비센나Avicenna, 980-1037로, 아리스토텔레스의 철학을 되살리는 데 중요한 역할을 했다. 그는 특히 뇌 연구에 뚜렷한 족적을 남겼다. 아비센나는 다섯 개의 뇌 기능이 서로 다른 뇌실에 존재한다고 주장했다. 또한 소뇌 충수cerebellar vermis가 의식이 들어오는 것을 허용하거나 차단하며 의식 흐름을 조절하는 밸브 역할을 한다고 여겼다. 아비센나는 일생에 걸쳐 400여 권의 책을 썼고 백과사전식의 《의학 정전Canon medicinae》을 펴냈다. 왕조 멸망 후 떠돌이 생활 중에 집필되었다고 알려진 이 책은 당시 알려진 의학 정보를 집대성했으며, 해부학, 질병, 의약품 등 여러 부문이 포함되었다.

이슬람 세계의 유명한 의학자로는 알 나피스Ibn al-Nafis, 1210-1288도 있다. 그는 뇌와는 직접적 관련이 없지만, 심장의 혈액이 폐를 통해서 순환한다는 사실을 유럽보다 300년이나 앞서 밝혀냈다. 그런데 이 사실은 1924년이 되어서야 알려졌다. 유럽은 이슬람 문명을 그저 그리스 로마 문명의 '도서관' 정도로 낮잡아 보는 경향이 있지만, 이슬람 문명은 그 자체로 역동적이며 주변 문화를 흡수하고 그리스 로마 문명을 발전시킨 존재다.

한편, 중세 시대를 휩쓴 흑사병으로 유럽 인구의 3분의 1이 사라지면서 점차 교회가 주도하는 의료의 한계가 나타나기 시작했다. 그러면서 금기사항으로 남아 있던 인간 해부에 대한 규제가 점차 약해졌다. 오랜 세월에 걸친 십자군 전쟁의 여파로 사람들이 죽은 귀족과 전사의 심장이나 유골을 가지고 고향으로 돌아갔던 배경도 이를 촉진했다. 그 과정에서 사체를 다루는 거부감이 줄어든 것이다. 또 다른 이유로는 범죄 수사 과정에서 사망 원인을 규명하고자 부

검이 활성화된 것도 있다. 마침내 무려 1500년의 간극을 깨고 몬디
노Mondino dei Liuzzi, 약 1270-1326가 인간 해부를 재개했다. 이탈리아
볼로냐의 외과 교수였던 몬디노는 바티칸의 제재에도 불구하고 처형
당한 범죄자의 신체를 이용해 공개 해부를 시행했다. 이러한 모든 노
력과 여러 요소가 결합하면서 점차 르네상스로 가는 길이 열렸다.

다빈치의 해부 업적

많은 분야에서 진정한 천재임을 증명한 다빈치Leonardo da Vinci,
1452-1519는 해부학과 뇌 연구 분야에도 업적을 남겼다(그림 5). 무려
300구가 넘는 시신을 해부했으며 700점이 넘는 해부도를 그렸다. 특

그림 5 │ 다빈치의 초상

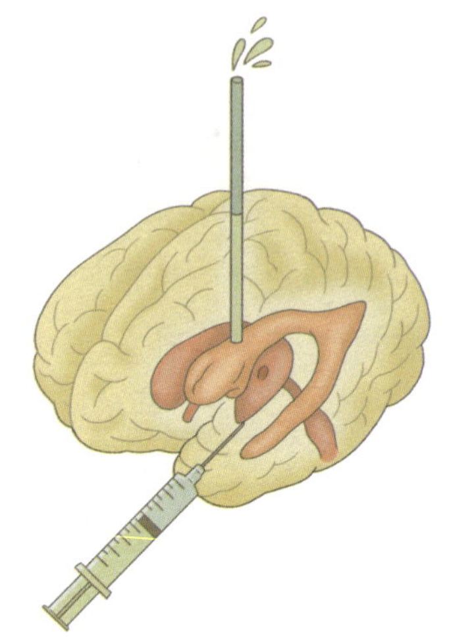

그림 6 │ 다빈치가 뇌실의 구조를 알아낸 방법

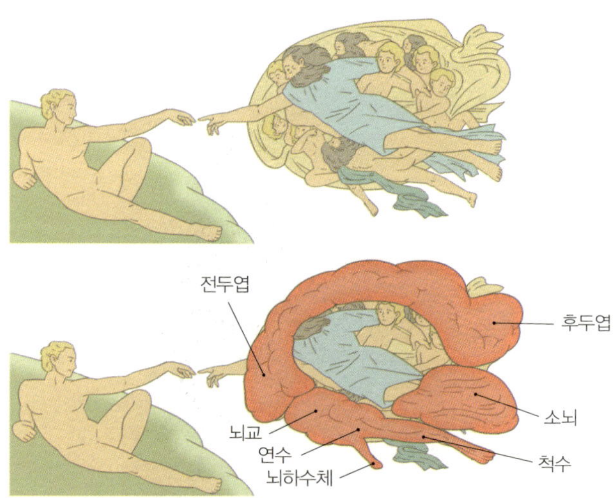

그림 7 │ 미켈란젤로의 〈아담의 창조〉약 1512에 나타난 뇌 형상

히, 뇌실을 가장 사실적으로 그려낸 것으로 유명하다.

다빈치가 뇌실을 형상화한 방법은 그의 천재성을 유감없이 보여준다. 우선 양의 뇌를 꺼낸 후에 관을 두 개 꽂았다. 아래쪽에 꽂은 관으로 왁스를 밀어 넣으면 뇌척수액은 위쪽 관으로 빠져나가고 왁스가 뇌실을 채운다. 이후 뇌 조직을 제거하면 뇌실 모양의 왁스 모형을 얻을 수 있었다(그림 6).

하지만 다빈치는 인간의 지능과 영혼이 뇌실에 있다는 생각에서는 더 이상 전진하지 못했다. 단, 감각신경이 모이는 자리가 뇌의 앞부분 뇌실이 아니라 뇌의 중앙부 뇌실(뇌 감각신경이 있는 두정엽에 근접한 위치)에 있다는 의견만을 추가했다.

르네상스 시대 회화에서 관찰되는 뇌 구조

16세기 이전까지 잘 알려지지 않았던 뇌 구조가 알려지자 르네상스 시대의 많은 화가들이 거기에 매료되었다. 여기에는 라파엘로Raffaello Sanzio, 1483-1520, 미켈란젤로Michelangelo Buonarroti, 1475-1564, 다빈치 등이 있었다. 그들의 그림은 뇌과학과 직접적으로 연결되는 것은 아니지만 뇌에 대한 당시의 새로운 관심을 잘 보여준다(그림 7).

최초의 해부학책

최초의 해부학책이라 할 만한 것은 1521년에 이탈리아인 베렌

가리오Jacopo Berengario da Carpi, 약 1460~1530에 의해 쓰였다. 베렌가리오는 치명적인 싸움에 휘말리기도 하고 도둑질로 기소당하는 등 특이한 이력을 갖고 있다. 그러나 매독에 수은을 이용한 치료법을 적용해 유명해졌고, 해부학적 기술이 매우 뛰어나 볼로냐의 외과 강사로 임명되었다. 그리고 1521년에 《몬디노에 대한 해설Commentary on Mondino》이라는 해부학 교과서를 만들었다. 전적으로 본인의 해부학적 관찰을 바탕으로 책을 썼으며, 무려 1,000페이지가 넘는 분량에 스물한 점의 목판화를 실었다. 그는 맥락얼기choroid plexus(뇌실 안쪽 벽을 타고 형성되며 뇌척수액을 만들어낸다)가 혈관 덩어리라는 사실을 밝혀냈고, 갈렌에 의해 정설로 굳어져 있던 뇌의 하부 혈관망의 존재를 부정했다. 인간의 마음에 대해서는 뇌하수체가 영혼의 흐름을 관장한다고 생각했다. 아마 뇌하수체가 뇌의 중앙부에 위치하므로 중요한 자리라고 생각한 듯하다(지식 상자 2-4).

해부학책으로 유명한 베렌가리오는 사실 뇌 외상을 치료하는 뛰어난 신경외과 의사였다. 그가 1518년에 정식 출간한 《두개골 골절에 관한 논문Tractatus de Fractura Calvae sive Cranei》은 두개골 외상에 대한 최초의 종합 교과서라는 평가를 받는다. 그는 이 책에서 경막외 출혈, 경막하 출혈, 맞충격contrecoup(머리를 부딪친 곳의 반대쪽에 뇌 손상이 생기는 것을 말한다. 이는 뇌가 두개강 속에 떠 있는 형태로 있다가 부딪히는 힘에 의해 반대편으로 밀리면서 상처가 나는 현상이다), 경막하 농양과 같은 외상과 관련된 질환의 다양한 사례를 소개했다. 특히, 질환의 발병 기전, 진단 방법, 치료 과정을 모두 소개하는 매우 현대적인 편집을 보여주었다. 더 나아가, 구토, 언어 장애, 어지럼증, 운동실조 등의 증상도 자세히 기록했다. 그는 외상의 예후를 설명하면서 절대로 두개골 외상을 가볍게 보지 말 것을 당부했다. 처음에는 증상이 없다가 시간이 지나면서 피가 고이며 뇌 압박이 일어날 수도 있음을 알았을 것이다. 또, 치료 방법을 설명하면서 다양한 수술기구도 보여주었다.

이런 지식과 기술로 그는 많은 유명인의 뇌 외상을 치료했는데, 여기에는 교황의 가족도 있었다고 한다. 베렌가리오는 이 놀라운 책을 불과 두 달 만에 완성하여 당시에 후두엽 외상으로 치료 중이던 우르비노의 공작 로렌초 데메디치Lorenzo de Medici, Duke of Urbino, 1492-1519에게 헌정했다.

인간 해부학의 대가 베살리우스

벨기에 브뤼셀에서 의사의 아들로 태어난 베살리우스는 어려서부터 해부학에 관심이 많아 집 근처에서 동물들을 잡아다 직접 해부를 시도했다고 한다(그림 8). 노파심에 덧붙이자면 사이코패스는 아니었다. 베살리우스는 대학에서 처음에는 미술을 공부했지만, 파리와 이탈리아에서 의학을 연마했다. 해부학에 대한 열망으로 파리 거주 당시에는 불법으로 유통되는 사람 뼈를 수집하기도 했다. 의사가 된 베살리우스는 이탈리아 파도바대학교의 대학 강사로 첫 일을 시작했는데, 당시 파도바대학교가 가장 유명한 의과대학인 점을 고려하면 일찌감치 실력을 인정받았음을 알 수 있다.

이때까지도 의학과 해부학에 있어서 모두들 갈렌의 이론을 전혀 의심하지 않고 받아들이는 상황이었다. 베살리우스는 갈렌의 그리스어판 책을 라틴어로 번역하면서 갈렌의 생각과 관찰에 많은 오류가

그림 8 | 베살리우스의 초상

있음을 알게 되었다. 특히, 갈렌이 실제로 사람을 해부한 적이 없다는 점에 주목했다.

주로 사형수의 시신을 이용해서 해부를 진행한 베살리우스는 마침내 1543년에 자신의 해부학 지식을 집대성한 《인간 신체 구조에 대하여De humani corporis fabrica》라는 책을 발간했다. 미술과 해부학 지식을 결합시켰다는 평가를 받는 이 책은 정교하면서도 아름다운 해부도를 많이 포함하고 있다. 아마도 첫 스케치는 베살리우스가 직접 그리고, 이를 정교한 그림으로 바꾸어 목판에 새기는 작업은 당시의 유명한 예술가가 수행한 것으로 보인다. 이 책에서 베살리우스는 갈렌의 해부학적 오류를 200개 이상 지적했다. 그렇다고 베살리우스가 갈렌의 업적을 평가절하한 것은 아니고, 갈렌의 오류를 보완하고

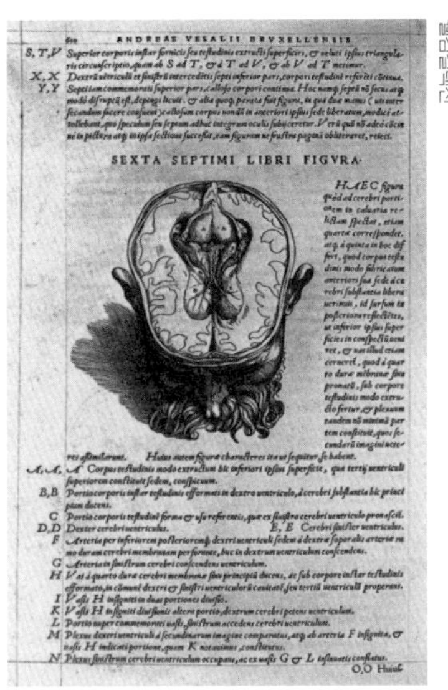

그림 9 | 베살리우스가 그린 뇌 단면

발전시켰다고 보는 것이 적합할 것이다. 실제로 베살리우스는 갈렌을 "의사계의 왕자prince of doctors"라고 표현하기도 했다.

《인간 신체 구조에 대하여》의 제4장은 신경계를 다루고 있고, 제7장은 인간의 뇌를 다루면서 열다섯 점의 그림을 싣고 있다. 이 그림에는 일곱 개의 뇌신경과 소뇌, 연수, 시신경의 교차, 뇌를 싸고 있는 경막 등이 포함되어 있다. 가장 놀라운 것은 뇌가 두개강 내에 있는 채로 자른 듯이 뇌 단면을 연속적으로 보여주는 일련의 그림들이다(그림 9). 베살리우스는 처음으로 뇌 깊숙한 곳에 위치한 시상과 선조체를 설명하기도 했다. 그렇지만 그는 사람의 정신 또는 인지 기능이 위치하는 곳에 대해서는 새로운 의견을 내지 못하고 뇌실 기원설을 그대로 받아들였다. 실제로 그는 뇌가 어떻게 기능하는지 알 길이 없다고 하소연했다고 한다.

갈렌의 이론을 발전시키면서 인체 해부를 집대성한 베살리우스의 업적은 매우 높게 평가받아 마땅하다. 그가 과거의 잘못된 해부학 지식과 작별하는 결정적 계기를 만들었다고 할 수 있다. 그러나 당대에는 갈렌의 업적을 훼손했다는 이유로 많은 비난을 받았다고 한다. 심지어 베살리우스의 스승 중 한 사람인 해부학자 뒤부아Jacques Dubois, 1478-1555는 왕에게 베살리우스를 처벌하도록 청원까지 했다. 예나 지금이나 기존의 질서를 무너뜨리면서 새로운 사실을 밝히기가 쉽지 않기는 마찬가지다. 이로 인해 베살리우스는 한동안 우울증에 빠지기도 했지만 어찌 되었든 책은 주변으로부터 점차 인정을 받았고 잘 팔렸다고 한다.

생전 연금술에도 관심을 가진 베살리우스는 사망 이후 불사의 삶을 살고 있다는 소문에 휩싸이기도 했다. 이는 연금술에 대한 당시 사람들의 신비롭고 초자연적인 인식을 보여주는 한편, 베살리우스의 드높던 명성을 재확인시켜준다.

열두 개의 뇌신경 12 cranial nerves

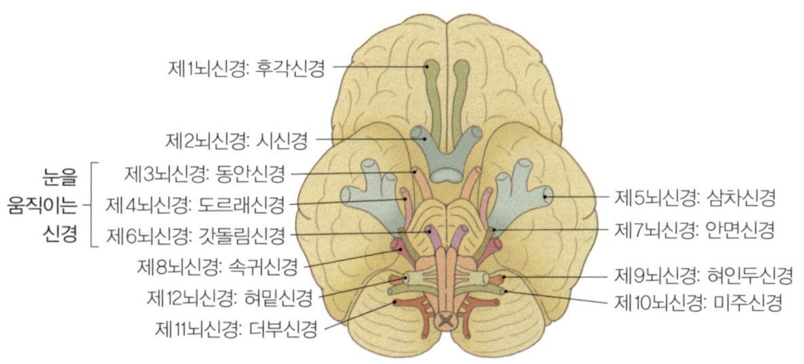

그림 10 | 열두 개의 뇌신경

뇌(대뇌와 뇌간)와 직접 연결되어 있는 열두 개의 뇌신경은 각각 특정한 구멍을 통해 두개골을 빠져나가 몸의 다양한 부분으로 퍼지면서 각기 다른 중요한 기능을 수행한다(그림 10).

제1번 후각신경 olfactory nerve: 후각을 담당한다. 코를 통해 들어오는 냄새 정보를 뇌로 전달한다.

제2번 시신경 optic nerve : 눈으로 들어오는 시각 정보를 뇌로 전송한다.

제3번 동안신경 oculomotor nerve, **제4번 도르래신경** trochlear nerve, **제6번 갓돌림신경** abducens nerve : 눈에 붙어 있는 동안근육을 조절해 눈동자가 여러 방향으로 움직일 수 있게 해준다.

제5번 삼차신경 trigeminal nerve : 얼굴의 감각(피부, 점막, 부비동)과 씹는 근육을 담당한다. 이 신경의 문제로 얼굴에 통증이 생기는 현상이 삼차신경통이다.

제7번 안면신경 facial nerve : 얼굴의 표정근육을 조절하고, 눈물샘과 침샘 분비를 일부 담당하며, 혀 앞쪽 3분의 2 지점에서 맛을 알 수 있게 해준다. 염증이 생기면 한쪽 얼굴에 안면마비가 온다.

제8번 속귀신경 vestibulocochlear nerve : 내이에서 오는 소리를 뇌로 전달하고 균형감각을 담당한다.

제9번 혀인두신경 glossopharyngeal nerve : 혀 뒷부분의 맛과 감각, 인두의 일부 감각과 인두 근육 조절, 침샘 기능의 일부를 담당한다.

제10번 미주신경 vagus nerve : 심장, 폐, 소화기 계통의 조절, 인두와 후두의 감각 및 근육 조절을 담당한다. 부교감신경이라는 자율신경으로 몸 전체에 걸쳐 광범위한 영향을 미친다(지식 상자 2-3).

제11번 더부신경 accessory nerve : 어깨 근육, 특히 승모근과 상부 삼각근을 담당한다. 어깻죽지를 올리는 역할을 한다.

제12번 혀밑신경 hypoglossal nerve : 혀를 움직이는 근육을 조절한다.

뇌의 전반적 구조

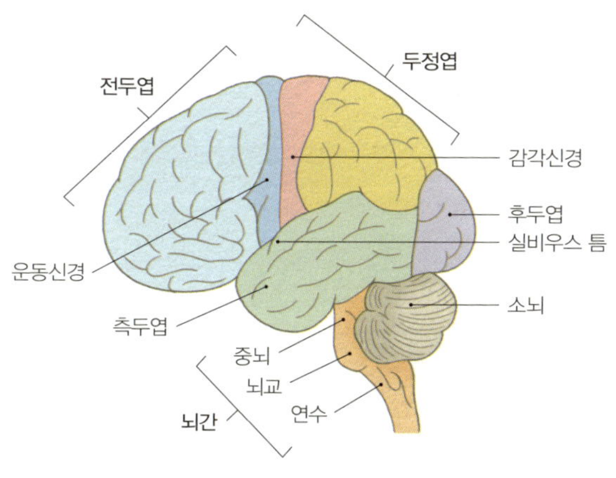

그림 11 | 뇌의 전반적 구조

뇌 구조는 크게 대뇌, 소뇌, 그리고 뇌간으로 나눌 수 있다(그림 11). 각 부분은 특별한 기능을 맡고 있다.

대뇌 cerebrum: 뇌의 가장 큰 부분으로, 좌우 반구로 나뉜다. 대뇌의 표면은 주름진 외관의 대뇌 피질로 덮여 있으며, 사고, 기억,

감정, 의사결정, 의식과 같은 고차원적인 기능을 담당한다. 대뇌는 여러 '엽lobe'으로 나뉘는데, 전두엽frontal lobe, 두정엽parietal lobe, 측두엽temporal lobe, 후두엽occipital lobe이 있다.

소뇌cerebellum: 대뇌의 뒤쪽 아래에 위치한다. 운동 조절, 균형 유지, 자세 조정에 중요한 역할을 한다. 또한, 운동기술의 습득과 기억에도 필수적이다.

뇌간brain stem: 대뇌와 척수가 연결되는 사이에 있다. 생명 유지 기능에 필수적인 역할을 하며, 호흡, 심장 박동, 혈압 등의 기본적인 신체 기능을 조절한다. 잠과 각성 상태를 조절하는 신호도 여기에서 시작된다.

대뇌에서 운동신경은 전두엽의 가장 뒤쪽에, 감각신경은 두정엽의 가장 앞쪽에 위치한다.

자율신경계 autonomic system

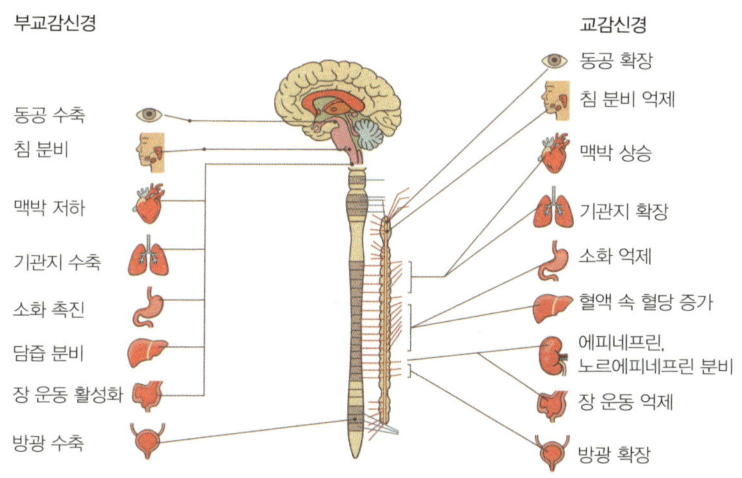

그림 12 │ 자율신경계의 구조와 기능

자율신경계는 교감신경계와 부교감신경계 두 부분으로 구성된다(그림 12). 우리 몸에서 의식의 개입 없이 벌어지는 기능을 조절한다(제8장). 이 두 시스템은 상호보완적으로 체내 균형을 유지하는 데 중요한 역할을 한다.

교감신경계는 흉추와 요추 부위의 척수에서 시작한다. 교감신경계의 신경절은 위아래로 길게 연결되어 있다. '싸우거나 도망가는' 상황에서 작동하는 신경계라고 생각하면 이해하기 쉽다. 이 상황에서 심박수와 혈압, 호흡, 그리고 에너지 대사가 증가한다. 소화는 중요하지 않으므로 소화 작동은 감소한다. 동공도 커진다.

부교감신경계는 미주신경을 통해서 활성화된다. 교감신경계와 반대로 '휴식하고 소화하는' 상황에서 작동한다. 심박수와 혈압, 호흡은 감소하고 에너지를 축적한다. 소화가 촉진된다. 동공은 수축한다.

다시 말하면, 스트레스 상황에서는 교감신경계가 활성화되어 에너지 소모를 증가시키고, 안정 상황에서는 부교감신경계가 활성화되어 회복과 재생을 촉진한다. 이 두 신경계는 다양한 상황에서 인체의 항상성homeostasis을 유지하기 위한 시스템이다.

뇌하수체의 실제 기능

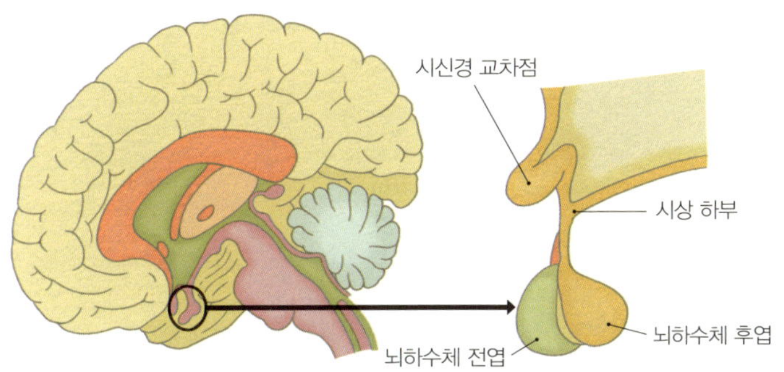

그림 13 | 뇌하수체의 위치와 구조

뇌하수체는 중요한 내분비기관이다(그림 13). 뇌의 바닥에 위치하며, 뇌를 둘러싼 두개골의 한 부분인 셀라 투르시카sella turcica라는 작은 구멍에 자리 잡고 있다. 작은 완두콩 크기로, 지름이 약 1센티 정도다. 크게 전엽과 후엽으로 나뉜다.

뇌하수체 전엽에서 분비되는 호르몬으로는 성장과 대사에 영향을 미치는 성장 호르몬growth hormone, 갑상선 기능을 증가시키는 갑상선 자극 호르몬thyroid stimulating hormone, 부신 피질에서 부신 피질 호르몬의 분비를 촉진하는 부신 피질 자극 호르몬adrenocorticotropic hormone, 여성 생식기관의 기능을 조절하는 황체 형성 호르몬luteinizing hormone과 난포 자극 호르몬follicle stimulating hormone, 모유 분비를 촉진하는 프로락틴prolactin이 있다.

뇌하수체 후엽에서 분비되는 호르몬으로는 신장의 물 재흡수를 촉진하는 항이뇨 호르몬antidiuretic hormone과 자궁 수축에 관여하고, 사랑의 호르몬으로도 알려진 옥시토신oxytocin이 있다. 옥시토신은 진통 효과와 면역 기능을 올리는 기능도 있다.

뇌하수체의 활동은 뇌하수체 위에 위치한 시상하부hypothalamus에 의해 조절된다. 시상하부는 뇌하수체의 활동을 촉진하거나 억제한다.

B R A I N
HUMANS

3

나는 생각한다,
고로 존재한다

데카르트와 영혼의 자리

"나는 생각한다, 고로 존재한다."
르네 데카르트 René Descartes, 1596-1650

"상상력이 없다면 이성은 아무것도 아니다."
르네 데카르트

"우리가 보는 것은 아름답다. 우리가 아는 것은 더 아름답다.
그리고 우리가 모르는 것이 가장 아름답다."
니콜라스 스테노 Nicolas Steno, 1638-1686

최초의 현대적 사상가 데카르트

데카르트René Descartes, 1596~1650는 기존의 지식 체계를 뿌리부터 의심하면서 합리적 사고를 강조했다는 점에서 최초의 현대적 사상가이자 철학자라고 할 수 있다(그림 1). 그는 어렸을 때부터 건강이 좋지 않아 침대에서 책을 읽거나 사색하면서 보내는 시간이 많았다. 이 시간이 데카르트에게 새로운 생각의 기회를 주었다. 이 습관은 평생 계속되었다고 한다.

그는 법률학 공부를 마치고 다양한 인생 경험을 얻기 위해 군대에 자원입대했다. 혹독한 병영 환경 속에서 지내던 어느 날, 데카르트는 인생을 결정짓는 세 가지 꿈을 꾸게 된다. 첫 번째 꿈은 학교 근처를 지나다가 강한 회오리바람에 휩쓸리면서 환영에게 협박을 당하는 내용이었고, 두 번째 꿈은 엄청나게 큰 천둥소리에 놀라서 눈을 떴다가 옆에 있는 촛불을 보고 안심해 다시 잠드는 내용이었다(다른 설에 따르면 두 번째 꿈이 자연의 보고를 여는 마법의 열쇠를 손에 넣는 꿈이라는 이야기

그림 1 | 데카르트의 초상

도 있다. 데카르트가 해석 기하학을 정립하게 된 계기가 이 마법의 열쇠 때문이었다고 한다). 그리고 마지막 꿈은 탁자에 놓인 커다란 사전과 고대 라틴어 시집을 펼치고 '어떤 인생의 길을 선택할 것인가?'라는 시구를 읽으면서 모르는 사내와 대화를 나누는 내용이었다고 한다.

해석하기 나름이겠지만 데카르트는 이 세 가지 꿈을 학문과 지혜를 추구하는 것이 자신이 나아가야 할 길이라는 계시로 받아들였다. 대체로 첫 번째 꿈은 과거의 오류를 지적하는 것, 두 번째 꿈은 진실의 눈으로 주변을 파악하는 것, 세 번째 꿈은 참된 지혜를 찾는 길로 들어서는 것으로 해석한다. 1621년, 데카르트는 군대를 떠나 프랑스로 돌아갔고, 주로 네덜란드에 머물며 많은 저작을 발표했다.

우선 데카르트는 세상에 일어나는 대부분의 자연 현상을 단순히 기계적, 물리학적으로 설명 가능하다고 주장했다. 그는 목적, 형

  두뇌 인류

상, 본성 같은 개념으로 자연 현상을 설명하던 아리스토텔레스 철학을 배제하고, 자연은 입자, 운동, 법칙 등에 의해 기계처럼 작동한다는 급진적인 주장을 정리해《세계Le Monde》라는 원고를 집필했다. 그러나 교회로부터 이단 판결을 받고 가택연금된 갈릴레이Galileo Galilei, 1564–1642의 처지를 듣고 발표를 보류했다. 결국 중요한 물리 현상을 증명한 이 주장은 데카르트 사후 14년이 지나서야 알려졌다.

이런 이유에서 데카르트의 첫 공식 저서는 물리 실험 결과에 대한 것이 아니라 1637년에 출간한《방법서설Discourse on Method》이 되었다. 이 책에서 데카르트는 과학적 사고는 필수적으로 반박 불가능한 사실에 기초해 설명되어야 한다는 개념을 제시했다.

데카르트는 자문했다. '내가 사는 세상과 여기에서 경험하는 모든 것이 상상력의 산물이나 허구가 아니라 실재한다고 말할 수 있을까?' 반박 불가능한 증거를 찾으며 끝없이 자문하던 데카르트는 '나는 지금 내가 생각하고 있음을 안다'라는 사실만은 어떻게 해도 바꿀 수 없는 진실이라 결론 내렸다. "나는 생각한다. 고로 존재한다." 여기에서 데카르트의 그 유명한 명제가 탄생한 것이다. 현대 이론에서도 해당 개체가 자신이 생각하고 있다는 것을 아는 것이 의식의 유무를 판정하는 가장 중요한 기준으로 여겨지는 점을 고려하면 이는 분명 시대를 앞서가는 주장이었다.

데카르트가 단지 철학자가 아니라 훌륭한 과학자로 존경받고 있는 중요한 이유는 수학에 대한 그의 강고한 믿음에 있다. 그는 수학이야말로 사물의 진리를 설명하는 가장 귀중한 도구라고 생각했다. 데카르트는 해석 기하학이라는 방법을 개발해 자연의 법칙을 설명하고자 했고, 이는 뉴턴Isaac Newton, 1643–1727과 라이프니츠Gottfried

Wilhelm Leibniz, 1646-1716의 미적분학 개발로 이어지게 된다. 세상의 모든 물질은 입자로 구성되어 있으며, 물질적 세계는 수학으로 설명이 가능하다는 주장을 통해 현대 과학의 시작을 알린 사람이 바로 데카르트다. 우리가 잘 아는 x, y, z 좌표를 이용해서 한 지점의 위치를 표시하는 방법도 데카르트가 처음 생각해내 '데카르트 좌표계Cartesian coordinate system'라고 부른다. 사실 여부가 확실하지는 않지만 데카르트가 방에서 날아다니는 파리의 위치를 표시할 방법이 없을까 고민하다가 고안했다는 이야기가 있다.

데카르트는 빛의 원리에 대해서도 많은 관심을 가졌고, 매질에 따른 빛의 속도 차이로 발생하는 굴절의 법칙을 발견했다. 네덜란드에서는 이를 발견한 수학자 스넬Rudolph Snel van Royen, 1546-1613의 이름을 따서 '스넬 법칙'이라 부르지만, 프랑스에서는 '스넬-데카르트 법칙'이라고 부른다. 그런가 하면 눈의 해부학적 구조를 설명하면서 눈에서 어떻게 빛이 굴절되고 망막에 상이 맺히는지도 밝혀냈다. 이 발견은 나중에 망원경과 현미경 개발에 영향을 주게 된다. 실제로 데카르트는 렌즈 깎는 법을 설명하면서 망원경과 현미경의 개발 가능성과 유용성을 언급한 바 있다.

수학을 추종했다고 해서 데카르트가 신을 부정한 것은 아니었다. 데카르트는 수학의 법칙에 지배받으며 기계적인 작동 기전을 가지는 세계 자체를 창조한 것은 신이라고 생각했다. 하지만 데카르트의 사상은 무신론과 상당히 가깝다는 비판을 받아, 1660년에는 가톨릭교회로부터 그의 저서들이 금서로 지정되기에 이르렀다.

데카르트: 마음과 몸의 문제

데카르트는 우주 공간이 진공이 아니라 '플래넘plenum', 즉 물질로 완전히 채워져 있다고 보았다. 그는 공간을 구성하는 미세한 입자들이 충돌과 회전을 통해 자연의 변화를 일으킨다고 설명했다. 동물과 인간을 포함한 모든 생명체의 신체 작용 역시 이러한 물질적 요소에 의해 이루어진다고 보았다. 하지만 인간을 제외한 동물은 비물질적 요소인 영혼을 지니지 않으며, 뇌와 신경 속을 흐르는 미세한 물질인 '동물령animal spirits'에 의해 정교한 기계처럼 자극에 따라 자동으로 움직이고 반응한다고 주장했다. 데카르트는 영혼이 신체와 상호작용하는 위치로 뇌실을 지목하고, 이곳에서 신체의 운동이 제어된다고 보았다.

데카르트는 '무엇이 생각을 가능하게 하는가?'라는 질문을 끊임없이 탐구했다. 그는 의심, 이해, 의지, 상상, 감각 등의 활동이 가능한 존재만이 생각을 하며, 이러한 존재만이 마음(영혼)을 가진다고 규정했다. 인간만이 비물질적이고 측정할 수 없는 진정한 영혼을 가진다고 보았으며, 마음과 몸이 서로 다른 두 종류의 실재라는 이원론을 제시했다. 이 이론은 '마음과 몸의 이원론mind-body dualism'으로 불린다. 여기서 그는 세상을 물질적이고 측정이 가능한 세계res extensa와 비물질적이고 측정이 불가능한 정신의 세계res cogitans로 구분했다. 이처럼 인간 정신의 독특함을 강조해 마음과 몸의 작동 원리와 상호관계를 설명한 데카르트의 이원론은 당시로서는 획기적이었다.

데카르트는 인간의 영혼만이 영원불멸이며, 영혼이 있기에 육체 없이도 생각하는 것이 가능하고, 육체의 소멸 이후에도 영혼은 계속 존재한다고 믿었다. 그러나 인간을 제외한 다른 동물들은 단지 자동 기계처럼 움직이는 존재라고 여겼다. 심지어 통증도 실제로 느끼지 못한다고 생각했다. 동물이 통증으로 움츠리거나 신음을 뱉는 것은 자동화된 반응으로 진정 통증을 느끼는 것은 아니라는 것이었다. 이 믿음을 토대로 데카르트는 개와 같은 동물을 마취 없이 산 채로 해부했다. 울부짖는 동물의 고통은 흉내 내기에 불과하다고 무시하며 잔인한 짓을 저지른 것이다.

그렇기에 참으로 무심하지만 과학적으로는 (비록 '반사'라는 말을 직접 사용한 것은 아니지만) 반사 개념을 처음 기계론적으로 설명한 사람으로 데카르트를 언급하기도 한다. 그는 자동화된 행동의 전형적인 예로, 뜨거운 것에 닿을 때 반사적으로 발을 빼는 행동을 들었다. 그는 뜨거운 것이 닿아 피부가 벗겨지면 몸 안의 섬세한 관이 당겨지면서 뇌실의 밸브가 열려 발을 당기는 행동을 유도한다고 설명했다. 그리고 이러한 과정에 영혼의 존재는 필요치 않다고 했다. 하지만 흥미롭게도 데카르트가 인간과 동물이 함께 가지고 있다고 주장한 자동화된 행동에는 소화 작용, 혈액 순환, 성장, 호흡, 수면, 감각, 그리고 움직임이 모두 들어 있었다. 이뿐만 아니라 심지어 상상, 기억, 감정 등과 같은 고차원 기능도 있었다.

여기에서 한 가지 문제가 되는 것은 인간의 영혼이 뇌를 포함한 육체와 분리된 존재라면 영혼과 육체의 교류가 벌어지는 자리가 필요하다는 점이었다. 데카르트는 이 교류를 담당하는 기관으로 뇌 중심에 위치한 송과선pineal gland을 지목했다(지식 상자 3-1). 뇌 구조물의 대부분이 쌍을 이루고 있는 반면 송과선은 하나만 있으며(이렇게 따지자면 뇌하수체도 하나다), 뇌실 및 뇌 중앙에 위치한 것 역시 우연이 아니라는

  두뇌 인류

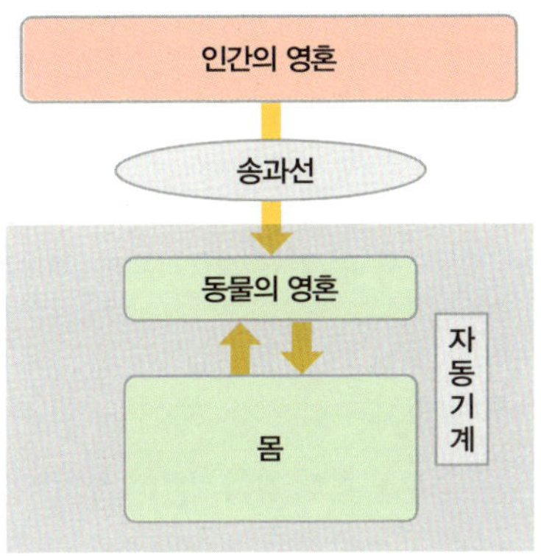

그림 2 | 데카르트가 생각한 마음과 몸의 관계

것이었다. 데카르트는 인간의 영혼이 이 송과선을 빠르게 진동시켜 기계적 반사 작용을 하는 뇌를 조절한다고 주장했다(그림 2).

데카르트의 주장은 많은 논란을 일으켰다. 그와 많은 편지를 주고받은 현명한 엘리자베스 공주Elisabeth of the Palatine, 1618–1680는 철학자다운 통찰력으로 데카르트의 이원론에 의문을 제기했다. 공주는 우리의 경험과 생각은 우리의 몸과 긴밀하게 엮여 있음을 강조하며 둘의 분리는 불가능하다는 생각을 전달했다. 공주의 이 생각은 최근 들어와서 그 중요성이 강조되고 있다. 이 또한 시대를 앞서간 생각이었다. 이 두 사람의 교류는 1643년에 시작되어 1650년에 데카르트가 사망할 때까지 계속되었다. 데카르트는 공주의 철학 선생님이었다. 그는 공주의 지성을 매우 높게 평가하여 자신의 저서를 헌정하기도 했다.

데카르트는 지식 또한 인간만이 가진 영혼에 존재하는 지성으로부터 나온다고 생각했다. 즉, 지성과 지식은 감각을 통해서 얻을 수 있는 것이 아니라, 신이 준 영혼으로부터 탄생한다는 것이었다. 데카르트의 이원론에 초기부터 제기된 반대 의견들은 몸과 관계없이 작동하면서 지성과 지식의 기원이 되는 이러한 영혼의 존재를 문제 삼았다.

베이컨Francis Bacon, 1561~1626과 더불어 영향력이 가장 큰 계몽주의자이자 경험론 철학자로 알려진(잘 알려지지 않았지만 의학자이기도 했다) 로크John Locke, 1632~1704는 인간의 마음은 지각을 통한 경험에 의해 형성된다고 주장했다. 로크는 갓 태어난 인간의 마음을 백지 상태tabula rasa(깨끗한 석판)라고 표현했다. 신이 인간에게 주는 영혼이 선천적으로 지식을 지닌다는 주장을 부정한 것이었다.

이렇듯 사람이 감각기관을 통해 정보를 수집하고 지식을 만들어나간다는 주장을 하는 사람들을 감각주의자sensationalist(지금은 황색 저널리즘과 연관되는 '선정주의'로 이해되지만 원래 뜻은 전혀 달랐다)라고 불렀다. 이 생각에는 기존의 질서를 뒤집을 가능성이 내포되어 있었기 때문에 당시 많은 감각주의자가 고초를 겪었다. 신이 주교나 귀족과 같은 사람들에게 더 많은 지식을 주었으므로 이들에게 복종해야 한다는 주장이 부정되기 때문이었다. 그런 의미에서 감각주의자들의 주장은 휴머니즘적이었다.

'몰리뉴의 문제'라고 불리는 감각주의자의 주장과 관련한 유명한 논제가 있다. 아일랜드의 실험 과학자이자 정치가인 몰리뉴William Molyneux, 1656~1698는 1688년에 친구 로크에게 편지를 보내며 유명한 질문을 던진다. 태어날 때부터 시각 장애를 겪은 어느 사람이 손가락 감각으로 원통과 구의 차이를 알게 되었다고 가정하자. 그가 나이가 들어서 비로소 사물을 볼 수 있게 된다면 만지지 않고도 구와 원통을 구분할 수 있을까? 만일 시각 지식이 시감각으로부터 얻어지는 것이라면 나이가 들어 개안한 이 사람은 보는 것만으로는 둘을 구분할 수

없을 것이다. 반대로 지식이 신으로부터 영혼에 주어지는 것이라면
이 사람은 비록 처음 '보지만' 시감각만으로도 이 둘을 구분할 수 있
어야 한다.

실제로 이에 대한 해답은 한 세기 이후에 얻어진다. 선천성 백내
장을 수술하는 방법이 개발되었기 때문이다. 정답, 해당 환자는 시감
각으로 두 물체를 구분하지 못했다. 이러한 내용은 1993년에 영국의
신경학자이자 저명한 작가인 색스Oliver Sacks, 1933-2015의 유명한 증
례 보고로도 잘 알려져 있다. 선천성 실명 상태로 있다가 50세에 수
술로 시각을 얻은 해당 환자는 자기가 보는 물건의 의미, 속도, 움직
임을 전혀 이해할 수 없었다. 정리해보자면 인간은 오감을 통해 세상
을 자신의 뇌 속에 모델링하면서 기억과 지식을 쌓아가는 것이다.

이 외에도 덴마크의 신학자 스테노Nicolas Steno, 1638-1686는 대부
분 동물의 송과선이 인간에 비해 크다는 점을 들어, 인간 영혼의 교
류를 담당한다는 송과선의 역할에 의문을 표시했다.

그럼에도 불구하고 데카르트의 이원론은 오랫동안 서양 철학에
막대한 영향을 미쳤으며, 1950년대 초반에 일부 과학자가 마음과 뇌
가 하나임을 주장하는 '동일성 이론identity theory'을 주장할 때까지도
살아남았다. 데카르트의 오류는 인간의 영혼과 마음이 뇌라는 물질
에서 기원한다는 사실을 부정하고, 몸과 마음이 분리될 수 있다고 주
장한 데 있다. 그리고 데카르트의 위대성은 뛰어난 성찰의 결과물이
기는 하지만 마음과 몸을 분리한 이원론에 있는 것이 아니고, 세상의
모든 물질은 입자로 구성되어 있으며 물질적 세계는 수학으로 설명
이 가능하다고 주장한 점과, 사람을 포함한 동물의 행동을 기계론적
으로 설명해낸 데 있다.

데카르트는 1649년에 스웨덴의 여왕 크리스티나_{Christina of} _{Sweden, 1626~1689}의 개인 교사 자격으로 스톡홀름에 머물게 된다. 불행히도 스웨덴의 혹독한 날씨와 새벽 5시부터 시작되는 개인 교습으로 인해 1650년에 폐렴에 걸려 이른 죽음을 맞았다. 여기서도 알 수 있듯이 수면은 면역 기능에 참으로 중요한 역할을 한다.

한편, 최근 뇌과학자들은 데카르트의 "나는 생각한다. 고로 존재한다"라는 선언을 "나는 존재한다. 고로 생각한다"라고 바꿔야 한다고 생각 중이다. 인간의 사고와 마음은 몸과 더불어 주위 환경과 소통하면서 진화한 결과물이고, 만일 몸과 마음의 이러한 상호 교류가 없었다면 현재 우리가 생각하는 인간의 정신은 결코 탄생할 수 없었기 때문이다.

개체는 생존을 위해 오랜 진화 과정을 거쳐오면서 여러 기능을 가다듬어왔다. 몸은 내부와 주변 환경의 변화를 감지하여 뇌에 신호를 보내고, 뇌는 상황에 맞춰 생존이 가능하도록 다시 몸에 지시를 내린다. 그러면 몸이 다시 이 지시에 반응하여 수정된 신호를 뇌에 보낸다. 이런 과정을 반복하며 몸은 뇌(마음) 형성에 필수 불가결한 역할을 해왔다(제13장). 뇌가 독립적으로 진화한 것이 아닐뿐더러, 몸을 지키기 위해 진화해왔다고 해도 과언이 아닌 셈이다. 물론 진화로 발달한 지금의 뇌가 이런 일만 하는 것은 아니지만 말이다.

스피노자: 범신론의 관점

뇌과학자라고 부를 수는 없겠지만 데카르트를 이야기할 때 빠

　　　　　　　　　　　　　　　　　　　　　　두뇌 인류

질 수 없는 사람이 스피노자Baruch Spinoza, 1632~1677다. 그는 오랫동안 인정받지 못했으나 지금은 17세기 유럽 철학의 거두로 꼽히고 있다. 스피노자는 모든 것이 하나의 실체, 즉 '신'에 의해 구성된다고 보았다. 여기서 신은 세상을 창조하고 모든 것을 관리하는 전통적인 신이 아니라 우리가 '자연'이라 부르는 것이다. 이 자연은 스스로 존재하고, 변하지 않으며, 무한한 것으로 정의된다. 스피노자는 신과 자연을 동일시하는 범신론적pantheism 관점을 가지고 있었다.

반면, 데카르트는 이원론적 접근을 통해 신과 자연(물리적 세계)을 구분했다. 그에게도 신은 완전하고 변하지 않는 존재로서 세계를 창조하고 그것을 다스리는 법칙을 부여한 이였다. 하지만 세계가 원리로 움직이는지 여부는 신의 영역이 아니라, 자연 그 자체의 질서와 법칙 속에서 이해되어야 한다고 보았다. 이처럼 신과 자연을 구분함으로써 신의 권위에 의존하지 않고 인간의 이성만으로 확실한 인식의 토대를 세우고자 했다. 이 전제하에 "나는 생각한다, 고로 존재한다"라는 명제를 통해 자신의 존재와 사유의 확실성을 찾았다. 이성이 진리를 인식할 수 있는 수단이라고 주장한 것이었다.

스피노자도 이성을 중시했다. 하지만 데카르트와는 달리 감정과 욕망을 이해하고 조절하는 것에 더 의미를 두었다. 그 밖에도 데카르트는 신의 완전함을 반영하는 인간의 자유의지를 믿은 반면, 스피노자는 전통적 의미의 자유의지를 부인했다. 그는 모든 것이 자연법칙에 따라 필연적으로 결정된다고 믿었다. 다만 인간이 자유가 없는 무기력한 존재는 아니며, 이성을 통해 자신의 욕망을 이해하고 자연의 일부로서 자신의 위치를 받아들임으로써 진정한 자유를 경험할 수 있다고 생각했다.

또, 스피노자는 의식이 신체보다 우위에 있지 않으며, 의식이나 신체가 하나의 동일한 실체를 두 방식으로 인식한 것이라는 '평행론parallelism'을 주장했다. 데카르트가 의식이 상위개념이라 주장한 것을 인정하지 않은 것이다. 그는 신이 지정한 절대적 선의 존재를 부정했고, 만물의 구성 성분이 생산적으로 결합한 것이 '좋은 것'이라는 이론을 펼쳤다. 당시에 이런 사상이 어떤 취급을 받았을지는 능히 짐작할 수 있다. 자유로운 사상을 쉽게 받아들이던 네덜란드가 아니었다면 이런 생각도, 그도 살아남지 못했을 것이다.

윌리스: 인간의 지능과 영혼은 대뇌에

한편, 영국의 의사이자 뇌과학자인 윌리스Thomas Willis, 1621-1675는 인간의 기억과 의지가 대뇌의 이랑cerebral gyri에 위치한다고 주장했다(그림 3). 윌리스는 1664년에 발간된 그의 유명한 저서《뇌 해부Anatomy of the Brain》에서 뇌의 여러 기능적 측면을 논했다.

이는 제목과 달리 단순한 해부학책이 아니었다. 서문에서 윌리스는 "나는 다른 사람이 걸어온 길을 그대로 답습하지 않을 것이며, 이전에 언급되었던 것을 반복할 생각도 없다"라고 천명하며 새로운 시각을 과감히 예고했다. 이 책은 여러 학자와의 합작품이었다. 영국의 건축가이자 천문학자인 렌Christopher Wren, 1632-1723이 많은 그림을 그렸고, '보일의 법칙'을 발견한 영국의 화학자 보일Robert Boyle, 1627-1691이 알코올로 뇌를 보존하는 새로운 방법을 제공했으며, 수혈 연구로 유명한 영국의 의사 로워Richard Lower, 1631-1691가 실제 뇌

그림 3 | 윌리스의 초상

해부의 상당 부분을 진행했다.

윌리스는 기억, 의지, 상상력 등 인간의 영혼이라고 부를 수 있는 것들이 대뇌 반구에 위치한다고 주장했다. 그리고 좌우 대뇌 반구를 연결하는 뇌량corpus callosum이 감각과 운동에 중요한 역할을 한다고 했다(지식 상자 3-2, 그림 4). 뇌량이 양쪽 대뇌 사이인 중앙에 위치할 뿐 아니라 연수 바로 위에 있기 때문이었다. 당시에는 연수medulla가 뇌의 기능이 들어오고 빠져나가는 길로 여겨지고 있었다(지식 상자 3-3). 윌리스는 연수를 '왕의 고속도로king's highway'라고 불렀다.

그리고 윌리스는 대뇌 반구가 중요한 고위 기능을 수행하는 역할을 한다면, 보다 기본적인 생체 기능은 소뇌가 담당한다고 생각했다(지식 상자 3-4). 윌리스가 생각한 소뇌는 현재 우리가 알고 있는 소뇌의 영역만을 일컫는 것은 아니었다. 이보다 광범위하게 교뇌pons

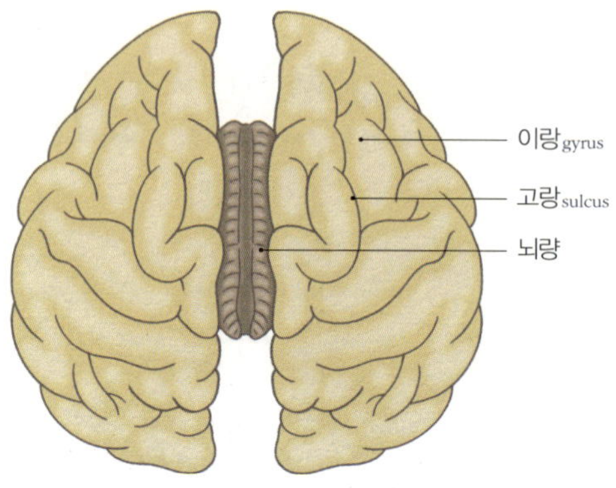

그림 4 | 뇌량 돌출된 부분이 이랑이고 주름져 안으로 들어간 부분이 고랑이다. 양쪽 대뇌 반구는 접근해서 거의 붙어 있으나 이 그림에서는 양쪽 대뇌를 연결하는 뇌량이 보이도록 가운데를 벌려 놓았다.

와 중뇌midbrain 등 뇌간을 포함한 것으로 보인다(지식 상자 3-1). 비교적 올바른 관찰이었다. 비록 널리 퍼지지는 못했으나 해부학과 임상에 기초한 그의 이론은 매우 통찰력이 있고 선구적이었다. 뇌가 부분적으로 기능을 달리한다는 주장과, 인간의 생각이 대뇌에 위치한다는 주장은 역사적으로도 뇌과학을 한 단계 진일보시킨 주장이었다.

《뇌 해부》의 또 다른 하이라이트는 대뇌 하부의 혈관 구조를 밝힌 지점이다. 윌리스는 대뇌의 하부에 동물에게서 관찰되는 뇌하부 혈관망(갈렌이 인간의 영혼이 존재하는 곳이라고 생각한 구조물) 대신 현재 '윌리스 환Circle of Willis'으로 알려진 혈관의 연결 고리가 있음을 밝혀냈다(그림 5). 더 나아가 이 고리의 기능적 중요성도 강조했다. 부검에서 한쪽 혈관이 막힌 것이 확인됐음에도 불구하고 생전에 기능 이상이 없던 증례를 지적하면서, 이 환이 혈류 공급을 위한 문합anastomosis을 수행하는 것으로 추정했다. 실제로 혈관의 한 부분이 막혀도 우회경로를 통해 혈류를 공급할 수 있다.

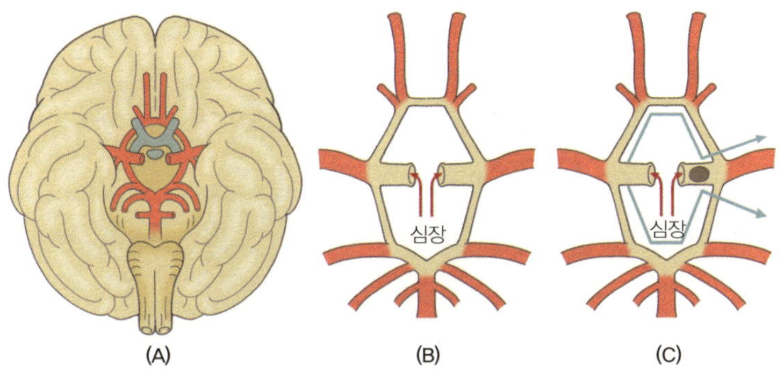

그림 5 | 윌리스 환 뇌를 아래쪽에서 본 그림이다. (A) (B) 뇌 하부에 혈관(동맥)이 원형을 이루면서 서로 연결되어 있다. (C) 심장에서 올라와서 뇌로 들어가는 혈관이 검은 원 부위에 막힌 경우에도 윌리스 환을 통해 파란 화살표 방향으로 혈액이 공급된다.

윌리스는 몇몇 정신 장애에 대해서도 기술했다. 그는 이러한 증상이 뇌의 이상과 관련이 있다고 주장했다. 그의 혁신적인 관점은 정신 장애의 생물학적 기반을 언급한 현대적 시각이었다.

스테노: 뇌의 유기적 구조화

앞서 데카르트의 송과선에 의문을 표시한 바 있는 스테노는 뛰어난 해부학자일 뿐 아니라 고생물학, 지질학, 결정학crystallography의 초석을 쌓은 것으로도 유명하다(그림 6). 그는 한평생 세밀한 관찰과 치밀한 실험을 통해 진리를 찾고자 했다. 데카르트보다 몸이 더 좋지 않아 3세부터 3년간 침대 생활을 할 수밖에 없었는데, 결과적으로 아이들과 어울리지 못하고 계속 어른들의 대화를 들을 수밖에 없었다. 대화 내용은 대부분이 종교적이었다. 이로 인해 그는 어릴 때부터 자

그림 6 | 스테노의 초상

신을 계속 돌아보며 조숙하게 자라났다.

스테노는 코펜하겐대학교에서 의학을 공부한 후 암스테르담에서 블래스Gerard Blaes, 1625-1692의 지도하에 해부학을 배웠다. 이때 양을 단독으로 해부하는 기회를 가졌고, 여기서 역사상 최초로 귀밑샘parotid gland(침샘)의 배출구를 찾아내는 실력을 보여주었다. 이후 눈물샘의 배출구도 발견하면서 눈물이 뇌에서 나온다는 당대의 믿음이 사실이 아님을 밝혀냈다. 몇 년 뒤 네덜란드 레이던대학교로 옮겨 간 스테노는 실비우스Franciscus Sylvius, 1614-1672(전두엽과 측두엽의 경계인 가쪽 고랑을 '실비우스 틈sylvian fissure'이라고 부른다)의 영향을 받아 점차 뇌 해부에 관심을 가지고, 많은 해부학자와 교류하게 되었다. 그리고 마침내 1662년에 《해부학 관찰Anatomical Observations》이라는 명저를 탄생시켰다.

명성을 얻은 스테노는 같은 해에 파리로 건너가 뇌 해부에 대한 강의를 진행했다. 26세의 젊은 나이임에도 불구하고 많은 의사의 주목을 받았다. 이 강의의 문을 열며 스테노는 뇌가 자연이 만든 가장 아름다운 작품이며, 동시에 우리가 뇌에 대해 얼마나 무지한가 강조했다. 그리고 실험을 통한 뇌 연구의 중요성을 강조했다. 의학의 방법론을 재정립한 것이었다. 스테노는 뇌의 기능이 뇌실에 있다는 오래된 믿음을 강하게 비판했다.

스테노는 신경계 성장에 대한 연구의 필요성을 주장했다. 그는 뇌가 혼란 없이 여러 가지 기능을 수행하려면 뇌가 만들어질 때 각 부분이 유기적인 구조로 조직되어야 한다고 생각했다. 뇌 해부는 뇌를 단면으로 절단하여 절편을 만드는 방법만으로는 부족하며, 뇌를 바깥쪽부터 안쪽으로 벗겨나가는 방법과 뇌 회백질을 분리하는 방법 등을 추가로 적용해야 한다고 했다. 특히, 신경 다발을 세심하게 추적하여 신경 다발이 지나가는 장소와 도착하는 장소를 확인할 필요가 있다고 강조했다. 단면으로는 알 수 없는 뇌 각 부분 간의 연결 상태를 봐야 한다는 것이었다.

그리고 진료로 바쁜 의사가 아니라 연구에만 전념하는 전문적인 연구자가 필요하다는 현대적인 의견도 제시했다. 스테노의 연구 주제는 인간의 뇌 해부 외에도 병리학, 발생학, 다른 동물과의 비교 해부학을 포함했다. 심지어 살아 있는 동물을 이용해서 각종 약물이나 독의 작용을 확인하는 첨단 실험도 고안했다.

1664년에는 《근육과 샘 조직의 관찰Observations on Muscles and Glands》이라는 책에서 근육이 힘을 낼 수 있는 이유가 근육섬유의 단축에 따른 것이라는 새로운 학설을 제시했다(그림 7). 근육의 길이가

cipia reformandam musculorum historiam aggre-
diar'; cum nullus sit musculus, de quo non pecu-
liare quid possit afferri, plurimi verò dentur, de
quibus non nisi pauca admodum hactenus dicta
sunt. Sed & ossium vera fabrica nec dum ab vllo
tentata, tendinum continuatione secundum hasce
obseruationes facilis simul, & manifesta euadet.

Desideraui iam tum sæpiùs illi me labori serió ac-
cingere: sed tantùm mihi tribuere nunquam volui,
vt, quod mihi hæc arriderent, reliquis accepta fu-
tura crederem. Cœcus amor prolis veteri verbo
dicitur, & frequenti experientia constat, alijs omni-
bus displicuisse sæpe, quæ ipsis Autoribus maximè
placuere.

Musculi fabricam hìc apposita figura explicuere
hactenus multi tum Philosophi, tum Anatomici.

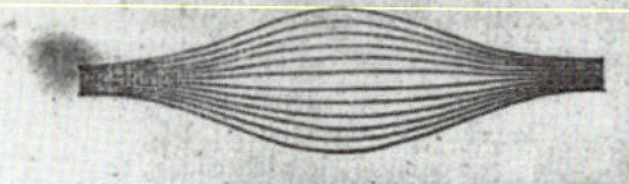

De ea in præsens nihil dicam, nisi quòd Auto-

Huic fundamento innixus musculum repræsento *Musculi Systema* per *fibrarum motricium collectionem ita conformatam*, *vt media carnes parallelepipedum obliquangulum consti-tuant, tendines verò oppositi duo prismata tetragona com-ponant*.

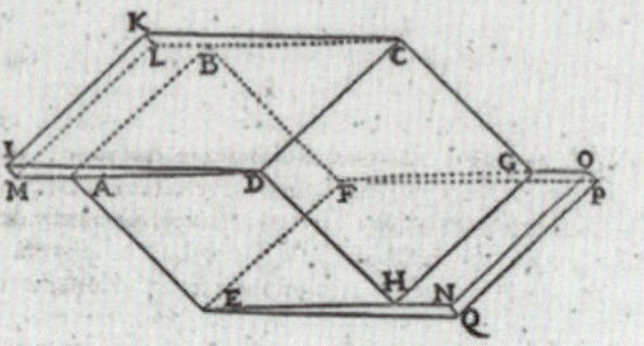

ABCDEFGH est parallele pipedum carnium,
DAMICBLK, EHNQFGOP duo prismata
tetragona tendinum.

Videor mihi videre multos, qui ad prima hæc
verba pedem figentes, nouam musculi fabricam, no-
uam chimæram pronuntiaturi sunt. Sed illos ego
perhumaniter rogatos volo, donec totum discur-

(A)

(B)

그림 7 | **(A) 스테노가 근육의 작동 방법에 대해 설명한 책의 일부**

(B) 실제로 근육이 수축하는 방법 미오신 머리가 액틴 필라멘트에 붙어 교차 결합을 형성한
다. 세포 에너지를 사용하여 미오신 머리가 회전하면서 액틴 필라멘트를 가운데로 당긴다. 이
때 H영역이 좁아지고, 전체 길이가 짧아지면서 근육이 수축하게 된다.

짧아지면서 두꺼워진다는 것이었다.

당시까지 근육의 작동 방식을 설명한 것은 '풍선 이론'이었다. 갈렌은 근육이 작동할 때 근육에 액체가 흘러 들어가면서 부푸는 것이라고 생각했다. 그로부터 1,500년이 지나 데카르트는 동물령이 근육으로 들어가서 근육이 부풀어 작동한다고 주장했다. 또, 윌리스는 동물 영혼과 생명 영혼이 근육에서 만나 작은 폭발과 비슷한 과정을 거치며 근육이 부푼다는 가설을 세웠다.

그러다 1667년에 곤충 해부로 유명한 네덜란드의 해부학자 스바메르담Jan Swammerdam, 1637–1680이 처음으로 풍선 이론에 흠집을 냈다. 그는 실험을 통해 근육이 작동할 때도 전체 부피는 변하지 않음을 확인했다. 액체든 뭐든 근육으로 들어가면 전체 부피가 커져야 하는데 그렇지 않았던 것이다. 이후 현미경으로 근육을 관찰한 결과 그 안이 비어 있지 않다는 것도 확인되었다. 바로 이 시점에 스테노가 풍선 이론에 사망 선고를 내렸다. 동시에 그는 심장은 열을 내는 기관이라는 데카르트의 주장을 강하게 부정하면서 심장 근육의 수축도 다른 근육과 같은 방식으로 작동한다고 설명했다.

고명한 임상 의사였던 윌리스와 달리 스테노는 오로지 연구에 몰두하고 연구 방법론 확립에 매진한 진정한 의미의 순수 연구자였다. 윌리스가 주장했던 뇌량 중심설을 스테노는 미심쩍게 보았으며, 선천성 뇌수두증 환자에게 뇌량이 없음에도 중요한 뇌 기능에 거의 문제가 없는 점을 들어 이를 반박했다. 또, 다른 책의 틀린 해부도를 확인 없이 인용하는 당시 학계의 풍조에도 일침을 가했다. 너그러운 윌리스는 이러한 스테노의 지적을 인정했을 뿐 아니라 스테노의 우수성을 칭찬했다.

스테노는 데카르트의 사상도 비판했다. 특히, 관찰 없이 사유에 의해서만 내린 결론들에 대해서는 더 혹독한 비판을 가했다. 예를 들어, 송과선의 진동으로 영혼과 뇌가 교류한다며 그 중요성을 강조한 점에 대해 송과선은 움직임이 없고, 주변에 신경 말단도 없으며, 동맥이 아니라 정맥이 주로 자리하는 점을 들어 반박했다. 그러면서도 데카르트의 자동적, 기계적 뇌 작용 이론이 향후 뇌 기능을 설명하는 중요한 도구가 될 수 있음을 내다보았다.

이 밖에도 스테노는 다양한 과학 분야에서 활동했다. 1671년에는《자연적으로 암석 안에 포함된 고형체들에 관한 논문Preliminary Discourse to a Dissertation on a Solid Body Naturally Contained within a Solid》이라는 책을 발표했다. 이 책은 현대 물상지질학physical geology의 원리를 개략적으로 기술하고 있으며, 화석 연구(고생물학), 암석 지층 연구(층서학), 암석 결정 연구(결정학)를 모두 다루고 있다.

신경학 교과서의 집필자들

윌리스의《뇌 해부》에 이어 신경해부학에 대한 종합 교과서 두 권이 잇따라 출판된다. 먼저, 1685년에 프랑스의 해부학자 비외상Raymond Vieussens, 1635-1715이《신경해부학 총론Neurographia universalis》이라는 책을 출간했다. 심장 구조를 밝힌 것으로 유명한 비외상은 뇌와 척수 해부에 대해서도 중요한 발견을 많이 했다. 한동안 그의 이름을 따서 부른 뇌 구조물이 많았다. 흔히 '비외상 중심'이라 불린 대뇌 피질 아래 백질의 중심 부분인 '반난형 중심centrum semiovale'이 대표적이다.

그리고 1695년에 영국의 내과 의사 리들리Humphrey Ridley, 1653–1708가《작동 기전과 생리학을 포함하는 뇌해부학The Anatomy of the Brain Containing Its Mechanisms and Physiology》이라는 책을 출간했다. 이 교과서로도 명성을 얻었지만 리들리를 특히 돋보이게 한 것은 그의 실험 방법이었다. 유럽에서는 17세기부터 시신을 해부하면서 뇌혈관에 물질을 주입하는 방법을 사용했다. 이렇게 하면 뇌혈관의 구조와 연결을 자세히 볼 수 있었다. 이때 인디아 잉크와 같이 색깔 있는 염색약을 사용하는 것이 일반적이었다. 그런데 리들리는 수은과 왁스를 섞어 따뜻하게 만든 후에 혈관에 주입하는 새로운 방법을 사용했다. 이 물질이 식으면서 딱딱하게 변하므로 혈관의 모양을 반영구적이면서 안정적으로 볼 수 있었다. 현재는 색깔 있는 실리콘과 라텍스를 섞어서 사용한다. 이를 통해 리들리는 윌리스 환의 구조와 기능을 확실하게 보여주었고, 이전까지 볼 수 없던 귀나 눈으로 가는 작은 동맥도 확인했다. 리들리는 교수형을 당한 시신도 이용했는데, 끔찍하긴 하지만 이 경우 목이 눌리면서 정맥이 확장되기 때문에 정맥의 구조가 잘 보이는 장점이 있었다. 또, 이전까지 잘 모르던 머리뼈 바닥에 존재하는 정맥과 정맥동venous sinus의 존재도 알아냈다.

현미경의 발명

이 시기에 비단 뇌과학뿐 아니라 모든 의학 발전의 중요한 계기가 되는 기계도 발명되었다. 바로 현미경이다. 당시 확대경이라 불린 현미경은 1590년에 안경을 만들던 얀센 부자Hans Janssen & Zacharias Janssen가 최초로 개발한 것으로 보인다. 얀센 부자는 세 개의 관과 두 개의 렌즈를 이용해 최대 열 배까지 확대되는 망원경 형태의 현미경을 만들었다.

1665년에는 영국의 자연철학자이자 박물학자인 훅Robert Hooke, 1635~1703에 의해 사람 털에 붙어 있는 이나 벼룩을 확대해서 마치 사진같이 그린 당시의 모든 현미경 그림을 모은 책《마이크로그라피아Micrographia》가 출간되기도 했다. 한 가지 흥미로운 점은 훅이 윌리스와 가까운 사이였음에도 불구하고 뇌의 확대 그림은 남아 있지 않다는 점이다. 대신 이탈리아의 의사이자 생물학자인 말피기Marcello Malpighi, 1628~1694가 같은 해에 최초로 뇌 구조물을 확대한 그림을 제시했다. 이후 1668년에 네덜란드의 무역업자이자 과학자인 레이우엔훅Anton van Leeuwenhoek, 1632~1723에 의해 200배까지 확대가 가능한 현미경이 개발되었다.

스베덴보리: 종교와 과학 사이

뇌의 기능과 관련해 선견지명을 보여준 학자는 놀랍게도 따로 있었다. 바로 스웨덴의 과학자이자 신학자인 스베덴보리Emanuel Swedenborg, 1688~1772다(그림 8). 윌리스와 마찬가지로 그는 대뇌가 인간의 이해, 생각, 판단, 의지의 기원이라고 결론 내렸다. 그리고 이 결론에서 한 걸음 더 나아가서 뇌의 여러 기능은 겹치지 않게 다른 위치에 분포하며, 그래야만 혼돈 없이 정상적인 기능을 수행할 수 있을

 　　　　　　　　　　　　　　　　　　　　　　　두뇌 인류

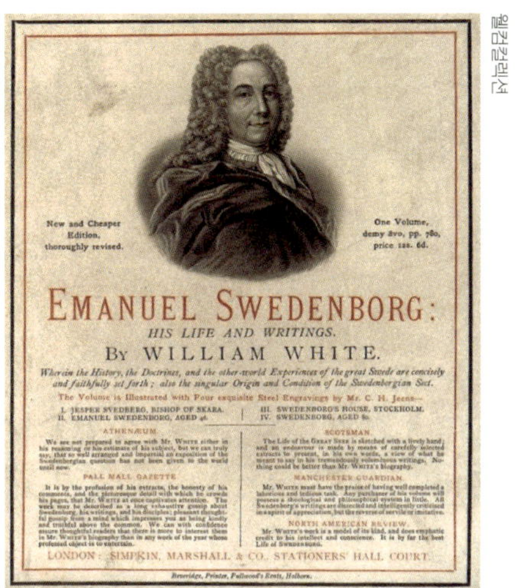

그림 8 | 스베덴보리의 초상

것이라고 예측했다. 미래의 뇌 기능 국소론을 내다본 것이다. 심지어 운동신경이 뇌 앞쪽에 있으며, 신체 순서적somatotopic 배열을 하고 있다는 사실까지 설명했다(지식 상자 3-5). 당시 알려진 지식과 제한된 실험 방법을 고려하면 믿기 어려울 만큼 뛰어난 예견이었다.

그러나 스베덴보리는 신을 만나거나, 천국과 지옥을 보는 등 일련의 환시와 꿈을 경험한 후 과학자로서의 삶을 포기하고 신학자로 인생 경로를 바꾸었다. 이러한 환시의 의미는 잘 알 수 없으나(의학적으로는 일시적 뇌전증 또는 뇌염을 겪었을 가능성도 있다), 스베덴보리는 신학자로도 크게 존경을 받아 그의 이름을 딴 교회가 세워지기도 했다. 어찌 되었든 이러한 경로 변경으로 인해 그의 뇌 관련 저술은 널리 알려지지 못했고, 스웨덴 왕립 문서보관서에 긴 세월 동안 묻혀 있었다. 만일 그의 업적이 일찍 빛을 보고 많은 사람이 뒤를 이어 연구를 진행했다면 뇌과학의 발전은 다른 경로를 취했을지도 모를 일이다. 하지만 그때나 지금이나 종교와 과학을 아우르는 것은 어려운 문제다.

송과선 pineal gland

송과선은 뇌의 정중앙에서 약간 뒤쪽에 위치하며, 두 대뇌 반구 사이의 시상하부와 연결되어 있다(그림 9). 작은 콩 모양을 한 이 선체는 주로 뇌 조직과 혈관으로 구성되어 있다. 송과선은 척추동물에게서 발견되며, 그 구조는 종에 따라 크기와 형태가 다양하다.

송과선의 가장 중요한 기능은 멜라토닌을 생성하고 분비하는 것이다(제13장). 멜라토닌은 수면-각성 주기를 조절하는 데 중요한 역할

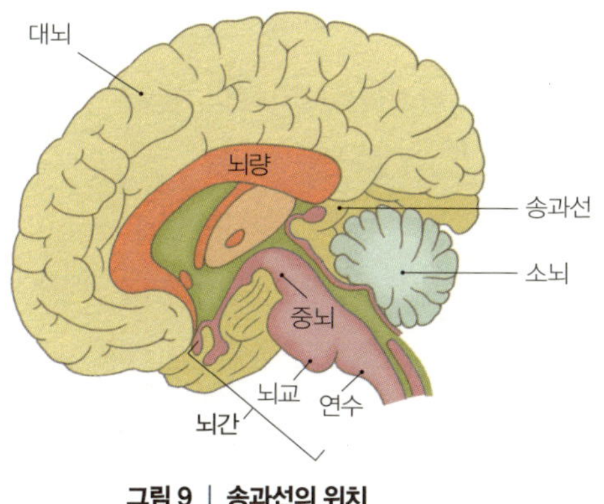

그림 9 | 송과선의 위치

을 한다. 이 호르몬은 빛과 어둠의 주기에 반응하여 몸의 수면 생체 리듬을 조절한다. 또한, 송과선은 나이에 따른 성적 발달 과정에도 영향을 미친다.

뇌량 corpus callosum

뇌량은 뇌의 양쪽 반구를 연결하는 신경섬유 덩어리다. 이 매우 두꺼운 구조물은 뇌의 중앙에 큰 C자 형태로 곡선을 그리며 위치한다. 뇌량은 뇌의 좌우 반구 사이에서 학습, 기억, 언어 및 감각 처리 같은 다양한 정보를 전달하는 역할을 한다. 뇌량을 통해 뇌의 양쪽 반구가 서로 협력하여 일련의 인지 및 운동 기능을 수행할 수 있게 된다.

연수의 기능

　연수는 대뇌와 척수를 연결하는 통로인 동시에, 생명 유지에 중요한 기능을 하는 구조물이다. 연수는 호흡 조절 중추로, 신체의 이산화탄소 수준과 산소 요구 수준에 반응해 호흡의 깊이와 속도를 조절한다. 또, 심박수와 혈압을 조절하여 혈액 순환을 유지한다. 침 분비, 구토, 삼킴과 같은 소화 과정을 조절하는 신경 또한 포함하고 있다. 이외에도 기침, 재채기, 구토와 같은 여러 반사 작용도 관장한다.

소뇌의 기능

소뇌는 후두부에 위치하며, 대뇌 밑에 자리 잡고 있다. 소뇌는 뇌 전체 부피의 대략 10퍼센트를 차지하지만, 뇌신경세포의 약 50퍼센트를 포함하고 있어 매우 밀집된 구조다. 소뇌는 우리의 움직임을 미세하게 조정해 부드럽고 정확한 운동이 가능하도록 만들어준다. 이는 걷기, 쓰기, 운동 등 다양한 일상생활에 필수적이다. 또, 소뇌는 몸의 균형을 유지하는 데도 중요한 역할을 한다. 균형 감각을 조절해 안정적으로 서 있거나 움직일 수 있도록 해준다. 새로운 운동 기술을 배울 때도 소뇌가 중요한 역할을 한다. 자전거나 피아노, 골프 같은 기술을 익힐 때 소뇌가 그 학습 과정에 관여한다. 우리가 근육 기억이라고 부르는 것은 사실은 소뇌 기억인 셈이다. 이외에 소뇌는 시간 처리와 운동의 예측 같은 고위 기능에도 관여한다. 가령, 움직이는 물체가 언제 어디에 도달할지 예측하는 데 도움을 준다.

뇌의 신체 순서적 배열somatotopic organization

뇌의 신체 순서적 배열은 뇌의 특정 부위와 신체의 특정 부분이 연결되는 방식을 말한다. 가장 잘 알려진 예는 대뇌 운동 피질cerebral motor cortex과 감각 피질cerebral sensory cortex에 있는 '호먼큘러스homunculus'다.

운동 호먼큘러스는 전두엽에 위치한 일차 운동 피질로, 신체 각 부위의 운동 기능을 제어하는 영역들이 체계적으로 배열되어 있는 것을 말한다. 예를 들어, 손과 얼굴은 운동 피질에서 상대적으로 넓은 영역을 차지하는데, 이는 이 부위들이 더 정교한 운동 조절을 필요로 하기 때문이다(그림 10).

감각 호먼큘러스는 두정엽에 위치한 일차 감각 피질로, 신체 각 부위로부터 오는 감각 정보를 처리하는 영역들이 체계적으로 배열되어 있다. 이곳에서도 손과 얼굴, 입술처럼 감각이 예민한 부위가 더 넓은 영역을 차지한다.

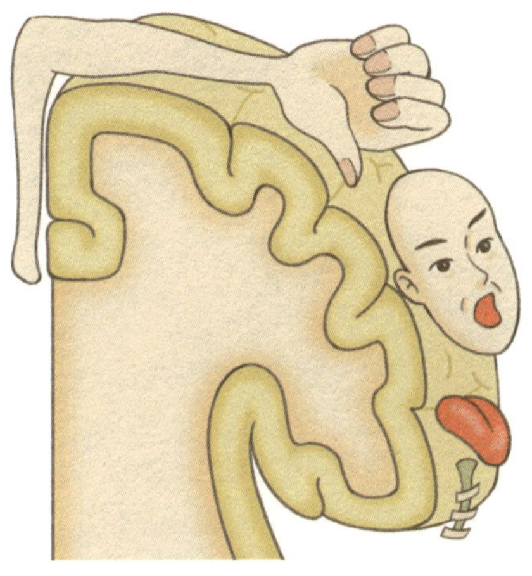

그림 10 ｜ **호먼큘러스** 일차 운동 피질에는 신체 각 부위의 운동 기능을 제어하는 부분이 배열되어 있다. 세밀한 운동을 하는 손, 얼굴, 혀의 비율이 상대적으로 큰 것을 볼 수 있다.

4

언어 중추를
발견하다

국소론과 전체론의 논쟁

"내 연구 목표는 뇌다.
두개골은 뇌를 싸고 있는 믿음직한 외피에 불과하다."
프란츠 갈 Franz Joseph Gall, 1758-1828

"마음의 많은 영역은 뇌의 많은 부분과 일치한다."
폴 브로카 Paul Broca, 1824-1880

"의학에서 잘못된 이론을 없애는 데 50년이 걸렸고,
올바른 이론을 주입하는 데 100년이 걸렸다."
존 잭슨 John H. Jackson, 1835-1911

신경세포의 작동 에너지, 전기

신경계의 자세한 전기 현상은 제8장에서 다루기로 하고, 이번 장에서는 생체 전기에 대한 시대별 관점을 간략히 소개해보고자 한다.

18세기 말부터 전기가 자연계의 에너지라는 사실이 알려지기 시작했으나, 그것이 생체에서 어떤 역할을 하는지에 대해서는 체계적 이해가 부족했다. 여기에 처음으로 중요한 단서를 제공한 사람이 이탈리아의 의사 겸 생물학자, 물리학자인 갈바니Luigi Galvani, 1737-1798였다. 당시 신경이 노출된 개구리 다리에 전기자극을 주면 근육이 수축한다는 점은 알려져 있었다. 여기서 갈바니는 전기자극이 아니라 단지 금속 메스만 갖다 대어도 다리가 강력히 수축함을 알아냈다(그림 1).

또, 근육 자체에 전기를 흘리는 것보다는 신경에 전기를 전달하는 것이 훨씬 더 강력한 근육 수축을 일으킨다는 점에 주목했다. 신경에 아주 약한 전기자극만 흘려도 강력한 근육 수축이 일어났다. 처음에는 금속이 공기 중에 떠돌아다니는 전기를 끌어당겨서 이러한

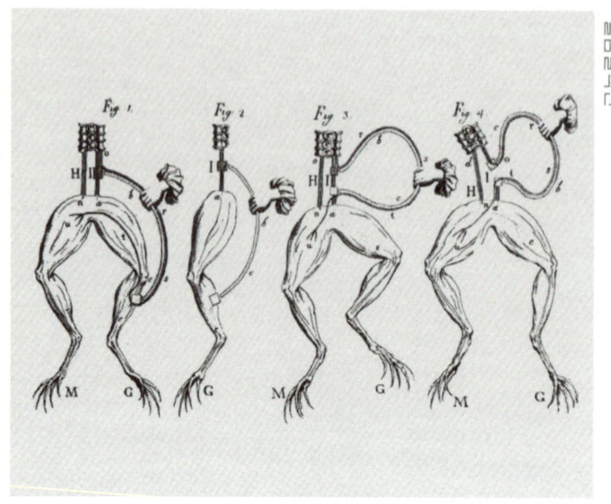

그림 1 | 갈바니의 초상과 개구리 다리 실험

현상이 발생한다고 생각했지만, 얼마 지나지 않아 다른 이론을 제시했다. 이미 신경 자체에 전기가 존재하며 금속 메스는 단지 전기의 흐름을 촉진한다는 것이었다.

그는 이 전기를 '동물성 전기animal electricity'라고 명명했다. 그는 이 동물성 전기가 생물 에너지의 근원이며, 뇌에서 발생한 에너지가 신경을 통해 근육까지 전달되는 것이라고 생각했다. 이러한 갈바니의 위대한 업적은 갈바니 전위Galvani potential와 '갈바노미터galvanometer'라 불리는 검류계와 같은 전기 현상과 기구, 그리고 '활력을 주다'를 뜻하는 'galvanize'와 같은 영어 단어에서 재차 확인할 수 있다.

전기 에너지가 생체 에너지라는 주장이 처음 나온 가운데 이탈리아의 의사이자 물리학자인 알디니Giovanni Aldini, 1762-1834도 실험을 통해 그 주장에 힘을 실었다. 그는 개구리 다리 근육에 말초신경을 갖다 대는 방식으로 금속 접촉에 의존하지 않고도 근육을 수축시

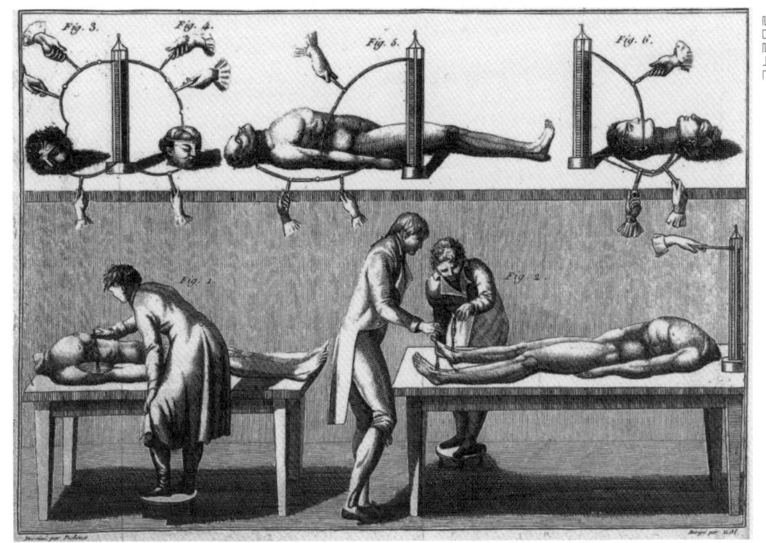

그림 2 | 알디니의 인간 시신을 이용한 실험

킬 수 있음을 증명했다. 1798년, 알디니는 갓 도살된 소의 뇌를 전기로 자극하여 소의 얼굴이 이상하게 일그러지는 현상을 공개 시연해 많은 주목을 받았다. 그리고 거기서 한 걸음 더 나아가 사형이 집행된 범죄자의 시신도 활용했다. 사후 세 시간까지는 뇌를 자극하면 얼굴이나 팔다리에 경련을 만들 수 있었다(그림 2).

그의 가장 유명한 실험(또는 공연)은 1803년 영국 왕립외과대학교Royal College of Surgeons에서 시행되었다. 마찬가지로 교수형이 집행된 26세 사형수의 시신을 전기로 자극해 얼굴 근육이 움직이거나 눈이 뜨이는 것을 관객들에게 보여주었다. 특히, 결장을 전기자극하자 신체 전체가 강한 경련을 일으켜서 사람들이 시체가 다시 살아났다고 착각하는 일까지 벌어졌다. 일부 쇼맨십이 발휘된 실험이기는 했지만 알디니의 의도 자체는 매우 과학적이었다. 전기자극을 이용해 금방 사망한 사람을 다시 살려낼 수 있지 않을까 하는 의학 목표가 있었던 것이다. 어떤 의미로는 뒤에 등장하는 많은 전기치료법의 시초로 볼 수도 있다. 이러한 공연과 아이디어는 당대 사람들에게도 많은 영향을 끼쳤다. 소설가 메리 셸리Mary Shelley, 1797-1851가 직접 이 공연을 보았다는 이야기도 있다. 명저《프랑켄슈타인》이 갈바니즘을 비롯한 신체 전기 실험에서 영향을 받았음은 명백해 보인다. 이를 통해서도 당대의 전기 실험이 얼마나 큰 사회적 파장을 일으켰는지 유추해볼 수 있다.

이러한 주장과 시연에도 불구하고 전기를 측정하는 정밀한 방법이 없었기에 1800년대 초반까지는 동물 전기의 존재에 확신을 가질 수 없었다. 그러다 1820년에 외르스테드Hans Christian Ørsted, 1777-1851가 전류가 자기장을 만든다는 사실을 발견하고, 이 발견이 독일의 물리학자 슈바이거Johann Schweigger, 1779-1857의 검류계 개발로 이어지면서 생체 전기가 실재함을 증명할 수 있게 되었다. 초기의 검류계는 자기화된 바늘을 섬유로 공중에 매달고, 그 주위를 구리 도선 코일로 둘러싼 형태였다. 전류가 흐르지 않을 때 바늘은 나침반과 마찬가지로 지구 자기장에 따라 북쪽을 가리키지만, 전류가 흐르면 코일 주위에 자기장이 형성되며 바늘이 움직여 전류의 존재를 감지할 수 있었다.

이탈리아의 물리학자 노빌리Leopoldo Nobili, 1784-1835는 1827년에 개선된 검류계를 이용해 최초로 개구리의 근육과 척수 사이에서 전기 흐름을 측정하는 데 성공했다. 이후 1843년에 독일의 생리학자 뒤부아-레몽Emil du Bois-Reymond, 1818-1896이 하지의 좌골신경sciatic nerve을 전기자극하여 음전위를 띠는 전기가 신경 줄기를 따라 내려가는 것을 발견했다. 이는 신경 활동전위, 임펄스impulse의 존재를 처음으로 증명한 것일 뿐만 아니라, 그 임펄스가 전기적 형태를 띠고 있다는 사실을 보여준 중요한 실험이었다(지식 상자 4-1).

1850년도에는 의학, 물리학, 생리학, 그리고 심리학 등 다양한 분야에서 활약한 독일의 헬름홀츠Hermann von Helmholtz, 1821-1894가 최초로 신경 임펄스의 속도를 정확하게 측정해냈다. 당시에는 전기의 빠른 속도를 감안해 막연히 신경 임펄스의 속도도 빛의 속도에 가까울 것이라고 추정하고 있었다. 헬름홀츠는 좌골신경을 40밀리미터 정도 노출한 후에 검류계와 정밀 시계인 크로노미터를 특정 지점에 장착했다. 그리고 신경의 한 지점을 지나는 전기 신호를 기록한 뒤, 이후 근육이 수축할 때까지 걸리는 시간을 측정해 신경 임펄스의 속도를 계산했다. 그 결과 신경 임펄스의 속도가 소리의 속도의 10분의 1 정도로 느리다는 것을 밝혀냈다. 따라서 신경 임펄스는 단순히 전선을 따라 흐르는 것이 아니며, 중간에 물리적, 화학적 개입이 있을 것으로 추정했다. 물론 여기에는 신경과 근육 전달 과정에 걸리는 시간이 포함되어 있어 약간의 오차가 있기는 했다(그림 3). 이러한 성과는 갈바니가 동물의 전기 에너지를 발견한 후로부터 60년이 지난 시점에 이루어졌다.

이 밖에도 헬름홀츠는 인간의 지각을 현대적으로 연구한 선구적인 인물이다. 그는 실제 물리적 자극의 크기와 이에 대응하는 인간의 지각 사이의 관계를 연구했으며, 우리가 세계를 지각할 때 뇌가 무의식적으로 과거 경험과 현재 감각 정보를 바탕으로 추론하여 의미 있는 전체를 구성한다는 무의식적 추론unconscious inference 이론을 제시

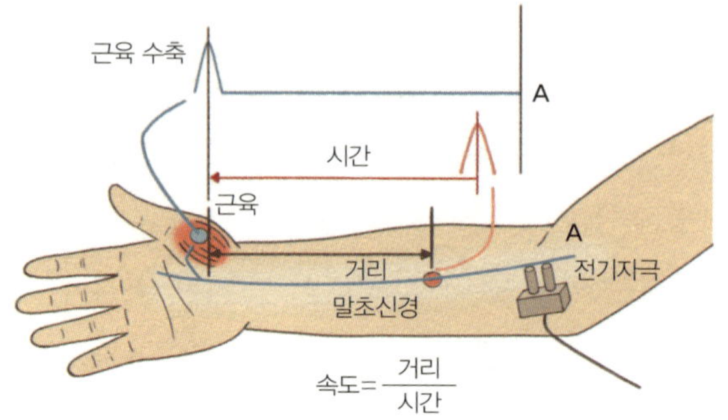

그림 3 | 말초신경의 전기 전달 속도를 계산하는 방법

했다. 이로써 헬름홀츠는 정신물리학 연구의 선구자라 평가받는다. 또한, 헬름홀츠는 눈 안을 들여다볼 수 있는 검안경 ophthalmoscope을 발명하여 안과학과 시각 연구의 발전에도 크게 기여했다.

골상학과 뇌 기능의 국소화

골상학의 창시자이자 대표자는 바로 갈Franz Joseph Gall, 1758–1828 이다(그림 4). 그때까지는 인간에게 하나의 영혼만이 존재한다는 종교적 믿음이 지배적이었기에 뇌도 뭉뚱그려 하나의 기관으로서 활동할 것으로 생각하고 있었다. 그렇지만 독일에서 신경해부학자와 의사로 활동하던 갈은 기억이나 성격 같은 개별적 기능이 뇌의 각기 다른 부분에 분포하고 있다는 혁명적인 생각을 했다. 그리고 뇌의 모양에 따라 이를 담고 있는 두개골의 모양이 변할 것이므로 두개골 형태를 연구하면 그 사람의 능력이나 성격을 알 수 있을 것이라고 추측했다.

그림 4 | 갈의 초상

갈은 원래부터 관상학physiognomy에 관심이 많았다. 아홉 살 때, 눈이 튀어나온 동료 학생이 가진 뛰어난 문장 암기 능력에 깊은 인상을 받은 갈은 이후 대학에 가서 만난 눈이 튀어나온 다른 학생에게 같은 능력이 있는 것을 보고 눈 뒤의 전두엽이 기억력과 깊은 관련이 있을 것으로 추정했다. 이렇듯 우연한 두 사례를 보고 결론을 내리는 것은 위험한 일이다.

갈은 1790년대 초반부터 의사로서 이러한 아이디어를 체계적으로 연구해나가기 시작했다. 이 과정에서 많은 사람과 친교를 맺으며 이들의 인상과 두개골 모양을 성격적인 특징과 연관 짓고자 시도했다. 그 대상에는 작가, 미술가, 정치인 등 유명인뿐 아니라 범죄 경향을 보이는 사람도 많이 포함되어 있었다. 급기야 죽은 사람의 두개골도 연구한 갈은 범죄로 처형당한 사람들의 두개골을 관찰해 범죄 경향을 보이는 뇌의 특징(두개골의 특징)을 찾으려는 노력도 병행했다. 갈의 열의에 범죄를 막고자 노력하던 당시 비엔나 경찰의 도움이 더해져 갈은 1800년대 초반에 이미 300개 이상의 두개골을 수집할 수 있었다.

자신의 집을 포함해 다양한 장소에서 활발한 강연 활동을 벌인 갈은 강연에 성적 내용이 포함된 점과 하나의 영혼을 이야기했던 종교와 근본적으로 잘 맞지 않는 점 때문에 결국 오스트리아에서 강연 금지 조치를 당하고 말았다. 하지만 이러한 금지 조치는 오히려 갈을 더 유명하게 만들어, 그의 활동 무대는 유럽 전역과 미국으로 넓어졌다.

갈은 총 스물일곱 개에 달하는 인간의 인지 및 성품 요소가 각기 다른 대뇌 피질 영역에 분포한다고 생각했으며, 이 중 열아홉 개는 인간 외 동물에게도 존재한다고 주장했다(그림 5). 예를 들어, 파괴적 본성이 귀 위쪽 부분에 위치한다고 설명하며, 이를 뒷받침하는 소견으로 이 영역이 포식자 동물에게서 가장 넓고, 동물을 고문하는 사람과 사형집행인에게서 두드러진다는 점을 제시했다. 그러면서도 이 영역들이 대뇌 피질에서 아주 뚜렷한 경계선을 그리며 분리되어 있거나, 골상학으로 모든 위치를 알 수 있다고 주장하지는 않았다.

현재까지 계속해서 비웃음의 대상이 되고 있지만 갈은 나름대로 정밀한 관찰을 토대로 결론을 내고자 노력했다. 의사로서 뇌 질환과 관련한 많은 임상 사례도 갖고 있었다. 대뇌 피질의 각 부분이 각기 다른 기능에 특화되어 있을 수 있다는 골상학의 아이디어는 사실 시대를 앞서간 것이었다. 그저 뇌의 모양에 따라 두개골의 모양이 달라질 것이라는 잘못된 중간 가설이 전체 이론을 우습게 만들었

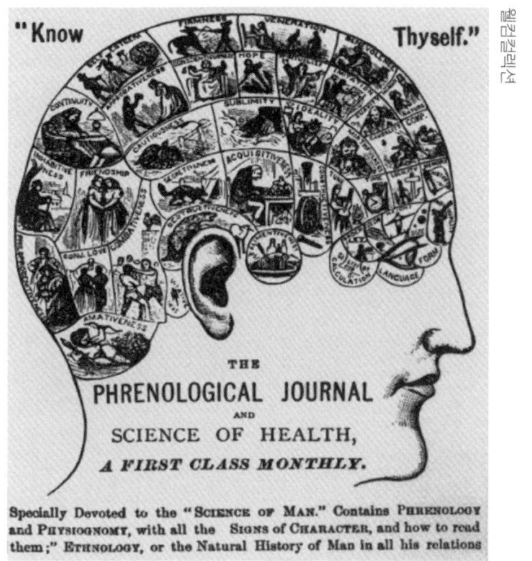

그림 5 | 골상학이 주장하는 각 기능의 분포도 갈은 인간의 기능이 스물일곱 개 영역으로 나뉜다고 보았다. 그의 동료였던 슈푸르츠하임은 이것을 서른다섯 개로 확대했다.

을 뿐이다.

갈의 추종자이자 가장 친한 친구였던 슈푸르츠하임Johann Spurzheim, 1776-1832은 갈과 함께 골상학의 기초를 정립했다. 갈과 슈푸르츠하임의 관계의 시작은 1800년으로 거슬러 올라간다. 갈의 강연을 들으면서 안면을 튼 슈푸르츠하임은 1804년부터 1808년까지 갈의 조수 역할을 했다. 그리고 1808년 이후부터는 공동연구자로서 많은 논문과 저서에 같이 이름을 올렸다. 슈푸르츠하임을 갈의 제자로 볼 수도 있지만 실상 다양한 저술과 강연을 통해 골상학의 대중화에 결정적인 기여를 한 사람은 슈푸르츠하임이었다.

평생의 친구로 지낼 것 같았던 두 사람은 1813년부터 갈라섰다. 갈은 인간의 본성이 악한 쪽에 있다고 본 반면, 슈푸르츠하임은 선한

쪽에 있다고 보았다. 마치 성악설과 성선설의 대립을 보는 듯했다. 교육을 통한 교정을 중요시하는 점은 같았지만, 갈은 악을 없애는 쪽에 무게를 두었고 슈푸르츠하임은 선을 확장하는 쪽에 무게를 두었다. 이 밖에도 슈푸르츠하임은 갈이 제시한 스물일곱 개의 기능 영역을 서른다섯 개로 확장했고, 이후부터 둘은 모든 저술을 단독 저자로 출판했다.

두 사람은 골상학에 대한 이론만 늘어놓은 것이 아니라 실제로 신경해부도 많이 시행했다. 보통 신경해부가 수술용 메스로 시행되는 것과 달리 이들은 부드럽고 연약한 뇌 전체를 알코올에 담가 단단히 고정한 후에 통째로 끄집어내어 손가락으로 뇌의 각 부분을 일일이 분류해 구분했다. 이러한 연구 방법은 신경 다발의 경로를 추적하기 위해 일찍이 스테노(제3장)가 강조한 기법이었는데, 한동안 무시되다가 이들이 다시 살려내었다.

신경해부를 통해 뇌 백질white matter이 전선과 같은 섬유fiber로

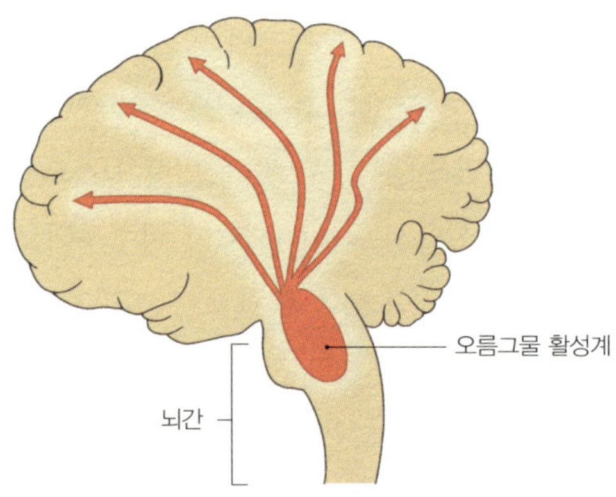

그림 6 | 오름그물 활성계 뇌 활성화 스위치에 해당하며, 이것이 작동해야 각성 상태로 들어갈 수 있다. 뇌간에서 시작해 대뇌 피질 전체에 분포하는 신경섬유로 구성되어 있다.

구성되어 있으며, 이 섬유가 뇌 아래쪽(연수)에서 시작되어 뇌 피질 쪽으로 올라간다는 사실을 알게 되었다. 의식의 각성에 중요한 오름그물 활성계도 이 중 하나다. 이 신호가 있어야 우리의 의식이 각성 상태를 유지할 수 있다(그림 6). 그리고 이런 섬유들이 올라가기만 하는 것이 아니고 대뇌로부터 아래로 내려가면서 연수에서 교차해 반대쪽 척수에 도달한다는 사실도 확인했다(제1장의 그림 10). 한쪽 대뇌의 이상이 반대쪽 신체 증상으로 나오는 현상에 대한 해부학적 근거를 제시한 셈이었다.

그 밖에도 여러 뇌신경의 경로도 파악했다(제2장의 그림 10). 이들의 가장 중요한 신경해부학적 기여는 자세하면서도 정확하게 대뇌 피질의 고랑과 이랑을 묘사한 것에 있다(제3장의 그림 5, 지식 상자 4-2). 이를 통해 대뇌 피질의 표면적이 주름으로 인해 얼마나 넓어지는지를 보여주었으며, 더 나아가 대뇌 피질이 하나의 구조물이 아니라 여러 기능을 하는 구조물들의 결합체임을 설명해냈다.

이러한 시도들을 고려하면 골상학자들의 노력을 그저 비웃음의 대상으로 취급하는 것은 다소 불합리하다. 18세기까지 통상적 믿음이었던 뇌는 하나의 통일된 기관이라는 생각을 버린 것만 해도 혁신적이다. 일부 뇌 기능과 특성은 인간과 비인간 동물이 같이 갖고 있다는 주장 역시 진화론이 나오기 한참 전인 시대 배경을 고려하면 분명 앞서가는 생각이었다.

그들은 개인의 골상을 분석해서 부족한 특성을 찾아내 이를 보충해주는 개인별 맞춤형 교육을 할 수 있을 것이라는 생각도 했다. 교육을 통해 본성을 수정하고 발달시킬 수 있다는 골상학자들의 주장은 범죄인에 대한 교화와 도덕 교육의 중요성이 대두되는 사회적 효과를 가져왔다. 물론, 19세기 후반 일부 학자들과 제국주의 선동가들이 이러한 관점을 노예제를 옹호하거나 인종, 계층, 범죄 성향 등 사회적 차이를 정당화하는 도구로 악용한 바가 있음은 모두가 잘 알고 있는 흑역사다.

골상학이 유행하며 당시 미국의 유명한 의사들도 골상학에 관심을 가졌다. 벨John Bell, 1796-1872과 칼드웰Charles Caldwell, 1772-1853을 중심으로 1822년에 필라델피아에 중앙골상학회Central Phrenological Society가 설립되었다. 하지만 이러한 관심은 곧 기운을 잃었고, 갈이 사망하는 1828년에 학회는 해산되었다. 분위기를 반전시키고 골상학을 정착시키고자 미국으로 건너간 슈푸르츠하임이 일반 대중과 의사들로부터 많은 관심을 받으며 강연을 이어갔지만, 불행하게도 그는 임무를 완수하기 전에 장티푸스로 사망하고 말았다. 이후 슈푸르츠하임의 뇌는 알코올에 고정되어 대중에게 공개되었다. 그의 뇌는 평균보다 약 300그램 가까이 무거운 것으로 알려져 있다. 그의 두개골은 현재도 하버드 의대에 보관되어 있다.

골상학의 대중화에 기여한 또 다른 인물로는 콤베George Combe, 1788-1858가 있다. 변호사였다가 골상학 전도사가 된 특이한 경력을 가진 콤베는 에든버러에서 슈푸르츠하임의 강의를 듣고 골상학에 매료되었다. 그는 1820년에 에든버러 골상학회Edinburgh Phrenological Society를 설립했고, 1827년에 골상학에 관한 책《인간의 구성The Constitution of Man》을 출간했다. 이 책은 공전의 히트를 기록해 영국에서는 1900년까지 성경을 포함해도 네 번째로 많이 팔린 책이었다고 한다. 이 책 덕분에 골상학이 대중들에게도 널리 알려지게 되었다. 콤베는 슈푸르츠하임과 마찬가지로 대중 교육의 중요성과 범죄인의 교화를 강조했다. 그는 왜 뇌 각 부위가 다른 기능을 할 것인지를 이론적으로 정리했는데, 골상학자의 이론이라 평가절하하기에는 상당히 체계적인 생각을 담고 있다. 대략 다음과 같다.

- 마음의 여러 기능은 뇌가 만들어지는 과정에서 동시에 발달하지 않고 정해진 순서를 따르는 것으로 보인다.
- 음악에 재능이 있다고 해서 미술에 같은 정도로 재능이 있는 것은 아니며, 그 반대도 마찬가지다. 이러한 소견은 각 재능이 뇌의 다른 곳에 위치해야 설명이 된다.
- 꿈을 꿀 때 뇌는 일부분 작동하고 있다. 만일 뇌가 전체로 작동을 한다면 이렇게 일부분만 깨어 있을 수는 없다.
- 정신적 질병도 특정 행동과 특정 정신 영역에만 영향을 끼친다.
- 뇌 손상이 오는 부위에 따라 다른 기능에 장애가 생긴다.

상기 요약은 상당한 근거를 갖는 관찰들이다. 다시 말하지만 이러한 관찰 자체에는 문제가 없었고, 뇌 모양에 따라 두개골 형태가 달라질 것이라는 중간 가정의 오류에서 모든 문제가 촉발된 것이다.

골상학의 몰락과 전체론의 반격

슈푸르츠하임이 사망하면서 골상학은 점차 쇠퇴의 길을 걷게 된다. 여기에 프랑스의 저명한 생리학자이자 의사인 플루렌스Jean Pierre Flourens, 1794-1867가 제대로 찬물을 끼얹었다(그림 7). 그는 여러 동물

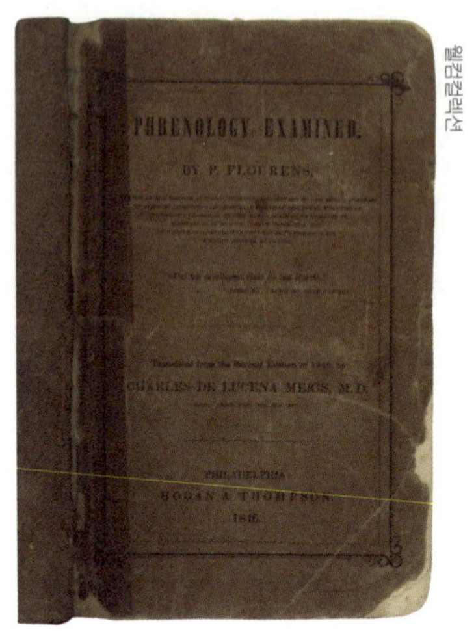

그림 7 | 골상학에 대한 플루렌스의 반격 《골상학에 대한 고찰 Phrenology examined**》**

에게서 뇌 일부분을 제거한 후에 신체 기능이 어떻게 변하는지를 관찰한 실험으로 유명하다. 특히, 조류를 대상으로 많은 실험을 했는데, 새에게서 뇌 일부분을 절제하면 잠시 기능이 떨어지는 것처럼 보이지만 곧 정상 기능을 회복하는 것을 알아냈다(지식 상자 4-3). 이를 토대로 플루렌스는 뇌의 각 부분이 다른 기능을 하는 것이 아니라, 전체가 균일하게 같은 기능을 한다고 주장했다. 그의 연구는 인간과 다른 종을 대상으로 했기에 인간의 뇌 기능에서 나타나는 미세한 행동 변화까지는 포착하지 못했다.

물론 골상학자들도 반론을 가했다. 플루렌스가 병소를 만들 때 상처를 너무 깊이 주는 바람에 뇌의 여러 부분으로 가는 신경섬유가 망가졌고, 이로 인해 특정 부위의 기능만 없어지는 현상을 제대로 관찰할 수 없었으리라는 것이었다. 또, 뇌에 손상을 줄 때 부종이 생기면서 기능이 전체적으로 나빠졌을 가능성도 지적했다. 그럼에도 불구하고 플루렌스의 실험 결과는 당시 이미 삐걱거리던 골상학에 치명타를 가했다.

플루렌스는 두개골을 수집하는 갈을 광인에 가까운 인물로 취급했다. 당시 비엔나 사람들은 사후에 자신의 두개골이 갈의 벽장 속에 수집품으로 들어갈 것을 걱정하여 이를 막는 내용을 유언장에 쓰기도 했다고 한다. 플루렌스는 이런 일을 책에 소개하면서 갈의 행동을 비난했다.

다른 저서에서는 슈푸르츠하임을 희화화하기도 했다. 당시 슈푸르츠하임이 저명한 수학자이자 천문학자인 라플라스Pierre-Simon Laplace, 1749~1827의 두개골을 보기 위해 해부 생리학자 마장디François Magendie, 1783~1855의 집을 방문한 적이 있었다. 그런데 마장디는 슈푸르츠하임에게 고의로 라플라스의 두개골 대신에 지적장애인의 두개골을 보여주었다. 사정을 모르는 슈푸르츠하임은 이 두개골의 위대함을 높이 평가했고, 결국 후일에 플루렌스에게 비웃음의 대상이 되었다. 이러한 내용을 저서에 반복적으로 기술한 것을 보면 플루렌스는 골상학에 심한 적개심을 가지고 있던 것이 확실해 보인다. 골상학이 몰락하고 플루렌스가 부상하며, 골상학이 등장하기 전까지의 일반적인 믿음, 즉 하나의 영혼을 구성하는 뇌가 하나의 통일된 기관이라는 전체론적 관점이 다시 힘을 얻었다.

그렇다고 플루렌스가 끝까지 인간의 뇌 모든 부분이 공통된 기능을 나눠서 하고 있다는 극단적 전체론을 주장한 것은 아니다. 플루렌스의 핵심은 뇌 각 부위의 기능이 일부 다양성을 갖고 있을 수 있지만, 뇌는 전체로서 작동하는 하나의 기관이라는 것이었다. 즉, 각 부분의 개별 기능이 다른 부분의 개별 기능과 연계된 형태로 작동한다는 이야기였다. 실험을 매우 중요시한 플루렌스는 동물의 뇌 특정 부위를 부분적으로 제거하는 실험 외에 전기자극을 주면서 그 반응을 평가하는 실험도 진행했다. 그리고 이러한 실험과 그에 따른 행동 변화를 상세하게 기술해 1824년 《척추동물의 신경계 기능 특징 연구 실험》이라는 책을 발간했다.

골상학에 대한 반대와는 별개로 플루렌스는 연구를 계속해 뇌 연구 역사에 많은 업적을 남겼다. 대표적으로 소뇌 기능을 확인한 업적이 있다. 돼지의 소뇌를 조금씩 절제해가는 방법으로 기능을 연구한 플루렌스는 소뇌의 일부분을 제거하면 돼지의 보행에 살짝 변화가 생기고, 많은 부분을 제거하면 마치 술에 취한 것처럼 되며, 완전히 제거하면 전혀 움직이거나 서지 못하는 것을 확인했다(지식 상자 4-4). 이를 토대로 플루렌스는 소뇌가 운동 기능과 자세를 조절하는 기관이라는 결론을 내렸다. 또, 뇌 연수의 기능을 조사해 연수에 손상을 주면 호흡이 멎어 동물이 사망함을 관찰했다. 그리고 범위를 좁혀가며 손상을 줌으로써 이러한 기능을 하는 자리가 연수 내에서도 아주 작은 부분임을 밝혀냈다. 두 발견 모두 '골수 전체론'에는 맞지 않는 이야기로, 뇌가 부분적으로 다른 기능을 한다는 것을 밝혀낸 셈이다. 이 밖에도 귀 안쪽에서 우리 몸의 평형을 유지하고 움직임의 빠르기를 측정하는 세반고리관의 역할도 알아냈다. 다만, 앞서 이야기한 대로 여러 절제 실험에도 대뇌의 기능분화 증거는 찾아내지 못했다.

과학의 발전은 기존의 일반적이면서도 굳건한 믿음에 반하는 아이디어를 생각해내고, 그것을 증명해나가면서 이루어지는 경우가 많다.

여기에서 아이디어가 가설에 해당하고, 증명해나가는 과정이 실험 및 관찰이다. 골상학은 기존의 통념인 하나의 인간에게 하나의 영혼이 있으며 뇌 전체가 하나로 작동한다는 생각에 반기를 든 혁명적 아이디어로 시작되었다. 뇌의 각 부분이 각기 다른 기능을 담당하고 있을 것이라는 생각이었다. 그리고 사람마다 뇌 기능에 차이가 있다면 뇌 모양도 다를 것이고, 뇌 모양은 두개골 모양을 결정할 것이므로 두개골을 연구해서 인간 마음을 보고자 했다. 혁신적 아이디어가 중간에 그릇된 가설을 만나 결국 쓰러지고 말았지만, 그 아이디어만큼은 이후 뇌 연구에 계속 영향을 미쳤다. 오늘날 우리는 갈로 대표되는 골상학을 올바른 아이디어와 잘못된 검증 방법이 만난 예로, 플루렌스로 대표되는 전체론을 잘못된 아이디어와 바른 검증 방법이 만난 예로 들곤 한다.

뇌 국소론의 재등장

전체론의 반격으로 빈사 상태에 빠졌던 뇌 국소론은 뇌에서 언어 기능 영역이 발견되면서 다시 살아나기 시작했다. 이전부터 전두엽에 언어 기능이 위치할 것이라는 주장은 계속되어왔다. 1825년, 프랑스의 보일라우드Jean-Baptiste Bouillaud, 1796-1881는 임상 관찰과 부검을 통해 언어가 기능별로 뇌의 다른 곳에 분포할 가능성을 제시했다. 특히, '뇌 앞부분'이 언어를 생산하는 곳이라고 주장했다. 혀 마비와 같은 운동 장애만으로 언어 장애가 나타나는 것은 아니라는 지적이었다. 혀와 입의 운동을 관장하는 뇌 부위는 언어 중추와 인접하기는 해도 다른 곳이라는 것이었다.

이러한 통찰력 있는 주장은 보일라우드가 한때 골상학에 관여한 적이 있다는 이유로 널리 인정받지 못했다. 그가 사용한 '뇌 앞부분'과 같은 애매한 표현도 문제가 되었다. 여기에 저명한 프랑스의 병리학자 안드랄Gabriel Andral, 1797-1876이 전두엽 뇌 손상이 있는 서른일곱 명 중 스물한 명에게서만 언어 장애를 확인했다고 보고한 것도 일조했다. 이 보고에는 좌우 뇌에 대한 언급이 없어서, 아마도 우측 전두엽 손상 환자가 다수 포함되었을 가능성이 있다. 더불어, 뒤쪽 뇌부분에 병소가 있는 경우에도 언어 장애가 발생할 수 있음이 알려진 것도 보일라우드의 이론이 받아들여지지 못하는 데 영향을 끼쳤다. 이때 다수의 과학자가 플루렌스의 전체론을 지지하는 보수적 입장이었고, 소수만이 국소론을 지지하는 진보적 입장이었다.

이런 논란은 프랑스의 유명한 신경학자 브로카가 1861년에 결정적인 증례를 보고하며 끝나게 된다(그림 8). 신경학 역사에 이름을 남기게 되는 레보른Leborgne이라는 환자는 20년간 뇌 손상을 입은 채로 뇌전증을 앓아 왔다. 말을 하지 못하고 오른쪽 팔다리에 마비가 있었다. 이 환자는 당시 '미스터 탠Tan'이라고 불렸는데, 다른 말은 전혀 하지 못하고 오직 '탠'이라는 말만 할 수 있기 때문이었다. "탠, 탠, 탠……"과 같이 반복하여 마치 문장을 말하려는 듯한 모습도 보여주었다고 한다. 레보른은 말을 하지는 못했지만 다른 사람의 말은 모두 이해할 수 있었다. 언어 표현만 제한되고 이해력은 유지되는 이러한 특수한 증상은, 언어 기능이 뇌 특정 부위에 국한될 수 있다는 주장의 강력한 근거가 되었다.

브로카의 병동에 온 지 6일 만에 사망한 레보른의 시신을 부검

그림 8 | 브로카의 초상

한 브로카는 뇌 좌측 반구의 세 번째 전두회를 따라 달걀 크기의 뇌 손상을 확인했다(그림 9). 좌측 전두엽이 언어 생성 기능과 관련이 있음을 알게 된 순간이었다. 이러한 사실은 부검 후 바로 다음 날 인류학회에서 발표되었고, 이후 해부학회에 재차 발표되면서 언어 중추를 국소화한 것으로 인정받게 되었다. 이후 브로카는 2년에 걸쳐 여덟 명의 유사한 환자를 발견해 자신의 이론을 뒷받침했다. 브로카의 주장이 이전과 다르게 학회로부터 많은 지지를 받을 수 있었던 것은 브로카의 개인적인 명성과 평판, 레보른 증례에 대한 자세한 기술, 그리고 브로카가 제시한 언어 중추 위치가 기존 골상학의 추정과 달랐던 점, 끝으로 당시 학회가 실험적 근거를 중시하는 전향적 태도를 취하고 있던 점이 총체적으로 작용한 결과였다.

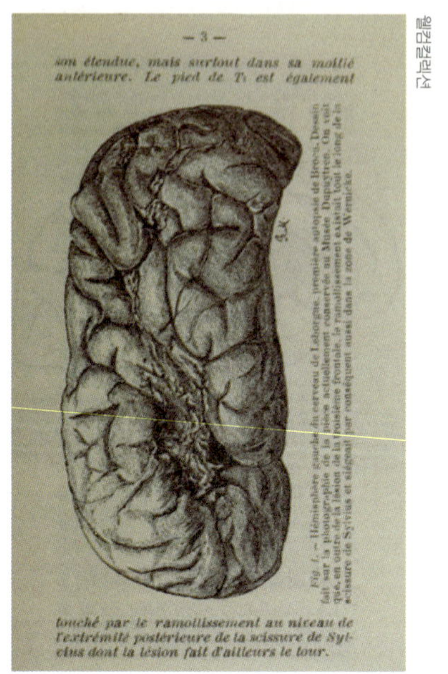

그림 9 ┃ 브로카가 발견한 운동언어 중추의 위치(환자 '탠'의 병소) 그림의 아래쪽이 뇌 앞부분, 좌측이 뇌 윗부분이다. 뇌 좌측 반구의 전두엽, 세 번째 이랑을 따라서 달걀 크기의 뇌 손상이 보인다.

뇌 국소론의 또 하나의 이정표:
대뇌 운동 피질의 국소화

브로카의 언어 중추 발견이 뇌 국소론의 새로운 시발점이 되었다면, 그로부터 9년 뒤에 이뤄진 대뇌 운동 피질의 발견은 뇌 국소론의 발전에 큰 탄력을 부여했다. 이 발견은 독일의 정신과 교수 히칙Eduard Hitzig, 1838-1907과 해부학자 프리치 Gustav Fritsch, 1838-1927가 이뤄 냈다. 브로카의 언어 중추 발견이 임상 관찰과 부검을 통한 것이었다면, 두 사람의 대뇌 운동 피질 발견은 실험 기법을 통한 것이었다.

히칙은 베를린대학교 출신의 자존심과 카리스마를 갖춘 의사로, 널리 도입되기 전부터 전기자극을 이용한 치료로 명성을 얻고 있었다. 1867년, 히칙은 치료 목적으로 일종의 생체 전기자극기를 만들었다. 그러던 어느 날, 치료 세션 도중 히칙은 우연히 환자 후두부에 강한 전기자극을 주게 되었다. 머리 바깥에서 자극한 것으로 대뇌 피질을 직접 자극한 것은 아니었다. 바로 그때, 히칙은 환자의 눈이 움직이는 것을 보았다. 그리고 여기서 대뇌 기능 평가에 전기자극기를 이용하는 아이디어를 얻었다. 하지만 곧장 뚜렷한 결과를 얻지는 못했다.

프리치는 의대를 졸업하기는 했으나 히칙과 달리 자유분방한 인물이었다. 남아프리카로 모험을 떠나거나 이집트와 중동 지역을 돌면서 인류학 책을 저술하기도 했다. 여행 도중 프리치는 덴마크와 프로이센 왕국 간의 제2차 슐레스비히 전쟁에 외과의로 참전하면서 특별한 경험을 하게 된다. 두개골이 열린 환자의 상처를 소독하는 과정에서 약한 전기자극에 의해 환자가 의지와 관계없이 불수의적 근육 수축을 일으키는 것을 본 것이었다. 이 경험에서 그는 대뇌 피질을 자극할 수 있는 가능성을 보았다. 프리치는 1860년대 후반에 베를린으로 이사를 와서 히칙과 만나 그와 함께 여러 동물을 가지고 본격적인 뇌 피질 전기자극 실험을 진행했다.

이들과 별도로 아일랜드 출신의 토드Robert Bentley Todd, 1809-1859는 뇌간에 전극을 삽입하는 실험을 하던 도중 우연히 대뇌 피질을 자극하면 근육 일부가 경련한다는 사실을 발견했다. 토드는 뇌전증 발작 후 발생하는 신체 일부분의 마비 현상을 처음 보고한 것으로도 유명한데, 그의 이름을 따서 이러한 현상을 '토드 마비Todd paresis'라고 부른다(지식 상자 4-6). 하지만 당시 토드는 이 현상을 충분히 설명하지 못했다. 더구나 같은 시기의 과학자 대부분은 1848년에 있던 토드의 이 실험 내용을 알지도 못했다.

또 한 사람 잭슨John Hughlings Jackson, 1835-1911도 1863년에 우측 마비 환자에서 발생한 뇌전증을 연구하는 과정에서 대뇌 운동 피질의 존재를 주장했다(그림 10). 잭슨은 뇌전증에서 관찰되는 발작의 진행 양상을 추적해 발작의 유형을 체계적으로 분류하고자 했다. 이때 그가 사용한 대발작grand mal seizure이라는 용어는 최근까지도 널리 사용되었다(지식 상자 4-5). 이러한 그의 업적을 기려 '잭슨형 행진Jacksonian march'이라 명명한 양상의 발작도 있다(지식 상자 4-7). 사실 토드와 잭슨의 발견과 주장은 히칙과 프리치의 실험보다 앞서 나온 것으로, 대뇌 운동 피질의 존재를 시사하는 중요한 소견이었다.

만일 히칙과 프리치가 이런 선행 연구의 결과를 미리 알았더라면 대뇌 운동 피질의 존재가 더 빨리 발견될 수도 있었다. 어찌 되었든 1870년에 히칙과 프리치는 개를 대상으로 마침내 역사에 남을 실험을 진행한다. 당시 베를린대학교가 허가하지 않은 탓에 이 실험은 프리치의 집에서 이루어졌다. 두 사람은 마취하지 않은 개의 두개골을 열고 뇌를 노출시킨 후, 혀를 갖다 대면 겨우 알 수 있을 정도의 약한 전류를 직접 대뇌 피질에 흘려 넣는 방법으로 발, 얼굴, 목에 근육 수축이 일어나는 것을 관찰했다. 또, 전류를 약하게 주면 경련을 일으키는 부위가 적어지고, 전류를 강하게 주면 부위가 늘어나는 것도 확인했다.

이와는 별개로 대뇌 운동 피질이라고 생각되는 부분을 조금씩 절제해 반대쪽 해당 부위에 마비가 오는 것도 확인했다. 이때 몸을

그림 10 | 잭슨의 초상

만지거나 통증을 주면서 개의 반응을 살펴 감각신경에는 손상이 오지 않음도 확인했다. 이전까지 개를 통한 비슷한 실험에서 이러한 결과가 발견되지 않은 것은 사람과 달리 개의 운동 피질이 안쪽으로 접혀 밖으로 노출되지 않았기 때문이었다. 그 이후로도 히칙은 개와 원숭이를 대상으로 연구를 계속하는 한편, 프랑스 전장에서 부상당한 병사와 다른 사람들을 통해 대뇌 운동 피질 존재에 대한 증거를 계속 쌓아나갔다.

우성 반구의 발견

한쪽 뇌가 더 중요한 기능을 맡게 된다는 우성 반구에 대한 합리적인 가설을 내놓은 사람은 뇌를 다섯 개의 엽으로 나누고 이름을 붙인 프랑스의 해부학자 그라시오레Louis Pierre Gratiolet, 1815-1865와 해부학자이자 정신과 의사인 뢰레François Leuret, 1797-1851였다. 태아 뇌 발달 과정에서 왼쪽 뇌가 오른쪽 뇌보다 조금 더 먼저 커지는 것을 확인한 두 사람은 이것을 왼쪽 뇌가 오른쪽 뇌보다 우성이라는 증거로 생각했다. 좌측 뇌가 먼저 교육받는 기회를 얻으므로 언어 중추가 좌측 뇌에 자리 잡게 된다는 이론을 세운 것이었다. 이 가설은 사람들 대부분이 오른손잡이인 점도 설명해줬다. 반대로 왼손잡이는 오른쪽 뇌가 우성 반구가 될 가능성이 크다.

이후 운동언어 중추(말을 하는 언어 중추, 이에 대칭되는 표현이 감각언어 중추로 말을 이해할 수 있게 해주는 자리다)가 대부분 좌측 반구에 위치한다는 사실을 발견한 브로카는 종합적으로 좌측 뇌가 지능과 사고 측면에서 우측 뇌보다 우위에 있다고 생각했다(지식 상자 4-8).

이러한 발견과는 별개로 브로카는 언어 중추가 우성 반구가 아닌 곳에 있는 예외 사례도 여럿 확인했다. 생전에 언어 구사에 전혀 문제가 없던 한 뇌전증 환자의 사후 부검에서 광범위한 좌측 반구 손상이 관찰된 경우도 있었다. 브로카는 만약 뇌 손상이 아주 어린 나이에 일어난다면 반대쪽 뇌가 언어 기능을 대신하여 문제없이 수행할 수 있을 것으로 생각했다. 이는 사실이었다. 실제 2, 3세 이전에 우성 반구에 심한 손상이 오면 반대편 뇌에 언어 기능이 생긴다.

브로카가 뇌의 언어 영역을 최초로 발견했다는 역사적 사실과 관련해서는 시비가 있다. 1836년, 마르크 닥스Marc Dax, 1770-1837라는 프랑스 시골 의사가 좌측 반구의 손상으로 실어증과 우측 편마비가 발생한 세 환자의 증례를 프랑스 학술대회French Academy of

Sciences에서 발표했다. 그러나 이 발표는 곧 잊혔다가 1863년에 그의 아들인 귀스타브 닥스Gustave Dax, 1815~1893가 아버지의 업적을 이어받아 140명의 실어증 환자를 분석한 논문을 제출하면서 다시 알려졌다. 이 논문에서 그는 언어 기능과 관련된 좌측 반구의 중요성을 특히 강조했다.

당시는 우성 반구에 대한 확신이 없었다. 심지어는 이를 주장하는 학자를 사이비로 보는 풍조까지 있었다(사실 브로카도 처음에는 우성 반구에 대한 확신이 없었다고 한다). 어찌 되었든 결국 귀스타브의 논문은 퇴짜를 맞았고, 다시 출판되기까지 2년이라는 시간이 더 흘러야만 했다. 퇴짜를 맞지 않았다면 논문이 브로카보다 앞서거나 비슷한 시기에 발표될 수도 있었다. 자신에게 퇴짜를 놓은 프랑스 학계에 화가난 귀스타브는 브로카가 아니라 자신의 아버지가 뇌의 언어 영역을 발견한 최초의 사람이라고 주장했고, 이러한 주장을 실은 편지를 여러 차례 공개적으로 발표하기도 했다.

그렇지만 끝내 브로카가 최초의 발견자로 인정받게 되는데, 물론 학계의 편파적인 분위기도 실재했지만 가장 큰 이유는 따로 있었다. 마르크 닥스는 단순히 좌측 뇌가 언어와 관련이 있다는 사실만을 밝혔지만, 브로카는 이 언어 영역이 전두엽의 세 번째 고랑에 위치한다는 것을 정확히 제시했기 때문이었다. 그렇기는 해도 우성 반구의 존재를 일찌감치 주장한 닥스 부자의 연구도 충분히 인정받아 마땅하다. 거기에 아버지의 명예를 위해 분투한 귀스타브 닥스에게도 박수를 쳐주고 싶다.

프랑스의 브로카가 실어증과 우성 반구에 대한 연구를 진행하는 사이, 신경학 초석을 확립하고 현대 뇌전증 연구의 시조로 인정받는 영국의 잭슨도 같은 분야에 관심을 가지게 되었다. 그는 1864년에 좌측 반구가 손상되어 언어 장애와 우측 편마비를 보이는 서른한 명의 환자를 보고했다. 하지만 2년 뒤 그는 이 소견을 일부 수정했다. 브로카가 주장한 것처럼 언어 중추가 전적으로 우성 반구인 좌측 반구에 위치하는 것은 아니라는 내용이었다. 이에 대한 근거로 좌측 반구가 심하게 손상된 환자들도 갑작스러운 감정 반응에 따라 말이나 욕을 할 수 있다는 점을 들었다. 또, 실어증이 있는 몇몇 아이들이 말은 전혀 할 수 없음에도 노래는 부를 수 있다는 점을 보고했다. 이를 토대로 잭슨은 좌측 반구는 지적인 언어 능력을 가지고 있으며, 우측 반구는 감정과 관련된 발화 능력을 가지고 있다고 설명했다. 양쪽 반구가 모두 언어와 관계하지만 내용과 수준과 다르다는 것이었다. 그래서 잭슨은 좌측 반구를 주반구major hemisphere, 우측 반구를 부반구minor hemisphere로 명명하며, 결코 우측 반구가 능력이 떨어지는 것이 아니며 두 반구가 상호보완 관계임을 강조했다.

　　잭슨은 다음과 같은 예를 들었다. "좌측 반구가 손상된 환자들은 대부분 물건이나 사람의 이름을 말하지 못하지만 그것이 무엇인지, 또 누구인지 인지하는 데는 문제가 없다. 반대로 우측 반구가 손상된 환자들 일부는 시각 기능에 문제가 없음에도 그 사람이 누구이고, 물건이 무엇인지 모르게 되는 경우가 있고, 그 물건의 사용 목적을 모르게 되기도 한다. 또, 주변 환경과 길을 인지하지 못하기도 한다." 이것을 보고 잭슨은 우측 반구에는 언어 능력이 거의 없으며, 물건과 공간을 인식하는 능력이 있음을 추정할 수 있었다.

　　양측 반구의 기능에 차이가 있음을 인지하면서도 잭슨은 언어와 같은 기능이 뇌 한 부분에만 국한되어 존재한다는 의견은 부정했다.

뇌 어떤 부위에 손상이 가해졌을 때 언어 장애가 발생한다고 해서 언어 기능이 바로 그 부분에만 있음을 의미하는 것은 아니라는 것이었다. 그러면서도 특정 뇌 부위가 어떤 기능을 수행하는 데 있어서 다른 부위보다 더 중요할 수 있음은 인정했다. 이에 기초해 브로카의 운동 실어증을 설명하자면, 뇌 다른 부위들도 언어 표현에 관여하는 것은 맞지만 그중 브로카 영역이 가장 중요한 역할을 한다고 말할 수 있다.

신경세포의 전기 흐름

신경세포의 전기 활동전위, 임펄스는 신경계의 기본적인 신호 전달 방식이다. 신경세포neuron는 세포체soma, 수상돌기dendrite, 축삭axon으로 구성되어 있다. 임펄스는 신경세포체에서 생성되거나 다른 신경세포의 신호가 수상돌기를 통해 들어오면서 시작된다. 이 전기 신호는 축삭을 따라 이동한다. 축삭은 신경세포체에서 뻗어 나온 긴 신경섬유로, 전깃줄처럼 전기 신호를 축삭의 말단까지 빠르게 전달한다. 축삭의 끝에 임펄스가 도달하면 전기 신호는 화학 신호로 변환된다. 그렇게 축삭의 끝과 다음 세포의 수상돌기 사이에서 신경전달물질neurotransmitter이라는 화학물질이 시냅스로 방출되고, 이 신경전달물질은 다음 신경세포의 수상돌기에 있는 수용체와 결합해 새로운 전기 신호를 생성한다(그림 11).

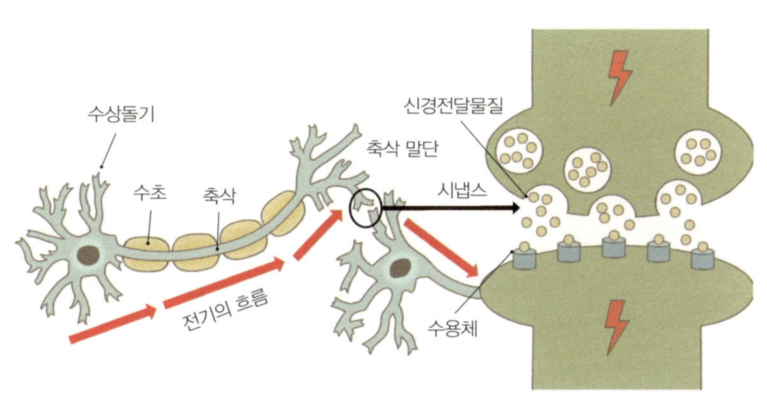

그림 11 │ 신경세포의 전기 흐름

대뇌 피질cortex, 회백질gray matter과 백질white matter

대뇌는 피질과 백질로 구성되어 있다. 피질은 대뇌 표면에 있는 얇은 회백질이 겹겹이 쌓인 부분이다. 이렇게 구불구불하게 접혀 있는 부분에서 바깥쪽의 평평한 부분을 이랑이라고 하고, 이랑 사이의

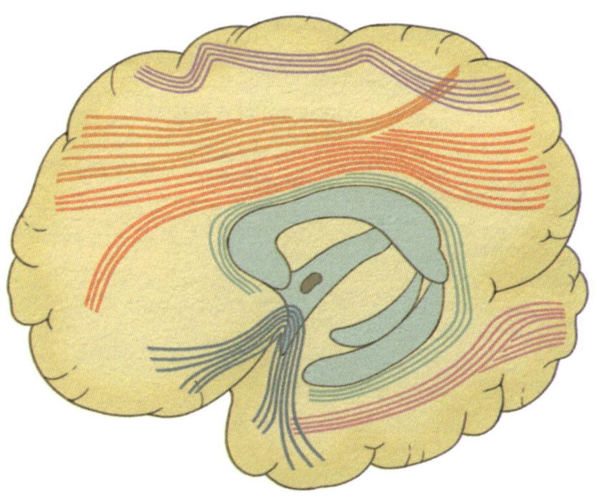

그림 12 | **백질** 백질은 다양한 뇌 부위를 연결하는 신경섬유(색깔 있는 줄)로 구성되어 있다. 각 부위의 피질은 이 백질을 통해 정보를 교환한다.

틈을 고랑이라고 한다(제3장의 그림 5). 피질은 많은 신경세포가 여러 층을 이루고 있다. 감각 처리, 운동 제어, 인지, 언어, 사고, 기억 등 다양한 뇌 기능을 수행하는 피질은 우리의 지능과 인지 능력을 결정하는 부분이다. 이렇게 구불구불한 이유는 표면적을 증가시켜 더 많은 신경세포를 갖기 위해서다.

피질 아래에 있는 백질은 신경세포 간의 연결을 담당하는 뇌의 신경섬유 집합체다. 미색의 지방질로 덮여 있어서 백질이라고 불린다(그림 12). 피질의 신경세포들이 처리하고 생성한 정보가 뇌의 다른 영역으로 전달되기 위해서는 백질이 있어야 한다.

조류 뇌의 특징

흔히 '새대가리'라고 하면 머리가 나쁜 것을 의미한다. 인류는 한동안 고차원적인 지각 능력을 인간 혹은 최소 고등 포유류만 가졌다고 생각했다. 그런데 포유류와 같은 대뇌 피질이 없고 뇌가 작은 조류도 훌륭한 인지 능력을 가지고 있다는 사실이 밝혀지면서 의문이 생기게 되었다. 특히, 까마귀류의 지능은 매우 뛰어나다. 앵무새보다도 훨씬 좋으며 사회적 교류 능력도 있다. 오랫동안 조류의 뇌 어느 부분이 이러한 기능을 하는지 밝혀내지 못했는데, 2020년 〈사이언스〉에 발표된 연구를 통해 많은 부분이 밝혀졌다.

포유류의 신 피질은 여섯 층으로 조직된 신경세포 구조를 가지고 있다. 이 구조는 수직 또는 수평으로 다른 뇌 부위와 연결되며 복잡한 기능을 수행한다. 그런데 조류에게는 이러한 신 피질이 없고, 대신 뇌 바깥쪽에 단순해 보이는 겉질pallium이 있다. 자세히 분석해 보니, 비록 이 겉질에는 여섯 층의 신경세포 구조는 없지만, 포유류에게서 보이는 것과 유사하면서도 복잡한 수직, 수평 신경망이 존재한다는 사실이 밝혀졌다. 그리고 예상했던 것보다 새의 뇌 표면을 더 넓게 덮고 있었다. 더 놀라운 점은 조류의 겉질에 포유류의 신 피질보다 훨씬 높은 밀도로 신경세포가 존재한다는 사실이었다. 조류는 두뇌가 작은 대신에 신경세포의 밀도가 높은 겉질의 신경망을 통해 포유류 못지않은 인식 능력을 보여주는 것으로 해석되고 있다.

소뇌의 구조와 연결

　　두개골 후방 하부에 위치한 소뇌는 주로 운동이 매끄럽게 이루어지도록 조정하며, 균형과 자세를 유지하는 기능을 한다(지식 상자 3-4). 또한 운동 학습 같은 기능에도 관여한다. 최근 연구에서는 언어와 주의력과 관련한 역할도 한다는 사실이 밝혀졌다.

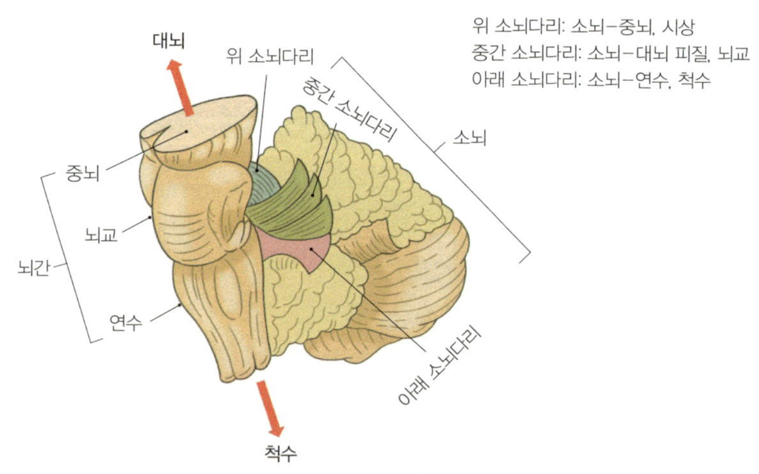

그림 13 ｜ 소뇌와 뇌 각 부위의 연결 통로

소뇌는 왼쪽과 오른쪽 두 반구로 나뉘며, 이들은 복잡한 운동 조정을 담당한다. 중앙부, 즉 좌우 반구 사이에 위치한 부분을 충부vermis라고 하며, 소뇌의 가장 내부에 있는 신경세포 덩어리를 소뇌핵cerebellar nucleus이라고 한다.

소뇌가 운동 조절 능력을 발휘하려면 두 가지 정보가 필수적이다. 하나는 대뇌가 어떤 운동을 수행하려 하는지에 대한 계획이고, 다른 하나는 몸의 각 부위가 공간에서 어떻게 위치하고 있는지에 대한 정보다. 이 정보를 기반으로 근육의 수축 정도와 속도를 조절해 다양한 근육이 협력할 수 있다.

이러한 정보를 수집하고 처리하기 위해 소뇌는 뇌의 다른 부위와 긴밀하게 연결되어야 한다. 평형기관과 척수로부터 정보를 모으는 세 개의 소뇌다리cerebellar peduncle가 그 기능을 담당한다(그림 13).

뇌전증

뇌전증腦電症은 간질을 일컫는 새 이름이다. 우리 뇌에는 항상 아주 미세한 전기가 흐르고 있다. 뇌의 모든 기능이 이 전기 흐름을 통해 이루어진다. 뇌전증은 이러한 전기 흐름의 일시적인 착오로 인해 대뇌 피질에서 잘못된 전기 신호가 발생하며 생기는 질환이다. 뇌전증 환자는 간혹 순간적으로 나타나는 전기 현상 오류를 제외하면 평상시에는 문제가 없다. 대부분 약물로 조절이 잘 되어 증상 없이 일상 및 업무를 수행할 수 있다.

뇌전증은 전신 뇌전증과 부분 뇌전증으로 나눌 수 있다. 전신 뇌전증 발작은 양쪽 반구에서 동시에 잘못된 전기가 나오는 형태다. 수 초간 잠시 필름이 끊기는 소발작, 정신이 없는 상태로 쓰러져서 온몸이 경직되었다가 떠는 전신 강직간 대발작, 주로 아침에 팔다리가 움찔움찔하는 모습을 보이는 근간대성 발작 등이 여기에 속한다.

부분 뇌전증 발작은 뇌 한 부분에서 잘못된 전기가 나와 주변으로 퍼지는 형태다. 발작이 일어나는 위치에 따라서 증상이 달라진다. 그중 측두엽 뇌전증의 예가 많다. 측두엽 뇌전증은 측두엽에서 잘못된 전기 신호가 발생하는 질환이다. 전형적인 증상으로 수십 초 또는 수 분 동안 의식 손상이 오며, 무의식적으로 단순한 행동을 반복하게 된다. 흔히 멍한 상태로 입맛을 다시거나 손으로 물건을 만지작거린다. 증상이 끝난 후에도 수 분간 기억나지 않는 기간이 뒤따르는 것이 보통이다.

유전적 변이가 일부 뇌전증의 원인일 수 있으나 단일 유전자가 원인이 되는 일은 드물고 여러 유전자의 작용과 환경 요인이 겹쳐진 경우가 많다. 따라서 가족력이 뚜렷하지는 않고 자녀에게 바로 유전되는 일도 드물다. 대부분은 유전성 질환이 아니라는 뜻이다. 뇌전증의 주요 원인은 뇌 외상, 뇌염, 뇌종양, 뇌혈관 기형, 뇌경색 등 매우 다양하다. 뇌가 만들어질 때 뇌세포의 일부 배열이 흐트러지는 것도 뇌전증의 중요한 원인 중 하나다. 이렇게 뇌 피질 구조의 이상이 뇌 발생 과정 중에 만들어지는 것을 '뇌 피질 이형성증cortical dysplasia'이라고 한다.

토드 마비 Todd paresis

　토드 마비는 발작이 끝난 후에도 경련이 있던 몸 한 부분에 마비가 한동안 지속되는 현상을 말한다. 예를 들어, 한쪽 손과 팔이 저절로 떨리는 심한 경련을 수 분간 경험한 후, 발작이 끝났음에도 하루 종일 그 팔과 손에 힘이 없는 경우다. 발작의 강도에 따라 마비가 수 주간 지속될 수도 있다. 언어 중추에 발작이 오는 경우에는 발작이 끝난 후 한동안 말을 하지 못할 수도 있다. 원인은 뇌전증 발작에 따른 대뇌세포의 지나친 흥분 현상에 있다. 지나치게 흥분한 뇌세포가 연료를 다 소모해서 방전된 건전지처럼 작동하지 못하는 것이다.

뇌전증 환자의 잭슨형 행진 Jacksonian march

잭슨형 행진은 뇌전증 발작에서 관찰되는 특이한 현상으로, 운동 발작에 나타난다. 잘못된 전기 신호는 대뇌 운동 피질의 한 부위에서 시작되어 점차 인접한 영역으로 확산하는 과정을 거친다. 대뇌 운동 피질은 신체 순서적 배열을 하므로(지식 상자 3-5), 운동 피질의 얼굴 영역에서 발작이 시작되면 처음에 한쪽 입 주변에서 경련이 나타났다가 발작이 진행되면서 대뇌 피질에서 얼굴 영역과 붙어 있는 손 쪽에도 경련이 발생한다. 이런 식으로 얼굴-손-팔-다리-온몸 등 순차적으로 퍼지는 경련 발작 현상을 잭슨형 행진이라고 부른다.

우성 반구dominant hemisphere

뇌의 우성 반구는 언어와 같은 특정 기능을 담당하는 대뇌 반구를 가리킨다. 대부분은 왼쪽 대뇌 반구가 우성 반구다. 왼쪽 반구는 일반적으로 언어 처리, 말하기, 글쓰기, 수학적 추론, 논리적 사고와 같은 기능을 담당한다. 그렇다고 대부분 오른쪽 뇌인 비우성 반구가 열등하다는 것은 아니다. 오른쪽 뇌는 공간적 인식, 예술과 음악적 능력, 얼굴 인식, 감정 처리 등과 같은 기능을 맡고 있다.

이러한 분할은 대뇌의 기능적 특수 분화를 반영한다. 양쪽 반구가 서로 다른 방식으로 정보를 처리하고 상호작용함으로써 복잡한 인지 작업을 매끄럽게 수행할 수 있게 된다. 참고로 왼손잡이의 경우 오른쪽 대뇌 반구에 언어 중추가 있는 경우가 많으며, 때에 따라 양쪽 반구에 고루 분포하기도 한다.

BRAIN
HUMANS

BRAIN

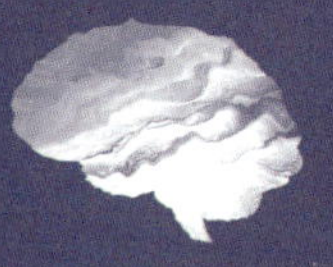

HUMANS

뇌의 언어를 해독하다

뇌의 작동 방식을
알아내기 위한 기나긴 여정

5

신경세포,
뇌 속의 작은 우주

신경망의 발견과 신경학의 대두

"내가 나에게 만족하는 날은 내가 산산조각 나는 날이다."
카밀로 골지 Camillo Golgi, 1843-1926

"뇌는 아직 탐사되지 않은 여러 대륙과
아주 큰 미지의 세계로 구성되어 있다."
라몬 이 카할 Santiago Ramón y Cajal, 1852-1934

"거대한 업적은 끈기와 인내,
그리고 장구한 세월 동안 이어진 집중력의 결과물이다."
라몬 이 카할

조직학 탄생의 발판

1590년에 복합 현미경이 최초로 개발되어 조직학 발전을 위한 최소한의 발판이 마련되었다. 그런데 초창기 현미경은 물체를 관찰할 때 그 주변으로 색깔 링이 생기는 단점이 있었다. 이 문제는 1826년이 되어서야 해결되었다. 와인 수입상이자 아마추어 과학자인 리스터Joseph Jackson Lister, 1786-1869가 최초로 무색 렌즈를 이용한 현미경을 만든 것이다(무색 렌즈 자체는 1730년에 개발되었다). 또, 그즈음 알코올을 이용해 조직을 고정해서 장기적으로 보관할 수 있는 길이 열리며 마침내 생체 조직을 제대로 관찰할 수 있게 되었다.

현미경 관찰의 포문을 연 푸르키네

영국의 자연 철학 과학자인 훅Robert Hooke, 1635-1703이 식물에

그림 1 | 푸르키네의 초상

서 세포를 처음 확인한 후, 현미경을 개선한 네덜란드의 과학자인 레이우엔훅이 1673년에 혈액에서 작은 구체를 발견했다. 이로써 동물 조직의 구성 단위 역시 세포라는 사실을 알게 되었다. 이 외에도 레이우엔훅은 현미경으로 연못 물에서 최초로 세균과 원생동물을 관찰해내어 미생물학의 아버지라고 불린다. 그러나 이 분야의 발달은 매우 더뎌서 이후 스코틀랜드의 식물학자 브라운Robert Brown, 1773-1858이 최초로 식물 세포의 핵을 관찰한 시점은 1833년이었다.

이 상황에서 개선된 현미경을 생체 조직 연구에 이용한 사람이 푸르키네Jan Evangelista Purkyně, 1787-1869다(그림 1). 푸르키네는 현재 체코에 해당하는 보헤미아에서 태어났다. 어렸을 때 아버지가 갑자기 사망하면서 경제적으로 곤란을 겪었지만 뛰어난 지능과 성가대 주역이 될 정도로 아름다운 목소리를 지닌 덕에 무료 교육을 받을 수 있었다. 고등학교 졸업 후 수도사가 되기 위해 수도회에 가입한 푸르키네는 더 자유롭게 과학을 다루고 싶다는 생각에 곧 탈퇴하고 프라하의 찰스대학교 의과대학에 입학했다. 졸업 후 생리학 교수로 임명된 푸르키네는 안구 내에서 일어나는 시각 현상과 관련한 일련의 원칙을 발견하면서 두각을 나타내었다. 이 중에는 이후 '푸르키네 효과'라고 이름 붙는 현상도 있었다. 밝은 장소에서는 멀어도 빨간색이 선명하게 잘 보이지만, 어두운 장소에서는 파란색이 더 선명하게 보이며 빨간색은 상대적으로 거무스름하게 보인다. 밝기 수준에 따라 망막의 감광 특성이 달라지는 점을 발견한 것이었다.

푸르키네는 그의 지성과 능력을 높게 평가한 괴테(그 괴테가 맞다. 대문호로 유명한 괴테는 과학에도 관심이 많았고 직접 실험도 많이 했다)의 도움으로 1823년에 폴란드 브로츠와프대학교의 교수로 임용된다. 일을 시작하고 푸르키네는 당시로는 매우 고가였던 무색 현미경 구입을 요청했다. 현미경 없이도 훌륭한 업적을 달성한 사람이 많다는 이유로 거듭 거절을 당했지만 7년 이상 끈질기게 매달린 끝에 마침내 목표를 달성했다. 이전까지 확대경을 손에 들고 연구하던 푸르키네에게 있어 현미경 구입은 신세계로 나아가는 길이나 마찬가지였다. 푸르키네는 1833년에 땀샘의 구조를, 1834년에 배아세포의 섬모 운동을 직접 관찰해냈고, 이러한 업적을 인정받아 1836년에는 대학으로부터 더 발달한 최신형 현미경과 연구 건물까지 배정받았다. 세계 최초의 현미경 연구센터가 생긴 순간이었다. 더 나아가, 1839년에는 이후 조직학 연구의 요람이 된 브로츠와프 생리학 연구센터를 공식적으로 설립한다.

비록 그 시도가 최초는 아니었으나 연구 과정에서 척수신경절에

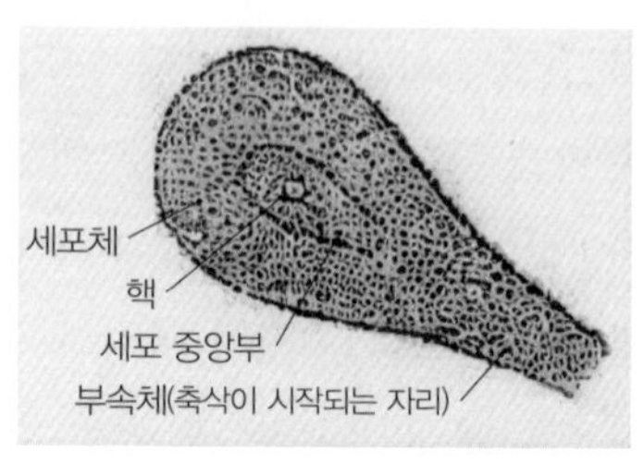

그림 2 | 발렌틴이 최초로 묘사한 신경세포

있는 신경 다발을 바늘로 분리해 관찰해낸 푸르키네는 신경계 연구로 관심을 돌렸다. 이에 당시 대학생으로 푸르키네의 총애를 받던 발렌틴Gabriel Valentin, 1810-1883이 대뇌 피질을 현미경으로 관찰한 끝에 대뇌의 개별 세포를 최초로 정확하게 기술해냈다. 이 기술에서 발렌틴은 대뇌세포가 플라스크 모양의 작은 구체globule 형태로 되어 있다고 묘사했다. 그리고 구체 안에는 많은 작은 알갱이가 들어 있으며, 그 가운데 위치한 검은 소체가 핵이라고 설명했다(그림 2). 또, 세포의 한쪽 끝에 붙은 꼬리 같은 것을 섬유라고 불렀다.

1837년, 푸르키네는 한 걸음 더 나가서 관찰 범위를 뇌의 다른 부분까지 넓혔다. 여기에는 흑질substantia nigra, 아래올리브핵inferior olive, 시상thalamus, 해마hippocampus와 같은 부분이 포함되었다. 그리고 뇌 부위별 신경세포의 특징을 관찰하고 기술하여 신경학 역사에서 기념할 만한 발견을 해냈다. 뇌 부위별로 신경세포의 모양과 구조가 다르다는 것을 밝혀낸 것이었다. 그중에서도 푸르키네는 특히 소뇌 바깥쪽에서 관찰되는 신경세포의 모양에 주목해, 소구체와 함께 줄을 지어 정렬된 플라스크 형태flask-shaped의 큰 세포를 관찰해냈다(그림 3). 이 세포를 푸르키네의 이름을 따서 '푸르키네 세포'라 부른

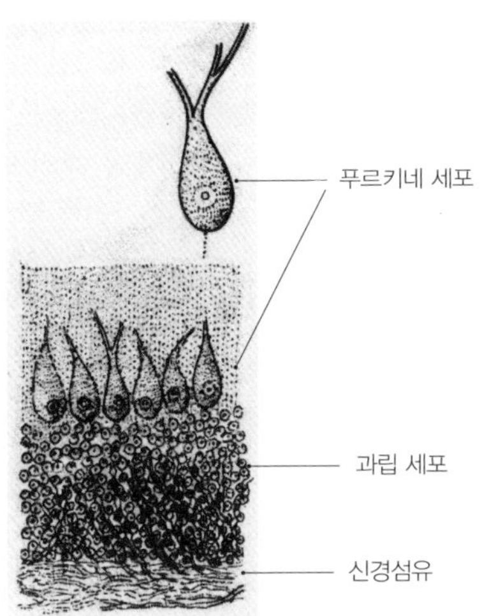

그림 3 | 소뇌의 푸르키네 세포

다. 푸르키네는 자세한 관찰 끝에 이 세포들에서 나오는 작은 돌기가 소뇌 바깥쪽으로 향하고, 긴 돌기가 소뇌 피질 아래층으로 사라지는 것 또한 발견했다. 이후에 작은 돌기가 수상돌기, 긴 돌기가 축삭으로 밝혀진다.

이 관찰을 토대로 푸르키네는 소구체가 발전소 역할을 하고 돌기가 전기를 공급하는 전선 역할을 한다는 가설을 세웠다. 검류계가 막 나오려는 시점인 당시로는 시대를 훨씬 앞서가는 통찰력 있는 아이디어였다. 푸르키네는 축삭에 해당하는 돌기가 긴 고리를 형성하여 근육과 같은 말초기관까지 연결될 것으로 생각했다. 이 돌기는 1896년에 스위스의 해부조직학자 쾰리커Albert von Kölliker, 1817-1905에 의해 정식으로 '축삭'이라는 이름을 갖게 된다. 이러한 놀라운 발견에도 불구하고 푸르키네는 개인의 명성에는 관심이 없었고, 연구 결과를 출판하는 데도 그다지 열의를 보이지 않았다. 그 결과 푸르키네의 많은 연구는 제자들의 박사 논문 형태로 알려지게 되었다. 어찌되었든 그의 업적으로 하여금 최소 열여덟 개의 인체 구조물이 '푸르키네'라는 이름을 갖게 되었다.

학자로서 명성에는 크게 신경 쓰지 않은 푸르키네는 체코와 폴란드의 문화를 북돋우고 슬라브 국가 간의 협력을 강조하는 등 국가 문화 부흥에 유독 열심이었다. 독일 시와 소설을 폴란드어와 체코어로 번역하기도 했는데, 여기에는 괴테와 실러의 작품이 포함되어 있었다. 그리고 1836년에는 '슬라브 문학 협회'를 창립해 슬라브 언어와 문학을 연구하는 기회를 제공하기도 했다. 푸르키네는 1850년에 프라하로 돌아가서 찰스대학교의 생리학과장으로 취임해, 그곳에서 두 번째로 생리학 센터를 만들었다. 그의 애국자의 면모는 그곳에서도 드러났다. 그는 체코어로 강의를 하는 초기의 학자 중 하나가 되었고, 나중에 체코 국회에도 입성해 체코 민족의 문화적 자주성 증진과 독립을 위해 노력했다.

잊혀서는 안 될 독일의 레마크

한편, 19세기 독일의 뛰어난 생리학자 레마크Robert Remak, 1815-1865는 현미경으로 토끼의 배아 발달(수정된 수정란이 세포 분열과 분화를 거쳐 태아를 형성하는 과정)에 따른 신경 성장을 단계별로 관찰한 것으로 유명하다. 또, 말초신경이 다 같은 것이 아니고, 수초가 있는 유수초 신경섬유myelinated nerve fiber와 그것이 없는 무수초 신경섬유unmyelinated nerve fiber로 나뉜다는 사실도 최초로 밝혀냈다(지식 상자 5-1).

1838년에도 레마크는 매우 의미 있는 발견을 했다. 배아가 성장함에 따라 척수의 세포체에 해당하는 소구체로부터 신경 가닥이 자라나오는 현상을 관찰한 것이었다. 이러한 관찰을 통해 소구체 하나와 섬유 하나가 일대일로 대응 발생하며, 한 단위로 기능할 것임을 예측할 수 있었다. 이 외에도 레마크는 배아 발생 과정에서 모든 세포는 항상 이분열binary fission로 증식한다는 사실도 밝혀냈다. 하지만 이 이론은 당시 주목받지 못하다가 15년이나 지난 뒤, 급기야 다른 연구자의 발표로 인정되면서 최초 발견자인 레마크의 이름은 끝내 널리 알려지지 못했다.

1845년, 앞서 언급한 쾰리커도 동일한 현상을 관찰했다. 쾰리커는 다양한 위치의 신경세포를 그림으로 더욱 자세히 묘사했는데, 이로 인해 독립적인 신경세포와 신경섬유의 존재를 증명한 것이 레마크가 아니라 쾰리커라고 알려졌다. 이래저래 레마크는 치이는 신세가 된 것이다. 이렇듯 레마크의 업적이 제대로 알려지지 못한 주요 원인으로는 그의 유대인 신분이 지적된다. 당시 유럽에 만연한 유대인 차별로 인해 그는 능력이 있음에도 불구하고 여러 차례 교수직을 거부당했고, 말년에야 겨우 조교수 자리를 얻을 수 있었다.

신경세포 염색법을 개발한 골지

쾰리커가 신경세포의 모양을 세밀화로 제시한 이후 1860년대에는 최초로 신경세포의 염색법이 개발되었다. 여기에는 얼마간 우연한 도움이 작용했다. 1854년부터 독일의 해부학자 게를라흐Joseph von Gerlach, 1820-1896는 조직을 염색해 그 구조를 더 세밀하게 관찰하는 방법을 연구하고 있었다. 곤충에서 추출한 염료 카민을 사용했지만 별 성과를 보지 못하던 어느 날, 그는 이미 다른 약물로 처리된 소뇌 조직에 우연히 카민을 흘려보내고 만다. 그런데 하루가 지난 뒤 보니 신경세포체와 신경섬유가 확연히 구분된 것 아닌가. 우연히 두 약물이 만나서 제대로 염색이 된 것이었다. 이때부터 신경세포를 염색해 관찰하는 연구가 활발히 진행되기 시작했다.

　　독일의 신경해부학자 다이터스Otto Friedrich Deiters, 1834-1863는 이 염색 기법을 이용해 소 척수의 전각 신경원anterior horn cell으로부터 뻗어 나오는 신경섬유를 관찰했다(그림 4). 그는 작은 바늘을 이용해 현미경에서 각각의 신경 조직을 분리함으로써 최초로 독립적인 신경세포 단위를 관찰해냈다. 이 작업을 통해 다이터스는 신경세포

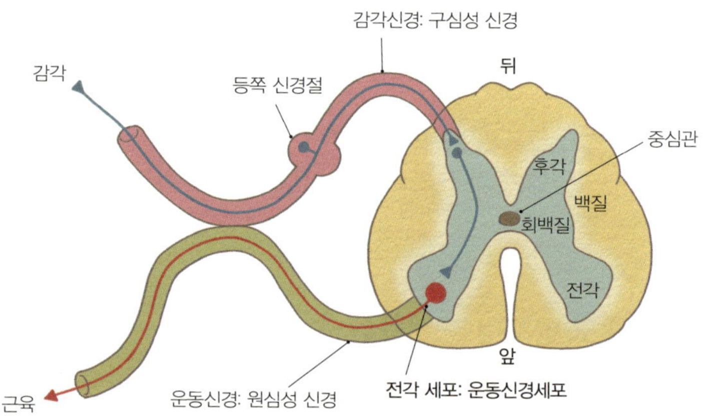

그림 4 | **척수의 단면** 척수의 전각 세포는 척수 회백질의 전각에 위치하며, 근육으로 가는 신경이 시작되는 운동 신경세포다.

체로부터 축삭에 해당하는 하나의 긴 원통형 섬유가 뻗어 나오고, 이 섬유가 전장에 걸쳐 수초로 둘러싸여 있다는 사실을 확인했다. 그리고 세포체에서 직접 수상돌기에 해당하는 짧고 가느다란 섬유가 다수 나오는 것도 관찰했다.

이렇게 독립적인 신경세포를 관찰했음에도 불구하고 다이터스는 개별적인 신경세포들이 직접 연결(문합)되어 매우 복잡한 그물망 구조reticular system를 이룰 것으로 예상했다. 게를라흐도 같은 결론에 도달했다. 이러한 문합 이론은 나중에 카할Santiago Ramón y Cajal, 1852–1934의 연구를 통해서 그 오류가 밝혀질 때까지 당시 과학자 대부분이 정설로 받아들였다.

한계가 분명한 카민 염색법으로는 신경세포를 전장에 걸쳐서 보는 것이 불가능했다. 여러 개의 소구체와 핵, 과립체 들이 뒤섞인 모

그림 5 | 골지의 초상

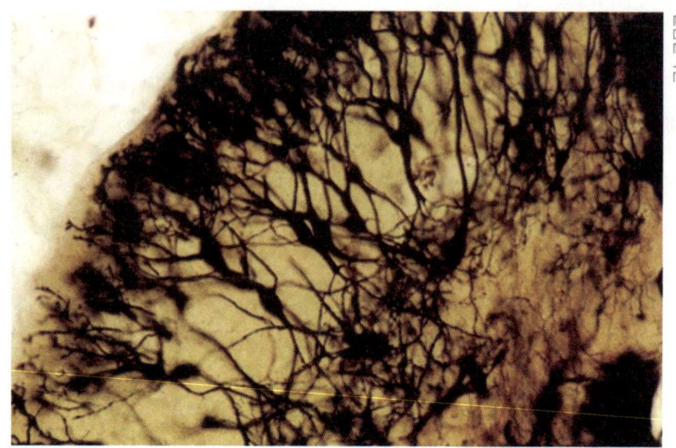

그림 6 | 골지 염색법

습으로 관찰되기 일쑤였다. 이때 이탈리아의 해부학자 골지Camillo Golgi, 1843-1926가 수은을 이용해 신경세포의 전장을 관찰할 수 있는 획기적인 방법을 개발한다(그림 5). 1869년에 과학자로서 첫발을 내디딘 골지는 처음에는 정신 질환에 관심을 보였으나 곧 신경해부로 관심 방향을 돌렸다. 1872년에는 순수 과학자로서 생계가 유지되지 않아 밀라노 근처의 지역병원에 만성 질환자를 치료하는 의사로 취직했다. 그래도 연구에 대한 열정을 버리지 않고 이듬해부터 병원에 딸린 작은 아파트의 부엌을 실험실로 바꾸어 연구를 해나갔다.

여기서도 우연의 여신이 미소를 보낸다. 그는 질산은silver nitrate으로 뇌 연질막pia mater을 염색하는 시도를 하고 있었다. 그런데 실수로 다이크로뮴산 칼륨potassium dichromate으로 이미 처리된 뇌 조직에 이 용액이 흘러 들어가고 만다. 이 사고로 시꺼멓게 변해버린 조직을 현미경으로 관찰해봤는데, 놀랍게도 신경세포 단위만 염색이

두뇌 인류

그림 7 | 골지의 신경망 이론

되어 있었다. 은황색 배경에 신경 조직만 검게 염색되어 두드러져 보인 것이다. 이렇게 유명한 골지 염색법이 탄생했다(그림 6).

역설적이게도 골지 염색법의 장점은 성능이 떨어진다는 점에 있었다. 전체 조직 중 약 1~5퍼센트만 염색이 되는 대신 염색된 세포는 전장이 다 까맣게 표시가 되었다. 즉, 신경세포의 가지치기가 모두 드러나는 절대적인 장점이 있었다. 골지가 아니었다면 개별적인 신경세포의 전장을 보는 것은 불가능했을 것이다.

이에 용기를 얻은 골지는 소뇌, 후각 망울olfactory bulb, 해마 등의 조직을 새로운 방법으로 염색해나갔다. 이러한 염색법을 통해서 그는 두 가지 형태의 축삭을 확인할 수 있었다. 제1형 축삭은 수초로 둘러싸여 있으면서 적은 수의 가지를 치는 것이었고(유수초 신경섬유), 제2형 축삭은 수초가 없이 축삭이 나오면서 많은 수의 가지를 치는 것이었다(무수초 신경섬유). 또, 세포체에서 나오는 수상돌기에 해당하는 원형질protoplasm 가지도 이전에 생각했던 것보다 훨씬 복잡한 구조

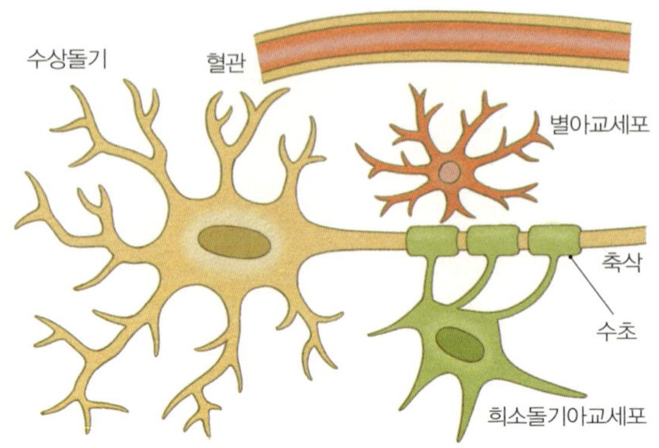

그림 8 | 별아교세포 별아교세포는 별 모양의 세포로, 신경세포를 지원하는 다양한 기능을 수행한다. 이들은 혈관과 신경세포 사이에서 영양분과 폐기물의 교환을 조절하고, 뇌혈관을 통한 혈액 흐름을 조절하는 역할을 한다. 또한 신경전달물질을 제거하고 뉴런의 활동을 조절하는 등 신경세포 바깥의 환경을 유지하는 데도 중요한 역할을 한다. 중추신경계에서 수초를 만드는 희소돌기아교세포는 신경세포의 축삭을 둘러싸는 수초층을 형성하여 전기적 신호의 전달 속도와 효율을 증가시키다.

를 가지고 있었다. 무려 4차 가지를 치는 경우도 확인했다. 이런 조직 슬라이드 수천 장을 관찰한 후에 골지는 신경의 축삭이 서로 그물망처럼 연결된다고 결론지었다(그림 7). 다이터스와 게를라흐의 결론과 같았다. 특히, 축삭은 문합을 이루지만 세포체에서 직접 나오는 원형질(수상돌기)은 다른 부분과 연결되지 않고 자유로운 말단으로 끝난다고 주장했다. 이것이 골지가 평생 강력하게 주장한 신경망 이론nerve net theory이다. 하지만 신경망 이론의 오류는 머잖아 밝혀진다.

1881년, 골지는 이탈리아 파비아대학교 병리학과장으로 임명되어 종합 병리학 연구소를 설립하는 등 활발한 활동을 해나갔다. 그는 학생들과 외국에서 온 연구자들에게 훌륭한 교육을 제공한 것으로 유명했다. 신경망 이론은 틀렸지만 골지에게는 다른 업적이 많다. 신경세포를 염색한 것 외에도 신경(아)교세포의 형태와 혈관의 관계를 밝히기도 했다(그림 8). 그의 이름이 붙어 있는 생체 구조물도 많다. 축삭을 길게 내는 신경세포(골지 세포 제1형)와 축삭이 근처에서 짧게 끝나는 신경세포(골지 세포 제2형), 그리고 세포 내 소체(골지체Golgi apparatus), 골지 건기관Golgi tendon organ 등이 바로 그것이다. 골지는 신경학 분야 외에도 신장을 연구하여 신장 생리학을 발전시키고, 말라리아 병원체의 라이프 사이클을 규명하는 등 여러 주요한 역할을 했다.

현대 신경학의 아버지 카할

골지 염색법으로 명성을 쌓은 골지였지만 그의 신경망 이론은 점차 반대에 부딪혔다. 사실 신경망 이론이 오랫동안 대세로 있을 수 있던 이유는 두 세포가 연락을 주고받을 때 직접 붙어 있는 것이 직관에 더 부합하기 때문이었다. 또한 뇌가 하나로서 기능한다는 뇌 기능의 전체론적 시각에도 더 부합했다. 두 세포가 간극을 두고 소통한다고 생각하기는 쉽지 않았다.

이 이론에 제일 먼저 의구심을 품은 사람은 라이프치히대학교 교수 히스Wilhelm His, 1831-1904였다. 배아 발달 단계 과정에 있는 척수 신경세포를 관찰한 히스는 원시 세포인 뉴로필neuropil에서 축삭이 먼저 뻗어 나온 뒤, 세포체와 수상돌기가 차례로 형성된다는 사실을 알아냈다. 나무를 뜻하는 그리스어 'dendron'을 살려 수상돌기를 뜻하는 영어 'dendrite'라는 말을 처음 사용한 사람이 바로 히스다. 그는 어떤 단계에서도 축삭이 서로 직접 연결되는 경우는 관찰할 수

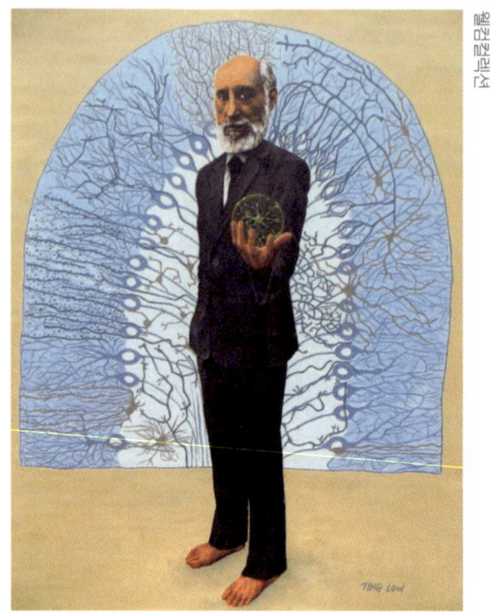

그림 9 │ 카할의 캐리커처

없었고, 골지의 신경망 이론에 반대 근거를 제시했다.

취리히대학교 교수 포렐August Forel, 1848–1931도 신경망 이론에 반하는 연구 결과를 발표했다. 포렐은 뇌간에서 나오는 뇌신경을 잘라 신경세포의 역행성 변성retrograde degeneration(축삭의 심한 손상으로 인해 거꾸로 신경세포가 죽게 되는 현상)으로 생기는 뇌간의 병변을 확인했다. 뇌간에서 매우 제한된 뇌세포의 소실만을 관찰한 포렐은 이러한 소견이 모든 뇌세포가 연결되어 있다는 신경망 이론에는 맞지 않는 결과라고 판단했다. 모든 뇌세포가 연결되어 있다면 훨씬 많은 세포가 죽어야만 했다.

이러한 논란 속에 현대 신경학의 아버지라고 불리는 사람이 등장한다. 바로 카할이다(그림 9). 어렸을 때 악동으로 학교에서 여러 차레 퇴학을 당하기도 한 카할은 구두장이와 이발사의 도제로 사회생활을 시작했다. 이 와중에도 화가의 꿈을 키워나가던 카할은 아버지로부터 동네 묘지에서 발견된 인체 골격으로 인체 구조를 배우는 기회를 얻었다. 이를 계기로 카할은 의학에 관심을 가지게 되었다.

의과대학을 졸업한 카할은 스페인의 군의관으로 쿠바에서 근무를 시작하지만, 말라리아와 폐결핵으로 건강이 악화되어 2년 만에 고향으로 돌아왔다. 1883년까지 스페인 사라고사대학교에서 근무한 카할은 좋지 않은 건강 상태에도 연구를 계속 진행해 신경세포가 근육에 도달하는 방식을 알아냈다. 그리고 이 연구 결과를 인정받아 발렌시아대학교에 자리를 잡았다. 그 무렵, 콜레라가 창궐하여 수천 명이 사망하는 사태가 발생해, 카할은 잠시 연구 방향을 돌려 콜레라 치료와 백신 개발에 힘을 쏟기도 했다. 이 공로에 대한 보답으로 시에서는 그에게 당시 성능이 가장 뛰어난 자이스Zeiss 현미경을 선물했다. 이것이 카할의 연구가 꽃을 피우는 계기가 된다.

2년 뒤, 35세가 된 카할은 바르셀로나대학교 교수로 자리를 옮긴다. 여기에서 처음으로 골지 염색법을 접하고 큰 감명을 받은 카할은 바로 골지 염색법을 개선하는 연구를 시작한다. 당시 골지 염색법은 명성이 자자했으나, 여전히 미세한 축삭의 경로를 보기에는 어려움이 많았다. 또, 수초가 있는 신경세포의 구조는 잘 볼 수 없는 약점이 있었다. 카할은 우선 두 번 연속해서 염색하는 방법으로 첫 번째 문제를 해결했고, 수초가 형성되기 전의 미성숙 신경세포를 염색하는 방법으로 두 번째 문제를 극복했다.

그는 이러한 연구 결과를 널리 알리기 위해 자비로 논문 60부를 인쇄해 유럽의 저명한 신경해부학자들에게 보냈다. 1888년에 처

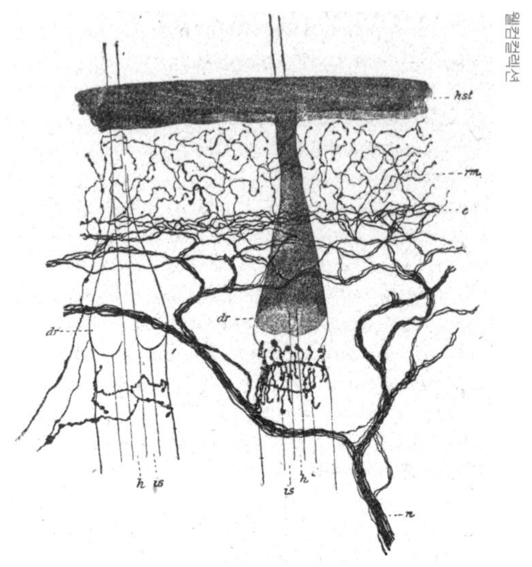

그림 10 | 카할의 연구 결과물

음 발간된 이 논문은 뛰어난 내용도 내용이지만 결과를 제시하는 방법이 매우 참신했다. 이후 곧 이 논문의 형식이 같은 종류 논문의 기본 작성 양식으로 자리 잡게 된다(그림 10, 11). 논문의 내용과 더불어 작성 형식까지 인정받은 것이다. 이 논문에서 그가 제시한 세밀화 중 소뇌세포들을 그린 그림은 그 정밀도가 감탄을 자아낸다. 분명 어렸을 때 미술을 공부한 것이 큰 도움이 되었을 것이다.

카할도 연구를 시작할 때는 당시 대세로 인정받던 신경망 이론을 믿고 있었다. 하지만 논문을 발표하는 시점에는 어떠한 형태로든 축삭의 직접적인 연결을 발견할 수 없다고 봤다. 카할은 신경세포 하나하나가 직접 붙어 연결되는 것이 아니라, 독립된 단위로서 간극을 두고 인접한 형태로 소통한다고 생각했다. 이는 골지의 신경망 이론

  두뇌 인류

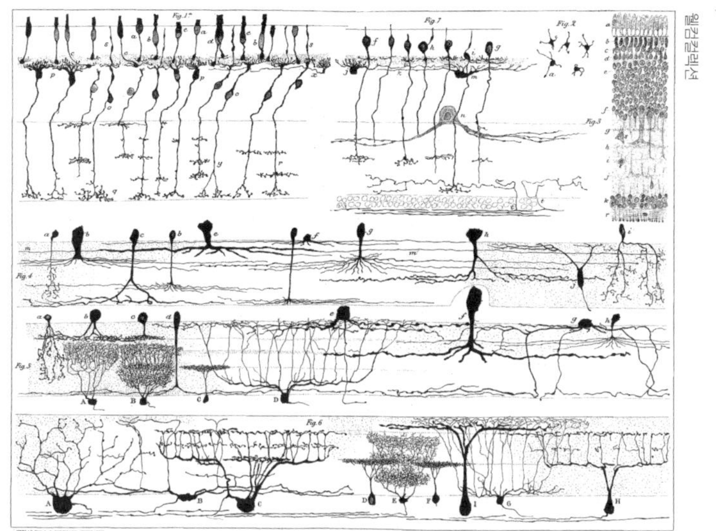

그림 11 | 카할의 연구 결과물 골지의 이론과 달리 신경세포는 물리적으로 연결되지 않은 채 교류한다.

과 정면으로 배치되었다. 더 나아가, 카할은 수상돌기에서 수상돌기 가시dendritic spine라고 불리는 아주 작은 가시 같은 구조물을 발견했는데(지식 상자 5-2), 이후 이것이 신경세포 간의 정보 전달에 매우 중요한 역할을 한다는 사실이 밝혀졌다. 골지도 이 구조물을 관찰한 바 있지만, 그는 염색 과정 중 인공적으로 생긴 것이라 무시했다.

카할의 가장 중요한 발견은 신경세포의 축삭이 항상 다른 세포의 수상돌기에 인접해서 끝난다는 점이었다. 그는 소뇌에 있는 과립세포granular cell의 축삭이 항상 푸르키네 세포의 수상돌기 부근에서 끝나는 것을 발견했고(그림 12), 이후 뇌 다른 영역에서도 축삭이 수상돌기가 밀집한 부위에 도달해 끝나지만 직접 연결되지는 않음을 알아냈다. 이 관찰은 신경계의 정보 흐름이 수상돌기, 세포체, 그리고

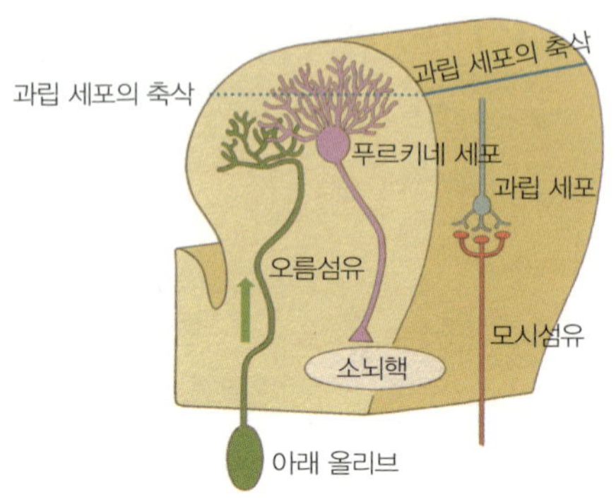

그림 12 | 소뇌세포의 분포 소뇌에 위치하는 과립 세포의 축삭이 항상 푸르키네 세포의 수상돌기 부근에서 끝나고 직접 연결되지 않는 것을 발견했다(하늘색 점선). 배아 상태에서 오름섬유는 항상 푸르키네 세포의 수상돌기를 향해서 자라면서(화살표 방향) 직접 접합되는 경우는 없다는 것이 확인되었다.

축삭으로 이어짐을 의미하는 중요한 발견이었다. 이에 반해 골지는 정보의 흐름은 축삭을 통해서만 이루어지고 수상돌기나 세포체는 이 과정에 전혀 관여하지 않는다는 의견을 고수했다.

1889년, 카할은 자신의 연구 결과를 가지고 독일에서 열린 학회에 참석했다. 비록 독일어를 하지 못했지만 자비로 논문을 제작해 직접 배포할 정도로 열정적이었던 그는 학회장에 현미경을 설치해놓고 연구 결과를 참석자들에게 직접 보여주었다. 학회에 참석해 이를 지켜본 당시의 가장 저명한 신경해부학자 퀼리커는 카할의 연구 결과에 큰 감명을 받아 이전까지 믿고 있던 골지의 신경망 이론을 버리고 독립된 신경세포의 존재를 받아들였다. 또, 카할을 다른 저명한 신경해부학자들에게 소개하는 등 이 결과를 열렬히 지지하는 후원자가 되었다.

이러한 노력에 힘입어 점차 많은 과학자가 카할의 이론 쪽으로 돌아서게 되었다. 그중에 독일의 해부학자 발다이어Wilhelm von Waldeyer-Hartz, 1836-1921도 있었다. 독립된 신경세포설을 지지하는 논문을 여섯 편 쓴 그는 신경세포도 우리 몸의 다른 세포와 마찬가지로 여러 개가 모여서 기관을(이때는 뇌를) 만든다고 주장했다. 특히, 그는 처음으로 '신경원'이라는 말을 사용했는데, 이 단어에는 독립된 신경세포설의 근본적인 개념이 포함되어 있다. 이 뒤로 신경세포는 모두 신경원으로 불리게 되었다. 이로써 신경원, 축삭, 수상돌기와 같은 신경세포 구조물이 모두 적절한 이름을 갖게 되었다.

1890년 이후, 독립 신경세포 이론은 점차 많은 사람의 지지를 받았다. 오히려 여러 모양의 세포를 발견한 카할 자신이 수상돌기, 세포체, 축삭으로 흐르는 신경 정보의 방향에 의문을 품었다. 가령, 양극 세포는 수상돌기와 축삭이 세포체를 사이에 두고 반대편으로 뻗어 있는 모습으로, 세포체는 정보를 만드는 데 관여하지 않는 듯 보였다(그림 13). 이러한 발견을 토대로 카할은 어떤 경우에는 정보가 세포체는 건너뛰고 수상돌기에서 바로 축삭으로 흐를 수도 있다고 생각했다. 후일에 수상돌기부터 축삭에 이르는 길에 마치 정보를 전달하는 듯한 작은 전선과 같은 신경섬유들이 있는 것을 발견한 카할은 정보의 흐름에 관련한 자신의 이론에 확신을 가졌다.

카할은 '신경원 독트린neuron doctrine'을 확립하는 결정적 기초를 제공했다. 신경원 독트린은 신경원이 뇌와 척수를 구성하는 기본 단위라는 이론이다. 그러나 만일 신경망 이론과 달리 뇌세포가 직접 연결되어 있지 않다면 과연 정보가 어떤 방식으로 간극을 건너뛰어 전달되는지 의문이 남아 있었다. 신경망 이론을 완전히 부정하기 위해서는 두 세포 사이에 간극이 있다는 사실에 대한 결정적 증거가 필요

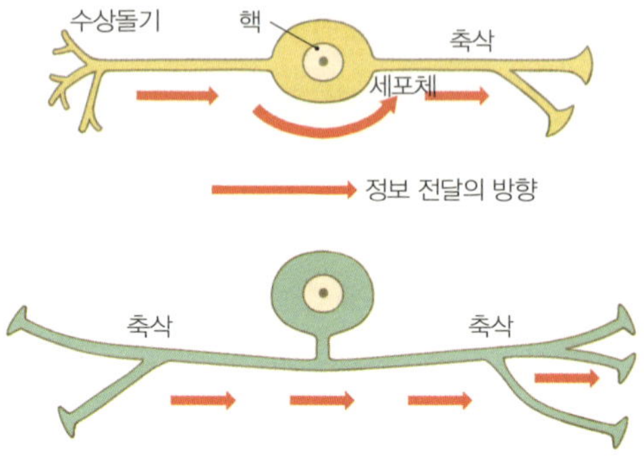

그림 13 | 양극 세포와 가성 단극 세포

했다. 하지만 당시 현미경의 수준은 이 간극을 명확히 관찰하기 부족한 상태였다.

그럼에도 점차 증거가 발견되기 시작했다. 독일의 해부 생리학자 쾨네Wilhelm Friedrich Kühne, 1837-1900는 신경과 근육이 만나는 지점에 간극이 존재함을 관찰했다. 그리고 신경 말단이 열리며 모종의 액체가 이 간극 사이로 흘러 들어가 근육에 정보를 전달한다고 생각했다. 신경과 근육의 연결은 신경세포 간의 연결과 비슷하므로 신경세포 간에도 이러한 간극이 존재할 것을 시사하는 발견이었다.

최종적으로 카할은 배아세포를 관찰하면서 이 문제를 해결했다. 세밀한 현미경 관찰을 통해 카할은 신경세포가 자라나는 부분이 항상 부풀어 오르면서 움직이는 것을 확인했다. 발생 과정에서 자라나는 신경세포는 불특정 방향으로 움직이는 것이 아니었다. 목적성을 가지고 도달하고자 하는 세포의 방향으로 전진하는 것이었다. 카할은 이러한 변화를 병아리 배아에서 확실히 관찰했다. 발달 과정의 병아리 소뇌에서 오름섬유climbing fiber는 항상 푸르키네 세포를 찾아가고 있었다(그림 12). 카할은 푸르키네 세포가 어떠한 화학물질을 분비하여 오름섬유를 유도하는 것이라고 생각했다. 그리고 이 과정에서 오름세포와 푸르키네 세포가 직접 접합되는 경우는 결코 없음을 확인했다.

이러한 발견이 이루어지는 사이, 1894년에 카할은 영국왕립학회에서 초청 강연을 하게 된다. 이 강연은 오랫동안 척수의 반사 경로를 연구해온 영국의 신경생리학자 셰링턴Charles Scott Sherrington, 1857-1952이 마련한 것이었다(제6장). 척수 경로에 있는 세포들의 연결 과정을 연구해온 셰링턴은 신경세포들이 접촉은 하지만 융합하는 것은 아니라는 생각을 가지고 있었다. 카할은 강연을 통해 큰 반향을 불러왔을 뿐만 아니라 셰링턴과 평생의 학문적 우정을 형성했다. 이후 셰링턴은 카할의 발견을 자신의 생리학 교과서에 실었다.

그들은 신경원 간의 이러한 접촉을 무엇이라고 부를지 고민했다. 카할은 처음에 이를 그리스어로 '악수하다'를 뜻하는 '신드즘syndesm'이라고 불렀는데, 이후에 그리스어에 정통한 학자의 도움을 얻은 셰링턴이 '시냅스synapse'라고 명명하고 정착시켰다(그림 14). 신경계의 '비접촉 접촉'이 정식 이름을 갖는 순간이었다.

노벨상을 함께 수상한 골지와 카할

위에서 언급한 신경학에 대한 지대한 공로로 1906년에 골지와 카할은 노벨 생리의학상을 공동으로 수상한다. 이는 노벨 생리의학상 최초의 공동 수여로 기록되어 있다. 수상 기념 강연은 이틀에 걸쳐

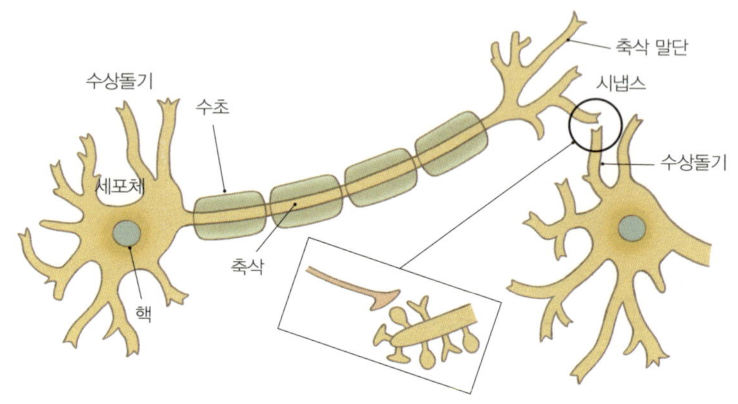

그림 14 | 신경세포 간의 시냅스 작은 그림 속 축삭 말단과 다른 세포의 수상돌기에 있는 가시가 시냅스를 이루고 있다.

서 이루어졌다. 첫날 강연은 골지가 맡았다. 사실 이 무렵 골지는 정치에 관심을 두고 있었고(목적은 의료 환경 개선이었다고 한다), 연구를 안 한 지 10년이 넘은 상태였다. 그래서 머리가 경직된 탓인지 혹은 그저 거만한 탓인지, 엉뚱하게도 강연의 대부분을 신경 독트린이 오류라고 깎아내리는 데 사용했다. 여전히 자신의 신경망 이론을 고집한 것이다. 청중은 놀라고 당황했다. 당시 목격자에 따르면 카할은 참느라고 부들부들 떨면서 이 내용을 들었다고 한다.

둘째 날은 카할의 차례였다. 그는 골지를 향해 어떠한 비난도 하지 않았다. 그저 자신의 연구 결과와 증거를 보여주면서 차분하게 신경 독트린을 설명했다. 평소에도 카할은 다른 과학자의 발견을 자주 인용하며 공적을 치켜세우지 깎아내리는 인물이 아니었다. 자신의 연구에 크게 기여한 사람으로 골지를 언급한 바도 있었다. 이는 물론 사실이었다. 골지 염색법이 없었다면 카할의 발견과 이론도 없었을 것이다.

역사는 카할이 옳았음을 증명하고 있다. 카할은 나중에 이때를 회상하면서 "어떻게 샴쌍둥이처럼 어깨가 붙은 채로 정반대의 특징을 가진 두 사람이 쌍을 이루는 운명을 맞게 되었는지 정말 운명의 아이러니다"라고 말했다고 한다. 염색법을 통해 신경세포를 관찰하는 같은 종류의 연구를 수행했지만 성격과 이론이 완전히 달랐던 골지와 노벨상을 공동으로 수상한 것을 놓고 만감이 교차했을 것이다. 카할은 사망하기 1년 전인 1933년, 〈신경원설인가 망상설인가? 신경세포의 해부학적 단일성에 대한 객관적 증거Neuronism or Reticularism? Objective Evidence of the Anatomical Unity of Nerve Cells〉라는 장문의 논문을 집필해 이 논란에 종지부를 찍는 듯한 모습을 보여주었다.

과학 세계의 특장점은 '절대 진리'라고 여겨지는 것에 계속 의문을 품고 다른 아이디어를 내는 데 있다. 물론 이 과정에서 동료들의 철저한 검증 때문에 잠시 핍박을 받을 수도 있다. 그러나 자정 장치가 제대로 작동하는 한 진리에 대한 핍박은 오래갈 수 없다. 하라리Yuval Noah Harari, 1976-의 표현을 빌리자면 "그동안 진리로 믿었던 것이 뒤집히는 일은 과학계의 최대 경사"다.

수초myelin

수초는 신경세포를 둘러싼 지방질이 풍부한 물질이다. 수초는 신경세포의 축삭 주위를 감싸면서 신경세포 간의 전기적 절연 역할을 해 신호가 옆으로 새어 나가지 않도록 한다. 동시에 신경세포의 신호 전송 속도를 높이는 역할도 한다. 수초가 있는 축삭에서는 신호가 도약 전도saltatory conduction 방식으로 빠르게 이동한다. 이는 신호

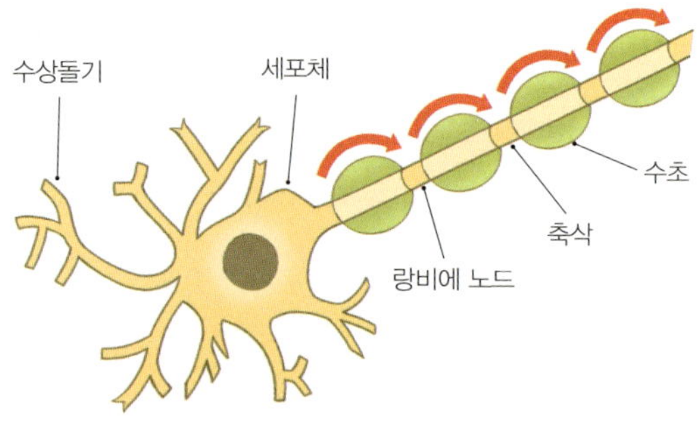

그림 15 │ 신경세포의 신호 전도 방식 신경세포의 전기 흐름은 축삭에서 수초가 없는 부위(랑비에 노드라고 불린다)를 통해서 건너뛰는 방식으로 전달된다(붉은 화살표). 이런 방식은 빠른 신호 전달을 가능하게 한다.

가 수초와 수초 사이의 간격, 즉 랑비에 노드Node of Ranvier로 건너뛰면서 전달되는 방식이다(그림 15). 수초는 신경세포를 물리적인 손상으로부터 보호하며, 신경세포의 건강과 기능 유지에 필요한 영양분을 제공하는 역할도 한다.

말초신경계에서 수초는 슈반 세포Schwann cells에 의해 만들어진다. 슈반 세포는 축삭 주위를 여러 번 감싸 수초층을 형성한다. 한편, 중추신경계에서 수초는 희소돌기아교세포oligodendrocyte라는 세포에 의해 만들어진다. 양쪽 모두에서 수초의 손상이나 이상은 다양한 신경 질환을 유발한다. 대표 질환으로 중추신경계에는 다발 경화증Multiple Sclerosis, MS이 있고, 말초신경계에는 만성 염증성 탈수초성 다발 신경병증Chronic Inflammatory Demyelinating Polyneuropathy, CIDP이 있다.

다발 경화증은 중추신경계를 침범하는 만성 자가면역 질환이다. 면역 체계가 오작동을 일으켜 자기 신체의 정상적 조직인 중추신경계의 수초를 공격한다. 이에 따라 수초의 손상과 염증 반응이 나타난다. 수초의 파괴로 신경섬유가 있어야 할 자리가 플라크plaque라고 하는 흉터 조직으로 바뀌는데, 이 과정을 경화라고 부른다.

다발 경화증의 증상은 병변 위치와 크기에 따라 다르게 나타난다. 흔한 증상으로는 피로, 보행 장애, 감각 이상, 시각 장애, 운동 실조, 근육 강직, 인지 기능 장애, 배뇨 장애 등이 있다. 갑작스럽게 신경계 증상이 나타나 한동안 유지되다가 다시 증상이 좋아지는 것을 반복하는 것이 가장 흔한 경과 형태다. 시간이 지남에 따라 점진적으로 악화되는 경우가 많다. 유럽과 미국 등 특히 위도가 높은 지역에서 많이 발생한다.

신경세포의 수상돌기 가시 dendritic spine

수상돌기 가시는 신경세포의 수상돌기 표면에 위치하는 작은 돌기 모양의 구조물이다. 형태에 따라 버섯형, 가시형, 필라멘트형 등으로 분류된다. 사람에게 뼈가 있는 것과 마찬가지로 세포 내에도 세포의 형태를 지지하는 구조가 있는데, 이 구조를 이루는 단백질이 액틴 필라멘트다. 수상돌기 가시도 액틴 필라멘트를 포함하고 있어 안정적인 형태를 유지할 수 있다(그림 16).

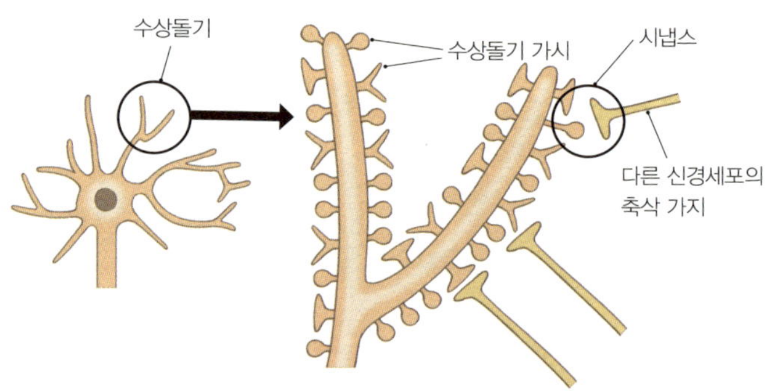

그림 16 | **수상돌기 가시** 실제 시냅스는 신경세포의 축삭 말단과 다른 세포의 수상돌기 가시 사이에서 일어난다.

　　수상돌기 가시는 신경세포 간의 연결에 매우 중요하다. 수상돌기는 신경세포 간 시냅스가 위치한 자리로, 수상돌기 가시는 다른 뉴런의 축삭 말단으로부터 신경 신호를 받는 구조물이다. 이때 가시 구조에 있는 수용체가 신경전달물질을 받아들여 정보가 넘어간다. 수상돌기 가시는 학습과 기억 형성에 관여하는 뇌의 가소성plasticity에도 중요한 역할을 한다(제7장, 제11장). 신경세포 간에 신호 전달이 반복되면 돌기의 가시 수가 증가하면서 신경 연결의 강도가 증가하게 된다. 즉, 학습 효과를 얻게 된다.

6

인간 행동의
원리를 밝히다

반사 개념의 정립

"대뇌는 몸과 마음이 통합되는 위대한 장소다.
몸의 모든 감각이 대뇌로 들어가고
대뇌로부터 모든 지시사항이 나온다."
찰스 벨 Charles Bell, 1774-1842

"내 목표는 물리적 지식으로 마음을 설명할 수 있음을
심리학자들에게 이해시키는 것이다."
이반 세체노프 Ivan Sechenov, 1829-1905

"뇌는 수백만 개의 번쩍이는 셔틀이 지나가면서
의미 있는 패턴을 짜는 황홀한 공간이다."
찰스 셰링턴 Charles Scott Sherrington, 1857-1952

"실험할 때 겉으로 나타나는 현상에 만족하지 말라."
이반 파블로프 Ivan Pavlov, 1849-1936

몸이 자동으로 움직이는 불수의적 운동

심장, 폐, 위장 등이 특별한 의식적 지시 없이도 자동으로 조화롭게 움직인다는 사실은 그리스 시대부터 잘 알려져 있었다. 히포크라테스학파는 이러한 상호작용을 '교감sympathy'이라는 개념으로 설명했는데, 이는 '같이'를 뜻하는 'sym'과 '느낌'을 뜻하는 'pathos'에서 비롯되었다. 이들은 몸을 구성하는 네 가지 체액이 균형을 이루어야 건강이 유지된다고 생각했다. 여기서 나아가, 후대의 갈렌은 인간 정신의 기원인 '프네우마'가 신체를 자연스럽게 순환하여 몸의 각 부분이 조화롭게 작동할 수 있다고 생각했으며, 척수를 그 순환의 중요 통로로 보았다. 게다가 갈렌은 척수에서 운동과 감각을 담당하는 신경이 분리되어 있을 것이라는 추정까지 내놓았다. 전투 경주차에서 떨어진 환자를 치료하던 중 손의 운동 기능에는 문제가 없는데 감각 기능에만 이상이 생길 수 있음을 관찰한 것이다. 하지만 이러한 관찰 결과는 후속 연구자들에게 전달되지 못했고, 오랜 세월 방치되었다.

몸이 자동적으로 움직이는 불수의적 운동involuntary movement은 사람들의 관심을 끌지 못하다가 데카르트에 의해 다시 조명되었다. 데카르트는 뜨거운 물체를 만졌을 때 손을 재빨리 거두는 현상을 영혼의 작용과는 무관한, 뇌실 속의 동물령이 움직이는 기계적 반응으로 설명했다. 또한 형이상학적 영혼을 지닌 인간을 제외한 동물들의 모든 움직임과 표현은 영혼 없는 기계적 반응, 즉 불수의적 운동이라고 주장했다(제3장). 그러나 데카르트의 설명에는 실제 신경 구조에 대한 근거가 부족했다.

이 모호한 부분을 보완한 사람이 영국의 신경학자 윌리스였다(제3장). 그는 소뇌가 불수의적 운동 조절에 매우 중요한 역할을 담당하고 있으며(윌리스가 생각한 소뇌는 뇌간을 포함하므로 맞는 말이었다), 척수에서 뻗어 나오는 늑간신경intercostal nerve과 미주신경이 여러 장기를 통과하며 신체 곳곳을 연결하고, 이를 통해 조화로운 불수의적 운동이 이뤄진다고 설명했다(지식 상자 2-3). 나아가 이러한 신경 다발들이 실제 구조적으로 강하게 연결되어 있다고 믿었다.

반사 개념의 정립

반사에 대한 개념은 18세기에 이르러 위트Robert Whytt, 1714-1766에 의해 더 명확히 정립되었다. 스코틀랜드 최초의 신경학자로 불리는 위트는 당대에 가장 큰 업적을 남긴 신경생리학자 중 한 사람이었다. 위트는 운동에 대한 중추신경의 역할을 설명하면서 수의적 운동voluntary movement과 불수의적 운동을 명확히 구분했다. 그는 우리 몸속에서 생명을 유지하는 정령과 같은 힘이 신경계를 통해 소통한다는 슈탈Georg Ernst Stahl, 1659-1734의 애니미즘 이론을 긍정하기는 했으나, 영혼이 인간의 운동을 전적으로 지배한다는 생각에는 반대했다. 인간의 운동은 영혼과 신체의 합작품이라는 의견이었다. 이러한 기조하에서 그는 여러 형태의 반사 운동을 발견했다.

그중 가장 유명한 것이 동공반사light reflex다. 이전까지 동공반사는 빛에 의해 홍채가 자극되어 나타난다고 여겨졌다. 그러나 위트는 빛이 망막을 강하게 자극했을 때, 이 자극을 줄이기 위해 동공이 수축하는 현상이 동공반사라고 해석했다. 그리고 이 동공반사가 양쪽 눈에 동시에 일어나며, 한쪽 눈에만 빛을 비춰도 반대쪽 눈에도 나타남을 확인했다(그림 1). 위트는 이를 신체 부위가 서로 영향을 주고받는 '교감' 현상으로 이해했다. 이때 '교감'은 단순히 한 부위의 자극이 다른 부위에도 영향을 준다는 수준의 의미였다. 이후 동공반사 기능이 손상된 환자를 부검하던 중 시신경상optic thalamus 부위에서 낭종을 발견한 위트는 이 병변을 근거로 동공반사를 조절하는 중추가 시신경상에 존재한다고 판단했다.

수년 뒤 위트는 또 하나의 중요한 발견을 하게 된다. 개구리가 머리를 떼어내도 자극에 반응해 다리를 움츠릴 수 있으며, 심지어 앉아 있는 듯한 자세를 취할 수도 있다는 사실은 이미 알려져 있었다. 죽은 뒤에도 개구리의 근육이 어느 정도 작동할 수 있기 때문이라는 것이 당시의 생각이었다. 하지만 위트는 척수에 남아 있는 모종의 힘, '생명의 기운'이 이러한 현상을 일으키는 것으로 생각했다. 그리고 달궈진 쇠 막대기로 척수에 손상을 주면 이러한 현상이 없어지는 것을 보여줌으로써 이 생각을 증명했다. '생명의 기운'과 같은 애

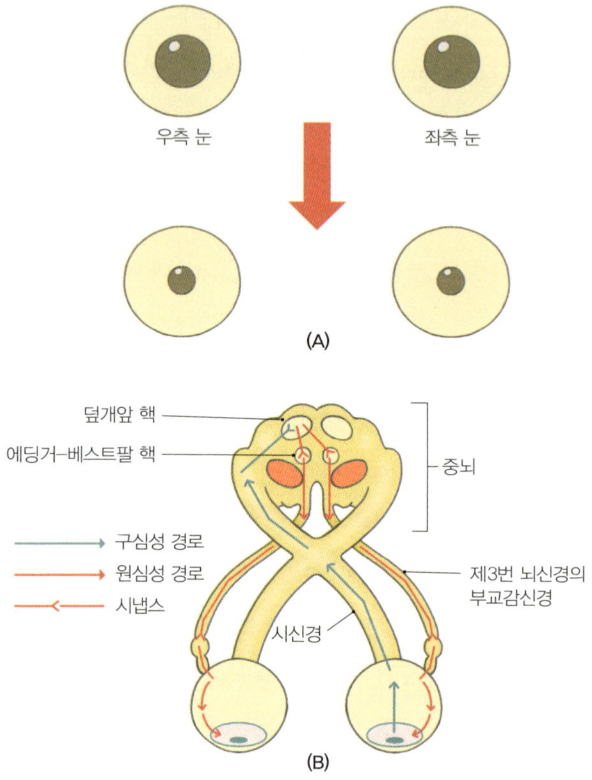

그림 1 | **(A)** 한쪽 눈에만 빛을 비추어도 양쪽 동공이 수축한다.

(B) 빛은 시신경을 타고 중뇌의 덮개앞 핵에 도달해(파란 화살표) 시냅스를 이루고 양쪽의 에딩거–베스트팔 핵을 거쳐 동공에 이른다. 이 경로로 양측 동공의 수축이 생기는 것이다.

매한 표현을 사용하기는 했지만 현재 우리가 알고 있는 '척수반사'를 최초로 증명한 발견이었다(지식 상자 6-1). 따로 '반사'라는 말을 사용하지는 않았으나, 위트는 신체 움직임이 외부 자극에 의해 의식의 개입 없이도 자동적으로 일어날 수 있음을 보여주었다. 여기에 더해 그는 이 자동운동에 호흡과 사정ejaculation 같은 현상도 포함했다.

척수의 기능: 운동 및 감각 신경

위트의 이러한 연구에도 불구하고 척수의 운동 및 감각 기능을 이해하기까지는 더 오랜 시간이 걸렸다. 척수에서 운동 및 감각 신경이 분리되어 있다는 비교적 명확한 증거는 스코틀랜드의 해부 생리학자이자 의사인 벨Charles Bell, 1774-1842에 의해 제시되었다(그림 2). 로마 시대 갈렌의 발견으로부터 무려 1,600여 년이 흐른 시점이었다.

1821년, 벨은 안면신경이 손상되면 한쪽 얼굴 근육이 마비된다는 사실을 체계적으로 설명해서 유명해졌다. 당시에는 신경과 근육의 구체적 연결이 거의 알려지지 않았기에, 벨의 연구는 신경 손상과 근육 반응 사이의 원리를 명확히 보여준 혁신적 발견이었다. 이로써

그림 2 | 벨의 초상

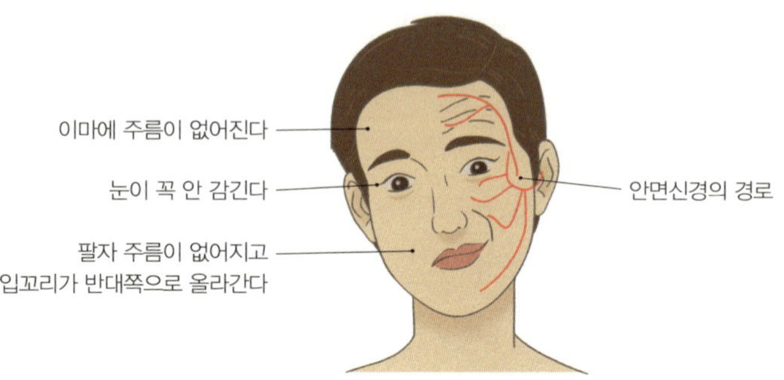

그림 3 | 벨 마비 안면신경의 염증으로 인해 발생한다. 환자의 80퍼센트는 자연적으로 회복된다. 급성기에 스테로이드를 써서 도움을 받을 수도 있다.

의사들은 진단과 치료에서 어떤 신경이 손상되었는지 예측할 수 있게 되었고, 신경학 연구의 기초를 다질 수 있었다. 이후 안면신경의 염증으로 안면 근육에 마비가 오는 현상을 '벨 마비Bell's palsy'라고 부르게 되었다(그림 3).

에든버러에서 형에게 외과 수련을 받은 벨은 런던으로 이동해 30년간 많은 의학적 업적을 쌓았고, 해부학과 미술을 연결해 훌륭한 그림을 많이 남겼다. 어린 시절, 어머니가 소개해준 유명한 스코틀랜드 화가에게 그림 교육을 받은 것이 큰 도움이 되었다. 그는 미술을 공부하는 사람이라면 인간의 해부학적 구조를 이해하는 것이 중요하다고 강조하기도 했다. 하지만 워털루 전투에서 벨이 팔이나 다리를 절단한 사람의 9할이 사망하자 사람들은 벨의 수술 실력이 미술 실력보다 훨씬 떨어지는 것 같다고 수군거렸다.

1806년, 〈미술 그림 속 감정 표현의 해부학적 구조에 대한 에세이An Essay on the Anatomy of Expression in Painting〉라는 긴 제목의 글에서 벨은 인간의 감정이 불수의적 표정을 통해 나타나며, 하등동물에게는 이러한 감정 표현이 없다고 주장했다. 이후 다윈Charles Darwin, 1809-1882이 감정 표현이 인간에게만 있는 것이 아니라고 수정했다. 다만 얼굴에 나타나는 감정 표현을 알아보는 능력이 인간에게 가장 발달한 것은 맞다고 평가했다. 서로의 의도를 이해하는 것이 생존 확률을 높이는 데 기여해왔다는 것이었다. 또한 벨이 주장한 감정 표현이 불수의 신경계의 지배를 받는다는 의견도 인정했다. 실제로 마비가 있는 뇌졸중 환자 일부는 평상시 자발적으로 한쪽 얼굴의 근육을 움직일 수는 없지만 웃을 때는 자연스럽게 근육을 움직일 수 있다. 이는 의식적 운동과 불수의적 운동이 서로 다른 신경 경로에 의해 조절됨을 보여준다.

수술 실력은 별로였지만 벨은 의학 발전에 기여한 중요한 연구 결과를 많이 남겼다. 가장 중요한 발견은 척수의 기능해부학적 구조에 관한 것이다. 척수에는 각기 다른 신경 경로가 있으며, 각기 특화된 기능을 수행한다는 것이 그 골자다. 토끼를 이용한 동물 실험에서 벨은 척수의 뒤쪽을 자극하면 눈에 띄는 변화가 없지만, 앞부분을 자극하면 근육의 경련이 일어남을 관찰했다. 이를 통해 벨은 운동신경이 척수의 앞부분에 위치한다고 추론했다. 이후에는 척수에서 나오는 서른한 개의 척수신경 뿌리에 주목했다(그림 4). 척수의 앞부분에서 나오는 전근anterior root, ventral root을 절단하는 경우 근육 일부가 경련을 일으키지만, 뒤쪽의 후근posterior root, dorsal root을 절단하는 경우에는 겉으로 드러나는 반응이 없었다. 벨이 예상한 대로 운동 기능이 척수 앞부분에 있고 이것이 전근을 통해 전달됨을 보여주는 결과였다.

그러나 벨은 이러한 연구 결과를 알리는 데는 무심했다. 심지어 자신이 직접 저술한 해부학책에서도 누락했다. 다행히 벨의 매제인

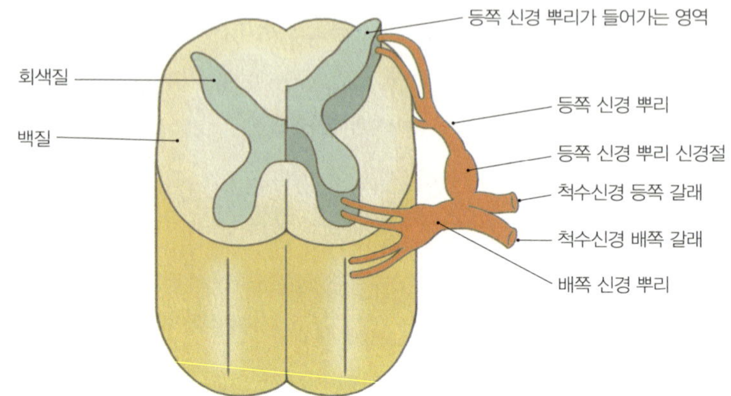

그림 4 | 척수신경 뿌리 등쪽과 배쪽 신경뿌리가 있다. 전근과 운동 기능의 관계를 발견한 사람이 벨이었다면, 후근에 감각 기능이 있다는 것을 발견한 사람은 마장디였다.

쇼Alexander Shaw, 1804–1890가 파리 학회에서 이 결과를 발표하며 연구 결과가 알려지기 시작했다. 이 발표를 들은 사람 중에는 프랑스의 생리학자 마장디도 있었다(그림 5). 당시 마장디는 자바섬의 원주민이 사용하는 화살촉 독을 이용한 동물 실험으로 명성을 얻고 있었다. 이 화살촉 독은 이후 독성이 매우 강력한 물질 스트리크닌의 발견으로 이어졌다. 살아 있는 동물의 해부에도 거리낌이 없던 마장디는 자신과 의견이 다른 연구자들에 대한 적대적인 태도로도 악명을 떨쳤다. 공격적인 성격의 마장디는 쇼의 강연을 듣자마자 바로 실험을 진행했고, 전근을 잘라 벨이 본 것과 같은 근육 경련을 확인했다.

특기할 점은 마장디가 후근을 자르면 신체 일부에서 더는 통증이나 감각을 느끼지 못한다는 사실을 발견했다는 점이다(그림 6). 마장디는 반응을 살피기 위해 동물이 의식이 있는 상태에서 실험을 진행했고, 이러한 결과를 1822년에 발표했다. 여기서 전근과 운동 기

그림 5 | 마장디의 초상

능의 관계를 입증한 벨의 업적을 인정하면서, 후근의 감각 기능을 발견한 사람은 자신이라고 명시했다(그림 7). 하지만 뜻밖에도 벨은 자신이 후근의 기능에 대해 별다른 언급을 하지 않았음에도 불구하고 마장디의 업적을 인정하지 않았다. 이후 벨이 사망할 때까지 두 사람의 라이벌 관계는 계속 이어졌다.

영국과 프랑스의 국민감정과 마장디의 불같은 성격까지 겹쳐 싸움은 점점 커졌다. 영국 측은 마장디가 벨의 연구 결과를 훔쳤다고 맹비난했다. 마장디가 동물이 살아 있는 상태로 고문에 가까운 해부를 진행해 받은 비난도 엄청났다. 영국에서 동물보호법이 청원되었을 때 마장디의 실험 방법이 동물 학대의 표본으로 제시되기도 했다. 이 두 사람의 라이벌 관계가 얼마나 극심했는지, 아이작 뉴턴과 로버트 훅 이후에 나타난 최대 적수라는 평가를 받았다고 한다. 그러나

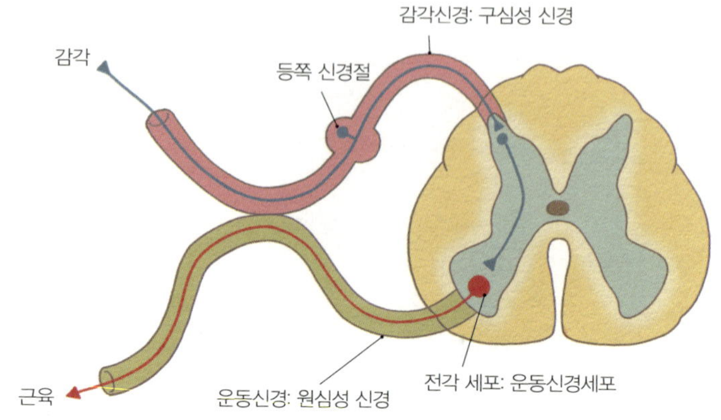

그림 6 │ **척수신경 뿌리의 기능 분화** 등쪽 신경 뿌리는 감각신경이 척수로 들어오는 자리다. 이때 등쪽 신경절에서 시냅스를 이룬다. 앞쪽으로는 전각 신경세포에서 출발하는 운동신경이 지나간다.

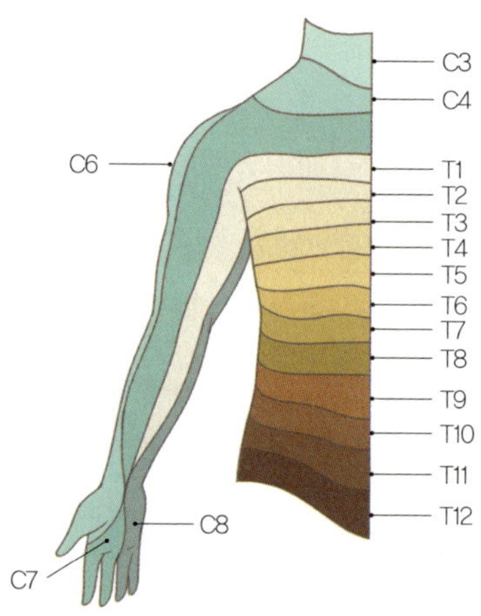

그림 7 │ **척수 등쪽 뿌리의 감각신경의 체표면 분포도** (C: 경추, T: 흉추) 예를 들어, C6는 경추로 들어가는 6번 신경 뿌리가 담당하는 영역이다. 각각의 영역을 피부 절편기 dermatome 라고 부른다.

과학계가 점차 두 사람의 업적을 인정하면서 전근과 후근의 기능 분화의 발견에 '벨-마장디 법칙'이라는 이름을 붙이게 되었다. 살아 있는 동안 원수처럼 논박을 이어가던 두 사람의 이름이 나란히 붙어서 역사에 남게 된 것은 참으로 아이러니한 일이다.

흥분 - 운동 반사

척수의 기능이 어느 정도 알려지는 시점에 영국의 신경생리학자 홀Marshall Hall, 1790–1857은 자극에 의한 반사 운동의 개념을 정립했다(그림 8). 1812년, 에든버러에서 의과대학을 졸업한 홀은 1826년부터 런던에서 의사로 일하며 개인적으로 연구를 진행했다. 자유로운 영혼의 소유자로 알려진 홀은 특별한 직책 없이 25년간 집에서 연구를 하면서 많은 논문과 저서를 출판했다.

홀이 반사에 관심을 가지고 실험하기 시작한 때는 1820년대 후반이다. 머리 잘린 도롱뇽의 꼬리가 자극에 반응해 움직이는 현상을 관찰한 경험이 출발점이었다. 그는 뱀의 상부 척수를 절단하면 그 아래로 마비가 오지만 자극을 주면 다시 격렬히 꿈틀거리는 현상도 확인했다. 물론 홀이 이 현상을 처음 발견한 것은 아니었다. 이미 위트도 개구리에게서 같은 현상을 확인했었다. 그러나 위트가 이 현상을 척수를 통해 돌아다니는 '생명의 기운' 때문이라고 설명한 것과 달리, 홀은 자극에 반응하는 기계적인 운동 현상이라고 설명했다. 감각 자극이 후근을 통해 척수로 전달되고 척수의 특정 부분에서 통합된 후 전근을 통해 신호가 근육에 전달되는 복합적인 감각-운동 반응으

그림 8 | 홀의 초상

로 본 것이다. 반면, 대뇌는 척수와 달리 특정 자극 없이도 자발적으로 운동을 일으킬 수 있다고 했다.

1833년, 홀은 이러한 결과를 영국왕립학회에서 발표했다. 그리고 척수뿐만 아니라 뇌의 연수도 이러한 반사 작용을 할 수 있다고 주장했다. 더불어 신경계에서 반사 작용을 할 수 있는 곳은 생각보다 매우 광범위할 것이라는 주장을 내놓았다. 그는 근육 긴장도의 유지나 호흡, 재채기, 기침, 구토 같은 것도 모두 이러한 기계적인 자율 반사 운동에 포함된다고 생각했다. 더 나아가, 수영과 같은 연속적인 반복 동작도 반사 운동의 결합으로 설명했다. 영국왕립학회는 미지근하게 반응했지만, 유럽은 이 연구 결과에 폭발적인 관심을 보냈다. 명성을 얻은 홀은 신경계 전문의로서 큰 성공을 거두게 되었다.

복합적인 반사 운동의 존재를 믿었지만 홀이 인간을 자극과 반응에 의존하는 기계적인 존재라고 생각한 것은 아니었다. 그는 대뇌가 의지를 통한 행동의 본거지임을 의심하지 않았고, 인간의 자율적인 의지라는 개념을 버리지 않았다. 홀은 뇌 연수 상부에 위치하는 대뇌가 반사 운동보다 고위 기능인 사고, 자발적 운동, 그리고 인간의 의지 등을 담당한다고 주장했다.

이 외에도 홀은 뇌졸중과 뇌전증에 관한 책을 출간하는 등 여러 방면에서 업적을 남겼다. 독실한 크리스천으로서 노예 제도 폐지 활동에 나서기도 했다. 자신 역시 동물 실험을 통해 중요한 발견을 하기는 했지만, 윤리적 측면에서 동물 실험에 대한 다섯 가지 원칙도 제시했다. 지금 보아도 모두 필요한 내용이다.

1. 필요한 정보가 관찰만으로 얻어질 수 있을 때는 불필요한 동물 실험을 하지 않는다.
2. 뚜렷한 목적 없이 동물 실험을 하지 않는다.
3. 같은 실험을 반복하지 않기 위해 선배나 동료의 실험 결과를 미리 숙지한다.
4. 실험은 고통이 가장 적게 가는 방법으로 시행한다.
5. 선명하고 확실한 결과가 나올 수 있도록 미리 실험을 잘 설계하여 불필요하게 반복하지 않는다.

뇌의 고위 기능과 반사

인간의 뇌 기능을 반사와 고위 기능으로 구분하는 데서 데카르트 이원론의 영향이 아직 남아 있음을 느낄 수 있다. 어찌 되었든 홀이 신경계의 기계적인 반사 개념을 도입하여 뇌 기능 이해에 새로운 시각을 제시한 것은 틀림없는 사실이다. 그리고 독일의 그리징어Wilhelm Griesinger, 1817-1868와 영국의 레이콕Thomas Laycock, 1812-1876은 이 이론을 마음의 작동 영역까지 넓혔다.

정신 질환 치료법의 개혁을 주도한 것으로 유명한 그리징어는 정신 반사psychic reflex라는 개념을 사용했다. 인간의 정신 활동도 신체 반사와 마찬가지로 무의식적으로 일어날 수 있다는 것이었다. 한편, 레이콕은 대뇌 피질에서도 무의적인 반사 작용이 뇌 기능의 기본을 이룬다고 보았다. 훨씬 더 정교하고 복잡할지는 몰라도 뇌 역시 신경계의 다른 부분과 다를 것 없으므로 근본적으로는 척수와 같은 반사 운동 방법으로 작동하리라 생각한 것이다. 이런 반사의 예로 뇌 손상으로 인해 자극이 없는 상태에서 갑작스럽게 터져 나오는 '병적 웃음pathologic laughter'이나 광견병에 걸린 환자가 물에 접촉할 때 내는 비명 등을 들었다. 레이콕은 인간이 자유의지를 가진 것을 부정하지는 않았지만, 인간의 많은 감정 반응이나 본능적인 행동, 그리고 일부 지적 사고가 반사 기전을 통해 이뤄진다고 보았다. 그러나 레이콕이 과학적 근거를 제시한 것은 아니었다. 합목적론teleology에 입각해 자연에 내재한 통합된 힘이 인간의 무의식적 인지와 개체의 생존을 유지한다고 생각한 레이콕은 현미경을 통한 관찰이나 적극적인 실험에 대해서는 부정적으로 생각했다.

정신 반사, 즉 뇌에서 일어나는 반사에 대한 결정적 단서는 러시아의 생리학자 세체노프Ivan Sechenov, 1829-1905로부터 나왔다. 군사 공학을 전공한 세체노프는 수학, 물리학, 화학에서 매우 뛰어난 성적을 얻었다. 그렇지만 공학에 더 큰 흥미를 느끼지 못하고 21세부터는 의학을 공부했다. 1856년, 모스크바 의과대학을 졸업한 세체노프는 여러 나라의 연구소를 거쳐 독일에서 당시 가장 저명한 생리학자들과 연구할 수 있는 기회를 얻었다. 그는 뛰어난 기초 실력과 참신한 아이디어로 곧바로 여러 사람에게 주목을 받았다. 당시 혈액의 흐름, 소화, 대사, 호흡, 항상성 유지와 같은 주제를 연구하던 생리학 분야에서 뇌의 의식작용에 대한 연구는 매우 드물었다. 그리고 그 복잡성을 예상하건대 뇌를 생리학적으로 설명하는 것은 불가능하다는 의견이 대세였다. 하지만 세체노프는 의식과 같은 기능도 분명히 생리학적 법칙을 따를 것이고, 이를 증명하기 위한 적절한 실험 방법을 찾을 수 있으리라고 확신했다.

1860년대 초반, 세체노프는 개구리 다리를 산acid으로 자극해서 다리가 움츠러드는 반사를 관찰하던 중 중요한 발견을 한다. 이 반사를 만들어내는 척수 세그먼트 바로 위의 척수를 동시에 자극하면 반사가 나타나지 않음을 확인한 것이었다. 위쪽 신호가 아래쪽의 반사작용을 억제한 것이다. 당시로는 생각하기 어려운 발견이었다. 그때까지 모든 반사는 흥분성이라고 생각했기 때문이다. 여기에서 한 걸음 더 나아가 세체노프는 연수와 시상처럼 척수보다 훨씬 위에 있는 구조물을 자극해도 하부에서 일어나는 반사 운동을 억제할 수 있음을 확인했다(그림 9). 혈류 흐름과 같은 자율신경의 반응도 같이 억제되었다. 신경계의 상부구조는 하부구조에 대한 억제 효과를 가질 수 있음을 증명한 최초의 실험이었다.

세체노프는 이러한 신경계의 억제 효과에 주목했다. 반사 운동이 자극에 의한 흥분 현상으로만 생기는 것이 아니라, 평상시 억제되

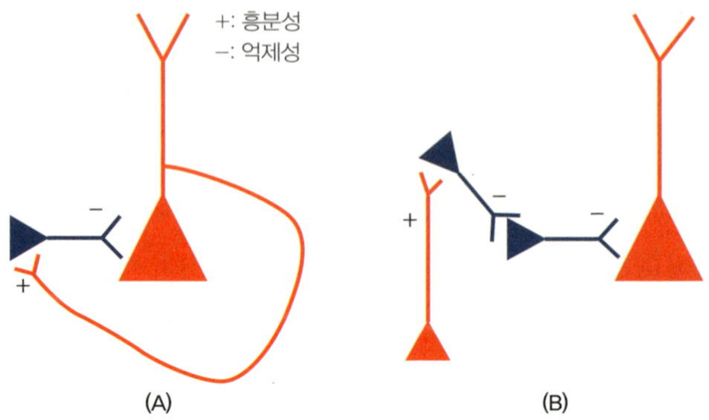

그림 9 | 신경계는 항상 흥분성으로만 전달되는 것이 아니고 다른 신경세포에 억제 효과를 갖는 신경세포 전달도 있다(파란색 세포).
(A) 빨간색 신경세포는 인접한 신경세포를 자극하고, 자극을 받은 파란색 신경세포는 자신을 자극한 신경세포를 억제한다. 이를 되먹임feedback 회로라고 부른다.
(B) 두 개의 억제성 신경세포가 연속으로 흥분하면 전체 효과는 흥분성 자극이 된다.

어 있던 것이 풀리면서도 나타날 수 있다고 생각한 것이다. 예를 들어, 재채기를 먼지라는 자극이 유발하는 것이 아니라, 평소 억제되어 있던 반사 회로가 먼지를 계기로 해제되면서 발생하는 것이라고 설명했다. 더 나아가, 세체노프는 우리의 생각이나 기억 같은 현상도 평상시 억제되어 있던 것이 특정 자극에 의해 해제되면서 자연스럽게 나타나는 것이라고 주장했다. 이것이 바로 발전된 정신 반사의 개념이다. 그렇다고 세체노프가 인간 의식의 존재를 부정한 것은 아니었다. 단지 인간의 자발적인 생각으로 보이는 것이 반드시 자발적인 것은 아니며, 인간의 감정과 행동이 단지 흥분과 억제 반사의 연속작용으로도 일어날 수 있음을 이야기한 것이었다. 그러나 이러한 생각은 종교적 세계관이 주류를 이루던 당시에는 상당히 급진적으로 여겨져 세체노프는 한때 검열과 고발 위협을 받기도 했다.

196

세체노프는 이러한 반사 작용이 학습에 의해 바뀔 수 있다는 이론도 세웠다. 이전까지는 반사란 인간이 타고나는 것으로 결코 바꿀 수 없다는 생각이 대세였지만, 세체노프는 경험과 학습을 통해 교정할 수 있다고 생각했다. 교육을 통해 본능적 반응이나 반사 행동을 억제하는 능력을 키울 수 있으며, 이러한 능력이야말로 인간을 다른 동물과 구분 짓는 특별한 특징이라고 생각한 것이었다. 세체노프가 제시한 억제와 반사의 학습 개념은 혁명적인 발상이었다. 그는 인간의 정신과 행동을 단순한 고정적 반사의 집합이 아니라, 경험과 환경 속에서 끊임없이 변화하고 적응하는 유연한 체계로 이해할 수 있는 토대를 놓았다. 이러한 통찰은 이후 파블로프Ivan Pavlov, 1849 –1936의 조건반사 연구와 현대 신경과학의 발전으로 이어지며, 인간의 뇌와 마음을 과학적으로 탐구하는 새로운 시대를 열었다.

신경계 반사를 연구한 셰링턴

이 상황에서 반사 개념을 획기적으로 확장한 사람이 앞서 카할과 우정을 쌓은 셰링턴이다(그림 10). 셰링턴은 신경생리학, 조직학, 세균학, 병리학 등 여러 분야에서 두각을 나타냈으며, 신경세포의 기능에 관한 연구로 노벨 생리의학상을 수상했다. 공식적으로는 시골 의사 제임스 노턴 셰링턴James Norton Sherington의 아들로 기록되어 있으나, 사실 이 사람은 의사가 아니라 철물점을 운영했고 셰링턴이 태어나기 9년 전에 사망했다. 실제 아버지는 칼렙 로즈Caleb Rose일 것으로 추정된다. 로즈는 입스위치에서 존경받는 의사였고, 고전과 고고

그림 10 │ 셰링턴의 초상

학, 그리고 미술에도 관심이 있는 전통적인 학자였다. 아버지 덕분에 셰링턴도 미술에 대한 감각을 얻었고, 의학을 평생의 과제로 선택하게 되었다고 한다.

1879년, 에든버러에서 의학 연구를 시작한 셰링턴은 말년까지 매우 다양한 분야에서 수많은 업적을 남겼다. 그중에서도 가장 뚜렷한 업적이 신경계 반사에 관한 것이다. 그 업적은 반사에 관여하는 신경계의 연결 구조, 반사를 조절하는 흥분성·억제성 신경의 상호작용, 그리고 생존에 필수적인 여러 단계의 신경 반사를 포괄한다. 또한 앞서 이야기했듯이 시냅스라는 용어를 처음 사용한 인물도 셰링턴이었다. 시냅스가 신경계 반사의 기본 단위로 자리 잡게 된 것은 결코 우연이 아니다.

셰링턴의 업적 중 가장 유명한 것을 뽑자면 무릎반사의 기전에 관한 것이다. 슬개골의 인대를 두드릴 때 무릎이 펴지는 무릎반사는 독일의 의사 베스트팔Carl Westphal, 1833-1890과 에르브Wilhelm Erb, 1840-1921가 최초로 기술했다. 두 사람은 이 현상을 각기 다르게 설명했는데, 베스트팔은 슬개골의 인대를 두드리는 힘에 의해 대퇴사두근quadriceps(앞쪽 허벅지의 근육들, 수축하면 무릎이 펴진다)이 단순히 수축하는 것으로 설명했고, 에르브는 인대에 가해진 자극이 감각신경, 척수, 운동신경을 통하여 다시 근육으로 전달되는 진정한 의미의 반사 작용이라는 설명으로 한 단계 발전된 생각을 내놓았다.

이후 셰링턴은 이 무릎반사가 척수근spinal root을 통해 이루어지는 것을 확인했다. 후근을 통해 정보가 척수로 전달되고, 다시 전근을 통해 근육으로 정보가 흐른다는 사실을 밝혀낸 것이다. 이 점에서는 에르브의 의견이 맞았다. 하지만 이게 끝이 아니었다. 이 반사가 일어날 때 무릎 뒤쪽의 근육 햄스트링hamstring(수축하면 무릎이 구부러진다)의 근 긴장도가 떨어지는 것을 발견한 것이다. 무릎반사가 일어나려면 무릎을 펴주는 대퇴사두근은 수축하고, 무릎을 굽혀주는 햄스트링의 근육 긴장도는 떨어져야 하는 것이었다(그림 11). 이것이 척수반사에서 공통적으로 나타나는 상반작용reciprocal action이다. 특정 행동을 일으키는 근육의 수축이 일어나려면 그 반대 작용을 하는 근육이 이완되어야 한다. 이때 수축하는 근육을 작용 근육agonist muscle이라고 하고, 이완되는 근육을 길항 근육antagonist muscle이라고 한다. 셰링턴이 노벨상을 수상하게 된 연구가 바로 이것이다. 그의 업적을 인정해 이러한 현상을 '셰링턴의 법칙'이라 부르게 되었다.

셰링턴은 무릎반사 연구와 더불어, 근육과 척수 사이의 구조적 연결 및 감각 영역에도 관심을 기울였다. 두세 개의 척수근이 합쳐져

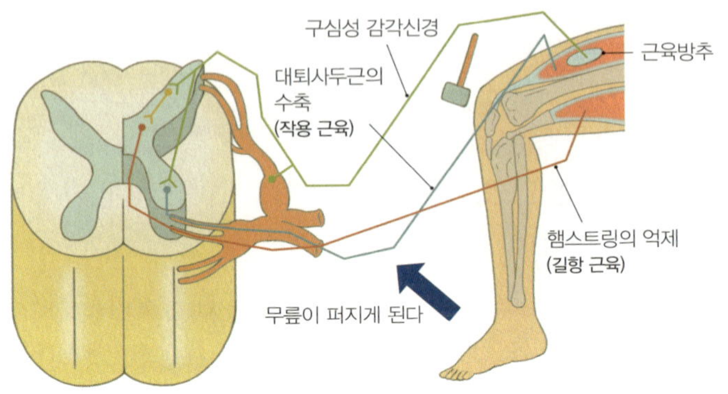

그림 11 │ 셰링턴이 발견한 무릎반사의 기전

서 한 근육에 도달한다는 것을 발견한 셰링턴은 각 척수 후근이 담당하는 신체 감각 영역의 분포도 확인했다(그림 7).

이 연구 과정에서 셰링턴은 또 하나의 중요한 발견을 했다. 척수 전근을 파괴해도 근육과 연결되는 신경의 절반은 영향을 받지 않는다는 것이었다. 만일 근육이 수축 운동만 하는 기관이라면 척수 전근을 파괴하는 경우 척수와 근육을 연결하는 신경이 모두 죽어야 한다. 그런데 신경의 절반이 살아남는 것을 보고 그는 근육에도 피부처럼 감각신경이 존재할 가능성을 생각하게 되었다.

그리고 독일의 생물학자 바이스만August Weismann, 1834–1914이 1860년에 발견한 근육 내 방추 모양의 구조물이 감각기관일 가능성을 검토했다. 이를 증명하기 위해 후근을 절제한 셰링턴은 근육으로 이어지는 일부 신경의 퇴행을 관찰했다. 근육에서 후근을 통해 척수로 전달되는 감각신경이 있다는 뜻이었다. 1863년, 퀴네Wilhelm Kühne, 1837–1900에 의해 이 구조물에는 근육방추muscle spindle라는 이름이 붙여졌다(지식 상자 6-2, 그림 11). 이 방추 구조물은 실제로 감각기관이 맞으며, 근육이 늘어나는 것을 감지하여 반사적으로 근육을 수축시킨다. 더불어, 진동과 위치 감각을 전달하는 경로 역할을 한다. 셰링턴은 이를 고유감각proprioception이라고 불렀다.

셰링턴은 옥스퍼드대학교에서 여러 훌륭한 제자들을 지도했다. 이 중에는 나중에 몬트리올에서 뇌전증 수술과 뇌 전기자극 연구로 유명해지는 펜필드Wilder Penfield, 1891-1976도 있었다. 또, 뇌 수술의 선구자인 미국의 쿠싱Harvey Cushing, 1869-1939에게도 많은 영향을 끼쳤다. 이밖에도 무려 세 명의 제자가 노벨상 수상자가 되었다.

복합 운동 반사와 행동 신경학

1896년, 셰링턴은 마취의 영향이 없는 상태로 척수 기능을 연구하기 위해 동물에게서 대뇌를 포함한 신경계 상부구조를 제거했다. 그런데 사지 근육이 모두 축 늘어질 것이라는 예상과 달리 거꾸로 모든 근육이 강직되면서 펴지는 현상이 관찰되었다. 셰링턴은 이를 대뇌 제거 강직decerebrate rigidity이라고 명명했다. 실제 중뇌 이상의 뇌에 광범위한 손상을 입은 환자는 이러한 자세를 취하게 된다(그림 12). 그리고 이 현상이 상부 뇌에서 아래로 내려가는 신경계의 억제 효과가 없어졌기 때문일 것으로 추정했다. 곧이어 억제 신경이 척수의 특정 전외측 하방 경로를 따라 내려가는 것을 확인했다.

더 놀라운 사실은 대뇌를 제거한 동물에게서 복잡한 운동을 유발할 수 있다는 점이었다. 예를 들어, 대뇌를 제거한 고양이의 오른쪽 앞다리를 자극하면 이 다리를 앞으로 내미는 동시에 오른쪽 뒷다

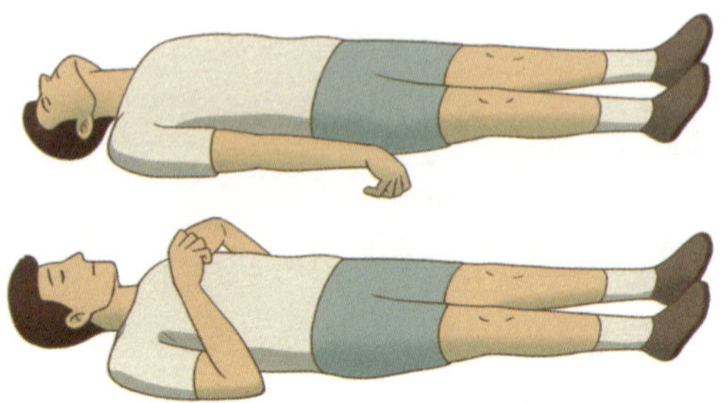

그림 12 ｜ 대뇌 제거 자세(위)와 겉질 제거 자세(아래) 중뇌 이상의 광범위한 뇌에 손상이 생기면 대뇌 제거 자세가 나타나고, 대뇌 피질에 광범위한 손상이 나타나면 겉질 제거 자세가 나타난다. 손상으로 인해서 위로부터 내려오는 억제 효과가 없어지기 때문이다. 대뇌 제거 자세에서는 팔과 다리가 모두 펴진 상태로 강직이 오고, 겉질 제거 자세에서는 팔은 구부러지고 다리는 펴지게 된다.

리는 뒤로 움직인다. 반대편 앞다리와 뒷다리는 오른쪽과 반대의 움직임을 보인다. 이는 걷는 모습에 해당하는 자세다. 이를 토대로 셰링턴은 보행이나 달리기와 같은 복합적인 운동 역시 대뇌 지시 없이 순차적으로 일어나는 여러 개의 척수반사가 연결되어 나타나는 것이라고 생각했다. 그리고 행동이 복잡해질수록 반사의 개수와 상호작용도 늘어날 것으로 예상했다. 최종적으로는 가장 복잡한 기능도 대뇌 피질에 존재하는 반사의 연속으로 설명할 수 있을 것으로 예상했다. 수백만 개의 켜지고 꺼지는 스위치 조합이 있을 것으로 추론한 것이었다. 그렇게 반사의 범위가 크게 확장되었다.

학습으로 만들어지는 조건반사

셰링턴은 반사란 뇌가 만들어질 때 이미 신경계에 존재하는 것,

두뇌 인류

그림 13 | 파블로프의 초상

즉, 타고난 것으로 생각했다. 그런데 이와 다른 관점을 제시한 사람이 있었으니, 바로 파블로프다(그림 13). 어린 나이부터 지적 호기심이 강했던 파블로프는 러시아 정교회 목사로서 자신과 같은 길을 가기를 원하던 아버지의 강력한 반대에도 불구하고, 1870년에 상트페테르부르크대학교에서 자연 과학을 전공하고, 1879년에 상트페테르부르크의 제국의학원에서 의사 자격증을 취득했다. 독일에 잠깐 머문 때를 제외하면 파블로프는 줄곧 러시아 상트페테르부르크에서 일생을 연구에 바쳤다. 제국 실험의학연구소 소장을 45년간 역임했고, 제국의학원의 생리학 교수직도 30년간 수행했다.

당시 러시아의 어려운 경제 사정 때문에 다른 유럽 지역에 비해 연구소 사정은 열악한 편이었지만, 파블로프는 새로운 실험 기법을 제시해 곧 국제적인 명성을 얻었다. 원래 파블로프의 관심사는 소화

기관과 순환계의 생리였다. 그는 특별히 고안된 기구를 소화기관에 삽입해 살아 있는 동물에게서 직접 소화액을 얻을 수 있는 혁신적인 기술을 개발했다. 정밀한 측정이 가능하다는 장점 외에도 신경계와 소화기의 관계를 연구할 수 있는 길을 열었다는 측면에서 의미가 컸다. 주변 환경에 신경계가 반응할 때 소화액은 어떻게 변화하는지를 살필 수 있었다. 동물이 살아 있는 상태에서 오랜 기간 행동과 소화기의 생리학적 변화의 관계를 관찰할 수 있게 된 것이었다.

소화기 연구 도중 침샘에 관심을 갖게 된 파블로프는 생각보다 훨씬 어려운 연구 과제를 맞닥뜨렸다. 동물이 먹지 않고 음식을 보기만 해도 침을 흘렸기 때문이다. 파블로프는 음식이 멀리 떨어져 있을수록 분비되는 침의 양이 적어진다는 사실을 관찰해냈다. 이는 태어날 때부터 존재하는 신경계 반사로는 설명이 되지 않았다. 동물의 반사가 주위 환경에 대한 이해에 따라 변화한다는 것을 보여주는 중요한 소견이었다. 이 사실에 고무된 파블로프는 그때까지 자신의 전문 연구 분야이던 소화기 생리 연구 대신 신경계 학습 연구로 방향을 전환했다.

이 연구 과정에서 파블로프의 유명한 종소리 실험이 탄생했다 (그림 14). 동물에게 먹이를 줄 때 종소리를 같이 들려주는 과정을 반복하면 동물은 나중에 음식 없이 종소리만 들어도 침을 흘리게 된다. 사실 음식을 주기 전에 불빛과 메트로놈처럼 종소리 이외에도 여러 자극을 주어 같은 결과를 얻었지만, 결과적으로는 종소리 이야기가 널리 알려지게 되었다. 이 발견을 통해 동물이 학습을 통해 종소리와 음식의 상관관계를 이해하게 됨을 밝혀냈다. 반사가 미리 조립된 형태로만 신경계에 존재하는 것이 아니라, 학습에 의해서도 출현할 수

그림 14 | 파블로프의 조건반사 실험

있다는 결정적인 증거를 찾아낸 것이었다.

파블로프는 조건반사가 동물과 인간의 기본 학습 수단이라고 생각했고, 모든 학습된 행동을 이러한 조건반사의 연속된 조합이라고 보았다. 즉, 인간은 기계와 크게 다르지 않으며, 행동을 결정하는 것은 학습에 의해 형성되는 조건반사와 타고나는 비조건반사의 연속적인 조합이라는 것이었다. 그리고 마음의 역할은 이러한 반사들이 일어나는 과정을 관찰하는 것으로, 직접 행동을 만들지는 못한다고 보았다.

파블로프는 화려한 연구 업적을 인정받아 1901년부터 4년 연속으로 노벨상 후보에 오른다. 하지만 연구 범위가 너무 넓어 하나의 결정적 발견으로 특정되지 않아 3년간 수상이 불발되다가, 마침내 1904년에 미주신경이 위 소화액의 분비에 미치는 영향과 췌장과 관련한 뇌의 조절 능력 연구로 러시아인 최초의 노벨 생리의학상을 수상한다.

이러한 업적으로 레닌Vladmir Lenin, 1870-1924에게도 칭송을 받았지만 파블로프는 러시아의 공산주의에 대해서는 끝까지 반대했고, 혐오를 숨기지 않았다. 1923년에는 러시아 정부가 실시하고 있는 공산주의, 집단 농장 등 사회공학적 실험이 연구에 사용되는 개구리 뒷다리 하나만큼의 가치도 없다고 평가절하하기도 했다. 4년 뒤에는 아예 스탈린Joseph Stalin, 1878-1953에게 레닌이 저지른 러시아 지식인에 대한 탄압을 비난하는 편지를 쓰면서 자신이 러시아 사람인 것이 부끄럽다고 말했다. 몰로토프Vyacheslav Molotov, 1890-1986에게도 몇몇 지인을 향한 부당한 기소를 재고해달라 요구했다. 진정으로 행동하는 학자의 모범을 보여준 파블로프는 운명하는 순간에도 지적 추구를 멈추지 않았다. 학생들을 옆에 두고 죽어가면서 자신이 느끼는 감정을 받아 적도록 했다. 죽음에 대한 주관적 경험을 알 수 있는 기회를 제공하는 것이 목적이었다고 한다.

한편에는 다른 시각도 있다. 소련 국민 100만 명의 목숨을 빼앗고, 최측근도 믿지 못해서 대부분 처형한 스탈린의 성향을 고려하면 저런 행동을 하고도 무사했다는 것이 의아하다. 물론, 소련에서 최초로 노벨 생리의학상을 수상해 국보급 대접을 받은 점도 있지만, 인간의 행동과 정신을 기계적인 반사로 설명한 파블로프의 아이디어가 공산당의 유물론적 사고에 부합했다는 사실이 유효했을 것으로 보인다. 공산당은 파블로프의 아이디어를 잘 이용하면 전 국민의 사상을 개조하는 것이 가능하다고 생각했다. 실제로 파블로프에게도 좋은 의미에서 오랫동안 황제의 압제를 받고 살아온 러시아 국민의 의식 구조를 바꾸고 싶은 염원이 있었다. 이런 이유로 공산당은 어려운 경제 상황임에도 파블로프의 연구소에는 거의 무제한의 자원과 인력을 제공했다.

심각한 이야기도 있다. 1924년, 홍수로 인해 파블로프 실험실의 개들이 대부분 물에 빠져서 죽을 뻔하다 구조되는 일이 생겼다. 그런데 구조된 개들이 이전과 전혀 다른 행동 양상을 보였다. 난폭해지거나 극도로 위축되면서 그동안 학습한 내용을 모두 다 잊어버리고 말았다. 극한 상황에서 뇌가 정상적으로 작동하지 못하며 보상과 벌에 따라 움직이는 기계처럼 반응하게 된 것이다. 파블로프는 이러한 상황을 관찰해 현재의 '정신적 외상'에 대한 개념을 만들어나갔다.

그래서 일부 학자는 파블로프가 의도한 것은 아닐지라도 이후 벌어지는 스탈린 체제의 세뇌 공작과 공개 재판에 이 아이디어가 이용되었다고 이야기한다. 파블로프의 연구 관찰이 세뇌 기술이 만들어지는 시발점이 되었다는 것이다. 이들은 공개 재판을 통해 전혀 관련 없는 '죄'를 기꺼이 자백하게 만드는 데 고문과 더불어 파블로프의 '보상과 벌'이 적용되었다고 본다. 진실은 아마 중간 어디쯤 있을 것이다. 파블로프는 공산당의 이론과 정책을 경멸하면서도 연구소의 발전을 위해 이들을 적절히 이용했을 것이다. 이러한 사실은 파블로프의 말에서도 드러난다. "이 야만인들에게도 장점이 있다. 그것은 과학의 법칙을 이해한다는 점이다."

드디어, 심리학의 대두

파블로프가 활동하던 당시, 미국에서는 심리학이 뜬구름 잡는 형이상학적 학문 취급을 받고 있었다. 심리학에서 객관적 접근이 가

능하다는 증거를 찾고 있던 심리학자 왓슨John B. Watson, 1878-1958
은 인간의 마음을 직접 탐구하는 방식에서 벗어나, 인간의 행동을 지
배하는 물리적 법칙을 발견하고자 했다. 그러던 왓슨이 같이 일하던
래슐리Karl Lashley, 1890-1958를 통해서 파블로프의 이론을 접한 것이
1915년이었다. 이 연결이 왓슨이 반사에 기반을 둔 행동심리학이라
는 분야를 창시하는 계기가 되었다.

행동심리학은 자극-반응 심리학이라고도 부를 수 있다. 행동심
리학이 핵심적으로 주장하는 내용은 특정 행동의 출현은 환경의 영
향을 받는다는 것이다. 왓슨은 제자이자 훗날 그와 결혼하게 되는 레
이너Rosalie Rayner, 1898-1935와 함께 이 이론을 증명하기 위해 심리학
역사에서 악명 높은 실험을 시행한다. 실험은 '꼬마 앨버트'라고만 알
려진 9개월 된 아기를 대상으로 진행되었다.

우선 앨버트가 애완용 쥐와 친해지도록 시간을 주었다. 충분히
친해진 뒤에는 앨버트가 있는 방에 쥐가 들어오면 바로 망치로 쇠 파
이프를 때려 큰 소리를 유도해 앨버트를 놀라게 만들었다. 이 과정을
일곱 차례 반복하자 앨버트는 소리가 없어도 쥐를 무서워하게 되었
고, 더는 쥐와 놀지 않으려는 모습을 보였다. 이 실험은 쥐에서 멈추
지 않고 다른 동물들, 심지어 산타클로스 마스크 같은 물건을 통해서
도 진행되었다. 잔인하게도 한 달 뒤 가족이 앨버트를 데리고 갈 때까
지 이러한 조건반사 실험은 계속되었다.

왓슨은 실험 후 이 조건반사를 완화시키는 어떠한 노력도 하지
않았기에, 아마도 이러한 앨버트의 행동 변화는 계속 지속되었을 가
능성이 높다. 앨버트의 삶에 대해서는 한동안 알려지지 않다가, 비록
실험과는 관련이 없지만 불과 6세의 나이에 뇌수종으로 죽었다는 사

실이 2009년에야 밝혀졌다. 더구나 왓슨은 이후에 제자와 불륜을 저지르고 이혼을 당하며 존스홉킨스대학교에서도 쫓겨났다. 이토록 악명 높은 실험과 점잖지 못한 행실에도 불구하고 그의 발견과 이론은 20세기 초 신경학과 심리학에 큰 영향을 끼쳤다.

이후로 한동안 행동심리학 지지자들은 아무리 복잡한 행동이라도 과거 학습을 통한 반사의 연속 현상으로 설명할 수 있다고 생각했다. 이러한 생각은 1930년에 왓슨이 한 말에서도 잘 드러난다. 그는 자신에게 불특정한 영아를 열두 명 주면 그들 모두를 임의로 지정한 분야의 최고 전문가가 되도록 교육시킬 수 있다고 주장했다. 이 이론은 사회공학에도 적용되어 스키너Burrhus Frederic Skinner, 1904-1990처럼 보상과 벌에 의해 행동이 완전히 바뀔 수 있다고 주장하는 사람이 나타나는 단계에 이르렀다. 한 개체가 두 가지 반응을 보이는데, 하나는 교정이 필요한 문제 있는 반응이고 다른 하나는 사회에 잘 적응하는 반응이라고 할 때, 사회적 반응에 적극적인 보상을 주고 그 반대의 반응에는 벌을 주면 행동이 교정될 것이라는 생각이었다.

기억의 흔적을 찾은 래슐리

파블로프로부터 시작된 행동심리학은 이후 많은 학자들에게 영향을 주었다. 그중 미국의 행동심리학자 래슐리는 파블로프의 이론을 객관적 동물 실험을 통해 입증하고자 했다(그림 15). 1911년에 존스홉킨스대학교에서 왓슨의 지도를 받은 래슐리는 그와 함께 쥐 미로 찾기 과정에 미치는 여러 약물의 영향을 연구했고, 연이어 학습에

그림 15 | 래슐리의 초상

관여하는 대뇌 부위를 찾으려 시도 중이었다.

이때 래슐리는 미국의 뇌 외상 전문가이자 심리학자인 프란츠Shepherd Franz, 1874~1933로부터 동물의 뇌에 국소적인 병소를 만드는 기술을 익히게 된다. 일찍이 파블로프는 자신의 조건반사 이론을 설명하면서 개의 청각을 관장하는 뇌와 침을 흘리도록 지시하는 뇌 사이에 새로운 신경 연결이 생겼을 것이라고 말한 바 있었다. 래슐리는 만일 이 이론이 맞다면 새 학습 반사가 저장된 뇌 부위를 제거했을 때 그 반사 행동이 함께 없어질 것으로 예상했다.

그래서 래슐리는 뇌 기억의 흔적을 찾는 실험을 진행했다. 쥐를 미로에서 훈련해 빠른 길을 찾게 만든 뒤 대뇌 피질의 다양한 부분을 손상시켜 이 기억이 없어지는지 관찰한 것이다. 그런데 실험의 결과는 래슐리의 예측과 전혀 달랐다. 뇌 피질의 50퍼센트 가까이를 제거해야 비로소 미로 찾기 기능이 떨어졌고, 이마저도 다시 교육하면 돌아왔다(하등동물과 고등동물에 차이가 있다). 더 놀라운 점은 뇌 어느 부분을 손상시켜도 마찬가지 결과를 얻었다는 사실이다. 당시에는 이것이 뇌 전체론에 대한 강력한 증거로 여겨졌다.

이 실험 결과를 통해 래슐리는 엔그램engram(기억의 흔적)에 관한 두 가지 명제를 제시하게 된다. 하나는 크기 작용을 의미하는 양 작용mass action이고 다른 하나는 등가법칙equipotentiality이다. 양 작용이란 가용한 대뇌의 크기(양)에 의해 학습의 속도와 정확도가 결정된다는 것이다. 대뇌 손상으로 학습이 어려워지는 정도도 망가진 대뇌의 양에 의해 결정된다. 등가법칙이란 기억의 흔적이 뇌의 특정 부분에 저장되는 것이 아니라, 뇌 피질 전체에 같은 정도로 골고루 퍼져 있다는 것이다. 대뇌의 특정 부분이 파괴되어도 다른 부분이 그 기능을 대신할 수 있다는 의미다. 다시 말해, 기억 기능에서는 저장되는 위치보다 뇌 전체의 양이 중요하다는 것이었다.

이 이론은 기억이 단순히 복합적인 반사만으로 이루어질 수는 없으며, 동물의 다양한 행동을 관장하는 상위 뇌 구조가 있음을 시사했다. 특히, 래슐리는 피아노를 치는 것 같은 복잡한 운동에서 단순히 한 반사가 다른 반사를 유발하는 식으로 운동이 시행되기에는 시간이 모자르다고 지적했다. 그는 이러한 운동을 만들 수 있는 중앙의 체계적인 프로그램이 필수라고 생각했다. 래슐리는 이 프로그램이 위치하는 부분을 도식schemata이라고 명명했지만 끝내 도식도, 학습이 일어나는 자리도 찾지 못했다(지식 상자 6-3).

이 밖에 래슐리는 뇌 병소를 만드는 실험 과정에서 대뇌 피질과 그 아래 회백질의 연결, 즉 수직적 연결이 대뇌 피질의 수평적 연결보다 뇌 기능을 수행하는 데 있어서 중요하다는 사실도 발견했다.

유전자의 중요성을 강조한 래슐리는 흑인을 향한 혐오감을 숨기지 않으며, 사후에 과학사학자 와이드먼Nadine Weidman, 1966–으로부터 유전자가 모든 것을 결정한다고 믿는 유전 결정론자이자 인종차별주의자라고 비난받기도 했다. 해당 언행이 있던 것은 사실이지만 그가 환경의 영향을 완전히 무시한 것은 아니었다. 그의 학문적 결과물을 모두 매도하는 비난에는 일부 과도한 측면도 있다.

신경생리학의 아버지 헤브와 기억의 장소

래슐리가 반사로 모든 학습이 설명될 수 있다는 주장을 부정함에 따라 학습의 기원에 대한 논의는 다시 혼란에 빠졌다. 이때 래슐리의 제자 헤브Donald O. Hebb, 1904–1985가 매우 독창적이면서도 통찰력 있는 아이디어를 제시했다(그림 16). 헤브는 신경생리학의 아버지로 불리는 사람이다.

원래 몬트리올의 한 초등학교에서 교장으로 일하던 헤브는 아내를 교통사고로 잃고 고관절 염증으로 1년간 침대 생활을 하는 비극적인 상황에 처한다(한동안 침대 생활을 한 유명한 신경학자가 꽤 있다). 이때 우연히 셰링턴의 연구 결과를 접했다. 이 논문에 자극을 받은 헤브는 침대 생활을 하면서도 척수반사에 대한 석사 논문을 썼고, 곧이어 래슐리와 함께 일할 수 있는 기회를 얻었다. 그리고 1937년부터는 몬트리올 신경학 연구소Montreal Neurological Institute, MNI의 펜필드와 공동으로 연구를 진행하면서 뇌의 외과적 수술이나 손상이 뇌 기능에 미치는 영향을 연구하기 시작했다.

그림 16 | 헤브의 초상

　그는 환자의 나이가 어린 경우 뇌의 특정 부분이 제거되어도 다른 부분이 그 기능을 대신할 수 있지만, 나이가 들면 손상된 기능이 복구되지 않음을 확인했다. 이후 1948년에 몬트리올의 맥길대학교 교수로 임명된 헤브는 1949년에 마침내《행동의 구조Organization of Behavior》라는 명저를 저술한다.

　헤브는 학습과 기억에 대한 매우 간단하면서도 중요한 법칙을 제시했다. 신경세포 A가 근처에 있는 신경세포 B를 흥분시킬 만한 충분한 신호를 반복적으로 주면, 어떠한 구조 또는 기능의 변화가 일어나서 신경세포 A가 B를 흥분시키는 효율이 증가한다는 것이었다(그림 17). 반복되는 자극이 세포 사이를 연결하는 오솔길을 고속도로로 바꿀 수 있다는 것이었다. 이를 '헤브의 이론Hebbian Theory', 일명 '헤브의 법칙Hebb's Law'이라고 부른다. 이 법칙은 뇌가 정보를 학습하고 기억하는 방식을 설명해주며, 이러한 과정을 수학적 모델이나 컴퓨터 시뮬레이션으로 표현할 수 있게 해준다. 길게 보자면 인공지능Artificial Intelligence, AI의 탄생에도 기여한 이론이다.

헤브는 학습에 이용되는 뇌 회로가 자극에서 운동으로 연결되는 단순한 일방향의 회로가 아니라, 매우 많은 뇌세포가 관여하는 순환 회로라고 생각했다. 이러한 순환 회로는 반복 자극에 의해 강화되며, 자극이 끊겨도 메아리처럼 활동이 순환하면서 유지된다고 보았다. 그리고 강화된 회로에서 학습이 이루어지는 결정적 구조물이 바로 시냅스라고 결론지었다. 순환 회로를 어느 정도 반복해서 돌면 장기 기억이 형성되는데, 장기 기억이 형성되도록 신경계의 변화를 일으키는 것이 시냅스 또는 시냅스로 대표되는 신경의 흐름이라는 것이었다. 이 이론은 추후 신경계 가소성neural plasticity과 장기 강화long-term potentiation의 발견으로 이어진다(제13장).

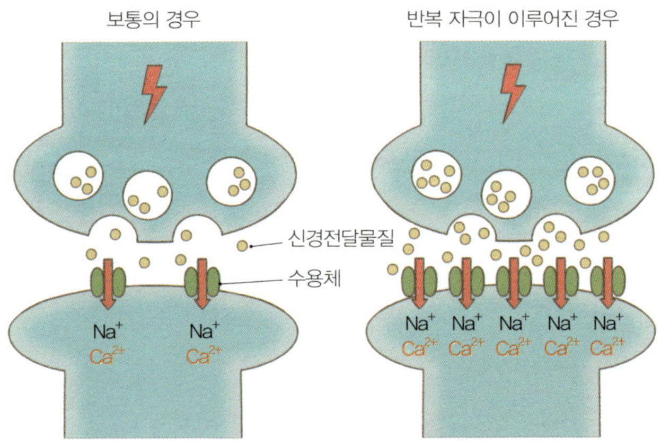

그림 17 │ 헤브의 이론 하나의 신경세포가 근처에 있는 다른 신경세포를 흥분시킬 만한 충분한 신호를 반복적으로 주게 되면 어떠한 구조 또는 기능의 변화가 일어나서 둘 사이 연결의 효율성이 증가한다. 이 그림에서는 신경전달물질이 붙는 수용체의 숫자가 증가하여 그와 같은 효과를 얻고 있다.

헤브는 환경이 학습에 미치는 영향이 매우 클 것으로 판단했다. 여러 다양한 자극이 제공되는 환경에서는 뇌의 발달이 정상적으로 잘 이루어지지만, 그렇지 않은 경우에서는 발달에 문제가 생길 것으로 예측했다. 어린 시절의 적절한 자극과 환경이 학습 능력 발달에 결정적인 영향을 미친다는 것이었다. 이를 확인하기 위해 헤브는 자신의 집에서 어린 딸과 함께 기른 쥐를 장난감이나 미로, 여러 물체가 있는 다양한 환경에 노출시켰다. 그 결과, 자극이 풍부한 환경에서 자란 쥐는 그렇지 않은 쥐에 비해 학습 능력과 문제 해결 능력이 뛰어나다는 사실을 확인해 가설을 증명했다. 어린 시절에 적절한 환경에 노출된 아이들은 이미 잘 발달한 신경 회로 덕분에 성인이 되어서도 새로운 학습을 더 쉽게 할 수 있다는 것이었다. 이러한 헤브의 발견은 저소득 가정의 아이들을 위한 교육 프로그램을 개발하는 이론적 기반이 되었다.

마지막으로, 잘 알려져 있지 않지만 헤브는 외부 자극을 차단해 신문 효과를 높이는 기술도 개발했다. 일설에 따르면 이 연구는 정부 기관, 특히 CIA의 지원을 받아 이루어졌다고 전해진다. 헤브는 외부 자극이 부족하면 지능 발달에 문제가 생기고, 감각이 완전히 차단되면 뇌가 정상적으로 작동하지 못할 것이라는 가설을 세웠다. 더 나아가 이러한 상태의 뇌는 새로운 사상이나 정보에 더 취약해질 수 있다는 추측도 덧붙였다.

실제로 헤브는 학생 자원자를 대상으로 촉각, 시각을 제한하고 백색소음으로 청각을 차단하는 감각 박탈 실험을 진행했다. 대부분이 2~3일을 버티지 못했다. 사고력이 저하되는 것은 물론이고 정신 증상과 심지어 환각을 경험한 사례도 있었다. 또한 격리된 상태에서

특정 메시지를 반복적으로 들려주자, 피험자들이 실험 종료 후에도
그 내용에 특별한 관심을 보이는 현상도 관찰되었다.

그럼에도 불구하고 헤브는 훌륭한 과학자로서 연구 윤리의 선을
넘지는 않았다. 피험자들이 원할 때 언제든지 실험을 그만둘 수 있게
했고, 나중에는 이 실험이 세뇌와 관련 있다는 점을 솔직히 인정하기
도 했다.

참고로, 직역하면 '뇌를 씻는다'라는 뜻의 '세뇌洗腦'는 1940, 1950
년대 중국 공산당의 사상개조 운동에서 비롯된 표현이다. 이 세뇌 기
술이 본격적으로 적용된 장소가 바로 6·25 전쟁이다. 이때 소수이긴
하지만 미군 포로가 중공군의 세뇌 공작으로 공산당으로 전향하는
일이 있었다. 이 사례가 미국에 알려지면서 'brainwashing'이라는
번역된 표현이 퍼지게 되었다.

상반된 스승과 제자, 래슐리와 헤브

앞서 이야기한 대로 헤브는 래슐리의 제자였다. 1930년대, 파블
로프의 제자 바브킨Boris Babkin, 1877–1950과 몬트리올에서 공동 연구
를 하고 있던 헤브는 그에게서 시카고에 있는 래슐리와 실험을 해볼
것을 제안받는다. 파블로프의 제자 바브킨은 인지 기능 역시 반사
의 연속으로 이루어진다는 스승의 이론을 믿고 있었는데, 뜻밖에도
이러한 이론(행동심리학)을 부정하는 래슐리에게 갈 것을 권유한 것이
다. 행동심리학을 객관적으로 테스트해보고자 하는 바브킨의 의도
였다. 그는 헤브가 떠나기 전에 미리 래슐리의 이론이 틀릴 수도 있

음을 경고했다고 한다. 그리고 잘 알려진 대로, 래슐리와 헤브는 오랜 스승과 제자 관계를 맺는다.

두 사람은 성격적으로 매우 달랐다. 래슐리는 인생에 대해 부정적이었다. 연구 분야에서도 '파괴 전문가'라는 별명이 붙어 있었다. 다른 사람의 이론은 물론이고, 심지어 자신의 이론에 대해서도 무자비한 반대 이론을 서슴지 않고 내놓는 돈키호테 같은 사람이었다. 이론을 무작정 받아들이지 않고 항상 의심한다는 측면에서 이러한 성격은 큰 장점이기도 하다. 무엇보다 이론을 공격한 것이지, 사람을 공격한 것은 아니었다. 그는 '쌀쌀하지만 차갑지는 않다'라는 평가를 받았다. 래슐리는 인지 기능을 스위치에 비유하는 것처럼 표현을 바꿔서는 안 되고, 뇌 자체로 연구해야만 그 특성을 알 수 있다고 생각하는 보수적인 인물이었다.

래슐리가 연구계의 허무주의자라면 헤브는 항상 따뜻한 모습으로 많은 분야의 연구자에게 존경과 사랑을 받은 인격자였다. 헤브는 자신의 이론을 담은 책《행동의 구조Organization of Behavior》를 쓰기 전에도 래슐리에게 공동 저자로 참여할 것을 제안했다고 한다. 모든 글을 혼자 써야 하는 부담감을 줄이고 내용도 점검해볼 수 있었으며, 현실적으로 래슐리의 명성이 책 판매에 도움을 줄 수 있을 것이라는 생각에서였다. 그러나 래슐리는 이 제안을 미적지근한 태도로 거절했다. 뇌 전체의 양이 중요하며 기억이 뇌 전체에 골고루 퍼져 있다는 양 작용과 등가법칙을 염두에 두면 래슐리의 아이디어는 뇌 기능에 대한 전체론적인 생각에 더 가깝다. 그렇기 때문에 기억이 시냅스의 연결로 이루어진다는 헤브의 이론에 비판적일 수밖에 없었을 것이다. 참고로 래슐리는 뇌 기능이 신경계 반사의 연결로 이루어진다고 주장하는 연결론자들을 매우 싫어했다고 한다. 이 연결론자들이 바로 연속된 반사로 인지 기능과 같은 고위 기능도 설명할 수 있다고 주장하는 행동심리학자들이었다.

대신 래슐리는 헤브의 이론에 끊임없이 의문을 던져서 헤브가 정답을 찾는 데 도움을 주었다. 일종의 악마의 대변인devil's advocate 역할을 한 것이다. 이론가 래슐리가 생리학자 헤브가 올바른 이론을 구상할 수 있도록 도와준 셈이다. 사실 래슐리의 역할은 이것만이 아니었다. 헤브가 책을 내기 10년 전에 래슐리는 카할(제5장)의 마지막 제자인 노Rafael Lorente de Nó, 1902-1990가 주장한 1932년의 이론을 언급한 바 있는데, 이것이 헤브가 자신의 이론을 만드는 배경이 되었을 가능성이 있다.

노는 대뇌 피질의 작은 집단이 하나의 모듈을 형성하여 주변으로부터 신호를 받고, 다시 자신과 바깥에 있는 다른 모듈에 신호를 전달한다고 생각했다. 이러한 신호의 연결이 인간 마음의 기본 작동 원리라는 것이 그의 이론이었다. 래슐리는 반사의 연속 개념을 싫어했지만, 신경계 연결 자체를 부정하지는 않았으며, 노의 이론을 소개하면서 그의 '끊임없이 작동하는 반복 회로'가 신경계 작동의 최종 메커니즘이 될 가능성을 언급했다. 래슐리가 헤브가 현재의 연구 방향으로 나아가도록 처음부터 자극한 셈이다.

두 사람의 일례는 서로 다른 성격과 사고방식을 가진 과학자가 상호작용하며 연구를 발전시키는 모습을 보여준다. 래슐리의 철저한 비판과 전체론적 사고는 헤브가 시냅스 연결과 순환 회로를 통한 학습 이론을 정교하게 다듬는 데 중요한 자극이 되었고, 헤브의 따뜻하고 인간적인 면모는 그들이 동료 연구자들에게 신뢰와 존경을 쌓는

데 도움을 주었다. 이처럼 헤브와 래슐리의 상호작용은 과학적 발견이 단순한 지적 작업이 아니라, 인간적 관계와 지속적인 논쟁 속에서 비로소 성장하고 정교해질 수 있다는 점을 보여주는 좋은 사례라 할 수 있다.

척수반사 spinal reflex

척수반사는 우리 몸에서 빠르고 자동적인 반응을 일으키는 신경계의 기본 작동 원리 중 하나다. 이 반사는 뇌에 도달하기 전에 척수에서 바로 처리되어 신체의 즉각적인 반응을 일으킨다. 반사를 시작하는 외부 자극이 감각 수용체에 의해 감지되면 이 자극이 감각신경을 통해 척수로 전달되고, 척수에서 간단한 처리 과정을 거친 후 일정 신호가 운동신경으로 내려간다. 그리고 운동신경은 특정 근육이나 분비선에 신호를 보내 반응을 일으킨다.

가장 유명한 척수반사로는 무릎반사가 있다. 무릎 아래의 슬개골을 가볍게 타격하면 무릎이 자동으로 펴지는 반응이다. 뜨거운 물체를 만졌을 때 손을 빠르게 떼는 것도 척수반사의 일종이다. 피부의 온도 수용체가 고온을 감지하는 순간 이 정보 신호가 아직 뇌에 도달하기 전에 척수를 거쳐 손 근육에 빠르게 전달되어 손을 피하게 하는 것이다.

근육방추 muscle spindle

근육방추는 골격근에 위치하며 근육 길이의 변화를 감지하는 감각 수용기관이다. 근육방추의 중앙부에는 특별히 변화한 근섬유가 있다. 이 '내부 섬유'는 일반 근섬유보다 더 얇다는 특징이 있으며, 얇은 결합 조직 캡슐로 둘러싸여 있다. 이 캡슐은 근육방추를 근육 조직과 구분하고 보호하는 역할을 한다.

근육방추에는 감각신경섬유가 붙어 있어서 근육이 늘어나면 척수로 신호를 보내어 근육의 수축을 유도하며, 이를 신장반사 stretch reflex라고 부른다. 신장반사는 근육이 지나치게 늘어나서 상하지 않도록 보호하는 역할을 한다.

또, 근육방추는 운동의 정밀한 조절에도 기여한다. 근육의 길이 변화를 지속적으로 모니터링해 적절한 근육 활동이 가능하도록 돕는 것이다. 따라서 근육방추는 고유감각을 담당하는 일차 감각기관으로 볼 수 있다.

기억의 흔적engram과 신경 네트워크 패턴에 의한 기억의 저장

래슐리가 찾는 데 실패한 엔그램에 대한 최신 학설이 있다. 기억의 엔그램을 특정 기억의 저장, 재현과 관련한 뇌세포의 네트워크로 생각하는 것이다. 이 개념은 기억이 뇌에 특정 패턴으로 저장된다는 생각에 기반을 두고 있다.

기억 형성과 관련해서는 중요한 과정이 있다. 기억의 입력encoding(인코딩)과 저장storage, 그리고 기억을 되살리는 출력retrieval이다.

인코딩 과정에서 경험은 신경 활동의 패턴으로 변환되어 뇌에 저장된다. 이렇게 저장된 기억은 뇌의 여러 부위에 분산될 수 있으며, 서로 연결되어 전체적인 기억을 형성한다. 뇌의 특정 부위, 특히 해마는 기억 형성에 중요한 역할을 한다. 해마는 새로운 정보를 장기 기억으로 변환하는 데 도움을 주며, 이 과정에서 여러 신경세포가 활성화되어 '기억의 흔적'이라고 불리는 네트워크를 형성한다. 이러한 네트워크가 바로 기억의 엔그램이다.

기억 재생 과정에서는 엔그램으로부터 기억을 불러오게 된다. 그런데 이 과정은 단순한 기억의 재생이 아니라, 기억을 재구성하는 과정이기도 하다. 그래서 기억은 시간이 지남에 따라 변화할 수 있다. 기억의 엔그램에 대한 래슐리의 양 작용은 지나치게 극단적인 이론이지만, 특정 기억이 뇌의 지정된 한 부분에 저장되는 것이 아님은 널리 받아들여지고 있다.

7

뇌의 기능지도를
그리다

기능별 중추의 발견

“마음, 뇌, 그리고 몸이 사람을 만든다.”
와일더 펜필드 Wilder Penfield, 1891-1976

“뇌는 우리의 운명을 결정짓는 기관이다.
조용히 움직이고 있는 그 안의 비밀이 인간의 미래를 결정할 것이다.”
와일더 펜필드

“신경학에서 풀어야 할 문제는 인간 자체를 이해하는 것과 같다.”
와일더 펜필드

언어를 이해하는 감각언어 중추의 발견

브로카는 실어증에 다양한 형태가 있다는 것은 알고 있었지만, 말을 듣고 이해하게 해주는 뇌 영역인 감각언어 중추sensory language area의 위치에 대해서는 특별히 언급하지 않았다. 1874년, 감각언어 중추는 독일의 정신과 의사이자 해부학자인 베르니케Carl Wernicke, 1848–1905에 의해 발견된다(그림 1). 베르니케는 브레슬라우 의과대학을 졸업한 후에 오스트리아의 정신과 의사 마이네르트Theodor Meynert, 1833–1892와 6개월간 일할 기회를 얻었다. 마이네르트는 훗날 여러 신경계 구조물에 자신의 이름이 붙을 정도로 저명한 학자였다.

베르니케가 근무하는 시기에 마이네르트는 한 여성 환자를 돌보고 있었다. 다른 사람의 말을 알아듣지 못하는 한편 이해할 수 없는 말을 하는 증상을 보인 이 환자의 부검에서는 좌측 측두엽 상부에 뇌 손상이 발견되었다. 이 자리는 청신경으로부터 신호가 들어오는, 소리를 듣는 자리 근처였다. 이를 근거로 베르니케는 언어를 이해하

그림 1 | 베르니케의 초상

는 자리가 소리를 듣는 자리 근처에 있다고 생각했다(그림 2). 베르니케는 마이네르트와 일하던 1874년에 《실어증 증상증후군Aphasische Symptmenocomplex》이라는 책을 발간해 이 증례를 자세히 설명했다. 그리고 같은 해에 독일로 돌아와서는 같은 양상의 실어증을 보이는 여러 증례를 추가로 수집했다.

　브로카 실어증과 달리 말을 유창하게 할 수 있지만, 알아들을 수 없는 말이라는 점이 이 환자들의 특징이었다. 마치 종교적 황홀 상태에서 터져 나오는 방언과 유사했다. 그리고 이들은 다른 사람이 하는 말을 들을 수는 있지만 그 뜻은 전혀 이해하지 못했다. 베르니케는 이 실어증이 새로운 형태의 실어증이라는 점을 명확히 했다. 이러한 통찰은 언어 연구의 범위를 '말을 산출하는 부위'에서 '언어를 이해하는 신

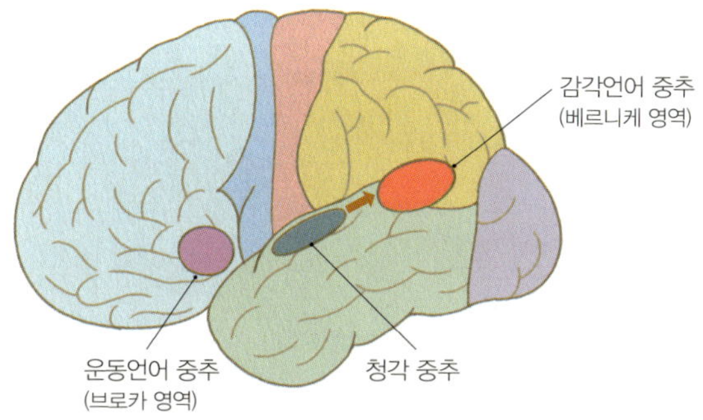

그림 2 | 감각언어 중추의 위치 감각언어 중추는 청각 중추 근처에 있다. 말이 들리면 청각 중추로부터 감각언어 중추로 신호가 전달되어 그 뜻을 이해하게 된다.

경 기제'까지 확장시킨 것으로, 당시 26세에 불과한 신출내기 의사로서는 대단한 업적이었다.

그는 이 형태의 실어증을 통해 언어를 이해하고 말을 하는 과정을 설명했다. 우선 청각 중추를 통해서 소리가 접수되면, 언어 이해 영역으로 전달되어 그 뜻이 이해가 된다. 언어에 대한 기억이 저장되어 있는 이 영역을 '베르니케 영역Wernicke's Area'이라 부른다(그림 2). 다른 사람이 말한 것을 똑같이 따라서 말하려면 이 정보가 베르니케 영역에서 다시 전두엽의 언어 발화 영역, 즉, '브로카 영역'으로 전달되어야 한다. 이것이 듣고, 이해하고, 따라서 말하는 과정이다. 베르니케는 베르니케 영역의 손상에 의해 나타나는 실어증을 '감각 실어증'으로, 브로카 영역의 손상으로 나오는 실어증은 '운동 실어증'으로 명명했다. 감각 실어증은 베르니케의 이름을 따서 '베르니케 실어증'이라고도 부른다(지식 상자 7-1).

베르니케는 이러한 언어 구조를 설명하면서, 자신의 이론이 맞

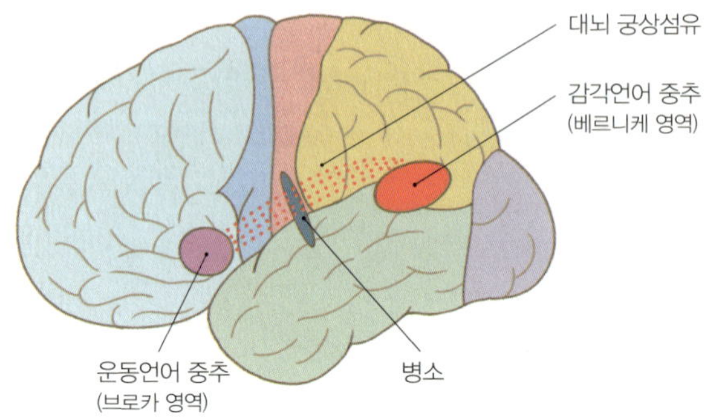

그림 3 | **전도 실어증** 감각언어 중추와 운동언어 중추를 연결하는 것이 대뇌 궁상섬유arcuate fasciculus
다. 따라 말하기를 하려면 감각언어 중추에서 대뇌 궁상섬유를 통해 운동언어 중추로 신호가 전달되어야
만 한다. 이 섬유에 손상이 생기면 말을 이해할 수 있고 자신이 하고 싶은 말을 할 수도 있지만 따라 말하
기만 안 된다.

다면 베르니케 영역과 브로카 영역을 바로 연결하는 통로가 있을 것
으로 예측했다. 그리고 만일 이 통로에만 손상이 생긴다면 말을 하거
나 이해하는 것은 가능하지만 따라 말하는 능력에 이상이 생길 것이
라고 추정했다. 실제로 훗날 알아들을 수 있고 자기 생각을 말할 수
도 있으나 따라 말하기가 안 되는 환자들이 발견되었다(그림 3). 현재
는 이러한 형태의 실어증을 '전도 실어증conduction aphasia'이라고 부
른다(지식 상자 7-1). 이것은 신경해부학과 임상 관찰이 조화를 잘 이루
는 경우, 신경계 기능의 작동 방법을 추론하고 모델을 만들 수 있음
(기능적 신경해부학)을 보여주는 모범적인 사례다.

이 밖에 글씨를 읽는 뇌 영역에도 관심을 가진 베르니케는 그 영
역이 베르니케 영역 근처일 것이라고 예상했다. 1892년, 프랑스의 학
자 데제린Joseph Jules Dejerine, 1849–1917이 뇌졸중을 앓은 후 시각 장애
도 없고 말은 할 수 있는데, 글을 읽는 것만 불가능해진 실독증alexia

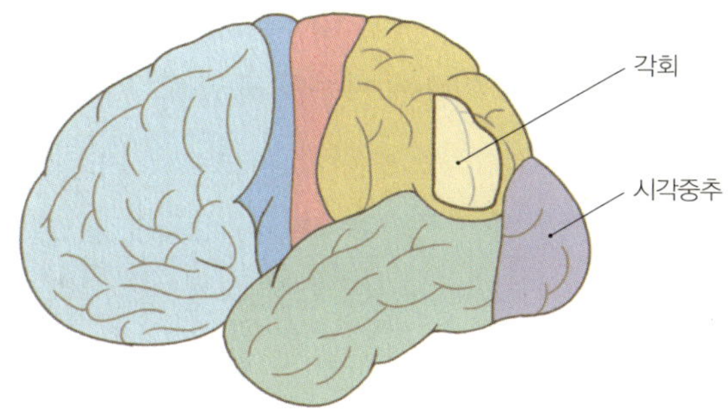

그림 4 | 각회의 위치 각회는 시각 중추인 후두엽보다 앞인 두정엽에 있다. 좌측(우성 반구) 각회는 단어 의미 처리, 읽기와 이해, 숫자 처리에 관여한다.

환자를 보고하면서 글씨를 읽는 영역이 존재함이 사실로 확인되었다. 이 환자는 부검에서 좌측 뇌의 각회angular gyrus에 뇌경색이 있음이 밝혀졌다. 각회는 시각 중추와 청각 중추 사이에 있다(그림 4).

베르니케의 이름은 '베르니케 뇌병증Wernicke Encephalopathy'에도 남아 있다. 이는 만성 알코올 중독 환자에게서 비타민 B1 thiamine 부족으로 인해 의식 저하, 안구운동 및 보행에 장애가 발생하는 것을 말한다. 베르니케는 안타깝게도 56세라는 비교적 젊은 나이에 사이클 사고 후유증으로 사망했다.

운동 중추의 발견

베르니케가 감각언어 중추를 발견하기 4년 전, 1870년에 독일의 두 학자 히칙과 프리치가 뇌 운동신경이 전두엽의 뒷부분에 위치한다고 발표했다(제4장). 이러한 발견은 대뇌 피질은 전기자극에 아무 반응을 일으키지 않는다는 당시 통념에 반하는 것이었다.

당시에 대뇌 피질은 특별한 기능을 하지 않는 단순한 외피로 생각되었다. 실제로 대뇌 피질을 뜻하는 'cortex'가 라틴어로 '껍질'을 뜻한다. 이렇게 생각되던 이유는 스위스의 생리학자 할러Albrecht von Haller, 1708-1777와 플로랑스(제4장)의 앞선 대뇌 전기자극 실험에서 아무런 움직임이 관찰되지 않았기 때문이었다. 대뇌를 전기자극했을 때 뚜렷한 반응이 나타나지 않는다는 점을 확인하기는 했지만, 그렇다고 플로랑스가 이를 단순히 '기능이 없다'라는 쪽으로 해석한 것은 아니었다. 오히려 그는 감각과 의지가 피질 전체에 균일하게 분포해 있기 때문에 특정 부분을 자극해도 눈에 띄는 반응이 나타나지 않는다고 보았다. 또한 그는 운동 기능은 대뇌 피질이 아니라 기저핵과 소뇌가 담당한다고 주장했다.

이런 믿음이 대세이기는 했지만 간혹 이에 반하는 현상이 보고된 바는 있었다. 예를 들어, 알디니(제4장)는 죽은 지 얼마 지나지 않은 시체의 대뇌를 전기로 자극하여 여러 움직임을 만들 수 있음을 시연했다. 또, 롤란드Luigi Rolando, 1773-1831는 돼지의 대뇌 피질에 철사를 삽입할 때 움직임이 일어나는 것을 목격했다. 그리고 잭슨은 뇌전증 발작의 잭슨형 행진(제4장)이라는 현상을 기록하면서 운동신경이 대뇌에 특정 순서로 배열되어 있을 것으로 추정했다.

제4장에서 나온 대로 히칙과 프리치는 개를 이용한 전기자극 실험을 통해 대뇌 운동 피질을 최초로 발견했다. 이것은 뇌 국소화 이론에 중요한 근거를 제공했으며, 잭슨형 행진에 대해서도 타당성을 증명해주었다. 하지만 이들은 불행히도 잭슨의 이론을 알지 못했고 따라서 논문에 인용하지 않았다. 이 때문에 지금부터 등장하는 페리

어David Ferrier, 1843~1928의 분노를 불러와서 많은 비판을 받는 신세
가 되었다.

한 가지 중요한 사실은 운동 피질에 의도적으로 손상을 주어도
그에 해당하는 운동 기능이 완전히 마비되지는 않는다는 것이다. 이
는 운동 기능 영역이 존재하는 것은 맞지만, 그 외에도 다른 뇌 영역
들이 운동 기능에 기여함을 시사한다. 즉, 뇌의 특정 한 부분만이 전
적으로 그 특정 기능을 담당하는 것은 아니라는 뜻이다.

위대한 신경실험 연구가 페리어

전기자극으로 대뇌 피질을 자극할 수 있다는 사실이 알려지면
서, 스코틀랜드의 페리어가 이 기술을 매우 유용하게 사용해 신경학
발전에 크게 기여했다(그림 5). 에든버러에서 의과대학을 졸업하기 전
하이델베르크에서 철학을 전공하기도 했던 페리어는 1870년에 런던
킹스칼리지 병원King's College Hospital에서 신경 병리학자로 근무하는
동시에 '국립 신경마비 및 뇌전증 병원'에서 일할 기회를 얻었다. 그
곳에서 잭슨(제4장)과 개인적으로 교류하게 되면서 자연스럽게 뇌 연
구에 다가섰다. 잭슨은 이후 페리어의 멘토이자 진정한 친구로 남게
되었다.

페리어는 1873년에 영국 최대 규모의 정신병원인 웨이크필드
웨스트 라이딩 정신병원West Riding Lunatic Asylum in Wakefield(현재의 스
탠리 로이드 병원Stanley Royd Hospital)에서 초청을 받는다. 그곳에는 수천 명의
정신 질환자뿐 아니라 동물 실험실을 포함한 첨단의 연구 시설이 갖

그림 5 | 페리어의 초상

추어져 있었다. 이후 3년에 걸쳐 페리어는 잭슨과 히칙, 그리고 프리츠의 발견을 여러모로 확장시켜 나갔다.

　페리어의 실험은 크게 두 가지로 나눌 수 있다. 하나는 전기자극으로 뇌 운동 중추를 발견하는 것이고, 다른 하나는 전기자극으로 확인된 운동 피질에 손상을 주어 해당 운동 기능이 없어지는 것을 확인하는 것이었다. 이는 히칙과 프리츠도 이용한 방식이었다. 다만 페리어는 직류전기를 이용하는 대신 교류성 유도 전류인 패러디 자극faradic stimulation을 이용했다. 조직 손상을 피하면서 자극을 조금 더 일정하게 대뇌 피질에 전달할 수 있는 장점이 있기 때문이었다. 이 방법을 통해 페리어는 잭슨이 예상한 대로 전기자극에 의한 운동 발작을 만들어낼 수 있었다.

페리어는 히칙과 프리츠의 실험 결과에서 나아가 운동 피질의 국소 지도를 완성하고자 했다. 그는 동물을 마취시키면 전기자극을 더 길게 줄 수 있음을 알아냈다. 그리고 전기자극의 강도를 낮추면 아주 세분화된 운동을 만들 수 있으며, 강도를 높이면 보다 복합적이고 조화로운 운동을 유발할 수 있다는 사실도 확인했다. 또, 여러 종류의 동물에게 이러한 실험을 적용해 동물별로 운동신경의 분포와 운동 피질의 크기가 다르다는 점도 밝혀냈다(그림 6). 다시 말해, 동물별로 운동 기능은 다르게 발달하며, 발달한 기능에 해당하는 운동 피질은 더 크다는 것이었다. 실제로 인간의 뇌도 특정 기능을 익히고 숙달함에 따라 구조와 기능이 변할 수 있다(지식 상자 7-2, 7-3).

이러한 연구 결과를 영국왕립학회에서 발표한 페리어는 학회의 가장 저명한 학술지에 논문을 실을 수 있었다. 하지만 이 과정에서 우여곡절도 있었다. 보통 이러한 논문을 발표하는 경우 이전의 중요 연구 결과를 자세히 인용하는 것이 당연한데, 페리어는 히칙과 프리츠의 실험 결과를 거의 인용하지 않았다. 이들이 페리어의 멘토인 잭슨의 연구 결과를 무시했다고 생각했기 때문이었다. 당연히 학술지 측은 이들의 연구 결과를 인용해 논문을 다시 작성하도록 했으나 페리어는 그마저 거부했다. 그리고 원숭이의 운동 중추를 찾고자 주력했다. 히칙과 프리츠의 실험은 개를 이용한 것이었으므로, 원숭이 실험이 주된 주제로 떠오르게 되면 이들의 연구 결과를 덜 인용해도 되기 때문이었다.

페리어는 원숭이 전기자극 실험을 계속해 모두 열아홉 곳의 뇌 영역에서 각기 다른 운동이 나타나는 것을 발견했고, 이 영역이 모두 전두엽의 뒷부분에 모여 있는 것을 확인했다. 이 밖에 두정엽이나 측

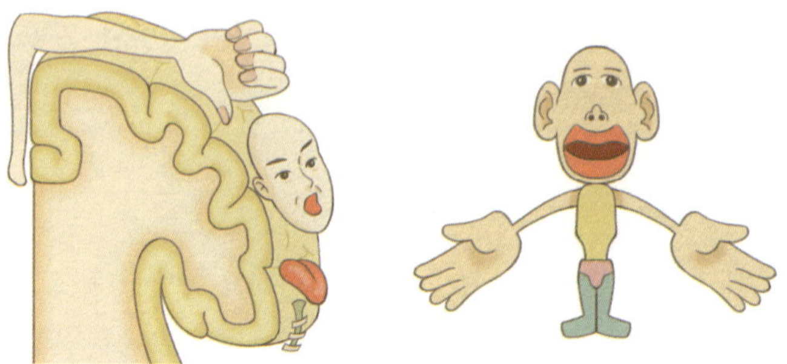

그림 6 │ 인간의 운동 피질 분포도 상대적으로 세밀한 운동이 필요한 손, 얼굴, 혀의 영역이 넓다. 오른쪽 그림은 원숭이의 운동 피질을 상대적 크기로 표시한 것인데, 사람과 유사하지만 차이가 있다. 예를 들어, 원숭이는 언어가 발달하지 않은 이유로 혀가 크게 드러나지 않는다. 반대로 귀를 움직일 수 있기 때문에 귀 운동 영역이 크다.

두엽처럼 운동 중추에서 약간 떨어진 곳을 자극하면 더 복합적인 운동이 나타나는 것도 관찰했다. 페리어의 실험 결과는 임상적으로도 매우 중요한 의미를 갖는다. 원숭이는 다른 동물보다 사람과 진화적으로 더 근접한 동물이기 때문이다. 그의 연구가 영장류와 유사한 사람의 운동 중추 발견으로 이어진다면, 향후 뇌 수술에서 중요한 정보를 제공해줄 수 있을 것이었다. 그렇다면 운동신경의 손상 없이 수술할 수도 있었다. 실제로 페리어는 원숭이에서 확인된 운동신경 지도를 인간에게 적용하자고 제안했다.

사람의 운동 피질 지도는 머잖아 병소의 위치와 마비 영역을 비교한 임상 의사들에 의해 확인되었다. 1884년, 스코틀랜드의 외과 의사 메이스웬William Macewen, 1848–1924, 임상 신경과 의사 베넷John Hughes Bennett, 1812–1875, 그리고 고들리Rickman Godlee, 1849–1925는 세밀한 신경학적 진찰을 통해 뇌 병소의 위치와 크기를 짐작하고, 수술과 부검을 통해 확인된 병소의 위치 및 크기와 비교했다. 이 방법은

'기능적 신경지도 작성'이라는 이름으로 지금도 사용되고 있다. 잭슨과 페리어는 고들리가 시행하는 첫 번째 수술을 함께 지켜보았다고 한다.

페리어는 33세라는 젊은 나이에 영국왕립학회 회원으로 선출되었고, 이듬해에는 런던 킹스칼리지의 실험생리학 교수로 임명되었다. 페리어는 잭슨과 함께 국립 뇌전증 학회도 창립했다. 이런 직책과 그때까지의 실험 결과를 인정받아 페리어는 역사상 가장 위대한 신경실험 연구가 중 한 사람으로서 국제적 명성을 얻었다.

인간의 뇌를 자극하다

페리어가 원숭이를 이용해 전기자극 실험을 진행하던 그때, 미국 학술지에 인간 대뇌를 전기자극한 최초의 실험이 보고된다. 이전까지 남성 성 기능 장애에 대한 전문가로, 또 주사기를 통한 약물 투입에 관한 매뉴얼로 이름을 알린 미국의 바솔로Robert Bartholow, 1831-1904는 어느 날 치명적인 두피 악성 궤양을 앓던 래퍼티Mary Rafferty라는 30세 환자와 마주했다. 바솔로에게 인계될 당시 래퍼티는 이미 두피 궤양과 두개골 부상이 심각한 상태였다. 대뇌 후반부의 두피와 두개골이 절제된 상태로, 경막에 둘러싸인 대뇌가 겉으로 드러나 있었다.

바솔로는 약한 교류 전류를 경막으로 흘리는 방법으로 대뇌 피질을 자극했다. 대뇌 후반부만 드러난 상태였기 때문에 운동 피질 부위인 전두엽을 직접 자극할 수는 없었지만, 상부 두정엽은 자극할 수 있었다. 좌측 대뇌를 자극하니 우측 손, 팔, 다리가 경직되고, 고개가 우측으로 돌아가는 것을 확인할 수 있었다. 반대로 우측 대뇌를 자극하면 좌측 신체에서 같은 반응이 나왔다.

　바솔로는 이 실험을 4일에 걸쳐 총 6회 세션으로 진행했다. 그의 실험은 계속해서 노출된 대뇌 피질을 직접 자극하는 쪽으로 진행됐다. 그리고 두정엽을 자극하면 운동 반응 후 기분 나쁜 감각이 반대쪽 몸에 느껴지는 것을 발견했다. 감각 중추도 자극된 것이었다. 바솔로가 자극 강도를 높여가자 마침내 환자는 전신발작을 일으켰다. 이틀 뒤, 우측 마비가 심해진 환자는 심한 발작 후에 혼수상태에 빠지고 다음 날 사망했다. 부검 결과 전기자극이 지나간 자리를 따라 감염이 퍼져서 고름이 형성되어 있었다.

　매우 중요한 발견이기는 하지만 위중한 환자를 대상으로 인체 실험을 한 것에 대해 유럽과 미국에서 큰 비난이 쏟아졌다. 동의서를 받았다고 하지만 환자가 과연 동의 내용을 이해할 수 있었을지도 의문이었다. 바솔로가 결과를 논문으로 발표했을 때 처음에는 페리어도 호의적인 반응을 보였으나, 나중에는 이러한 실험은 다시는 실행되지 말아야 한다고 비난했다. 심지어 바솔로 본인도 만일 이러한 실험을 반복한다면 그것은 범죄 행위라고 고백했다.

　그런데 바솔로가 아무런 배경 지식이 없이 우연한 기회를 틈타 이런 실험을 진행한 것은 아니었다. 그는 이전부터 살아 있는 동물을 이용한 의학 실험의 필요성을 공개적으로 주장했고, 실제로 많은 동물에게 전기자극 실험을 진행해왔다. 심지어 일부 사람은 바솔로가 동물의 운동 피질을 최초로 자극한 사람이라고 믿기도 한다. 또한 바솔로는 페리어의 연구 결과도 알고 있었다. 나름의 준비는 되어 있던 셈이다. 어쨌든 이 사건 후, 바솔로가 명예를 아예 잃어버린 것은 아

니었다. 그는 실험뿐 아니라 후학을 양성하는 데 많은 노력을 기울여
서 필라델피아의 제퍼슨 의과대학 학장으로 지내면서 순조로운 일생
을 보냈다.

청각 및 시각 중추의 발견

페리어의 업적 중에는 청각 중추의 발견도 있다. 페리어가 동물
실험에서 가쪽고랑sylvian fissure 주변의 측두엽 상부를 자극하자, 동
물이 마치 무슨 소리를 들은 것처럼 갑자기 고개를 돌리는 행동을 보
였다. 페리어는 이 자리가 청각 중추일 가능성을 염두에 두었다. 그
리고 실제 양측 측두엽 상부에 손상을 주면 원숭이가 소리에 전혀 반
응하지 않는 것을 확인했다.

그러나 다른 연구자가 같은 방법을 개에게 시행한 결과, 단기적
으로만 청각 소실이 나타나고 곧 회복한다고 발표하면서 이를 반박
했다. 그러자 페리어는 자신의 이론이 옳다는 것을 증명하기 위해 양
쪽 측두엽에 손상을 준 원숭이를 1년 이상 생존시키면서 청각 소실
이 지속됨을 확인했다. 심지어 그는 학회에 직접 원숭이를 동반해 귀
바로 옆에서 총을 발사하는 시연도 했다. 물론 바로 귀 옆에서 총이
발사되었는데도 원숭이는 전혀 반응을 보이지 않았다.

한편, 안구에서 출발한 시신경이 뇌로 들어가는 것에서 유추해
시각 중추가 뇌에 있을 것이라는 짐작은 오래전부터 계속되었으나,
당시 실제로 정확한 위치는 밝혀지지 않은 상태였다. 1724년에 이탈
리아의 인체해부학자 산토리니Giovanni Santorini, 1681–1737가 뇌로 들

어간 시신경이 시상의 한 부분(외측 슬상핵lateral geniculate body)에 이르는 것을 보고, 이 자리를 시각 중추로 추정한 바가 있었다. 실제로 시각을 담당하는 신경은 이 부분을 거쳐 후두엽으로 흘러간다. 그리고 플루랑스(제4장)는 대뇌 피질을 모두 제거하면 시각 기능이 사라짐을 관찰했었다. 플루랑스는 잘 알려진 뇌 전체주의자였으므로 뇌의 특정 부분을 시각 중추로 지정하지는 않았다. 이후 1855년에 이탈리아의 해부학자 파니차Bartolomeo Panizza, 1785~1867가 후두엽에 뇌졸중을 앓은 사람에게서 시각이 사라지는 것을 관찰했고, 개의 실험에서 한쪽 눈이 멀면 시신경이 퇴행하면서 후두엽까지 그 손상이 진행되는 것도 확인했다. 그러나 이러한 선구적인 관찰과 연구 결과는 무슨 이유인지 세상에 잘 알려지지 않았다.

그리고 이어진 시각 중추의 위치에 관한 페리어의 주장은 큰 논란을 일으켰다. 페리어는 이미 파니차의 보고를 알고 있었다. 그러나 실제 후두엽을 직접 자극했을 때 별다른 눈동자의 움직임이 나타나지 않았다. 병소를 만들어도 특별한 시각 손상이 관찰되지 않았다. 그러던 중 1875년, 두정엽의 각회를 전기자극했는데, 이때 원숭이가 마치 무언가를 본 듯 눈을 움직이고 깜박이는 반응을 보였다. 이어진 손상 실험에서도 흥미로운 결과가 나타났다. 한쪽 각회를 파괴하면 반대쪽 시야가 손상되었고, 양쪽 각회를 모두 파괴하면 원숭이가 눈 앞의 물체조차 인지하지 못했다. 이러한 일련의 관찰을 토대로 페리어는 오랫동안 수수께끼로 남아 있던 시각 중추의 위치가 바로 각회라고 최종적으로 주장했다.

페리어의 이러한 주장은 2년 뒤에 독일의 생리학자 뭉크Hermann Munk, 1839~1912로부터 심한 비판을 받는다. 뭉크는 동물 실험에서 각

 두뇌 인류

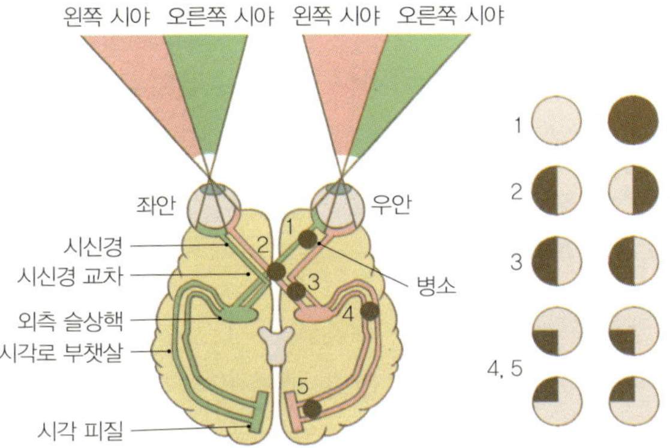

그림 7 | 시각 경로 망막에서 받아들인 정보를 대뇌 시각 중추로 전달하는 경로. 양쪽 눈 모두에서 오른쪽 시야의 물체 정보는 왼쪽 대뇌 피질로, 왼쪽 시야의 물체 정보는 오른쪽 대뇌 피질로 전달된다. 각 번호의 위치에 손상이 발생하는 경우, 특징적으로 다른 모양의 시야 장애가 나타난다. 예를 들어, 오른쪽 후두엽이 손상되면 양쪽 눈 모두에서 왼쪽 시야의 물체가 안 보이는 현상이 발생한다.

회가 아니라 양측의 후두엽 피질을 제거하면 완전한 실명 상태가 되는 것을 관찰했다. 더 중요한 발견은 한쪽의 후두엽 피질에 손상을 주면 반대쪽 눈의 '시각'이 아니라, 양쪽 눈의 반대쪽 '시야'가 보이지 않는다는 점이었다(그림 7). 이 외에도 뭉크는 매우 흥미로운 발견을 했다. 후두엽 근처에 작은 병소를 만들면 동물이 물체를 볼 수는 있으나 그 물체의 의미를 알지는 못한다는 점이었다. 예를 들면, 동물이 배고픈 상태에 있음에도 불구하고 음식을 보고도 먹으려 하지 않았다. 또, 불을 갖다 대도 무서워하지 않았다. 하지만 이런 상태에서도 장애물은 잘 피할 수 있었다. 마치 볼 수는 있으나 시각으로 확인된 물체의 의미를 모르는 것 같았다. 뭉크는 이 현상을 정신적 실명psychic blindness이라고 명명했다. 그러나 이러한 장애는 영구적인 것은 아니었고, 충분한 시간을 주면 다시 물체를 이해할 수 있게 되었다. 또, 후두엽이 일부분만 살아 있어도 시간이 지나면 실명 상태를 벗어나 다시 볼 수 있게 되었다. 단, 후두엽이 모두 손상될 정도로 큰 병소를 만들면 영구적 실명이 나타났다. 이를 눈에는 문제가 없으나 피질 손상으로 실명됐다는 의미에서 '피질 실명cortical blindness'이라고 불렀다.

페리어와 뭉크는 이 문제로 오랜 기간 논쟁을 벌였고, 결국 뭉크의 이론이 옳은 것으로 증명되었다. 페리어가 잘못된 결론을 내린 데는 몇 가지 이유가 있었다. 우선 페리어의 시각 실험 동물은 청각 실험 동물과 달리 대부분 병소를 만든 후 몇 주 만에 죽었기 때문에 시각 이상의 지속 혹은 호전 여부를 확인할 수 없었다. 반면에 뭉크의 동물은 몇 개월 또는 몇 년까지도 생존했으므로 시각 증상의 변화를 지속적으로 확인할 수 있었다. 즉, 페리어의 주장과 달리 각회 손상 후에 생기는 시야 장애는 영구적인 것이 아니었다.

특기할 점 한 가지는 페리어가 후두엽이라고 생각하고 손상을 준 자리가 사실은 후두엽의 전체 부위가 아니었다는 점이다. 페리어는 병소를 만들 때 새발톱고랑calcarine fissure이라는 자리는 제외했는데, 바로 이 자리가 시각에 결정적인 부분이었다(그림 8). 따라서 페리어가 후두엽에 손상을 주어도 시각 장애가 생기지 않는다고 한 것은 시각에 가장 중요한 자리를 제외했기 때문이었다. 뭉크는 이러한 사실을 1881년에 베를린 생리학회에서 발표하며 페리어의 업적을 심하게 비판했다. 하지만 과도한 비난으로 인해 오히려 본인의 명성에도 해를 끼쳤다. 도를 넘어 거칠게 비난하면 그 인격을 의심받게 되는 것이다.

이렇게 대뇌 국소화에 관한 증거가 쌓여갔지만 여전히 이를 반

 두뇌 인류

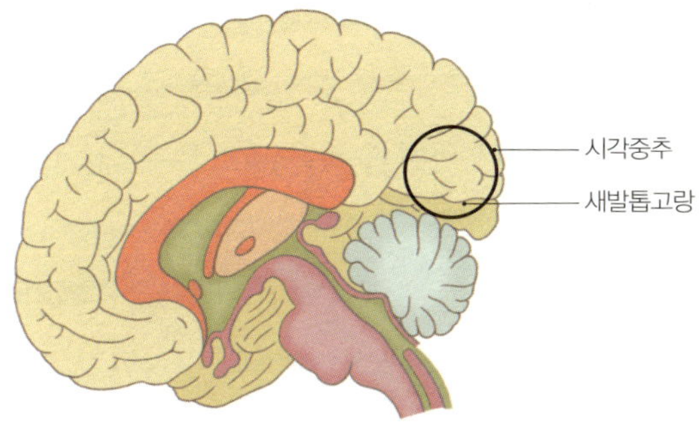

그림 8 | 후두엽에 있는 새발톱고랑의 위치 뇌를 가운데서 나눈 모습. 이 근처가 시각에서 가장 중요하다. 페리어는 실험 과정에서 이 자리를 남겨 놓아, 후두엽이 아니라 각회를 시각 중추로 지적하는 잘못을 범한다.

대하는 학자들도 많았다. 그중 한 사람이 독일 스트라스부르의 골츠Friedrich Leopold Goltz, 1834–1902였다. 그는 대뇌를 제거해도 개구리가 계속 울 수 있으며, 대뇌 피질을 제거해도 개가 감각을 느껴 밝은 빛을 피할 뿐 아니라, 비록 행태는 이상했지만 걷는 것도 가능하다는 사실을 확인했다. 또한 음식 탐색 능력은 사라졌지만 음식을 입에 가져다주면 먹는 데도 문제가 없었다. 골츠는 이러한 결과를 대뇌 국소화에 반하는 증거로 해석하며, 대뇌의 어느 부분이라도 일정량 이상 손상되면 주의력 등의 장애로 인해 행동 변화가 나타난다고 주장했다. 전형적인 전체론자의 입장이었다.

1881년, 골츠는 영국에서 열린 국제학회에 실험한 개를 직접 데려와 연구 결과를 발표했다. 이 학회는 당시 최대 규모였으며 학자의 연구 결과를 일반인에게 알릴 수 있는 가장 좋은 기회였다. 70개국에서 발표자만 3,000명 이상 참가했으며, 무려 12만 명이 넘는 관람객이 모였다. 골츠는 이 자리에서 대뇌 피질 대부분이 제거된 채 뛰어다니고, 보고, 냄새를 맡고, 통증을 느끼는 개를 내보였다. 그러나 이 발표 뒤에 바로 페리어가 등장해 자신의 유명한 원숭이를 선보였다. 이 원숭이들은 대뇌 피질의 작은 병소로 인해 선택적인 장애가 생긴 상태였다.

곧이어 두 사람은 격렬한 토론을 벌였다. 페리어는 골츠가 대뇌 피질의 중요한 부분들을 모두 제거하지 않았다고 공격했다. 토론 끝에 좌장은 두 사람에게 실험 동물 각각 한 마리를 희생해서 대뇌를 조사하자고 제안했고, 두 사람의 동의하에 조사가 진행되었다. 그렇게 결과적으로 페리어의 말이 옳았음이 입증되었다. 페리어가 주장하는 병소는 바로 그 자리에 있었으나, 골츠의 개에는 대뇌 피질이 상당 부분 남아 있었다. 이후로 두 사람의 공개적 대립은 어느 정도 줄어들었다. 참고로, 골츠는 연구 후반기에 귀의 세반고리관이 몸의 위치 감각을 전달하며 자세를 유지하는 데 중요한 기관임을 밝히며 유명해진다.

그러나 페리어는 이러한 공개 행보로 인해 동물보호단체의 눈에 띄어, 결국 1876년에 통과된 동물보호법 위반 혐의로 경찰에 소환되었다. 이 동물보호법은 동물 실험은 인간의 생명을 구하거나 연장하는 목적을 가지고 꼭 필요한 경우에만 시행되어야 하며, 허가를 받은 사람만이 시행할 수 있다는 내용을 담고 있었다. 물론 페리어는 허가를 신청했지만 미상의 이유로 거부된 상태였다. 다행히 무죄로 방면되기는 했지만 동물의 권익 보호가 사회적 이슈로 떠오르고 있음을 보여주는 상징적인 사건이었다.

　　두뇌 인류

전두엽의 기능 확인

　페리어의 다음 목표는 전두엽의 기능을 확인하는 것이었다. 이미 브로카가 언어 중추를 발견하고, 프리츠와 히칙이 운동 중추를 확인했으나, 이 두 영역은 전두엽의 전체 크기에 비하면 매우 작은 부분이었다. 전두엽은 다른 동물에 비해 인간에게서 가장 발달한 부분으로 전체 대뇌의 30퍼센트를 차지하며, 진화 과정에서 가장 최근에 발달한 부분이다. 이러한 이유에서 '적자생존'이라는 말로 유명한 영국의 철학자이자 진화생물학자인 스펜서Herbert Spencer, 1820–1903는 인간의 추상적 사고, 인간성, 도덕적인 생각 등이 전두엽에 있을 것으로 예측한 바 있었다.

　1870년대에 페리어는 동물을 이용해 전두엽의 기능을 연구하기 시작했다. 우선 전두엽에서 운동 영역보다 앞에 있는 부분을 전기로 자극했을 때는 특별한 반응을 관찰할 수 없었다. 그렇지만 이 부분을 제거하면 원숭이의 행동 양상이 뚜렷이 변했다. 가장 큰 변화는 동물이 더는 주변에 관심을 가지지 않고 감정적으로 무감각해지는 것이었다. 마치 행동하려는 의지가 사라지고 지능이 없어진 듯한 모습이었다. 이를 근거로 페리어는 전두엽에 지능이 위치할 것으로 추정했다. 페리어와 설전을 벌였던 골츠도 이 의견에 동조했다. 골츠는 개를 이용해서 같은 실험을 했고, 개들의 표정이 다르게 변하며 정상적인 공포 반응 역시 사라지는 것을 관찰했다. 하지만 당시에 이런 의견이 지배적인 것은 아니었다. 미국에서 활동한 독일의 학자 로엡Jacques Loeb, 1859–1924의 "개에게서 제거해도 아무런 영향이 없는 부분은 전두엽이다"라는 말이 당시 인식을 드러낸다.

이런 상황에서 1848년에 '미국 쇠막대 증례American Crowbar Case' 로 알려진 매우 흥미로운 환자가 보고된다(그림 9). 1848년, 철도 공사 장에서 일하던 주인공 게이지Phineas Gage, 1823-1860는 끔찍한 화약 폭발사고를 경험하게 된다. 폭파 직전, 뒤쪽에 있던 동료에게 잠깐 한눈을 팔다가 폭발 선상에 얼굴을 들이미는 바람에 길이 110센티 미터에 무게가 6킬로그램에 가까운 쇠막대가 날아와 게이지의 왼쪽 뺨을 뚫고 그대로 왼쪽 뇌를 관통하고 만 것이다. 게이지는 대뇌 전 두엽에 막대한 손상을 입게 되었다. 신기하게도 처음에 경련하면서 정신을 잃었던 게이지는 수 분 후에 정신을 차리고 마치 멀쩡한 사람 처럼 행동했다고 한다. 병원에 실려 간 후에도 스스로 걸을 수 있던 게이지는 곧 작업장으로 복귀할 것이라고 자신했지만 이내 다시 혼 수상태에 빠졌다. 게다가 감염이 문제가 되어 한때 위기를 맞기도 했 다. 그렇지만 결국 2개월 만에 완치 판정을 받고 퇴원했다.

왼쪽 눈이 실명되고 두개골이 함몰된 것만 제외하면 신체 운동 기능에는 문제가 없는 듯이 보였다. 그런데 게이지의 인간성에는 큰 변화가 나타났다. 사고 전까지 책임감 있고 효율적인 일꾼이던 그가 사고 후에는 매우 변덕스럽고 충동적이며 자제가 안 되는 사람으로 변한 것이다. 상스러운 언어를 쓰고, 동료에게 예의를 갖추지 않고, 사회 규약을 지키려는 노력조차 하지 않았다. 이 증례를 발표한 담당 의사 할로우John Harlow, 1819-1907는 게이지를 어린이의 지능에 성인 의 힘과 욕망을 가진 사람으로 묘사했다. 끝내 게이지는 직장에서 해 고되었고 이후로도 어떤 정상적 직업도 가질 수 없었다. 먹고살기 위 해 한동안 뉴욕의 박물관에서 문제의 쇠막대를 들고 전시되는 일도 있었다고 한다. 할로우는 1848년 사고 이후 10여 년에 걸친 게이지

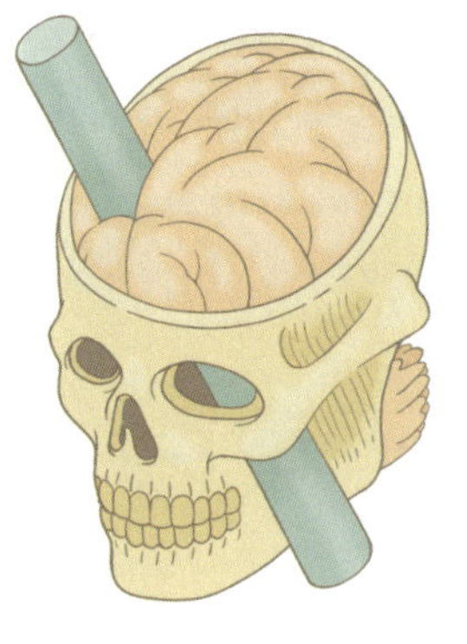

그림 9 | (왼쪽) 쇠막대가 박힌 위치의 스케치
　　　　　(오른쪽) 자신에게 손상을 입힌 쇠막대를 들고 박물관에 앉아 있는 게이지

의 인생역정을 추가 논문으로 발표했다. 이 논문은 지금까지도 한 증례의 장기간 변화를 관찰한 모범사례로 여겨지고 있다.

　페리어는 게이지의 사례에 특별한 관심을 가졌다. 이 증례가 전두엽의 손상으로 운동과 감각 기능의 이상 없이 인격 변화가 나타날 수 있다는 증거라고 생각했기 때문이다. 19세기 후반 페리어의 지속적인 언급 덕분에 20세기 이후 신경학 교과서에 반복적으로 소개되며 게이지는 신경학 역사상 가장 유명한 증례로 기록되었다. 게이지의 두개골은 아직도 하버드대학교 박물관에 보관되어 있다.

　페리어는 동물 실험을 통해 대뇌 피질의 각 부위가 운동과 감각 기능에 있어 뚜렷한 국소화를 지닌다는 사실을 체계적으로 증명했다. 그는 전두엽이 고등 정신 기능과 밀접히 관련되어 있음을 임상 사례를 통해 제시하며 뇌 연구의 지평을 넓혔다. 그의 업적은 막연한 골상학적 추측을 넘어 실험과 증례에 근거한 '과학적 골상학'이라는 새로운 국면을 열었다. 셰링턴이 1892년 그를 두고 "과학적 골상학의 새로운 시대를 연 인물"이라고 찬양한 것도 바로 이러한 공로 때문이었다.

대뇌 기능의 전기생리학적 측정

신경외과적 방법을 통해 두뇌 기능을 발견한 비슷한 시기에 전기생리학적 측정도 시작되었다. 최초로 대뇌의 전기생리학적 변화를 측정한 사람은 캐튼Richard Caton, 1842-1926이다. 페리어와 같이 에든버러에서 수학한 캐튼은 리버풀의 의학 교육 수준을 높이는 데 결정적 역할을 한 인물이다.

왕립외과대학에서 연구를 시작한 캐튼은 말초신경에 사용하는 전기자극기와 검류계를 이용하여 원숭이와 토끼의 대뇌 전기 활동을 측정했다. 그리고 1875년에 이 결과를 영국 학회에서 발표했다. 평상시에는 대뇌 피질의 바깥쪽이 안쪽에 비해 상대적으로 양극을 유지하다가, 대뇌 피질이 기능을 수행하는 순간에는 상대적으로 음극으로 변한다는 것이 캐튼의 연구 결과였다. 이때 캐튼은 감각 자극으로 빛을 이용했고, 고개를 돌리거나 음식을 씹는 행동 등을 운동 행위로 기록했다. 망막에 빛을 비추면 동물에게서 눈꺼풀 움직임과 관련된 뇌 부위에 뚜렷한 전기적 변화가 나타나는 것을 관찰할 수 있었다. 이를 토대로 대뇌의 전기 현상이 각 부분의 기능과 관련이 있을 것으로 추론했다.

                                                                두뇌 인류

이 외에도 캐튼은 전극을 두 개 이상 부착해서 전기의 방향이 역전되는 것도 관찰했고, 수면 중에는 전기의 강도가 강해지고, 죽은 후에는 점차 약해지다가 아예 없어지는 것도 알아냈다. 1877년, 캐튼은 미국으로 건너가 연구 결과를 발표했지만, 노력에도 불구하고 연구자 대부분은 이 결과를 잘 알지 못했다. 그 결과 다른 여러 학자가 동시에 서로 자신이 대뇌 피질의 전기생리학적 변화를 최초로 기록한 사람이라고 주장하는 일도 벌어졌다. 그래서 캐튼은 1891년에 독일 의학잡지의 편집장에게 부탁해 1875년의 본인 연구를 다시 요약해 발표하면서 자신의 업적을 재차 강조하는 수밖에 없었다.

지금은 인터넷을 통해 알려지지 말아야 할 내용조차 바로 알려지지만, 당시는 오로지 출판된 논문이나 학회를 통해서만 연구 결과를 알 수 있었고, 그나마 배포되는 숫자도 매우 제한적이었다. 애써서 찾지 않으면 다른 연구자의 연구 결과를 쉽게 놓칠 수밖에 없는 환경이었다. 캐튼의 노력에 힘입어 독일의 신경과학자 베르거Hans Berger, 1873-1941가 1929년에 사람의 뇌파를 기록해 발표하는 과정에서 캐튼의 업적을 확실하게 인용했다(그림 10). 공식적으로 캐튼이 대뇌 기능의 전기생리학적 변화를 최초로 기록한 사람으로 인정받게 된 것이다. 그러나 불행히도 캐튼은 이미 3년 전에 세상을 떠난 상태였다.

캐튼은 의과대학에서 해부학, 생리학 교실의 주임교수를 학자가 아니라 내과 또는 외과 의사가 맡는 관행에 대해 강하게 비판한 사람이었다. 그리고 의학의 발전을 위해 생리학 같은 기초과학 분야에 더 많은 정부의 지원이 필요하다고 강조했다. 그는 과학의 발전이 결국 의학의 발전으로 이어질 것이라는 신념을 갖고 있던 훌륭한 학

그림 10 | 베르거의 초상

자였다.

한편, 베르거는 1924년에 최초로 뇌파electroencephalography, EEG를 개발한 것으로 유명하다. 처음에는 천체과학자가 되기 위해 수학을 공부하던 그는 학업을 한 학기 만에 중단하고 1년 계약으로 군의 기병 자리에 지원했다. 그러던 어느 날, 기병 훈련 중에 베르거의 인생을 바꿔 놓는 사건이 일어났다. 갑자기 일어서는 말에서 떨어진 베르거를 뒤에서 따라오던 대포가 덮칠 뻔한 것이다. 대포가 제때 멈춰서지 않았다면 깔려서 죽을 수도 있었다. 크게 놀라기는 했지만 부상 없이 일어난 베르거는 그 뒤에 놀라운 연락을 받았다. 바로 같은 시간에 몇 킬로미터나 떨어진 그의 집에 있던 여동생이 신기한 예감을 가지고 아버지에게 부대에 연락해서 오빠가 무사한지 물어보게 했던 것이다. 베르거는 이 사건을 위험에 처한 자신의 생각이 어떤 경로를 통해서 유달리 가까웠던 동생에게 전달된 것으로 해석했다.

이 경험에 큰 영향을 받아 그는 군 생활이 끝나자마자 인생 경로를 의사로 바꾸었다. 주관적인 정신적 경험이 어떻게 객관적인 방법으로 바깥에 전달될 수 있는지를 일생의 화두로 삼았다. 일종의 텔레파시를 찾고자 했다고 볼 수도 있다. 그리고 마침내 1924년에 최초로 두피에서 뇌의 전기 현상을 기록하면서, 인간 뇌파를 최초로 측정한 사람이 되었다. 물론 원래 목적은 달성할 수 없었지만 말이다.

그러나 막상 기록에 성공하고도 당시의 통념과는 너무 상이해 5년이나 고민한 후에 출판을 했다. 예상대로 독일 과학계는 그의 발견을 무시하거나 조롱했다. 베르거는 이러한 반응에 전혀 굴하지 않았지만, 문제는 그가 기계나 전기에 문외한이라 쏟아지는 질문에 적절히 대답하지 못하는 경우가 많았다는 점이다. 시간이 지나 1934년, 영국의 생리학자 에이드리언Edgar Douglas Adrian, 1889–1977과 매슈스Bryan Matthews, 1906–1986가 뇌파의 전기생리학적 특성을 설명할 수 있게 되면서, 마침내 1930년대 후반부터 뇌파의 존재가 널리 받아들여졌다.

1928년, 에이드리언은 단일 신경섬유nerve fiber의 전기적 활동을 기록하는 데 성공했다. 그는 개구리의 시신경에 전극을 연결하고, 증폭기와 스피커를 통해 신경 신호를 소리로 바꾸어 관찰했다. 어두운 연구실에서 에이드리언이 개구리 눈앞을 오갈 때마다 시신경에서 발생하는 활동전위가 반복적으로 들려왔다. 개구리가 움직임을 시각 자극으로 받아들일 때마다 전기 신호가 발생한다는 것을 실험적으로 보여준 순간이었다. 이러한 연구는 신경의 '전부 또는 전무의 법칙all-or-none law'과 감각 자극의 부호화 원리를 규명하는 토대가 되었다. 1932년, 에이드리언은 노벨 생리의학상을 수상했다. 에이드리언은 이 결과를 더 확장해 각 동물의 피부를 자극하는 방법으로 대뇌 감각 신경의 지도도 작성했다.

1938년, 베르거는 65세라는 나이에 명예교수로 은퇴했다. 학자로서는 은퇴가 이른 편이었다. 일부 전기에는 이것이 나치의 탄압 때문이라는 주장도 있지만, 베르거가 나치에 적극적으로 저항하지 않았고 어느 정도 자신의 안전을 위한 순종적인 협력자였다는 것이 정설이다. 직접 나치당에 가담한 적은 없지만, 그가 나치 친위대의 유전 정화위원회로부터 온 초청을 기쁘게 받아들였다는 내용 증거도 있다. 이후 1941년, 베르거는 그를 계속 괴롭혀 온 피부 감염과 만성 우울증으로 인해 자살로 생을 마감하고 만다. 텔레파시의 존재를 발견할 수 없음에 절망해 자살했다는 이설도 있으나, 사실이 아닌 것으로 보인다.

펜필드와 인간 뇌의 기능지도

인간 뇌의 복합적 기능지도를 작성한 사람은 제6장에서 쿠싱과 함께 셰링턴의 훌륭한 제자라 언급한 바 있는 펜필드다(그림 11). 탁월한 신경외과 의사로서 그는 시대를 앞서가는 뇌전증 치료 기술을 개발한 것으로 유명하다. 한편, 그는 수백 년 동안 연구자들을 고민에 빠뜨렸던 질문에 대한 답을 찾고자 했다. 생각, 상상, 논리를 포함하는 인간의 마음을 뇌 작동으로 설명할 수 있을 것인지에 대한 것이었다. 즉, 마음의 기원이 뇌인가 하는 질문이었다. 그는 자신을 탐험가에 비유하면서 나침반과 카누를 이용하는 대신 수술 메스와 전극을 이용해 인간의 뇌를 탐구한다고 표현했다. 그는 자신의 타고난 장점이 '끈질기게 목표를 추구하는 것'이라고 말했다.

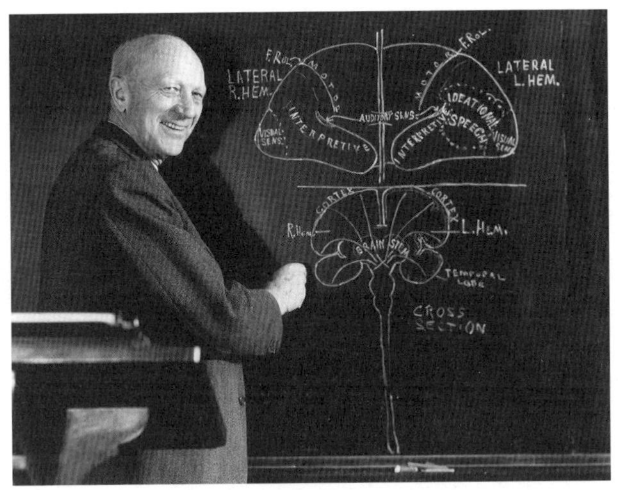

그림 11 | 뇌 단면을 설명하는 펜필드

1920년, 펜필드는 영국 옥스퍼드의 머튼칼리지 석사 과정에서 현대의학의 아버지로 불리는 캐나다 의사이자, 미국의 존스홉킨스 병원의 설립에 기여한 네 사람 중 한 사람인 오슬러William Osler, 1849-1919와 셰링턴의 영향을 받았다. 특히 셰링턴으로 인해 펜필드는 뇌가 아직까지 탐험되지 않은 무한한 공간이라는 인식을 얻었다고 한다. 존스홉킨스대학교에서 의사 자격을 딴 펜필드는 보스턴에서 당시 미국 뇌 수술의 일인자이자 현대 신경외과학의 아버지로 불리는 쿠싱의 제자이자 조력자로 일했다. 이 과정에서 정밀한 수술 기술을 익혔다. 그리고 다시 옥스퍼드로 돌아가서 셰링턴과 같이 연구하며 뇌전증에 특히 깊은 관심을 가졌다. 그는 연구에 투자할 시간을 얻지 못할 것을 염려하여 고액의 수입이 보장되는 자리를 마다하고, 대신 컬럼비아대학교에서 일하면서 여러 국가의 의사와 연구자로부터 수술 기술과 연구 방법을 꾸준히 습득했다. 그가 신경생리학과를 벗어나 신경외과를 선택한 것도 신경외과 의사가 된다면 직접 환자의 뇌를 통해 신경생리학적 변화를 관찰할 수 있을 것이라는 생각 때문이었다고 한다.

하지만 여러 제약에 부딪혀서 연구가 원활하게 진행되지 못하자, 신경과 의사, 신경외과 의사, 병리학자, 생리학자를 망라하는 사람들로 구성된 독립된 치료 연구소를 만드는 꿈을 꾸게 되었다. 그렇게 어렵사리 후원자를 얻어서 탄생한 것이 현재도 전 세계적으로 명성이 자자한 몬트리올 신경학 연구소다. 그는 이 연구소의 소장으로 25년간 재직하면서 신경학 연구 흐름을 완전히 바꾸어놓았다. 이때 쌓은 업적이 난치성 뇌전증의 수술 치료와 뇌 기능지도 작성이다.

펜필드는 국소마취하에 두개골을 절개한 상태로 환자를 깨우고, 대뇌에 직접 약한 전기자극을 주어 각 부분의 기능을 확인했다. 이것이 그 유명한 '몬트리올 방법Montreal Procedure'이다(그림 12). 이 방법은 단순히 뇌 기능지도를 작성하기 위해 이뤄진 것이 아니었다. 훨씬 실질적인 목적을 지니고 있었다. 난치성 뇌전증 수술에서 발작을 일으키는 병변을 제거하되, 수술 후 새로운 장애가 생기지 않도록 환자의 언어, 운동, 감각 등 필수 기능이 위치하는 영역을 확인하고 보존하고자 한 것이었다. 뇌 기능지도는 이러한 실제적 수술 과정에서 얻어진 산물이었다.

한편, 일부 환자들은 측두엽을 전기자극했을 때 과거의 경험을 놀라울 만큼 생생하게 떠올리기도 했다. 이전에 들었던 음악이 다시 들리거나 대화 내용이 재생되는가 하면, 어떤 환자는 노래가 떠올라 그대로 따라 부르기도 했다. 과거에 보았던 장면이 눈앞에 재현되는

 　　　　　　　　　　　　　　　　　　　　　　　　두뇌 인류

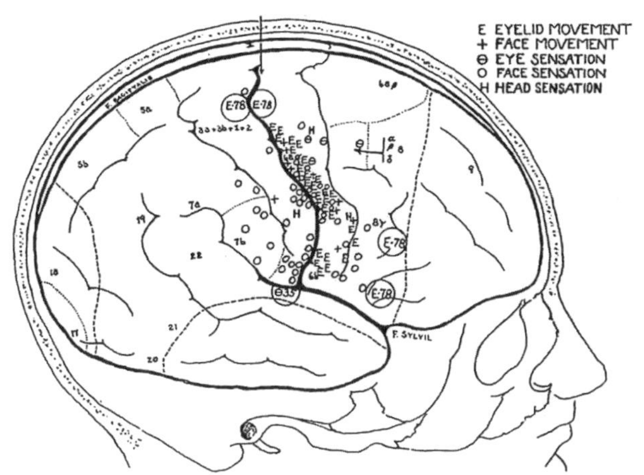

그림 12 ｜ 펜필드가 작성한 대뇌의 기능지도(몬트리올 방법) 뇌전증 환자의 수술 과정에서 확인된 기능들이다. 환자의 얼굴과 눈 주위의 운동과 감각 기능이 표시되어 있다. 동그란 점들이 전기로 자극된 부분이다.

경우도 있었다. 이러한 반응은 특정 부위를 자극할 때만 관찰되었으며, 모든 환자에게서 나타나는 것도 아니어서 약 5퍼센트 정도에게만 확인되었다. 이 때문에 한동안 '특정 기억이 특정 뇌 부위에 저장된다'라는 오해가 퍼지기도 했다(제11장).

또, 기억 반응과는 별개로, 측두엽 자극은 다양한 현상을 유발할 수 있었다. 시각·청각·후각적 환각, 꿈을 꾸는 듯한 감각, 자신이 자신이 아닌 것처럼 느껴지는 이인화 현상, 혹은 낯설면서도 익숙한 느낌인 데자뷔 등이 보고되었다. 이러한 경험들은 자극이 지속되는 동안에만 나타났다. 이처럼 전기자극만으로 고차원적인 기억과 감각, 감정이 유발될 수 있다는 사실은 인간의 마음이 뇌에서 비롯된다는 점을 뚜렷하게 보여주는 증거로 평가되었다. 그리고 인간의 좌우 반구의 기능이 분화되어 있다는 사실도 펜필드로부터 더 자세하게 알려지기 시작했다.

그는 이 결과를 가지고 1951년에 캐나다의 신경심리학자 재스퍼Herbert Jasper, 1906-1999와 함께 《뇌전증과 인간 뇌의 기능적 해부Epilepsy and the Functional Anatomy of the Human Brain》라는 책을 발간했다. 뇌 기능 분포에 대한 획기적인 내용을 담은 이 책은 지금 그대로 적용해도 문제가 없을 내용으로 채워져 있다. 그들은 뇌 기능의 위치에는 사람에 따라 차이가 존재하며, 어린 나이에 뇌 손상이 발생하는 경우 그 기능을 하는 자리가 변한다는 사실도 발견했다. 원래 기능을 수행해야 하는 자리에 손상이 오면 다른 자리가 대신 그 기능을 떠맡는다. 특히, 3세 이전의 어린 나이에는 언어 중추가 손상되어도 반대쪽 뇌나 뇌 다른 부위에 언어 중추가 생겨 언어 기능을 완벽하게 습득할 수 있다. 이 소견을 바탕으로 펜필드는 외국어를 어린 나이에 배우는 것이 중요하다는 의견을 개진했다고 한다. 이런 펜필드의 연구와 노력 덕분에 몬트리올 신경학 연구소는 세계적으로 가장 높은 수준의 뇌 수술과 신경학 연구의 중심지로 자리 잡게 되었다.

 두뇌 인류

실어증aphasia의 종류

실어증은 언어 사용 능력의 손상을 나타내는 증상으로, 여러 종류가 있다. 주요 유형은 다음과 같다.

운동 실어증(브로카 실어증): 언어 표현에 어려움이 있고, 말하기와 쓰기도 안 된다. 경우에 따라 짧고 간단한 단어나 문장 사용이 가능할 수 있다. 말이 잘 안 나오므로 비유창성 실어증non-fluent aphasia이라고 한다.

감각 실어증(베르니케 실어증): 언어가 이해가 안 되며, 말하기는 유창하지만 언어 같지 않은 이상한 말을 하게 된다. 언어는 아니지만 계속 말을 할 수 있으므로 유창성 실어증fluent aphasia이라고 한다.

전도 실어증conduction aphasia: 말하기와 이해는 대체로 정상이지만, 다른 사람의 말을 그대로 따라 하는 것이 불가능하다.

완전 실어증global aphasia: 말하기, 이해하기, 읽기, 쓰기 모두 안 된다. 우성 반구에 커다란 병소가 생길 때 나타나는, 가장 심각한 형태의 실어증이다.

명칭 실어증anomic aphasia: 다른 언어 기능은 어느 정도 유지되는 반면, 사람이나 물체의 이름을 말하는 데 어려움이 있다.

초피질 실어증transcortical aphasia: 브로카 영역이나 베르니케 영역은 아니지만 그 근처에 손상이 생기는 경우 발생한다. 이 경우는 전도 실어증과 반대로 따라 말하기는 잘하지만 말을 잘 못 하거나 잘 이해하지 못한다. 비교적 경미한 운동 실어증이나 감각 실어증의 특성을 보이면서 따라 말하기는 잘하는 경우다.

뇌 운동 영역의 변화

동물마다 사용하는 기능의 차이에 따라 뇌 지도가 달라지듯이 인간의 뇌도 경험에 따라 변화가 생길 수 있다. 인간의 뇌의 운동 영역, 즉 대뇌 운동 피질은 특정 기능을 익히고 숙달함에 따라 그 구조와 기능이 변화한다. 이러한 변화를 '뇌 가소성' 또는 '신경 가소성neuroplasticity'이라고 부른다(제12장).

연습과 학습을 통해 뇌의 특정 부위가 계속 활성화되면 그 영역에서 신경세포 간 연결이 강화된다. 이는 시냅스 개수의 증가, 뉴런 크기의 증가, 또는 더 많은 신경의 연결로 이어진다. 결과적으로 해당 기술을 수행하는 데 필요한 뇌 영역이 더 효율적으로 작동할 수 있게 된다. 대개 더 빠르거나 정확한 운동 반응이 나타난다. 이 과정은 특정 신체 부위를 조절하는 데 특화된 영역에 변화를 주어 기능지도를 재구성한다.

예를 들어, 음악가나 스포츠 선수처럼 특정 신체 부위를 집중적으로 사용하는 사람들은 그 부위를 제어하는 뇌 영역이 확장되거나 세분화된다. 이러한 변화는 대부분 뇌 영역의 물리적 크기가 단순히 커지는 것이 아니라 기존 구조 내에서 연결이 더 정교해진다는 의미지만, 경우에 따라 크기 변화도 관찰될 수 있다. 가령, 바이올리니스트는 양손을 다 사용하지만 왼손의 역할이 훨씬 중요하고 정교하다. 따라서 좌측 손을 지배하는 우측 뇌의 손 운동 영역이 기능적, 구조적으로 발달하게 된다.

아인슈타인의 뇌

1955년에 아인슈타인이 76세를 일기로 사망한 후 병리학자 하비Thomas Stoltz Harvey, 1912-2007는 아인슈타인이 화장을 부탁했음에도 불구하고, 그의 뇌를 집으로 가져가서 방부 처리 후 240조각으로 분해했다. 역사상 가장 뛰어난 천재로 알려진 아인슈타인의 뇌를 알고자 하는 욕심 때문이었다. 하지만 전체 뇌의 무게가 평균보다 오히려 가볍다는 것 이외에는 특이점을 알아내지 못했다. 그래서 이 조각들의 일부를 전 세계 유명 과학자에게 전달하고 공동 연구를 제안했다. 그리고 정작 자신은 어떤 결과도 보지 못하고 사망했다.

이 조각들을 받은 연구자 중에 UC 버클리의 다이아몬드Marian Diamond, 1926-2017가 있었다. 그는 뇌 가소성 연구로 유명했다. 다이아몬드는 자극이 충분한 환경에서 자란 쥐들의 뇌가 빈곤한 환경에서 지낸 쥐들의 뇌보다 6.4퍼센트 더 크다는 사실을 밝혀냈다. 중추신경계를 지지해주는 신경아교세포의 수도 좋은 환경에 노출되었을 때 14퍼센트 증가했다. 1985년, 다이아몬드가 아인슈타인의 뇌를 분석한 결과, 다른 성인 11명의 뇌와 비교해 신경아교세포의 수가 유의미하게 많음을 확인했다.

하비의 유족들은 2010년에 이르러 아인슈타인의 뇌 사진을 미국의 국립보건원 박물관에 기증했다. 이때부터 이 사진이 본격적으로 분석되기 시작했다. 그리고 미국 플로리다주립대학교 연구진은 의식적 사고를 담당하는 회백질, 그중에서도 추상적 사고, 계획과 관련된 전두엽 부위에 다른 사람보다 주름이 많이 잡혀 있음을 발견했다. 주름이 많으면 뇌의 표면적이 넓어져 세포 간에 더 많은 연결이 이루어질 수 있다. 그리고 뇌 영역 사이에 연결이 많이 이루어질수록 비약적 사고가 기능해진다. 아인슈타인의 뇌가 태어날 때부터 이처럼 특이했는지, 아니면 오랜 세월 물리학 이론을 생각하다가 이처럼 특별해졌는지에 대해서는 일치된 의견이 없지만, 연구진은 양쪽 다일 것으로 생각하고 있다.

BRAIN
HUMANS

8

신경세포는
'모 아니면 도'로 작동한다

신경세포의 전기 신호

"신경계의 신호는 항상 활동전위라는 전기적 신호로 전달된다.
우리는 거대 오징어 축삭 덕분에
이것을 직접 측정할 수 있게 되었다."
앨런 호지킨 Alan Hodgkin, 1914-1998

동물 전기의 존재 유무 논쟁, 갈바니 VS 볼타

　제4장에서 언급한 대로 동물 세포의 전기를 최초로 증명한 것은 갈바니다. 갈바니는 죽은 개구리의 다리 근육이나 신경에 전기 스파크를 가하면 경련이 이는 것을 관찰했다. 더 나아가 번개가 전기라는 프랭클린Benjamin Franklin, 1706-1790의 말을 입증하려는 목적으로 개구리 다리 근육을 금속 난간 사이에 걸어놓고 번개가 칠 때 근육이 경련하는 것을 보고자 했다. 그런데 뜻밖에도 번개가 칠 때는 물론이고 그렇지 않을 때도 다리가 경련함을 알게 됐다. 이는 개구리 다리에 꽂힌 철 갈고리와 난간이 서로 다른 금속으로 이루어졌기 때문이었다. 두 종류의 금속이 근육에 동시에 닿기만 해도 경련이 일어나는 것이었다. 다시 말해, 외부에서 전기 스파크를 직접 가하지 않아도 근육은 수축할 수 있었다. 갈바니는 이 현상을 근거로, 개구리 근육이 스스로 전기를 만들어낼 수 있으며 동물의 생체 조직에는 동물 전기animal electricity가 흐른다고 결론지었다.

훗날 전기 크기를 표시하는 '볼트'의 유래가 된, 이탈리아의 저명한 의사 볼타Alessandro Volta, 1745-1827는 파비아대학교에서 갈바니의 실험을 재현하고 같은 결과를 얻었다. 그렇지만 그는 갈바니의 해석에 이의를 제기했다. 서로 다른 두 금속이 접촉했을 때 전기가 생성되므로, 근육 수축은 외부 전기자극에 의해 일어난 것과 같다는 주장이었다. 볼타는 이를 근거로 동물 전기를 부정하고, 동물 조직 자체에서는 자연적인 전기가 발생하지 않으며, 전기는 반드시 외부에서 공급되어야 한다고 주장했다.

이때부터 두 사람의 유명한 논쟁이 시작되었다. 직접 논쟁을 벌이는 데 부담을 느낀 갈바니는 주로 조카인 알디니(제4장)를 통해 자신의 입장을 대변했다. 그리고 마침내 1794년, 갈바니와 알디니는 동물 전기가 두 금속의 접촉 없이 오직 하나의 금속만으로도 발생할 수 있음을 증명했다. 더 나아가, 다른 동물의 신경 줄기로 근육을 건드려도 수축이 일어난다는 점을 알아냈다. 이것이 동물 전기의 존재를 증명한 최초의 실험이 되었다.

그런데 초기 발표가 모호하여, 두 금속에 의해 발생하는 전기와 동물 전기의 명확한 구분은 1797년에 독일의 위대한 자연과학자 훔볼트Alexander von Humboldt, 1769-1859가 짓게 되었다. 그는 어느 부분은 볼타가 옳고, 어느 부분은 갈바니가 옳다는 식의 교통정리를 했다. 갈바니와 볼타는 과학사에서 유명한 격렬한 논쟁을 벌였지만, 개인적으로는 친구이자 신사로 서로를 존중했으며, 실제 두 사람 사이에는 악감정이 없었다. 오히려 양쪽 지지자들이 더 격렬하게 싸웠다고 한다.

신경세포의 전기 현상

본격적으로 신경세포의 전기적 현상을 연구하기 시작한 것은 1820년대부터다. 1820년, 덴마크의 물리학자 외르스테드(제4장)는 전기 주변에서 컴퍼스 바늘이 움직이는 것을 보고 전기와 자기 사이에 관계가 있음을 알아차렸고, 이 원리를 이용해서 검류계를 만들었다(그림 1). 생체 전기의 존재를 측정할 수 있게 된 순간이었다.

그리고 마침내 이탈리아의 물리학자이자 신경생리학자인 마테우치Carlo Matteucci, 1811–1868에 의해 신경과 근육을 포함한 생체 조직에 흐르는 전기의 크기가 측정되었다. 지금까지 소개한 많은 과학자의 예가 보여주듯이 과거에는 스스로 여러 분야를 공부해서 새로운 발견을 하는 경우가 많았다. 마테우치는 갈바니의 실험에 자극을

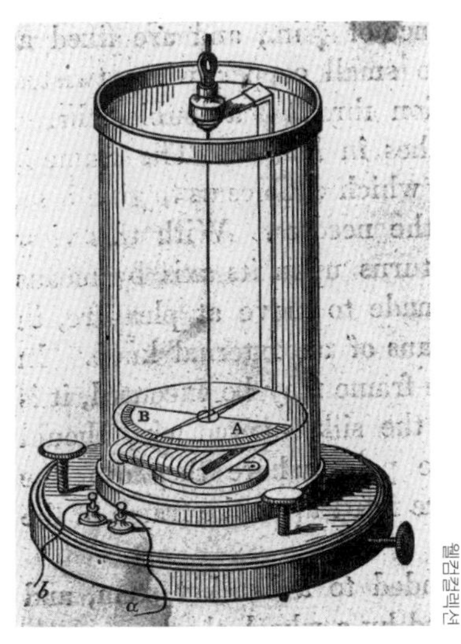

그림 1 | 검류계

받아 1830년부터 죽을 때까지 생체 전기와 관련된 실험을 진행했다. 정밀한 검류계를 이용해 손상된 신경과 근육이 발생시키는 직류 전기를 기록했으며, 이 과정에서 발생하는 전기의 합이 전체 전기의 크기를 결정한다는 것을 알아냈다. 마테우치는 이 수치를 이용해 잘린 신경과 거기에 붙어 있는 근육 조각으로 전기의 크기를 측정하는 방법도 고안해냈다. 이러한 연구는 결국 아래에서 소개할 활동전위의 발견에 중요한 초석이 되었다. 정력적인 마테우치는 1860년에는 이탈리아의 상원의원으로, 1862년에는 교육부 장관으로도 활동했다.

이후 1842년, 독일의 생리학자 뒤부아-레몽은 신경과 근육세포의 안쪽과 바깥쪽에 전기적 차이가 있음을 발견했다. 상대적으로 신경 내부는 음극이고 외부는 양극이었다. 이 현상은 오늘날 세포막 전위라는 이름으로 알려져 있다. 뒤부아-레몽은 전기가 신경을 따라 흐를 때 평상시의 전위가 일시적으로 역전되어, 전기 방향에 맞추어 세포 외부가 음극으로, 내부가 양극으로 바뀌는 것도 관찰했다(그림 2). 그는 이러한 전위 역전 현상이 신경의 전기 신호가 전달되는 중요한 과정이라고 생각했다.

늘 그렇듯이 모든 새로운 발견은 초기에 강한 저항에 부딪힌다. 생체의 전기적 현상에 대해 여전히 많은 사람은 조직이 손상될 때만 전기가 발생한다고 믿고 있었다. 1902년에 뒤부아-레몽의 제자인 베른슈타인Julius Bernstein, 1839-1917이 논란에 종지부를 찍을 때까지 이러한 저항은 계속되었다. 베른슈타인은 1868년에 특수한 형태의 검류계를 만들었다. 흐름절단기flow cutter라는 뜻을 가진 이 기구는 신경섬유의 전기적 변화를 밀리세컨드 단위의 시간 흐름으로 잘게 쪼개어 기록할 수 있었다. 이 기구로 신경섬유의 전기 흐름의 변화를

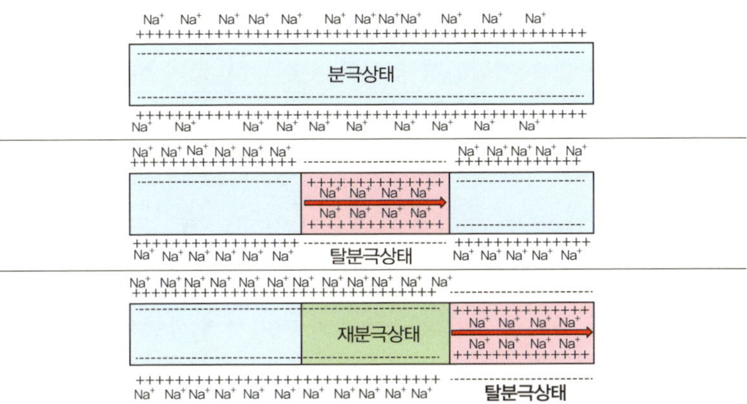

그림 2 │ 신경에 전기가 흐를 때(붉은 화살표) 관찰되는 세포막 전위 역전 현상 여러 이온이 관여하지만 소듐 이온(Na⁺)만 따로 표시했다. 세포막 안은 음전위, 밖은 양전위인 상태가 분극 상태(휴식기)이며 흥분하면 탈분극 상태가 되어 전위가 역전된다. 이 역전 현상은 세포 밖의 양이온(소듐 이온)이 세포 내부로 들어오면서 나타난다. 다시 휴식기로 가는 것을 재분극이라고 한다.

세밀하게 측정할 수 있었는데, 예를 들어, 전위 역전이 일어날 때 음극 쪽으로 변하는 시간은 0.3밀리세컨드이며, 0.9밀리세컨드 동안 같은 크기로 유지되고, 전파 속도는 초당 28미터라는 식이었다. 이것이 신경섬유의 활동전위를 자세히 기술한 첫 사례로 알려져 있다.

베른슈타인의 더 중요한 발견은 평상시 신경세포 안팎에 전위 차이가 발생하는 이유에 관한 것이었다. 그는 생체 내 전하를 띤 여러 이온이 이 차이를 만들어낸다고 보았으며, 대표적인 것이 소듐 이온Na+, 포타슘 이온K+, 염소 이온Cl-이었다. 이미 근육세포 안팎의 이온 농도가 다르다는 사실은 알려져 있었지만, 신경세포는 크기가 워낙 작아 그 농도를 직접 측정하기가 매우 어려웠다. 그 때문에 당시에는 이를 뒷받침할 만한 적절한 이론이 제시되지 못하고 있었다.

베른슈타인은 양이온과 음이온의 분포 차이가 신경세포 안팎의 전위 차이를 만든다고 추정했다. 다시 말해, 세포 내부에는 외부보다 음이온이 훨씬 많을 것이라고 보았다. 그는 세포막이 이온의 자유로운 이동을 막는 장벽 역할을 해 전위차를 유지하며, 그 결과 세포 안팎이 마치 건전지처럼 된다고 설명했다. 또한 신경세포에서 전위가 역전되는 현상은 흥분 시 세포막 장벽이 일시적으로 붕괴되어 양이온이 세포 안으로 자연스럽게 흘러들어오기 때문이라고 해석했다. 그의 설명에서 중요한 점은 신경세포의 전기적 현상이 단순히 케이블을 따라 전기가 이동하는 것이 아니라 반드시 이온의 실제 이동을 수반한다는 것이었다. 따라서 신경 신호 전달 속도는 단순 전기 전도보다 훨씬 느려질 수밖에 없었다. 이는 기존 관찰과도 잘 부합하는 결과였다. 비록 미세한 메커니즘에 대한 설명은 부족했지만, 베른슈타인의 이론은 세포막 전위와 신경세포 전기 현상을 물리화학적으로 해석한 최초의 시도로서 큰 의의를 지닌다.

이러한 이론의 발전과 더불어 신경의 전기적 현상을 기록하는 기술도 계속 향상되었다. 1870년, 뇌 전기자극을 통한 뇌 기능 연구에 주력하던 영국의 신경생리학자 고치Francis Gotch, 1853-1913는 처남 호슬리(제1장)와 함께 모세관 전기측정기capillary electrometer라는 것을 개발한다. 이는 U자형 유리관에 수은을 절반가량 채우고 그 위에 묽은 황산을 얹은 기기였다. 전류를 흘리면 수은이 미세하게 움직여, 그 뒤에 종이를 놓고 빛을 비추면 움직인 거리를 관찰할 수 있었다. 이 장치는 이전의 검류계보다 훨씬 민감하여, 신경세포에서 나타나는 밀리볼트 크기의 전위 변화를 밀리세컨드 단위로 기록할 수 있었다. 이처럼 아주 작은 전기적 변화를 포착할 수 있게 된 것은 신경생리학 연구에서 매우 중요한 기술적 진보였다.

 　　　　　　　　　　　　　　　　　　　　　　두뇌 인류

'전부 아니면 전무' 현상

고치는 이 기구를 통해 신경세포의 전위와 관련한 매우 중요한 발견을 한다. 자극으로 인해 신경세포가 흥분하게 되는 경우, 주어진 자극의 크기와 상관없이 항상 같은 크기의 전위 변화를 보인다는 것이었다. 큰 자극을 주면 크게 흥분하고, 작은 자극을 주면 작게 흥분하는 것이 아니었다. 자극이 작으면 아예 흥분이 안 되는 것이었고, 만일 적정 크기 이상의 자극이 들어가면 크기와 상관없이 항상 일정한 흥분이 관찰되는 것이었다. '전부 아니면 전무all or nothing'인 것이다(그림 3).

사실 이러한 현상은 1871년에 미국의 의사이자 생리학자인 보우디치Henry Pickering Bowditch, 1840-1911가 심장 근육세포에서 이미

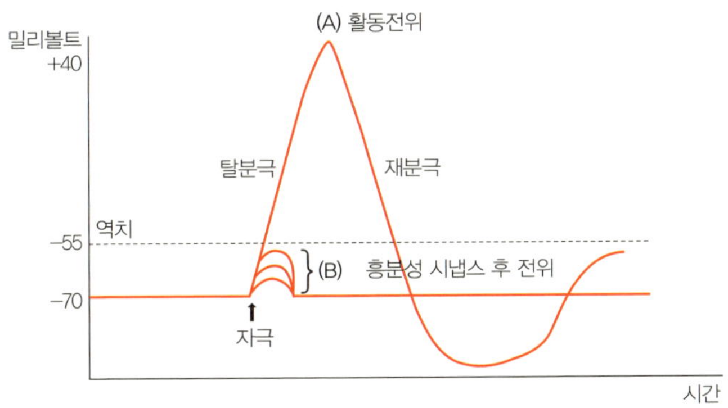

그림 3 | **'전부 아니면 전무' 현상에 따른 활동전위** (B) 자극의 크기가 역치에 도달하지 못할 정도로 작으면 활동전위는 일어나지 않는다. (A) 만일 역치를 넘게 되면 항상 같은 크기의 활동전위가 발생한다. (B)의 작은 전위는 흥분성 시냅스 후 전위로, 이 전위가 여러 개 겹칠 때 역치를 넘게 되어 활동전위가 생성된다.

확인한 내용이었다. 심장 근육세포는 일정 크기 이상의 자극을 받으면 항상 최대치인 100퍼센트의 힘으로 수축한다. 그러나 같은 현상이 신경세포에서도 나타난다는 것을 확인한 것은 고치가 최초였다. 이전까지 기능이 다른 신경세포는 자극에 따라 다른 크기로 반응할 것이라는 판단이 대세였다. 고치의 '전부 아니면 전무' 현상은 이 판단이 틀렸다는 것을 입증한 매우 중요한 발견이었다. 모든 신경세포는 '전부 아니면 전무'로 반응한다.

'전부 아니면 전무' 현상은 우리 팔다리 근육에도 적용된다. 골격근에서 관찰되는 이 현상은 1904년에 영국의 과학자 루카스Keith Lucas, 1879-1916에 의해 확인되었다. 우리가 무게가 더 나가는 물건을 들 때 더 큰 근육의 힘을 써야 하는 것은 분명했다. 그러나 근육 하나하나가 더 강하게 수축하는 것인지, 혹은 '전부 아니면 전무' 방식으로 수축하는 근육의 개수가 늘어나는 것인지는 알려지지 않은 상태였다. 루카스는 개구리 다리 근육을 이용해 신경 한 가닥이 스무 개의 근육세포를 지배하고, 신경이 흥분하면 스무 개의 근육이 모두 '전부 아니면 전무' 방식을 통해 최대로 수축한다는 것을 발견했다. 더 강한 힘을 필요로 하는 경우 더 많은 신경세포가 흥분하여, 수축에 동원되는 근육세포의 숫자가 늘어나는 방식이었다. 안타깝게도 제1차 세계대전 중인 1916년에 비행기의 새로운 장치를 직접 실험하던 루카스가 공중 충돌 사고로 사망하는 바람에 연구는 여기서 중단되고 말았다.

진공관 측정기의 개발

　제1차 세계대전을 거치는 동안 신경의 전기생리 현상을 기록하는 기술은 한 단계 더 발전한다. 먼저 1918년에 하버드대학교의 신경생리학자 포브스Alexander Forbes, 1882-1965가 진공관vacuum tube을 이용해 신경세포의 전기생리 현상을 기록하는 방법을 개발했다. 이전에 우리가 TV나 라디오에 썼던 바로 그 진공관이다. 진공관은 전극에서 나오는 전자를 전기장으로 제어하여 전류를 한쪽으로만 흐르게 하는 방식으로 전류를 증폭한다. 최초의 진공관은 '플레밍의 법칙'으로 유명한 영국의 전기기술자 플레밍John Ambrose Fleming, 1849-1945이 개발했다. 이 기기를 신체 전기 현상 측정에 이용하면 이전에 개발된 모세관 전기 측정기보다 훨씬 세밀한 전기 현상을 기록할 수 있었다. 전기 현상을 최대 50배까지 증폭할 수 있기 때문이었다. 이 방법은 30년 후에 트랜지스터가 개발될 때까지 전기생리현상 기록의 기본 도구가 되었다.

　하버드 의과대학을 졸업하기는 했으나 실제로 환자를 보지 않고 평생 연구자로 남은 포브스는 영국의 셰링턴 밑에서 수학했고, 잠시 루카스 연구소에서 일하기도 했다. 제7장에서 언급했던 에이드리언과도 친분을 쌓아서, 1921년에는 케임브리지를 방문해 에이드리언을 위한 진공관을 제작해주기도 했다. 대신 에이드리언은 포브스에게 비행기 조종법을 가르쳐주었다고 한다. 포브스는 신경 전도와 척수반사의 관계에 대해서도 훌륭한 논문을 남겼다. 매사에 열정적인 삶을 산 포브스는 다른 여러 분야에도 관심이 많아서, 범선을 타고 과학 탐사를 진행했고, 말년까지 스키, 카누, 승마, 캠핑, 비행기 조종을 하는 등 다양한 취미를 즐겼다.

진공관을 통한 전기생리학적 측정은 미국의 생화학자 개서Herbert Spencer Gasser, 1888-1963와 생리학자 얼랭어Joseph Erlanger, 1874-1965에 의해 더욱 발전한다. 이들은 증폭기를 일렬로 연결해 신경 신호의 측정 감도를 5,000배까지 증폭시켰다. 그리고 전극을 신경섬유 바깥에 놓고, 활동전위와 동반되는 세포 밖의 아주 민감한 전위 변화를 오실로스코프oscilloscope로 직접 볼 수 있는 장치도 개발했다.

그들은 이러한 방법으로 우리 몸의 말초신경에 세 가지 종류가 있다는 사실을 발견했다. A형은 초당 100미터의 속도로 전기 신호를 보낼 수 있고, B형은 초당 10미터, C형은 초당 2미터로 신호가 전파된다. 이 세 말초신경은 하는 일도 다른데, 근육이나 촉각과 같은 감각은 A형이나 B형의 신경섬유를 통해서 전달되고 통증은 C형의 신경섬유를 이용한다. 통증을 전달하는 신경은 굵기가 얇거나 수초가 없어서 전달 속도가 상대적으로 느리다. 우리가 책상 모서리에 발을 부딪혔을 때 조금 시간이 지나서 통증이 느껴지는 것도 C형 신경섬유의 전달 속도가 느리기 때문이다. 개서와 얼랭어는 이러한 업적을 인정받아 1944년 노벨 생리의학상을 공동 수상했다. 참고로, 최근의 분류로는 보통 네 가지 형태의 감각신경으로 나눈다(지식 상자 8-1).

신경의 전기 특성을 정리한 에이드리언

에이드리언은 케임브리지의 트리니티칼리지에서 자연과학을 전공한 후, 1913년에는 같은 대학에서 신경세포의 '전부 아니면 전무'

그림 4 | 에이드리언의 초상

이론 연구를 위한 펠로우로 선출되면서 신경계 연구에 발을 내딛었다(그림 4). 의사 면허를 취득한 후 제1차 세계대전 기간에는 런던에서 신경계 부상 군인의 치료를 맡았다. 이후 포브스로부터 진공관을 이용한 전기 신호의 증폭 기술을 얻은 에이드리언은 본격적으로 신경세포의 전기적 특성을 연구하기 시작했다.

그는 신경이 붙어 있는 개구리 다리 근육을 이용해 실험을 진행했다. 평상시 다리 근육이 힘을 유지하기 위해서는 신경에 초당 10회의 전기 신호가 지나가면 되지만, 다리 근육에 50그램짜리 추를 달아 놓으면 신경에 초당 50회의 전기 신호가 지나갔다. 근육이 힘을 쓸수록 시간당 신경 전기 신호의 횟수가 늘어나는 것이었다. 근육이 힘을 증가시키는 방법은 두 가지였다. 동원되는 근육세포 수를 늘리거나,

전기 신호 수를 늘리거나.

그런데 여기에서 재미있는 사실은 이렇게 늘어난 전기 신호가 계속 유지되지 않고, 2, 3분 정도 지나면 다시 감소하는 점이다. 즉, 무게를 달고 있어도 무게가 없을 때의 전기 신호로 돌아가는 경향을 보인다. 습관화habituation라고 부르는 이 과정은 신체가 계속해서 변화하는 새로운 자극에 더 집중하기 위한 것이다. 같은 자극이 지속되면 더는 거기에 관심을 두지 않도록 진화한 것이다. 촉각을 담당하는 신경에서도 같은 실험을 진행한 에이드리언은 같은 촉각을 계속 주면 초반에는 전기 신호의 빈도가 급격히 증가하다가 점차 줄어드는 것을 확인했다. 실제 우리는 어떤 물건이 몸에 닿으면 처음에 바로 알아채지만, 점차 시간이 지나면 그 물건의 존재를 그다지 느끼지 못하게 된다.

이때만 해도 신경섬유에서 전기생리학적 변화를 측정한다는 것이 신경세포 하나에서 관찰한다는 것을 가리키지는 않았다. 다발로 구성된 신경섬유 중에서 하나의 신경섬유를 구분해내는 것은 매우 어려운 일이었기 때문이다. 에이드리언은 협동 연구를 통해 이 문제를 해결했다. 근육이 늘어나는 것을 감지하는 인체구조물인 근육방추를 근육으로부터 분리하고자 시도하던 스웨덴의 젊은 생리학자 조테르만Yngve Zotterman, 1898–1982과 함께 분리를 이뤄낸 것이다. 근육방추에는 신경섬유가 단 하나만 붙어 있어서 에이드리언은 신경섬유 한 가닥의 전기생리학적인 변화를 기록할 수 있었다.

이렇게 확인된 신경세포 하나의 전기 현상은 항상 같은 크기로 나타나며('전부 아니면 전무' 현상), 전기 전달 속도도 항상 일정했다. 그렇다면 전기 신호 크기의 최대치가 정해져 있고 더 커지지 않는다고

　　　　　　　　　　　　　　　　　　　　　　　　두뇌 인류

할 때, 어떤 방식으로 더 강한 자극을 전달할 수 있을까? 에이드리언은 신경섬유 다발neurofibrillary tangle과 마찬가지로 강한 자극에는 시간당 전기 신호가 더 빈번하게, 그리고 약한 자극에서는 전기 신호가 더 적게 전달되는 점을 알아냈다. 전기 신호의 크기가 아니라 시간당 전기 신호의 횟수로 자극의 강약이 감지된 것이었다. 하나의 신경섬유에는 최대 초당 400번의 전기 신호가 전달되는 것도 알아냈다. 이러한 '전부 아니면 전무' 현상은 어떤 종류의 신경섬유에서도 같은 방식으로 나타났다. 에이드리언은 이러한 발견을 통해 43세가 되는 1932년에 셰링턴과 함께 노벨상을 수상했다.

이후 에이드리언은 후각과 평형 감각을 연구했으며, 베르거가 발명한 뇌파 측정기의 중요성을 인정하고 널리 알리는 역할도 했다 (제7장).

신경세포의 활동전위와 거대 오징어 축삭

1930년대 들어서 '전부 아니면 전무' 현상은 신경세포의 특징적 전기 현상으로서 완전한 진실로 받아들여지게 되었다. 하지만 여전히 전기 현상에 동반되는 생화학적 설명은 어려운 상태였다. 신경세포의 크기가 너무 작아서 신경세포 내에서 일어나는 생화학적 변화를 직접 측정하기가 매우 어려웠기 때문이다. 이 연구를 수행하기 위해서는 신경세포 내 전기생화학적 변화를 같이 기록할 수 있는 아주 작은 탐사침probe이 필요했다. 베른슈타인이 내놓은 세포 안팎의 전하(이온) 분포 차이가 신경세포의 전위 변화를 만들어낸다는 이론 역시 이러한 탐사침이 있어야 증명이 가능했다.

이 문제의 돌파구를 옥스퍼드의 동물학자이자 신경생리 전문가인 영John Zachary Young, 1907-1997이 마련했다. 20세기 가장 위대한 생물학자 중 한 사람으로 불리는 영은 두족류 전문가로서 아메리카 창꼴뚜기longfin inshore squid라는 오징어종의 몸통에서 투명한 통 구조물을 발견했다. 뜻밖에도 이것은 어마어마하게 큰 신경절neural ganglion(신경세포가 모여 있는 곳)이었다. 이 신경세포의 축삭은 밀리미터 단위로, 포유류 축삭의 수백 배 크기에 달했다(그림 5). 너무 작은 신경세포 속에 탐사침을 넣는 것이 어려워서 연구 진행이 어려웠는데, 아예 맨눈으로 볼 수 있는 신경세포가 등장했으니 신경세포 연구자들이 환호한 것은 당연했다.

이 거대 오징어 축삭 덕분에 전극을 축삭 내로 집어넣어 세포 안팎의 전기 현상을 직접 측정하는 것이 가능해졌다. 축삭 내 물질을 뽑아내어 화학적 성분을 분석할 수도 있게 되었다. 오징어를 해수에

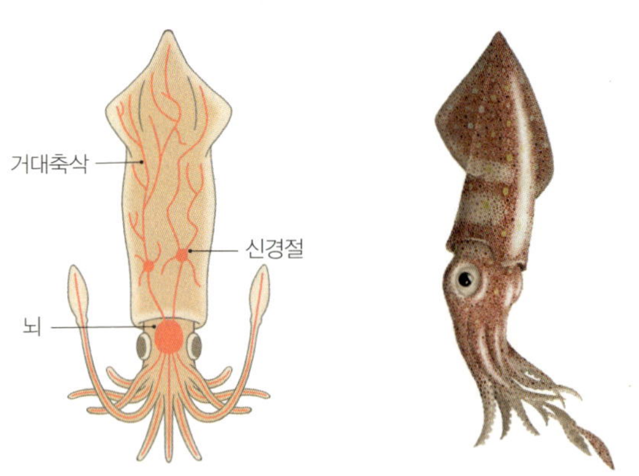

그림 5 | **아메리카 창꼴뚜기의 거대 축삭**

그림 6 | 호지킨의 초상

담가 살아 있는 채로 약 열두 시간 정도 연구를 진행할 수도 있었다. 이 거대 축삭의 존재가 신경생리학의 발전에 얼마나 크게 기여했는 지는 1973년 노벨 생리의학상 수상자인 영국의 생리학자 호지킨Alan Hodgkin, 1914-1998이 "마땅히 노벨상을 받아야 할 존재는 이 오징어" 라고 말한 것을 보면 알 수 있다(그림 6).

1939년, 미국과 영국의 두 그룹이 거대 오징어 축삭을 이용한 연구에 박차를 가했다. 바로 미국의 콜Kenneth Cole, 1900-1984과 커 티스Howard Curtis, 1906-1972, 그리고 영국의 호지킨과 헉슬리Andrew Huxley, 1917-2012였다. 두 그룹은 선의의 경쟁자 관계로, 실험에 사용 한 방법도 유사했다. 작은 탐사침 두 개를 축삭 안과 밖에 위치시켜 서 전위차를 기록하는 방식이었다. 호지킨은 이 방법으로 세포 안쪽 이 바깥쪽에 비해 음전하를 띠며, 그 값이 약 −45밀리볼트라고 제시했다. 이전까지는 막연하게 세포 안이 상대적 음극이라는 것만 알고 있었는데, 처음으로 구체적인 값을 제시한 것이었다. 이전까지 생각했던 것보다 더 큰 값이었다. 콜 그룹도 이 값을 유사한 -51밀리볼트로 계산했다. 나아가 콜 그룹은 축삭에 활동전위가 지나갈 때 세포 안팎의 경계를 짓는 세포막의 전기 저항력이 갑자기 떨어진다는 사실을 발견했다. 베른슈타인이 이야기한 일시적인 세포막의 기능적 붕괴 현상과 유사한 변화를 확인한 것이었다(세포막의 저항이 떨어지면 주요 이온이 쉽게 농도가 높은 곳에서 낮은 곳으로 이동한다).

그러나 이어진 호지킨 그룹의 실험 결과는 예상과 많이 달랐다. 만일 세포막이 일시적으로 붕괴되면서 활동전위가 나타난다면, 활동전위가 흐르는 동안 세포 안팎의 전위차는 0이 되어야 할 것이다. 댐이 무너지면 댐 안팎의 환경이 같아져야 하기 때문이다. 그러나 실제로 활동전위가 생성되면 전하가 세포 안으로 훨씬 많이 밀려들어서, 그 전위가 -45밀리볼트에서 +40밀리볼트로 증가했다(그림 3). 호지킨 그룹은 댐의 붕괴와 같은 단순한 기전이 아니라 뭔가 더 적극적인 과정이 개입되어야만 이러한 변화가 생길 수 있다고 판단했다. 그러나 이때 제2차 세계대전이 발발하면서 호지킨은 군사용 레이다 개발 연구에, 헉슬리는 해군 대포 제작에 동원되며 연구는 중단되었다. 급기야 독일의 폭격으로 연구소가 파괴되면서 두 사람의 신경세포 연구는 1947년이 되어서야 다시 시작되었다.

두 사람은 세포 내부가 음전위에서 강한 양전위로 바뀌는 활동전위 과정을 설명하는 데 연구 역량을 집중했다. 일찍이 베른슈타인은 전위 변화를 일으키는 가장 중요한 이온으로 포타슘을 지목했으나, 호지킨은 소듐의 역할에 주목했다. 실제로 포타슘 이온은 세포 내에 고농도로 존재하고, 소듐 이온은 세포 밖에 풍부하게 존재한다. 게다가 1940년대 들어 근육이 수축하기 위해서는 세포 밖의 소듐 이온이 필수적이라는 사실이 밝혀진 바 있었다. 이를 바탕으로 호지킨은 신경세포의 흥분 현상에도 세포 밖 소듐 이온이 중요할 것으로 생각했다.

1947년에 호지킨은 이 가능성을 약리학자 카츠Bernard Katz, 1911-2003의 도움을 받아 테스트하기 시작했다. 신경세포의 축삭을 소듐 이온이 없는 용액에 담그고 실험한 결과 신경세포가 자극에 전혀 반응을 보이지 않았다. 반드시 소듐 이온을 넣어야 자극에 대해 흥분 현상을 일으킬 수 있는 것이었다. 즉, 활동전위의 생성을 위해서는 세포 밖의 소듐 이온이 필수적이었다.

호지킨과 카츠는 활동전위의 또 다른 특징을 발견했다. 신경세포의 휴식 상태의 전위인 -45밀리볼트가 적절한 자극에 의해 -30밀리볼트를 넘어서면, 곧장 +45밀리볼트에 이르는 최대 활동전위를 만든다는 점이었다. 만일 자극이 -30밀리볼트를 넘지 못할 정도로 작다면 이 세포는 활동전위를 만들지 못했다(그림 3). 이렇게 '전부 아니면 전무' 반응을 일으키는 경계선을 역치라고 부르는데, 당시에 두 사람이 계산한 신경세포 활동전위의 역치는 -30밀리볼트였다.

이 지점에서 호지킨과 헉슬리는 1949년에 콜이 처음 사용했던 전압 클램프 기법voltage clamp technique을 이용해 활동전위를 더 자세하게 분석했다. 전압 클램프 기법은 두 개의 전극을 이용해 하나의 전극은 전류를 기록하고, 다른 하나의 전극은 세포 내로 전류를 가해서 일정 시간 동안 세포가 특정 전압을 유지하도록 만드는 방법이다. 이 방법을 이용하면 세포 내를 특정 전압으로 유지할 수 있어서,

세포막 전류의 흐름을 시간 단위별로 측정할 수 있다. 영화를 멈추고 한 장면씩 끊어서 관찰하는 것과 같다. 이것으로 그들은 활동전위를 아주 세분화한 시간 단위(밀리세컨드)로 기록할 수 있었다. 이뿐만 아니라 특정 전압에서 세포막의 투과성도 평가할 수 있었고, 세포 밖의 이온 농도를 변화시키거나 특정 이온의 투과를 차단하는 약물을 사용하여 특정 전압에서 이온의 이동도 관찰할 수 있었다.

이 방법 통해 활동전위가 휴식 상태에서 흥분 상태로 이동할 때(탈분극), 세포 밖의 소듐 이온이 세포 내로 들어가면서 세포 안이 음극 상태에서 양극 상태로 바뀐다는 사실을 알게 되었다(그림 2). 반대로 휴식 상태로 갈 때는 포타슘 이온이 세포 안에서 밖으로 이동하면서 음극 상태로 전환되었다. 이렇게 특정 지점에 특정 이온이 이동한다는 것은 세포막이 허물어지면서 활동전위가 생긴다는 이론이 틀렸음을 증명했다. 경계가 허물어지면 모든 이온이 이동해야 하기 때문이다. 이온별로 별도의 통로(이를 '이온 통로'라고 부른다. 지식 상자 8-2)가 있지 않으면 설명이 되지 않는 현상이다.

이후 헉슬리는 끈질긴 계산 끝에 활동전위의 정확한 형태와 시간별 변화, 속도와 크기를 계산해내어 이를 1952년에 발표했다(그림 3). 이 공로로 호지킨과 헉슬리는 노벨상을 수상하고, 여왕으로부터 기사 작위도 받았다. 이렇게 신경계 전기생리현상이 모두 밝혀졌다. 이제 남은 것은 시냅스에서 일어나는 변화다. 신경세포 사이 간극에서 과연 어떤 일이 일어나서 신호가 전달되는지 알아야 한다.

감각신경섬유의 종류

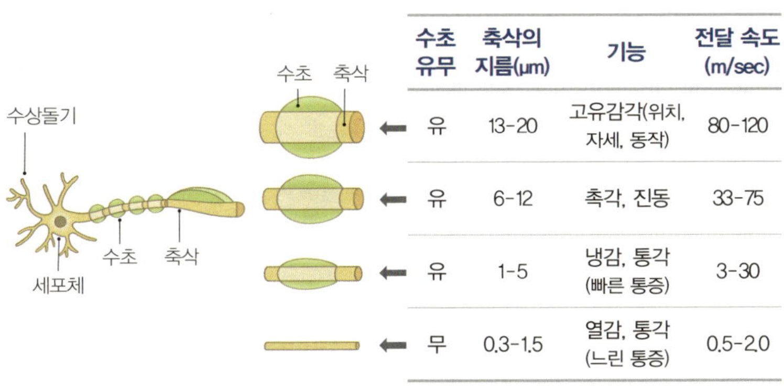

그림 7 | 감각신경의 기능에 따른 수초 유무와 굵기, 속도의 차이

고유감각은 진동과 위치 감각을 의미한다. 통각을 전달하는 신경의 속도가 가장 느리다. 신경의 굵기와 수초의 존재에 따라 전달 속도가 달라진다(그림 7).

이온 통로ion channel의 종류

　신경세포 안팎으로 이동할 때, 이온은 아무 곳으로나 지나가지 않고 특정 통로를 이용한다. 이것을 '이온 통로'라고 부른다. 신경세포(뉴런)에 존재하는 이온 통로는 세포막을 가로지르는 단백질 구조물로, 이온의 선택적 이동을 조절한다. 구조적으로 여러 개의 아미노산이 결합하여 특정한 형태를 이루며, 이 구조가 특정 이온에 대한 선택성을 결정한다. 대부분의 이온 통로는 여러 개의 하위 단위 구조

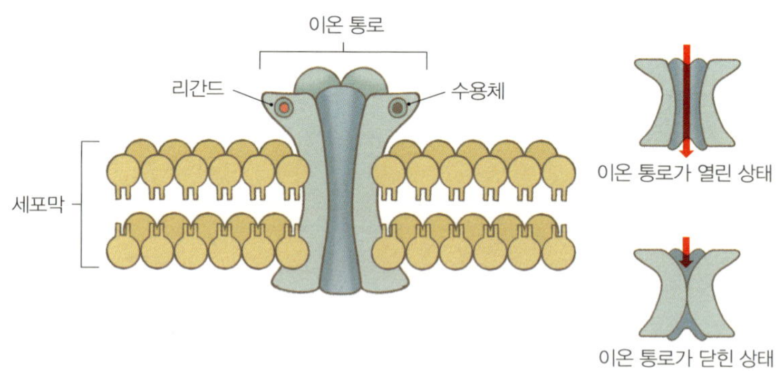

그림 8 | 세포막에 있는 이온 통로의 구조

물subunits의 조합으로 구성된다.

특히 중요한 두 가지 통로는 전압 개폐성 이온 통로voltage-gated ion channel와 리간드 개폐성 이온 통로ligand-gated ion channel다. 전압 개폐성 이온 통로는 세포막 사이의 전위 차이에 의해서 통로가 열리거나 닫힌다. 특정 전위차에 도달해야만 통로가 열리는 것이다. 소듐 통로와 포타슘 통로가 여기에 해당한다. 리간드 개폐성 이온 통로는 특정 화학물질(리간드)이 수용체에 달라붙으면 열리는 통로다. 신경전달물질인 아세틸콜린이 수용체에 결합하면 열리는 이온 통로가 그 예다(그림 8).

이온 통로는 신경세포의 흥분성을 조절하며, 활동전위의 생성과 전달에 중요한 역할을 한다. 또한 특정 신경전달물질에 반응해 세포 간 신호를 중계한다. 이온 통로의 작동과 조절은 신경계 기능에 매우 중요하며, 이상이 생기면 다양한 신경계 질환을 일으킬 수 있다. 예를 들어, 뇌전증과 같은 발작성 장애, 근육 질환, 부정맥과 같은 질환 등이 있다. 또, 특정 유형의 통증과 연관되어 있기도 하다.

이러한 이온 통로 결함을 일으키는 중요한 원인으로는 유전적 결함, 자가면역질환 등의 염증성 질환이 있다. 이온 통로는 약물치료의 중요한 표적이 된다. 가령, 전압 의존적 소듐 통로 차단제는 뇌전증 발작을 억제하고 통증을 완화하는 데 널리 사용된다.

9

스파크 VS 수프:
뇌의 통신법 전쟁

신경세포의 신호 전달 방식에 대한 두 이론

"신경의 정보 전달 방식이 결정될 때까지는
수프(화학적 전달)와 스파크(전기적 전달) 간의 오랜 전쟁이 있었다."
엘리엇 발렌스타인Elliot Valenstein, 1923-2023

"나는 '불수의적'이라는 표현 대신에
'자율적'이라는 표현을 사용할 것을 제안한다.
자율신경계는 상부의 일정한 관리하에
상당량의 독립적 기능을 수행하는 기관을 의미한다."
존 랭글리John Newport Langley, 1852-1925

무엇이 신호를 전달할까? 전기 VS 화학물질

이제 남은 것은 시냅스에서 일어나는 변화다. 신경세포의 간극에서 과연 어떤 일이 일어나서 신호가 전달되는지를 알아야 한다. 두 세포가 바로 전기를 통해서 연결되는 것인지, 아니면 화학물질이 분비되어 전달되는 것인지를 알아내야 하는 것이다. 이것이 그 유명한 스파크(전기) 대 수프(화학물질) 논쟁이다(그림 1).

결론부터 이야기하자면, 두 신경세포 사이의 간극을 이어주는 것은 여러 화학물질이었다. 신경전달이 화학적으로 이루어진다는 '수프 이론'이 옳았던 것이다. 지금의 관점에서는 시냅스 간극에 화학물질이 존재한다는 사실이 당연하게 느껴질 수 있다. 하지만 당시에는 신경세포 안에서 전기 신호가 흐른다는 사실이 먼저 밝혀져 있었다. 그래서 세포 사이의 틈도 전기가 그대로 건너뛸 것이라고 생각하는 것이 자연스러웠다.

시냅스의 구조가 그런 오해를 키웠다. 시냅스는 신경세포들이 서

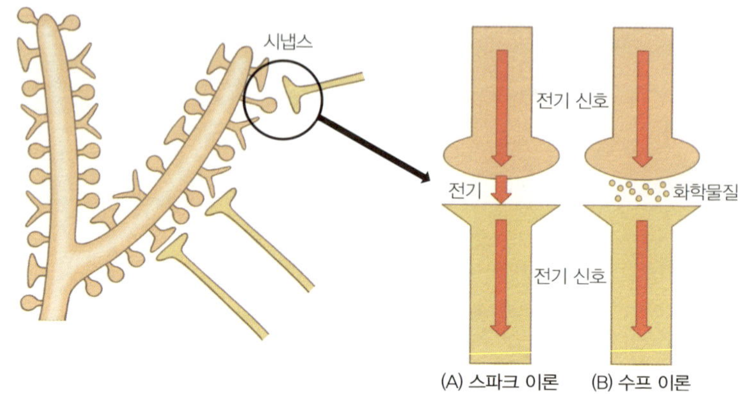

그림 1 | 스파크 이론/수프 이론 시냅스에서 신호가 전달되는 방법에 대해서는 두 가지 이론이 있었다. 하나는 전기적 흥분을 일으킨 뇌세포에서 전기가 나와 두 번째 세포로 연결된다는 것이고, 다른 하나는 두 세포 사이에 화학물질이 분비되어 신호가 전달된다는 것이다. 이것이 스파크(전기) 대 수프(화학물질) 논쟁이다.

로 신호를 주고받으며 자유롭게 연결될 수 있도록 한다. 이 덕분에 뇌는 무한히 다양한 회로를 만들 수 있다. 그러나 시냅스에는 아주 좁은 틈이 존재하고, 그 안은 액체 같은 매질로 채워져 있다. 당시 과학자들은 그 매질을 통해 전기가 직접 흐를 수 있다고 믿었다. 다시 말해, 신경의 전기적 활동이 세포 사이에서도 그대로 이어질 것이라고 본 것이다.

그렇다면 왜 화학물질이어야 할까? 만일 전기가 두 간극을 연결한다면 이 관계에는 켜지거나 꺼지거나 두 가지 상태밖에 없다. 그러나 화학물질은 다양하게 만들어질 수 있으므로 여러 형태의 신호를 전달할 수 있다. 단순한 두 세포의 연결이지만 화학물질 종류에 따라 여러 가지 기능을 할 수 있는 것이다.

지금부터 화학적 신경전달물질이 발견되고 수프 이론이 정립되는 과정을 따라 나갈 것이다. 비슷한 시기에 진행된 연구가 많기에

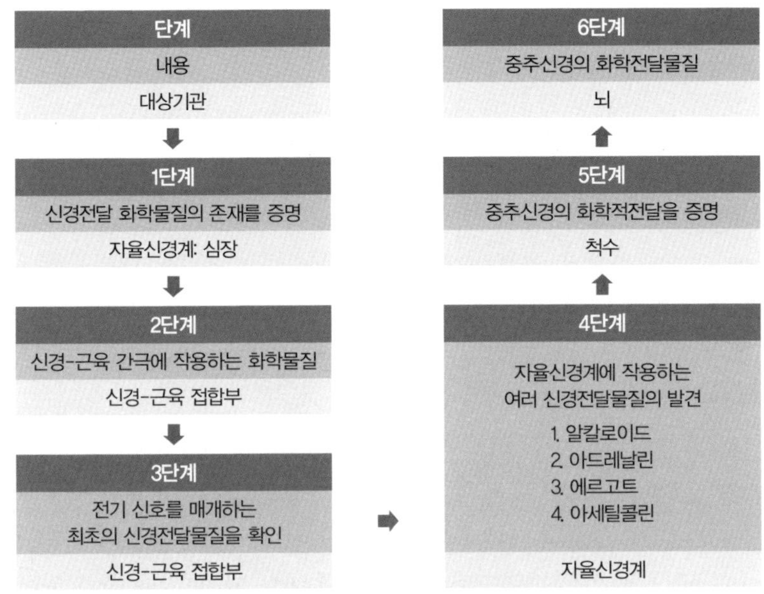

그림 2 | 화학적 신경전달물질이 발견되고 수프 이론이 정립되는 과정은 대략 6단계로 나눌 수 있다. 비슷한 시기에 진행된 연구가 많기 때문에 연구 순서와 상관없이 개념적으로 정리했다.

제1단계: 수프 이론을 확립하기 위해 신경전달을 하는 구체적인 물질을 밝히기 전에, 우선 신경전달 기능을 하는 화학물질이 실제로 존재한다는 사실을 증명받았다.

제2단계: 근육 수축을 방해하는 쿠라레라는 화학물질이 알려졌다.

제3단계: 구체적인 신경전달물질인 아세틸콜린의 존재가 처음으로 밝혀진 장소는 신경-근육 접합부다. 신경 자극으로 신경-근육 접합부에서 분비된 아세틸콜린이라는 화학물질이 신경전달물질로 작용하여 근육의 수축을 일으킨다. 이 과정에서 아세틸콜린이 근육세포에 전기적인 현상을 일으키는 것이 확인되었다.

제4단계: 자율신경계에 작용하는 여러 신경전달물질이 밝혀졌다.

제5단계: 중추신경계인 척수에서도 화학물질로 신경 간 신호가 전달되는 것이 확인되었다.

제6단계: 다양한 대뇌 속 신경전달물질의 존재가 알려졌다.

연구 순서와 상관없이 개념적으로 6단계로 나누어 보았다(그림 2). 참고로 이 부분은 원래 복잡하여 의과대학생들도 애먹는 부분이다. 시험이 끝나면 바로 잊어버린다. 부담 없이 살펴보기를 권한다.

제1단계—실제로 신경에서 나오는 화학물질이 있으며 작용을 하는가: 신경전달 화학물질 존재의 증명

수프 이론 성립의 첫 단계는 신경전달 기능을 하는 화학물질의 존재를 증명하는 것이다. 그 물질이 구체적으로 무엇인지 밝히기 전에 먼저 존재부터 증명되어야 한다. 실제로 신경과 연결된 물질이 존재한다는 사실은 미국에서 활동한 독일 출신의 생리학자 뢰비Otto Loewi, 1873-1961의 천재적인 실험으로 증명되었다(그림 3).

1900년대 초, 랭글리John Newport Langley, 1852-1925와 데일Henry Hallett Dale, 1875-1968을 만난 적 있는 뢰비는 신경전달물질의 개념을 알고 있었다. 하지만 전문 분야는 신장과 췌장의 기능 연구였기에 특별한 관심을 기울이지는 않았다. 그러던 어느 날, 드라마 같은 일이 벌어졌다. 신경전달물질에 대한 개념을 알게 된 지 무려 17년 만인 1920년 어느 날, 뢰비가 역사를 바꿀 꿈을 꾸게 된 것이다. 그가 꿈의 내용을 바로 알아챈 것은 아니었다. 잠에서 깬 그는 꿈속에서 얻은 아이디어를 적어놓고 다시 잠들었지만, 다음 날 깨어나서 보니 알아볼 수가 없었다. 아무리 노력해도 내용을 떠올릴 수 없었다.

그래도 운 좋게 다음 날 똑같은 꿈을 꾸었다. 수면 단계 중 꿈을 꾸는 렘수면은 뇌에 광범위하게 흩어져 있는 지식을 다양하게 조합해보는 시간이다. 말도 안 되는 꿈을 꾸기도 하지만 천재적인 발상이나 창의력의 원천이 될 수도 있다(제12장). 새벽 3시에 꿈에서 깬 뢰비는 같은 실수를 반복하지 않기 위해 다시 잠드는 대신 곧장 자전거를 타고 실험실로 갔다. 그리고 겨우 두 시간밖에 안 되는 시간 동안 역사적인 실험을 실행한다.

그림 3 | 뢰비의 초상

　뢰비가 실행한 실험은 다음과 같다(그림 4). 우선 개구리에게서 교감신경과 부교감신경이 붙어 있는 채로 떼어낸 심장을 식염수에 담궈 계속 뛰도록 했다. 그리고 부교감신경인 미주신경을 전기로 자극했다. 이때 심장의 맥박은 부교감신경의 작용에 의해 느려지게 된다. 그다음 다른 개구리에게서 떼어낸 심장에서 미주신경을 제거한 후 분리된 용액에 넣었다. 이후 맥박이 느려지던 첫 번째 심장이 담겨 있던 용액을 두 번째 심장으로 옮기자, 미주신경이 없는 두 번째 심장도 곧장 맥박이 느려지는 것을 관찰할 수 있었다. 이는 첫 번째 심장이 느려지는 과정에서 배출된 특정 화학물질이 존재하며, 심장에 직접 작용한다는 결정적 증거였다. 뢰비는 이어서 교감신경을 자극한 첫 번째 심장에서 추출한 용액을 두 번째 심장에 주입했을 때 맥

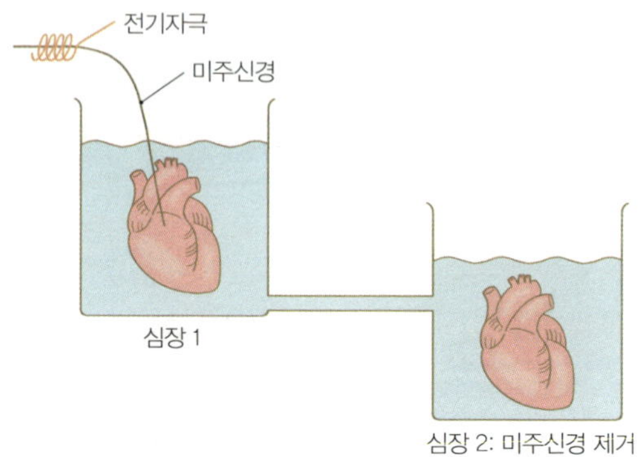

그림 4 | 레비의 실험

박이 빨라지는 것도 관찰했다. 즉, 교감신경과 부교감신경이 흥분할 때 각기 다른 화학물질이 배출되며, 이 물질들은 심장에 반대로 작용하고 있었다.

그러나 화학적 신경전달물질을 바라보는 시선은 여전히 회의적이었다. 게다가 다른 연구소에서 뢰비의 실험이 잘 재현되지 않으며 한때 뢰비의 실험은 의심의 눈초리를 받았다. 사실을 알고 보니 뢰비가 최초 실험을 추운 계절에 한 것이 결정적 원인이었다. 이 화학물질들이 낮은 온도에서만 안정성을 유지할 수 있던 것이다. 실제로 뢰비 자신도 더운 계절에는 이런 결과가 나오지 않음을 확인했다. 마침내 1926년 스톡홀름에서 열린 국제학회에 초청받은 뢰비는 이 실험을 열여덟 번 반복해 모두 성공했다. 마침내 화학적 신경전달물질의 존재가 입증된 순간이었다. 이 공로로 뢰비는 30년 지기 데일과 함께 1936년 노벨상을 수상한다. 참고로, 꿈을 통해 아이디어를 얻었다는 내용이 너무 유명해져서, 실제로 뢰비의 실험 내용은 모르지만 꿈 이야기는 아는 사람이 훨씬 많았다고 한다.

제2단계—세포 간극에 작용하는 물질이 있는가: 쿠라레와 신경-근육 접합부

구체적인 신경전달물질의 존재가 처음 발견된 곳은 신경-근육 접합부다. 19세기 중반부터 특정 화학물질이 신경계에 영향을 미칠 수 있다는 사실이 알려졌다. 그 대표적인 예가 '쿠라레curare'다. 쿠라레는 남아메리카 원주민들이 화살 독으로 사용해온 물질로, 맞으면 호흡근을 포함한 전신 근육이 마비되어 곧 죽음에 이른다. 그러나 소화기관을 통해 섭취하면 독성이 분해되기 때문에 쿠라레 화살로 잡은 동물은 안전하게 먹을 수 있다. 지금도 남아메리카 원주민이 화살 촉에 발라 동물을 사냥하는 데 쓰고 있다. 이들은 쿠라레가 발린 화살을 원형 통에 넣고 입으로 불어서 쏜다(그림 5).

쿠라레는 우연히 남아메리카 오리노코강 유역을 탐험하던 중

그림 5 | 쿠라레 독화살을 부는 남아메리카 원주민

이 화살촉을 쏘는 원주민을 만난 영국의 유명한 군인이자 탐험가인 롤리Walter Raleigh, 1552-1618에 의해 알려지며 많은 유럽 사람을 매혹했다. 이후 갈바니와 볼타의 논쟁을 정리하기도 한 훔볼트가 쿠라레의 채취 방법을 처음으로 기술했고, 1745년에 프랑스의 탐험가 콩다민Charles Marie de La Condamine, 1701-1774에 의해 실제 물질이 유럽에 소개되었다.

쿠라레의 작용 기전은 프랑스의 생리학자 베르나르Claude Bernard, 1813-1878에 의해 자세하게 밝혀졌다. 그는 쿠라레가 혈액 속으로 들어가면 경련이나 통증 없이 전신 근육 마비로 사망하는 것에 주목했다. 그런데 흥미롭게도 인공호흡으로 일정 시간 호흡을 유지시켜주면 호흡이 멎은 동물도 다시 살아날 수 있었다. 이 사실은 쿠라레가 뇌나 신경 전체를 마비시키는 것이 아니라 호흡을 담당하는 말초 근육의 작용을 차단한다는 점을 보여주었다. 베르나르는 쿠라레가 어떻게 근육 마비를 초래하는지 밝히고자 했다.

우선 쿠라레로 이미 처리된 개구리의 좌골신경을 이것이 지배하는 근육과 함께 떼어냈다. 이때 신경에 전기자극을 주어도 근육 수축이 전혀 일어나지 않음을 관찰했다. 쿠라레로 인해 근육 마비가 온 것이다. 하지만 근육에 직접 전기자극을 주면 정상적인 근육 수축이 일어났다. 즉, 쿠라레가 근육 자체를 마비시키는 것은 아니었다. 그렇다면 마비를 만들 수 있는 자리는 신경과 근육의 접합부만 남았다.

여기에서 베르나르는 쿠라레가 작용하는 정확한 부분을 알고자 한 걸음 더 나아갔다. 쿠라레를 녹인 용액에 개구리 좌골신경을 담그되 신경과 근육이 연결된 부분은 바깥으로 빼놓은 상태에서 신경에 전기자극을 준 것이다. 이때는 정상적인 근육 수축이 확인되었다. 따

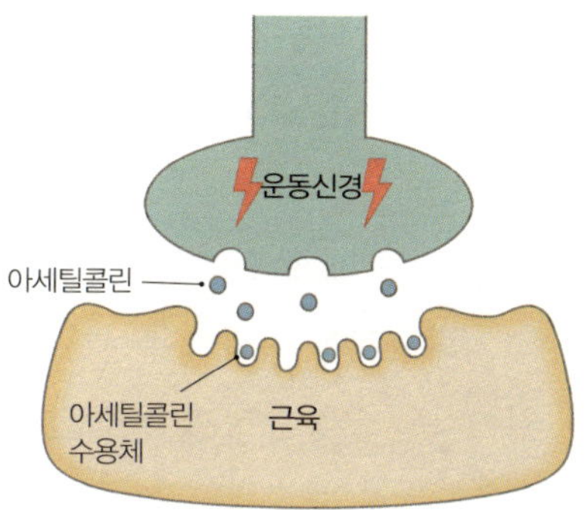

그림 6 | 신경 말단과 근육 접합부(연결 틈새) 아세틸콜린이라는 화학물질이 근육 쪽의 수용체에 붙어 근육 수축을 일으킨다. 쿠라레는 신경-근육 접합부에서 아세틸콜린이라는 물질이 신경 말단으로부터 분비되어 근육 쪽의 수용체에 붙는 것을 차단해 근육 수축이 일어나지 못하도록 한다.

라서 쿠라레가 신경 자체에 작용하는 것 역시 아니었다. 쿠라레는 감각신경에도 영향을 주지 않았다. 결국 쿠라레는 신경과 근육이 연결되는 '신경-근육 접합부neuromuscular junction'에 작용한다는 확실한 증거를 확보했다. 이로써 특정한 화학물질이 신경-근육 접합부의 기능적 연결을 차단할 수 있다는 사실을 알게 되었다.

이러한 베르나르의 발견은 1886년에 독일의 생리학자 퀴네가 신경근 접합부의 형태를 잘 기술하면서 더 설득력을 얻었다. 퀴네는 신경 말단부와 근육섬유 사이의 틈새cleft, 즉 신경근 접합부의 형태를 처음으로 관찰했다(그림 6). 그리고 신경이 근육을 움직이기 위해서는 이 간극을 통해 전달되는 신호가 필수적일 것이라고 생각했다. 다만 퀴네는 이 신호가 전기적인 것인지 화학물질인지에 대해서는 의견을 내지 못했다.

제3단계―신경전달물질은 전기 신호를 매개할 수 있는가: 아세틸콜린과 시냅스 후 전위

다음 단계는 기능적 연결을 매개하는 구체적 화학물질을 확인하는 것이었다. 나아가 이 화학물질이 시냅스 후 세포에서 실제로 전기적 변화를 일으킬 수 있는지도 증명해야 했다. 신경세포는 전기로 작동하므로, 화학물질을 받아들인 신경세포가 전기 현상을 일으키는지 확인하는 것이 필수적이었다. 당시 신경세포의 활동전위에는 소듐 이온과 포타슘 이온이 작용한다는 사실이 이미 알려져 있었고, 이어 칼슘 이온Ca^{2+} 또한 신경전달 과정에서 중요한 역할을 한다는 점이 밝혀졌다. 이 발견은 대체로 카츠에 의해 이루어졌다(그림 7).

유대인 출신 카츠는 독일에서 의과대학을 졸업한 후 1935년에 나치의 위협을 피해 무일푼으로 영국으로 피신했다. 다행히도 그는 영국의 저명한 생리학자 힐Archibald Hill, 1886–1977 밑에서 연구를 수

그림 7 | 카츠의 초상

행할 수 있었으며, 1952년에는 힐의 뒤를 이어 교수 지위도 얻었다. 이때부터 영국의 신경학자 팻Paul Fatt, 1924-2014과 개구리를 이용해 서 신경-근육 접합부를 연구하기 시작했다.

그들은 새로 개발된 미세 전극을 접합부에 삽입한 상태에서 운 동신경을 자극했다. 그 결과 접합부에서 수 밀리세컨드 동안 지속되 는 전기 현상을 관찰할 수 있었다. 이 현상은 활동전위에 비해 크기 가 매우 작아 5~10밀리볼트 정도에 불과했지만, 근육 수축을 유발 한다는 점에서 의미가 컸다. 그들은 이 전기현상을 종판전위End Plate Potential, EPP라고 명명했다.

이후 이들은 이 접합부에 쿠라레를 주입하면 종판전위가 사라진 다는 사실을 확인했다. 쿠라레가 신경 말단에서 분비되는 아세틸콜 린acetylcholine이 근육 쪽 수용체에 결합하는 것을 차단하여 근육 수축 을 막았다. 즉, 아세틸콜린이라는 특정 화학물질이 신경-근육 접합부 에서 근육 수축을 매개한다는 사실이 드러났다. 반대로 아세틸콜린 분해 효소를 억제하는 피조스티그민physostigmine을 투여하면 근육 수 축이 더욱 강하게 일어났다. 이로써 화학물질이 신경-근육 접합부의 연결을 담당한다는 사실이 처음으로 명확하게 입증되었다.

또한 카츠와 팻은 용액에서 소듐 이온을 제거하면 종판전위가 사라지는 것을 확인했다. 이는 활동전위 형성에 소듐 유입이 필수 적이므로 당연한 결과였다. 그러나 그들은 여기서 멈추지 않고, 칼 슘 이온 농도를 점차 낮추었을 때 종판전위의 크기가 감소하는 현상 을 확인했다. 종판전위를 만들기 위한 아세틸콜린의 분비에 칼슘 이 온이 필수적인 것이었다. 이렇게 신경 말단에서 칼슘 이온의 작용으 로 아세틸콜린과 같은 신경전달물질이 분비되는 과정을 세포 외 배출exocytosis이라고 부른다.

　카츠와 팻은 신경근 접합부의 전기 변화를 오실로스코프로 확인하던 중 또 다른 특이 현상을 발견했다. 일반적인 종판전위보다 훨씬 작은 전위(약 0.5밀리볼트)가 불규칙하게 기록된 것이었다. 처음에는 이를 기계적인 잡파라고 여겼지만, 쿠라레로 접합부를 처리하거나 아예 운동신경을 잘라버리면 이 작은 전위도 사라지는 것을 보고 잡파가 아니라 생리적 현상이라는 것을 알게 되었다. 그들은 현상에 미세 종판전위Miniature End Plate Potential, MEPP라는 이름을 붙였다.

　재미있는 것은 종판전위의 크기가 항상 두 배, 세 배, 네 배, 미세 종판전위의 배수 크기로 나타난다는 점이었다(그림 8). 이 배수의 의미는 아세틸콜린 분비가 마구잡이로 이루어지는 것이 아니고, 하나의 패키지 단위로 분비된다는 것을 의미했다. 아세틸콜린 패키지 하나가 방출되면 미세 종판전위가 생기고, 두 개가 방출되면 그 두 배

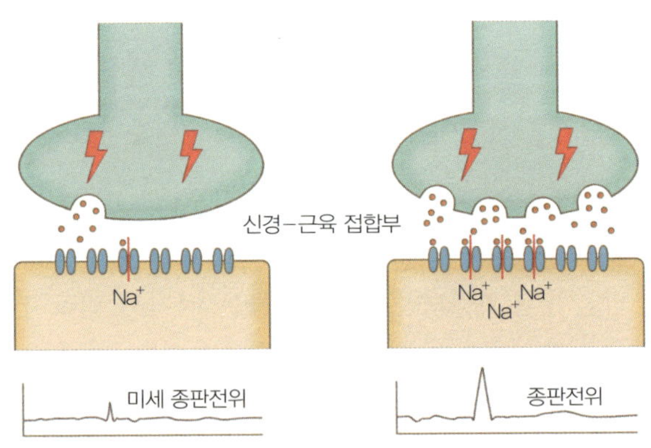

그림 8 | 미세 종판전위와 종판전위 미세 종판전위는 아세틸콜린 패키지(소낭) 하나가 분비될 때 만들어진다. 그리고 종판전위의 크기는 항상 미세 종판전위의 배수로 나타난다. 따라서 이 그림에서 종판전위의 크기는 미세 종판전위의 네 배가 된다.

　　　　　　　　　　　　　　　　　　　　　　　두뇌 인류

크기의 전위가 관찰되는 식이었다.

그렇다면 실제로 하나의 패키지에 아세틸콜린이 얼마나 들어있을까? 카츠는 동료 카스티요José Del Castillo, 1920-2002와 함께 통계적인 방법으로 이를 추정했다. 하나의 패키지에 약 10만 개의 아세틸콜린이 존재하고 있으며, 전형적인 종판전위를 만들려면 200개의 패키지가 필요하다는 결론에 도달했다. 이러한 패키지는 신경 말단부의 낭포vesicle에 저장되어 있다가 신경자극에 의해 신경세포 말단으로 이동한 후 배출되면서 아세틸콜린을 내보낸다. 1954년에 전자현미경이 개발되면서 신경근 접합부의 세밀한 구조를 직접 볼 수 있게 되었는데, 개구리의 경우 하나의 신경세포 말단부에 30만 개의 낭포가 있으며 각 낭포의 크기는 0.05마이크로미터인 것으로 밝혀졌다.

결론적으로 아세틸콜린이라는 특정 신경전달물질이 신경-근육 접합부를 연결하고 있으며, 이 물질이 근육세포에 전기적인 현상을 일으킬 수 있다는 것이 확인되었다.

제4-1단계—자율신경계의 발견과 알칼로이드, 그리고 세포 수용체

제4단계에서는 자율신경계에 작용하는 여러 신경전달물질이 밝혀진다. 자율신경계는 크게 교감신경계와 부교감신경계로 나뉜다(지식 상자 2-3). 자율신경계가 화학물질을 이용하여 작동한다는 사실이 알려지는 데는 랭글리의 역할이 컸다(그림 9). 랭글리는 처음에 케임브리지대학교에서 수학과 역사에 관심을 가졌다가, 자연과학으로

그림 9 | 랭글리의 초상

방향을 바꾸면서 포스터 경Sir Michael Foster, 1836–1907의 생리학 실험
실에 들어갔다.

여기에서 랭글리는 브라질산 관목 야보란디Pilocarpus jaborandi에
서 추출한 추출액의 생리적 작용을 연구했다. 이 추출액에는 필로카
르핀pilocarpine이라는 알칼로이드 계열의 물질이 포함되어 있다. 알
칼로이드는 자연적으로 존재하는 질소 염기를 갖는 알칼리성 유기물
질이다. 랭글리가 이 액체를 동물에 주사하자 맥박이 느려지고 침을
많이 흘리는 현상이 나타났다. 당시 이미 심장에 억제 효과를 미치는
미주신경이 알려져 있었기 때문에, 그는 필로카르핀이 미주신경을
통해 작용한다고 생각했다. 그러나 미주신경을 마비시킨 뒤에도 필
로카르핀의 효과는 그대로 나타났다. 그리고 맥박이 느려지는 필로
카르핀의 효과는 미주신경과 상관없이 벨라돈나belladonna라는 풀에

두뇌 인류

서 추출한 아트로핀atropine이라는 물질로 차단할 수 있었다. 이 결과는 필로카르핀이나 아트로핀이 미주신경을 거치지 않고 심장 근육에 직접 작용할 가능성을 시사했다. 지금은 당연하게 여겨지지만, 당시로서는 말단 기관의 세포가 특정 화학물질을 직접 인식할 수 있다는 사실을 처음으로 보여주는 중대한 발견이었다.

1889년, 랭글리는 다른 알칼로이드인 니코틴에 관심을 집중했다. 잘 알려진 대로 니코틴은 담배의 주요 성분으로, 각성 작용이 있다. 그런데 랭글리가 니코틴 용액을 척추 신경절에 흡수시키자 신경 전달 기능이 억제되었다. 화학물질이 신경절에서 이루어지는 신경전달을 차단한 것이다. 이러한 방법을 통해 랭글리는 각각의 척수에서 나온 자율신경의 기능을 각 신경절에서 차단할 수 있게 되었다. 자율신경의 생리적 기능을 개별적으로 확인할 수 있게 된 것이다. 그리고 중요한 자율신경이 경추, 흉추 및 요추, 그리고 천골에 해당하는 세 부분의 척수로부터 기원하는 것을 밝혀냈다(지식 상자 2-3). 동시에 이 신경들의 신체 내 분포와 생리학적 역할도 알게 되었다. 이때부터 랭글리는 그동안 사용되어온 '불수의적'라는 말 대신에 '자율autonomic' 이라는 말을 사용하여 자율신경계를 설명하기 시작했다. 그리고 흥분성 기능을 갖는 흉추 및 요추 신경계에는 '교감신경계'라는 말을, 억제 효과를 갖는 경추 및 천골 기원의 자율신경계에는 '부교감신경계'라는 말을 붙였다.

교감신경계와 부교감신경계는 신경절의 위치와 신경섬유 길이에 차이가 있다. 교감신경의 경우, 척수에서 시작된 수초화 섬유가 척수 근처의 신경절에서 비수초화 신경섬유와 시냅스를 이룬다. 반면, 부교감신경의 경우 수초화 섬유가 긴 경로를 이동하여 말초기관

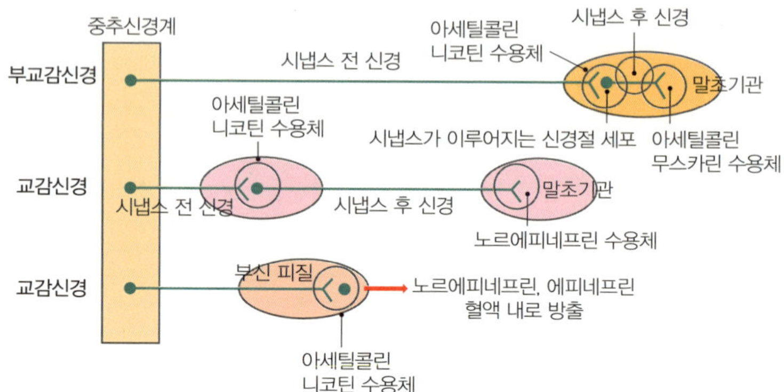

그림 10 | **자율신경계의 시냅스 위치와 각 시냅스의 신경전달물질** 부교감신경은 신경절과 말초기관에서 모두 아세틸콜린을 신경전달물질로 이용한다. 다만 수용체가 니코틴과 무스카린 수용체로 차이가 있다. 교감신경은 신경전달물질로 신경절에서는 아세틸콜린을 이용하고, 말초기관에서는 노르에피네프린을 이용한다.

근처의 신경절에서 시냅스를 형성한다. 즉, 교감신경계는 신경절 이전의 신경섬유가 짧고 신경절 이후의 신경섬유가 긴 반면, 부교감신경은 신경절 이전의 신경섬유가 길고 신경절 이후의 신경섬유는 짧다(그림 10).

제4-2단계—아드레날린과 교감신경 수용체

아드레날린은 부신에서 분비되는 물질로, 흥분성 생리 작용을 하는 것으로 알려져 있었다. 이 생리 작용을 밝힌 사람이 영국의 의사 올리버George Oliver, 1841–1915와 내분비학의 시조라 불리는 셰이퍼Edward Albert Sharpey-Schafer, 1850–1935다. 혈압계, 헤모글로빈 측정기, 동맥 직경 측정기 등 여러 장비를 개발한 것으로 유명한 올리버는 부신이 손상된 환자에게서 저혈압이 관찰되는 것에 주목했다. 그리고 아드레날린의 작용을 발견하게 되는데, 이 과정에 한 극적인 이야기가 따라다닌다.

"어느 날 올리버가 아들을 상대로 자신이 개발한 기구를 이용해서 팔에 있는 요골 동맥의 직경을 재고 있었다. 그 과정에서 다른 동물의 부신을 갈아서 만든 추출물을 아들에게 주사했더니 동맥의 직경이 변했다. 이 결과를 가지고 런던에 있는 셰이퍼를 찾아간 올리버는 마침 개의 혈압을 측정하고 있는 셰이퍼를 만나게 된다. 올리버는 셰이퍼를 설득해 가지고 간 부신 추출물을 개에게 주사했고, 둘은 개의 혈압이 엄청나게 상승하는 놀라운 광경을 보게 된다."

드라마틱하지만 이 이야기는 상당히 과장된 것이다. 올리버가 동물의 부신 조직을 추출해서 글리세린 혼합물을 만든 것은 맞지만, 이 추출물을 주사한 것은 아니고 입으로 먹인 것이었다. 심하기는 매한가지이지만 아들에게도 '먹게' 했다는 것이 정설이다. 그리고 이를 한 번의 실험으로 밝힌 것도 사실이 아니다. 겨우내 셰이퍼와 함께 연구소 근처의 각종 동물을 잡아다가 여러 방법으로 이 추출물의 효과를 시험했다. 어쨌든 아드레날린을 섭취한 동물에게서 혈관의 수축과 혈압 상승을 확인한 두 사람은 이러한 사실을 런던의 유니버시티칼리지에서 발표했다. 당시 시연에서 실험용 개를 대동하여 이 물질이 급격한 혈압 상승을 일으키는 것을 직접 보여주었다고 한다.

신경절을 차단해서 자율신경의 개별 기능을 확인하고, 자율신경계의 알칼로이드 신경전달물질을 연구하던 랭글리는 1901년부터 아드레날린의 효과를 더 자세히 알아내기 위한 실험에 들어갔다. 우선 아드레날린의 작용이 교감신경이 흥분했을 때 나타나는 작용과 일치함을 확인했다. 동맥 혈관벽의 민무늬근을 수축시킴으로써(혈관을 좁혀서) 혈압을 오르게 하고, 맥박 수를 늘리며, 기관지를 확장하는 작용들이다. 그런데 교감신경과 유사한 아드레날린의 작용은 중추신경계를 제거하거나, 심지어 교감신경계를 완전히 절제한 동물에게서도 관찰되었다. 아드레날린의 작용이 신경계 없이도 가능한 것처럼 보인 것이다. 민무늬근에 아드레날린 수용체가 존재해 아드레날린이 직접 작용하는 것으로밖에 설명할 수 없었다.

그런데 여기에는 한 가지 이상한 점이 있었다. 만일 이런 작용을 하는 아드레날린이 부신에서만 나온다면, 즉, 부신에서 나와서 혈액으로 전파되어 작용하는 것이라면, 그 작용에는 상당한 시간이 걸려야 한다는 점이었다. 실제 작용은 매우 빠르게 나타났다. 가령, 위기 상황에 처한 사람의 혈압은 즉시 올라간다. 이 문제는 랭글리의 연구실에서 실험하던 엘리엇Thomas Renton Elliott, 1877–1961에 의해 해결된다. 그는 아드레날린이 직접 민무늬근에 작용할 뿐만 아니라 신경전달물질로도 기능한다고 주장했다. 앞서 이야기한 대로 랭글리는 이미 니코틴 시스템을 통해 신경계 간 또는 신경과 말단부위 간에 시냅스가 존재한다는 것을 밝혔으나, 당시는 화학적 신경전달물질에 대한 믿음이 부족한 시기였다. 이런 상황에서 엘리엇은 아드레날린이 부신에서 분비되어 민무늬근에 직접 작용할 수도 있고, 교감신경계 신경 간의 신경전달물질로서도 작용할 수 있다고 주장한 것이었다.

랭글리는 1905년에 니코틴이 골격근에도 작용해 근육의 강한 수축을 일으킨다는 사실을 밝혔다. 그리고 이 현상이 쿠라레에 의해 억제되는 것도 확인했다. 비록 '수용체'라는 말을 직접 사용하지는 않았지만, 이 과정에서 그는 수용체의 개념을 처음으로 제시했다. 다시 말해, 골격근에는 니코틴이 접합해 작용하는 특정 자리가 존재하며, 이 자리에 니코틴이 결합하면 근육의 수축이 일어난다는 것이었다. 또, 쿠라레가 별도의 결합 부위에 작용해 근육의 수축을 차단한다는 설명을 덧붙였다. 그는 여기서 더 나아가 민무늬근에도 교감신경의 작용을 위한 아드레날린의 수용체가 존재할 것이라고 추정했다. 이 개념을 생리학에 구체적으로 도입한 것은 랭글리가 처음이었다.

제4-3단계—아드레날린 수용체에 작용하는 길항제, 에르고트

화학적 신경전달에 관한 추가 증거는 데일에 의해 밝혀진다. 데일은 의과대학을 졸업한 후 런던의 웰컴연구소Wellcome Laboratories에서 자리를 제안받는다. 웰컴연구소의 상업적 측면을 우려한 주변의 만류에도 불구하고, 데일은 이 제안을 받아들였고, 이어서 연구소장으로 승진했다. 다정한 성격과 훌륭한 인품으로 주변으로부터 큰 존경을 받은 데일은 1914년부터 국립 의학연구소장으로도 재직했다. 그런 데일의 일생 연구 주제는 에르고트ergot와 관련된 것이다. 데일로 하여금 이 물질을 연구하도록 격려한 인물이 바로 웰컴연구소의 실소유주 웰컴 경Sir Henry Solomon Wellcome, 1853-1936이었다.

에르고트는 곰팡이의 한 종류인 맥각균에서 추출된 것으로, 중세 시대부터 독약의 일종으로 사용되어온 물질이다. '성 안토니우스의 불'이라는 이름으로 불린 이 독약은 희생자로 하여금 경련과 환각, 그리고 불에 타는 듯한 감각을 느끼게 했다고 한다. 간혹 겨우내 창고에 저장해놓은 곡식에 이 곰팡이가 피었다가 마을에 유행병처럼 증상이 나타나기도 했다. 18세기부터는 평활근(민무늬근)에 강한 수축을 일으키는 기능이 발견되어, 인공적으로 유산을 시키거나 출산 후 지혈을 막는 목적으로도 사용되었다. 하지만 평활근 수축 기능이 너무 강해서 혈관을 수축시키는 바람에 팔다리에 피가 통하지 않아 썩는 일도 발생했다.

썩 내키지 않는 마음으로 연구를 시작한 데일은 곧 젊은 화학자 바거George Barger, 1878-1939와 함께 중요한 발견을 연이어 이뤄냈다. 에르고트가 이미 주입된 동물에게 아드레날린을 투여하니 생각보다 교감신경계의 반응, 즉 혈압 상승이 시원치 않았다. 아드레날린이 혈관 민무늬근에 작용하는 것을 에르고트가 먼저 차단하는 것 같았다. 연구 끝에 두 사람은 에르고트에 여러 물질이 섞여 있으며, 아드레날린 수용체에 길항작용, 즉 억제 효과를 가질 수도 있음을 밝혀냈다. 이러한 작용을 하는 물질이 바로 에르고톡신ergotoxine, 최초의 아드레날린 차단제adrenergic blocker다. 세포에 있는 화학물질 수용체는 화학물질 종류에 따라 흥분뿐 아니라 억제도 가능하다는 사실을 확인한 것이었다. 이후 에르고톡신은 혈관 확장 효과를 이용한 고혈압 치료제나 편두통 치료제로 이용되었다.

1910년, 데일과 바거는 에르고트에서 자궁 근육과 기관지를 수축시키고, 특히 혈압을 급격히 떨어뜨리는 효과가 있는 또 다른 물질을 찾아냈다. 이 물질은 신체 내에도 정상적으로 존재하고 있으며, 몸에 상처가 났을 때 작동했다. 주변 혈관을 확장시켜 혈관 내 성분을 조직으로 흘려보내 상처가 빨리 낫도록 하는 것이다. 이 물질의 이름이 바로 히스타민histamine이다. 히스타민은 알레르기 반응에서도 다량 분비되며, 이로 인해 가렵고, 붓고, 콧물 등이 나타난다. 전신의 심한 알레르기 반응으로 아나필락시스anaphylactic shock가 나타날 때도 중심 역할을 한다. 이때 우리가 복용하는 약이 항히스타민제다. 1940년대에 히스타민이 뇌 속의 신경세포에도 들어 있는 것이 확인되었고, 최종적으로 1960년대에 신경전달물질로 인정받았다.

제4-4단계—아세틸콜린과 부교감신경 수용체

부신에서 유래한 여러 물질 속에 콜린이라는 물질이 포함된 것이 알려지면서, 콜린 또는 그 유사 물질이 생리적 작용을 할 것이라는 합리적 추론이 가능해졌다. 아니나 다를까, 1906년에 미국의 약리학자 헌트Reid Hunt, 1870-1948가 부신에서 추출된 아드레날린이 혈압을 상승시키며, 그 반대로 콜린 관련 물질은 혈압을 떨어뜨린다는 사실을 관찰해냈다. 이러한 콜린 관련 물질의 작용은 아트로핀에 의해 차단되었다.

헌트는 콜린 관련 물질을 여러 종류 합성하던 중 아세틸콜린에 주목했다. 아세틸콜린의 혈압 강하 효과는 콜린의 10만 배에 이를 정도로 강력했다. 이렇게 강한 효과를 보이는 물질이라면 소량으로도 중요한 작용을 할 수 있을 것이기 때문에 신체 내에서 생리작용을 할 가능성도 높았다. 하지만 한동안 신체 내에 자연적으로 존재하는 아세틸콜린은 발견되지 않았다.

데일의 업적 중 그를 가장 유명하게 만든 것이 바로 아세틸콜린

의 발견이다. 그는 에르고트를 대상으로 한 실험에서도, 일부 에르고
트가 부교감신경 활성 시 나타나는 생리적 작용과 유사한 현상을 일
으킨다는 사실을 발견했다. 즉, 혈압과 맥박을 떨어뜨리고 동공을 수
축시키는 작용을 하는 것이다. 처음에 데일은 이 물질이 독버섯에서
발견된 무스카린muscarine일 것으로 의심했다. 그러나 1913년경, 부
교감신경 기능을 항진시키는 이 물질은 무스카린이 아니라 아세틸
콜린임이 확인되었다. 무스카린도 부교감신경 수용체에 작용하지만,
에르고트에서 관찰된 물질은 아세틸콜린이었다.

데일은 계속해서 아세틸콜린과 무스카린의 작용을 비교하는 실
험을 해나갔다. 그리고 이 둘이 매우 유사한 생리작용을 갖고 있으며
대부분 같은 신체기관에 작동함을 알아냈다. 한 가지 중요 차이점은
신경-근육 접합부에서 나타났다. 이곳에서는 유일하게 아세틸콜린
만이 근육을 수축시킬 수 있었다. 즉, 신경-근육 접합부에서 아세틸
콜린은 니코틴과 같은 작용을 하는 것이다. 동일한 물질이라도 신경
계 내 분비 위치와 수용체 종류에 따라 전혀 다른 반응을 나타낼 수
있음을 보여주는 사례였다.

아세틸콜린과 니코틴은 모두 쿠라레에 의해 작용이 차단되었다.
한편, 부교감신경계에서 무스카린의 작용은 쿠라레가 아니라 아트로
핀에 의해서 차단되었다. 이를 통해 데일은 아트로핀이나 쿠라레 모
두 아세틸콜린 수용체를 차단한다고 결론지었다. 결국 아세틸콜린
수용체는 니코틴 수용체와 무스카린 수용체, 두 종류로 정리되었다
(그림 11). 이 과정을 통해 아세틸콜린은 수용체를 통해 작동하는 신경
전달물질로 인정받게 되었다. 요약하면, 신경-근육 접합부와 교감신
경, 부교감신경을 포함하는 자율신경의 신경절, 그리고 부신에서 모

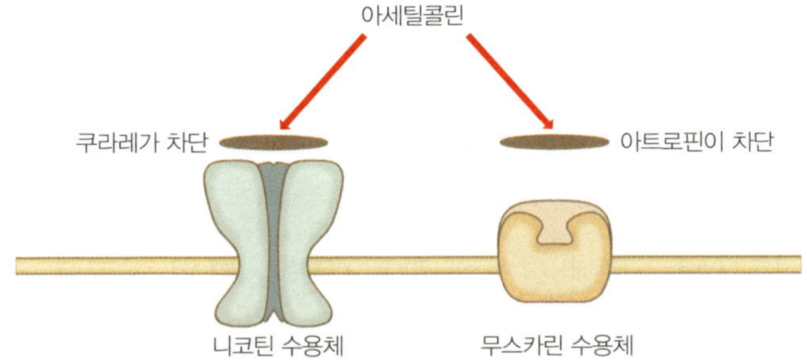

그림 11 | 아세틸콜린 수용체인 니코틴 수용체와 무스카린 수용체 아세틸콜린 수용체는 니코틴 수용체와 무스카린 수용체가 있으며, 아세틸콜린은 이 두 수용체에 다 결합하여 기능을 수행한다. 그러나 니코틴은 니코틴 수용체에만 결합할 수 있고 무스카린은 무스카린 수용체에만 작용한다. 니코틴 수용체에서 아세틸콜린의 작용은 쿠라레에 의해 차단되며, 무스카린 수용체에서 아세틸콜린의 작용은 아트로핀에 의해 차단된다.

두 아세틸콜린이 신경전달물질로 작용한다는 것이다.

하지만 최종적으로 아세틸콜린이 신경전달물질로 인정받기 위해서는, 실제 조직 내에서 그 존재가 증명되어야 했다. 그렇지만 신경세포 말단에서 분비되는 아세틸콜린 양은 매우 적고, 이마저도 효소에 의해 바로 분해되므로 이 증명은 예상외로 힘들었다. 1929년에 이르러서야 문제가 해결되었다. 데일과 화학자 더들리Harold Dudley, 1887-1935는 도살장을 방문해 방금 도살된 신선한 소의 조직을 얻어서 분석했다. 그리고 32킬로그램의 조직 중에서 0.33그램의 아세틸콜린을 분리해내는 데 성공했다. 비록 소량이고 신경계와의 관계는 알 수 없지만, 어쨌든 체내에 아세틸콜린이 존재한다는 사실만큼은 의문의 여지가 없게 되었다.

지금까지 4단계 연구 결과로 다양한 화학적 신경전달물질이 자율신경계의 신호 전달에 사용되는 것을 확인해보았다. 이제 남은 과제는 뇌와 척수 등 중추신경계에서 신경전달물질이 어떻게 신호를 전달하는지 밝히는 것이다.

제5단계—중추신경계에도 시냅스 간의 연결은 화학 전달 방식인가

1936년, 노벨상 시상식 연설에서 데일은 중추신경계에서도 말초신경계와 같이 화학적 신경전달이 이루어지고 있을 가능성을 언급했다. 하지만 앞선 고초가 점지하듯이 이를 중추신경계에서 증명하기란 여간 어려운 일이 아니었다. 여전히 말초신경과 달리 중추신경의 시냅스 간에는 화학적 전달이 아니라 전기적 전달이 일어난다고 믿는 사람이 많았다. 이런 의견의 대표 주자는 호주의 저명한 신경생리학자 에클스John Eccles, 1903–1997였다. 1930년대에서 1940년대에 주요 학회에서 전기적 전달을 주장하는 직설적인 에클스와 화학적 전달을 옹호하는 점잖은 데일 간의 논쟁은 일상사였다. 학회장에서 늘 논쟁을 이어가는 두 사람은 실제 친한 친구 사이였고, 편지도 자주 교환하며 실험 결과도 공유했다. 아이러니하게도 1952년, 전기적 전달의 옹호자인 에클스의 실험이 중추신경계에서의 화학적 전달을 증명했다.

1950년, 에클스는 직경 0.5마이크로미터의 가느다란 피펫을 이용해 신경세포 내부의 전기적 변화를 기록하는 데 성공했다. 그는 셰링턴이 밝힌 근육방추에서 척수의 운동신경세포로 이어지는 경로를 대상으로 실험을 진행했다. 근육방추에서 오는 감각신경이 척수의 운동신경세포와 맺는 시냅스를 연구한 것이었다. 예상대로라면 감각 신경을 자극했을 때 운동 신경세포에서 바로 활동전위가 나타나야 했다. 그러나 실제로는 활동전위 대신 세포막 전위가 양(+)의 방향으로 약간 이동하는 변화만이 관찰되었다. 감각신경을 더 강하게 자극해 여러 신호가 합쳐져 특정 임계치(역치)를 넘어야만 활동전위가 발생했다. 활동전위에 앞서 나타나는 이 미세한 양전위 변화를 '흥분성 시냅스 후 전위Excitatory Postsynaptic Potential, EPSP'라 한다. 즉, 하나의 EPSP만으로는 활동전위를 유발할 수 없고, 여러 개가 중첩되어야 비로소 발생하는 것이었다(역치를 넘어야 활동전위가 발생하며, 이는 역시 전부 아니면 전무 원칙을 따른다. 제8장 참조).

이어서 1952년, 에클스는 같은 방법으로 실험하되 이번에는 해당 운동신경세포가 작동하는 근육방추의 감각신경이 아니라 상호 억제 관계에 있는 신경을 자극했다. 무릎반사처럼 무릎이 펴지는 반사가 일어나려면 다리 앞쪽의 근육은 수축하면서 다리 뒤쪽의 근육은 억제(이완)되어야 한다. 그는 다리 뒤쪽 근육으로 가는 운동신경세포의 전위를, 다리 앞쪽 근육방추 감각신경을 자극하면서 기록했다. 원래라면 억제된 근육은 수축하지 않으므로 아무런 전위 변화도 나타나지 않아야 했다. 그런데 관찰 결과, EPSP와 반대 방향인 음(-)의 전위 변화가 기록되었다. '억제성 시냅스 후 전위Inhibitory Postsynaptic Potential, IPSP'(감각신경의 자극에 의해 음의 방향으로 일어나는 전위 변화)를 보인 것이었다. 즉, 단순히 신호가 없어서 수축하지 않는 것이 아니라, 실제로는 근육 수축을 막는 억제성 신호가 적극적으로 전달되고 있던 것이었다. 이는 한 근육이 상황에 따라 흥분성 신호와 억제성 신호를 따로 받을 수 있음을 의미했다.

만약 시냅스가 전기적으로만 작동한다면 단순히 신호의 유무만 결정 가능하며, EPSP와 IPSP 같은 반대 방향의 전위 변화를 설명할 수 없었다. 따라서 이러한 현상은 오직 화학적 신경전달로만 이해할 수 있었다. 이 실험 결과를 보고 에클스도 끝내 자신의 신념을 접고 화학적 신경전달 이론을 받아들였다. 이렇게 중추신경계인 척수에서도 신경 간 신호가 화학물질을 통해 전달된다는 사실이 확인되었다.

제6단계—대뇌 속의 신경전달물질에는 어떤 것이 있는가

대뇌 신경전달물질 중 하나인 세로토닌serotonin은 이탈리아의 저명한 약리학자 에르스파메르Vittorio Erspamer, 1909-1999가 처음 발견했다. 그는 세로토닌과 옥토파민octopamine(교감신경 흥분성 아민), 그리고 여러 펩타이드 호르몬을 발견하고 기능을 규명하는 공로를 쌓았다. 장의 평활근에 작용하는 물질을 찾고 있던 에르스파메르는 여러 동물의 장 조직을 이용해 실험을 진행했다. 이 과정에서 특정 물질이 방출되는 것을 확인했는데, 이 물질은 장의 평활근을 수축시키는 작용을 하고 있었다. 이런 이유에서 이 물질에 엔테라민enteramine('ente'는 '장, 기관'이라는 뜻이다)이라는 이름을 붙였다. 이것이 사실 세로토닌이었다.

이후 미국의 신경생리학자 페이지Irvine Page, 1901-1991와 트와로그Betty Twarog, 1927-2013는 다양한 동물의 뇌 조직을 분석해 세로토닌의 존재 여부를 관찰했다. 그리고 1953년에 뇌 여러 부위에 세로토닌이 분포하고 있음을 확인했고, 특정 뇌 영역에는 더 높은 농도로 분포한다는 사실도 알아냈다. 특히 뇌간 영역에 가장 높은 농도로 존재하고 있었다. 물질이 뇌에 분포한다는 사실이 곧 신경전달물질임을 증명하는 것은 아니지만, 이 발견은 세로토닌이 중추신경계에서 신경전달물질로 작용할 수 있다는 가능성을 열어주었다.

스웨덴의 약리학자 칼손Arvid Carlsson, 1923-2018은 1950년대 후반에 도파민이 자체적으로 중요한 신경전달물질임을 입증했다. 당시에는 도파민이 단지 노르에피네프린norepinephrine의 전 단계 물질에 불과하며, 그 자체로는 중요한 역할을 하지 않는다고 여겨지고 있었다. 칼손은 도파민의 독립적인 기능을 확인하고자 토끼를 실험 모델로 한 실험을 진행했다. 우선 시냅스에서 모노아민을 고갈시키는 레세르핀이라는 약물을 사용해 동물의 뇌에서 도파민과 노르에피네프린을 고갈시켰다. 레세르핀으로 이 물질이 시냅스에서 사라진 동물은 움직임이 둔화되고 무기력해지면서, 마치 파킨슨병과 유사한 경과를 보였다. 이때 칼손은 이 동물에게 도파민의 전구체인 엘도파L-dopa를 투여해 도파민 수치를 회복시킨 뒤 동물의 행동 변화를 관찰했다. 그리고 여기에서 엘도파를 투여한 동물이 정상적인 운동 기능을 회복하는 것을 확인했다. 이는 도파민이 개별적인 신경전달물질로서 중요한 역할을 한다는 것을 강력히 시사하는 소견이었다(제10장).

이렇게 신경세포 간의 화학적 전달을 입증하는 과정을 살펴보았다. 이러한 발견은 단순히 신경세포 간의 정보 교환 방식을 규명하는 것을 뛰어넘어, 현재까지 계속되고 있는 신경계 질환의 원인과 치료 방법 탐색에 결정적인 전기를 마련했다. 신경전달물질의 발견으

로 하여금 우리는 기억, 감정, 운동 등 다양한 뇌 기능의 작동법도 알
게 되었다. 이는 신경과학 분야 전체의 비약적인 발전을 이끌었다.

뇌 신경전달물질의 종류

중요 뇌 신경전달물질을 정리하면 다음과 같다.

이름	한마디로 표현하면	작용
아드레날린 adrenaline	싸움	스트레스 상황에서 작동, 맥박을 올리고 근육에 혈류를 증가시키며, 주위 경계 반응을 높인다.
노르아드레날린 noradrenalin	집중	집중과 대처, 대뇌 혈류 증가.
도파민 dopamine	즐거움	행복, 중독, 동기 부여.
세로토닌 serotonin	행복	만족과 행복, 수면 주기 유지, 소화기관 작동 조절.
가바 GABA	침착	신경 억제 전달물질, 고농도는 집중력 증가, 저하는 불안 유발.
아세틸콜린 acetylcholine	학습	여러 자율신경계 전달물질로 작용하는 이외에도 학습과 기억에 관여.
글루타메이트 glutamate	기억	가장 많은 신경전달물질, 기억과 학습에 중요, 새로운 신경 연결에도 필수.
엔도르핀 endorphin	황홀	운동 중이나 성 활동 중, 통증을 느낄 때 분비.

B R A I N

H U M A N S

3

뇌와 인간을 계발하다

오늘날의 성과와 미래로
이어지는 뇌 연구의 여정

10

마침내 정신 질환을 발견하다

발작과 마비의 비밀

> "인체를 열심히 해부하고 들여다보는 사람은
> 최소한 의심하는 법을 배운 사람이다.
> 이를 무시하는 사람은 의심하는 법조차 모르는 사람이다."
>
> **조반니 모르가니** Giovanni Battista Morgagni, 1682-1771

> "환자의 증상은 고통받는 기관의 울부짖음이다."
>
> **장 마르탱 샤르코** Jean-Martin Charcot, 1825-1893

> "정신병은 생물학적 질환이다."
>
> **에밀 크레펠린** Emil Kraepelin, 1856-1926

질병에 대한 관점 변화

18세기 계몽기에 들어서면서 중세를 지배하던 종교적 질병관이 마침내 바뀌게 된다. 여기에 중요한 역할을 한 사람이 바로 모르가니Giovanni Battista Morgagni, 1682–1771다(그림 1).

이탈리아의 위대한 해부학자 발살바Antonio Valsalva, 1666–1723 밑에서 수학한 모르가니는 1705년에 '좌불안석인 사람들의 아카데미Academy of Restless Persons'라는 특이한 이름의 학회 회장으로 선출되었다. 이 학회는 이름이 말해주는 것처럼 기존의 질병과 의학에 대한 고정관념에 의문을 품고 새로운 과학적 방법을 찾고자 하는 사람들의 모임이었다. 모르가니는 1706년부터 필생의 업적인《해부에 대한 글Anatomical Writings》집필을 시작했다. 총 다섯 권에 이르는 방대한 저작물을 통해 모르가니는 1712년에 이탈리아에서 최고로 인정받는 파도바대학교의 해부학 교수로 지명되었다. 그의 명성은 파도바대학교를 유럽 각지에서 학생이 가장 많이 모여드는 장소로

그림 1 | 모르가니의 초상

만들었다.

　모르가니는 해부학자인 동시에 훌륭한 의사로서 끊임없이 환자의 증상을 기록했다. 환자 사후에는 생전의 증상과 부검 소견을 비교하는 것을 잊지 않았다. 그는 기존 학설에 얽매이지 않고 환자의 증상을 해부학적으로 분류하고 기술했다. 기존의 체액설이나 종교적 관점을 모두 버리고, 각 인체 기관의 손상이 각종 질병의 원인임을 천명했다. 지금은 당연해 보이지만 18세기 당시에는 매우 과격하면서도 새로운 이론 취급을 받았다.

　79세가 되던 해, 모르가니는 20년간 동료와 주고받은 방대한 서신을 토대로《좌석De sedibus》이라는 또 하나의 기념비적 저술을 출간했다. 쉴 없이 진료, 연구, 강의를 진행한 모르가니였지만《해부에 대한 글》출간 이후 특별한 저작 활동을 하지 않았기에 서신 교환이

　　　　　　　　　　　　　　　　　　　　　　두뇌 인류

없었다면 이 위대한 책은 출간되지 못했을 것이다. 이 책은 모르가니가 직접 치료한 환자 700명에 대한 방대한 기록이다. 모르가니가 직접 수행한 640가지 증례의 부검 분석과 함께 스위스의 해부학자 보넷Théophile Bonet, 1620-1689이 수행한 3,000명 이상의 부검 기록과 해설이 들어 있다. 그는 이를 종합해 질병의 진단, 예후, 치료는 각 기관의 병리 소견에 의해 결정된다고 주장했다. 그래서 책의 배열도 기관별로 구성했다. 뇌 질환을 다룬 첫 장에는 뇌성마비, 뇌종양, 뇌수종, 뇌졸중에 대한 상세한 설명이 담겼다.

비록 완전히 새로운 사실은 아니었지만, 질병이 뇌, 폐, 심장 등 특정 기관에 국한되어 발병할 수 있다는 점을 분명히 한 것은 획기적인 성과였다. 부검과 해부 역시 이 맥락에서 강조되었다. 모르가니의 작업으로 질병을 바라보는 시각은 근본적으로 바뀌었다. 기관 병리학의 확립을 통해 보다 효과적인 진단과 치료의 길이 열렸다.

히스테리의 시대, 신경증의 정의

질병에 대한 관점이 변하면서 일반 대중도 점차 의사를 신뢰하고 방문하는 일이 늘어났다. 흥미롭게도 이때 가장 유행한 신경정신계 질환이 히스테리와 건강 염려증이었다. 《의학 관찰Medical Observations》이라는 교과서로 큰 명성을 얻은 영국의 의사 시드남Thomas Sydenham, 1624-1689의 추정에 따르면, 17세기에 건강 염려증을 포함한 히스테리는 전체 질병 중 6분의 1을 차지했다. 그리고 한 세기 가까이 지난 후에는 이 숫자가 더 늘어났다. 정신과 의사의 원조로 인정받는 체인George Cheyne, 1672-1743은 영국인의 3분이 1이 이 병을 갖고 있다고 주장했다. 이러한 폭발적 유행은 아마도 히스테리의 전염성과 관련이 있었을 것이다(지식 상자 10-1).

처음에 히스테리는 자궁의 불규칙한 움직임으로 인해 발생하는 병으로 간주되었다. '히스테리'라는 말 자체가 자궁을 뜻하는 그리스어 '히스테라hystera'에서 유래한 것이다. 이 용어를 처음 사용한 사람은 히포크라테스였다. 그는 히스테리의 주요 증상을 과도한 흥분, 이치에 맞지 않는 말, 마비 또는 경련 등으로 설명했고, 자궁의 불규칙한 움직임은 체액의 불균형 때문에 일어난다고 보았다(제1장). 17세기에 이르러 이러한 체액설은 힘을 잃었고, 신경계의 구조가 하나둘 밝혀지며 건강에 미치는 신경계의 영향이 강조되었다.

실제 체인은 우울증과 알코올 중독에 빠지며 건강이 망가진 사람이었다. 그는 자신의 상황을 솔직하게 논문이나 저서에 소개했다. 그리고 스트레스 또는 절제되지 않은 방종한 도시 생활로 인한 신경계의 문제로 불안, 우울증, 히스테리가 생길 수 있다고 주장했다. 1733년에 출간된《영국병English Malady》이라는 책에서 이를 '부서진 신경shattered nerve'이라고 통칭하며 센세이션을 일으켰다. 체인의 주장은 신경계 이상이 몸과 마음 모두에 영향을 미친다는 점을 강조했다는 데 큰 의의가 있다. 이후로 '신경'이라는 말 자체가 불안이나 정신적 초조함을 시사하는 표현으로 사용되었다.

다소 모호하던 이 개념은 에든버러의 교수 컬런William Cullen, 1710-1790에 의해 세련되게 정리되었다. 그는 우리 몸의 생리적 현상을 지배하는 것이 신경이며, 신경 에너지가 삶의 정수라고 생각했다. 그리고 신경 에너지의 부족 또는 과잉이 많은 질병의 원인이라고 주

　　　　　　　　　　　　　　　두뇌 인류

장했다. 이런 생각을 토대로 1769년에 질병의 새로운 분류를 제안했고, 여기에서 처음으로 신경계의 부조화로 나타나는 질병을 일컬어 '신경증neurosis'이라는 말을 사용했다. 단, 컬런의 신경증은 현대에서 이야기하는 신경증보다 광범위한 질환을 포함했다. 뇌졸중, 불수의 운동, 경련, 그리고 조증이나 우울증, 광기가 모두 포함되었다. 그는 이 중에서 조울증manic depression과 광기에 특별한 관심을 가졌다. 컬런의 이론은 뒤이어 정신과의 탄생으로 이어진다.

샤르코의 등장과 새로운 신경계 질환의 발견

19세기 초반에 신경학을 하나의 학문 분야로 확고하게 자리매김한 인물이 등장한다. 바로 샤르코Jean-Martin Charcot, 1825~1893다(그림 2). 마차 제조업자의 네 아들 중 둘째로 태어난 샤르코는 어려운 집안 사정으로 인해 형제 중 단 한 사람만이 공부할 수 있는 상황이었다. 다행히 큰아들이 가업을 잇고, 동생 둘이 군대에 가면서 샤르코가 학업을 이어갈 수 있었다. 그는 1852년에 의사 수련을 마치고 이후 10년 간 파리의 여러 병원에서 일했다. 의사로서 재능이 뛰어났던 샤르코에게는 화가에 필적하는 예술 감각도 있었다. 이 재능은 나중에 환자의 상태를 기술하고 표현하는 데 크게 기여한다.

샤르코가 일한 병원 중에는 피티에-살페트리에르 병원Pitié-Salpêtrière Hospital이 있었다(그림 3). 원래 화약공장으로 운영되던 건물을 루이 14세의 칙령으로 빈민을 위한 보호소로 바꾼 것이었지만, 시간이 흐르며 점차 정신 질환자들이 모이는 곳으로 변해갔다. 샤

그림 2 | 샤르코의 초상

르코가 태어나기도 전인 1793년, 정신과 의사의 원조 중 한 명인 피넬Philippe Pinel, 1745~1826이 이곳에서 인도적 접근법을 시행해 크게 유명해졌다. 그는 묶인 채로 수용되어 있던 환자 일부를 사슬에서 해방하고, 보다 인간적인 치료법을 시행했다. 이윽고 19세기 초반에는 유럽에서 가장 큰 정신 질환자 수용소가 되었다. 무려 45개의 건물에 8,000명의 환자가 머물렀다고 한다.

피넬의 인간적인 치료법은 다른 나라로도 퍼져나갔고, 마침내 1808년에 독일의 의사 라일Johann Christian Reil, 1759~1813이 '정신과psychiatry'라는 표현을 공표했다. 이는 그리스어로 '마음'과 '영혼'을 뜻하는 '사이키psyche'와 '치료하다'를 뜻하는 '이아테리아iatreia'를 합친 것으로, 정신 질환도 치료를 위해 노력해야 한다는 뜻을 담은 것이

그림 3 | 피티에-살페트리에르 병원의 연례 동창회(1926)

었다.

이곳에서 샤르코는 오랜 세월이 지나도 치료되지 않는 각종 정신병에 깊은 인상을 받았다. 그리고 1862년에 점차 부실하게 관리되고 있던 피티에-살페트리에르 병원의 주임 의사로 임명되었다. 샤르코는 이때 동반한 친구 불피앙Alfred Vulpian, 1826-1887과 함께 곧 학계에서 실험 생리와 병리 분야의 '쌍둥이 별자리'라는 칭호를 얻는다. 불피앙은 부임 후 5년 뒤 병원을 떠났지만, 샤르코는 계속 남아 환자들을 새로 분류하고 재배치하면서 특징을 기록해나갔다. 그리고 점차 업적을 인정받아 세계에서 가장 위대한 신경계 의사로 불리게 되었다. 특히, 작은 체구에 큰 머리, 그리고 넘치는 카리스마로 피티에-살페트리에르 병원의 나폴레옹Napoléon Bonaparte, 1769-1821이라는 별

명도 얻었다.

　피티에-살페트리에르 병원에는 정신 질환자도 흔했지만 마비, 경련, 발작으로 입원한 환자가 더 많았다. 샤르코의 관심을 끈 것은 바로 이 환자들이었다. 그는 이곳이 새로운 신경계 질환을 찾는 보고가 될 것이라고 확신했다. 그는 이 환자들을 상대로 세세한 신경학적 검진을 시행했고, 환자가 사망할 때까지 그 변화를 기록해나갔다. 더불어 불피앙은 사망한 환자의 뇌 조직을 검사할 수 있는 병리실험실을 만들었다. 처음에는 뇌 조직에 몇 가지 간단한 염색을 하는 수준이었으나, 얼마 지나지 않아 온갖 질병의 뇌 병리 조직을 보유한 거대 병리박물관이 되었다.

　두 사람의 목적은 환자의 증상과 이러한 증상을 일으키는 질병의 해부 생리학적 변화의 연관성을 살피는 것이었다. 샤르코는 회진 때 환자의 상태를 대략적으로 확인하는 데 그치지 않고, 병력을 꼼꼼히 검토한 뒤 진찰실로 불러 철저한 신경학적 검진을 시행했다. 또, 검진 내용을 기록하는 동시에 그림 또는 사진으로 중요한 소견을 남겼다. 다른 질환이 비슷한 증상을 유발할 수 있으므로 임상 관찰을 자세히 기록하지 않으면 놓칠 수도 있다고 생각한 것이었다.

　샤르코가 이룩한 업적 가운데 특히 눈에 띄는 것은 1868년의 다발 경화증에 대한 기술이다(지식 상자 5-1). 이 질환은 14세기 네덜란드의 성녀 리드위나Ludwina of Sciedam의 이야기로부터 알려졌다. 리드위나는 15세에 겪은 빙판 사고 후 마비, 운동실조(지식 상자 10-2), 시각 손상을 겪게 되었다. 이 증상은 이후 37년간 완화와 악화를 반복했다. 리드위나는 완화 과정을 신의 은총으로 해석해 일생을 다른 사람들의 질병을 치료하며 봉사했다고 한다. 리드위나 이후로도 유사한 증상에 대한 보고가 여러 차례 있었지만 다른 병과 혼동되는 경우가 많았다. 이 질환에 대한 구체적인 이해가 이뤄지지 않은 시기였다.

샤르코는 피티에-살페트리에르 병원에서 수년에 걸쳐 하반신 마비가 진행되는 세 명의 환자와, 보행 장애와 독특한 떨림 증상을 지닌 청소부 여성을 만났다. 특히, 청소부 여성의 증상에 관심이 많아, 개인 청소부로 특별 고용해 증상을 면밀히 관찰했다고 한다. 처음에는 파킨슨병으로 생각했으나, 1866년에 환자가 사망한 뒤 부검을 실시하고는 생각을 바꾸었다. 파킨슨병과 달리 대뇌 백질에 다수의 단단한 플라크가 섬처럼 흩어져 있었기 때문이었다(그림 4).

샤르코의 박사 지도 학생이었던 오르덴슈타인Leopold Ordenstein, 1835~1902은 안정 시 떨림resting tremor(아무것도 안 하고 가만히 있을 때 떨리는 현상)과 의도 떨림intentional tremor(정확한 목표 지점에 가까이 갈수록 떨리는 현상)은 다른 것임을 밝혔다. 파킨슨병에서는 안정 시 떨림이 나타나지만, 의도 떨림은 부검에서 관찰되는 플라크와 관련이 있다는 사실을

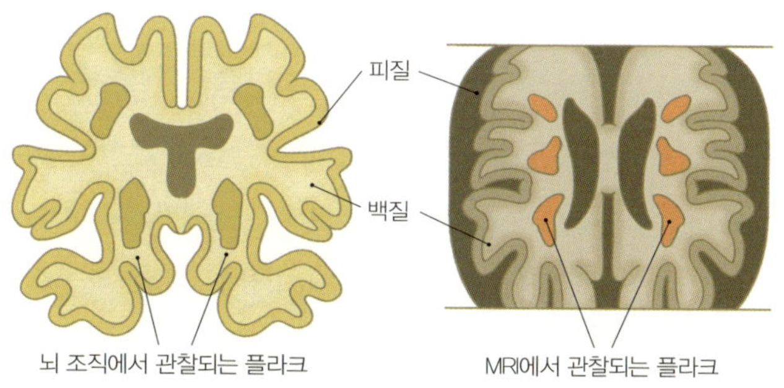

그림 4 | 다발 경화증의 플라크(병리와 MRI) 다발 경화증은 중추신경계를 침범하는 만성 자가면역 질환이다. 면역 체계의 오작동으로 자기 신체의 정상적인 조직인 중추신경계의 수초를 공격한다. 이에 따라 수초에 손상과 염증 반응이 나타난다. 수초의 파괴로 신경섬유가 있어야 할 자리에 흉터, 플라크가 생기게 되는데, 이 현상을 경화라고 부른다. 플라크는 피질이 아닌 백질에 위치한다.

규명한 것이었다(그러나 모든 의도 떨림의 원인이 플라크는 아니다. 가장 흔한 경우는 체질적으로 특정 나이가 되면 떨리는 원발성 진전이다. 특히, 세밀한 운동을 할 때나 긴장했을 때 심해진다). 1877년, 샤르코는 플라크가 신경을 감싸고 있는 수초의 이상으로 인해 나타남을 확인했다. 이후 한동안 이 병은 '샤르코병'으로 불리다가, 1955년에 플라크를 강조해 명칭이 '다발 경화증'으로 정해졌다. 딱딱한 플라크가 발생하는 것을 '경화'라고 표현한 것이다.

안정 시 떨림을 주 증상으로 하는 진전 마비paralysis agitans(지식 상자 10-3)라고 불린 파킨슨병은 1817년, 영국의 외과 의사이자 약제상, 지질학자, 고생물학자로 활동한 파킨슨James Parkinson, 1755-1824에 의해 처음으로 기술되었다. 하지만 이 질환의 다양한 증상을 자세히 묘사한 사람은 샤르코다. 샤르코는 파킨슨병 환자에게 오는 행동 둔화와 근육 강직을 관찰했다. 얼굴이 무표정해지고, 자세가 불안정해지는 증상도 같이 확인했다. 특징적으로 엄지와 검지를 마주 본 채 서로 반대 방향으로 떨기도 했는데, 그 모습이 마치 손가락으로 알약을 빚는 모습과 비슷하다 하여 '알약 빚기 떨림pill rolling tremor'이라 불렀다.

샤르코는 처음에 붙인 진전 마비라는 이름으로는 이 질환의 다양한 증상을 표현하기 부족하다고 느껴 이름을 '파킨슨병'으로 바꾸었다. 그리고 파킨슨병 환자에게 초기에 적용된 피를 뽑는 사혈 치료 대신 다양한 약물 치료를 시도했다. 여기서 놀랍게도 항콜린 작용을 가진 스코폴라민scopolamine이 증상 개선에 효과가 있음을 밝혀냈다. 샤르코는 진정 효과를 기대하고 환자에게 투여한 것이었으나, 진정 여부와 관계없이 일부 증상이 개선되는 사실을 확인했다. 지금도 파킨슨병에 일부 항콜린 약물이 사용된다. 참고로, 스코폴라민은 '진실의 약truth serum'으로도 알려져 있다. 스코폴라민은 고위 억제 기능을 약화시켜 거짓말을 어렵게 만들고, 신문 경험 자체를 잊게 만들기도 한다.

또한 샤르코는 파킨슨병 환자들이 기차나 마차 여행처럼 흔들리는 환경에 장시간 노출되면 일시적으로 증상이 호전되는 것을 보고, 실내에서 이러한 진동 환경을 재현할 수 있는 특수 기구를 개발하기도 했다.

그 밖의 신경계 질환: 루게릭, 투레트, 히스테리

1860년, 샤르코는 환자의 증상과 신경해부학적 변화를 비교하는 방법을 통해 근위축성 측삭 경화증Amyotrophic Lateral Sclerosis, ALS을 발견했다. 이 병은 훗날 뉴욕 양키스의 전설적인 타자 루 게릭Lou Gehrig, 1903-1941이 앓던 병으로 알려지며 '루게릭병'으로도 불린다.

여러 환자를 관찰하던 샤르코는 근육이 위축되는 동시에 경직되는 특이한 경우를 관찰했다. 보통 이 두 증상은 함께 나타나지 않는다. 말초신경 또는 말초신경이 기원하는 척수의 전각 세포가 손상되면 근육이 점점 가늘어지고 힘이 빠지는 위축이 생기고, 반대로 말초신경은 살아 있지만 상위 신경이 망가지면 상위 신경의 억제 기능이 사라져 경직이 나타난다. 그런데 루게릭병 환자들은 이 두 가지 증상이 동시에 나타났다(그림 5).

샤르코는 이들의 부검에서 척수의 전각 세포와 이보다 상위에

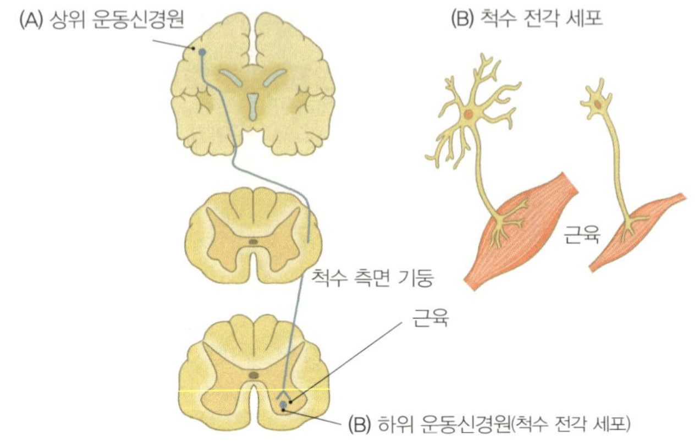

그림 5 | 근위측성 측삭 경화증의 발병 기전 근위축성 측삭 경화증에서는 (A) 상위 운동신경원과 (B) 하위 운동신경원이 동시에 망가진다. (A) (B)의 손상에 따라 근육의 위축과 강직이 진행하면서 점차 힘이 빠지게 된다. (A)와 척수 측면 기둥의 손상은 강직을 초래하고, (B)의 손상은 근육의 위축을 가져온다. 따라서 강직과 위축이 동시에 나타난다.

있는 척수의 측면 기둥lateral column이 같이 퇴화한 것을 관찰했다. 운동 명령을 내리는 신경(상위 신경)과 그 명령을 실제로 수행하는 신경(하위 신경)이 동시에 손상되었음을 규명한 것이었다. 루게릭병 환자는 보통 2, 3년 안에 급격히 진행되어 사망하게 되며, 드물게 호킹Stephen Hawking, 1942–2018처럼 오래 살기도 한다.

1884년에는 투레트Georges Gilles de la Tourette, 1857–1904가 샤르코의 제자로 들어왔다(그림 6). 최면요법과 같은 새로운 치료법을 적극적으로 도입하며 두각을 나타내던 투레트는 얼마 지나지 않아 샤르코가 가장 총애하는 제자가 되었다. 그러던 어느 날, 샤르코는 미국에 갑작스러운 소리 자극을 받으면 괴상한 소리를 지르며 뛰어오르는 프랑스 혈통 환자가 있다는 보고를 접한다. 프랑스 혈통이라면 당연히 프랑스에도 같은 환자가 있을 것으로 확신한 샤르코는 투레트에게 이

그림 6 | 투레트의 초상

런 환자들을 찾도록 했다. 샤르코의 예측대로 투레트는 1년 만에 얼굴을 찌푸리면서 이상한 소리를 지르거나 기괴한 동작을 하는 환자 아홉 명을 찾아냈다. 이 질환은 성대에도 증상이 나타나 소리를 지르는 심한 틱의 일종이었다. 투레트는 이 증례들을 정리해 1885년에 출판했고, 샤르코는 이 병에 '투레트 증후군Tourette Syndrome'이라는 이름을 붙였다. 투레트 증후군은 1884년에 사망한 한 프랑스 귀족 여성이 앓으면서 더 유명해졌다. 그녀의 이야기는 작가 프루스트Marcel Proust, 1871–1922의 소설《잃어버린 시간을 찾아서》에도 등장한다.

참고로, 투레트의 인생도 여느 소설처럼 드라마틱했다. 1893년, 투레트는 그가 동의 없이 자신에게 최면을 걸어 인생을 망쳤다고 믿는 한 여자 환자에게 총격을 받았다. 투레트는 총격에서 살아남았지

만 이후 극심한 우울증을 앓았고, 결국 1904년에 3기 매독으로 사망
했다. 나중에 투레트에게 총을 쏜 환자는 조현병 schizophrenia(과거 '정신
분열증')을 앓은 것으로 밝혀졌다.

한편, 샤르코는 젊은 시절 피티에-살페트리에르 병원에서 뇌전
증 환자를 관리한 적이 있었다. 대부분은 진짜 뇌전증 환자들이었으
나 샤르코는 일부 히스테리 환자들이 뇌전증 발작과 유사한 현상을
보이는 것에 관심을 가졌다. 히스테리 환자들은 곧 샤르코의 손을 떠
나 정신 질환 위주로 담당하는 의사 손에 맡겨졌으나, 1870년부터
순전히 관리 차원에서 샤르코의 병동으로 재배치되었다. 이때부터
샤르코는 경력 후반부의 최우선 과제로 히스테리를 삼았다.

18세기까지도 히스테리는 자궁의 움직임 때문에 생긴다는 히포
크라테스의 설명을 대체로 믿는 분위기였다. 18세기 초반, 체인이 모
든 영국인의 3분이 1이 이 병을 갖고 있다고 주장하고, 일부 연구자
가 히스테리 증상이 남자에게도 나타날 수 있음을 보고했지만 믿음
은 변하지 않았다. 당시 의사들을 가장 당혹스럽게 만든 것은 히스테
리의 괴상하면서도 다양한 증상들이었다. 갑자기 웃거나 울고, 마비
가 오고, 몸 여러 곳에 불수의적 운동이 나타나기도 했다. 일시적으
로 눈이 멀거나, 소리를 듣지 못하고, 수 시간씩 의식이 없는 듯 보이
기도 했다. 손발이 저리거나, 감각이 없어지는 증상도 있었다.

1870년부터 샤르코는 600석 규모의 대강당에서 '화요강연'이라
는 강연을 열고 다양한 신경 질환의 증상을 시연하거나 그림으로 선
보이기 시작했다. 최초의 슬라이드 강의도 여기서 이뤄졌다. 이 강의
에서 가장 인기를 끈 주제는 히스테리였다. 샤르코는 환자를 직접 출
연시켜 히스테리 증상을 보여주었다.

 두뇌 인류

화요강연에서 샤르코의 최면 유도하에 히스테리 환자가 히스테리 발작을 일으키는 모습을 보이는 것이 일상이 되었다. 파리의 무용가와 연기자가 영감을 얻기 위해 모여들었다. 쇼 같은 형태와 성적인 모습 탓에 비난을 받기도 했다.

그중 가장 유명한 환자가 위트만Marie Wittman, 1859~1913이었다. 1877년에 뇌전증 진단을 받고 피티에-살페트리에르 병원에 입원한 위트만은 입원 7일째부터 수 시간씩 지속되는 발작을 보였다. 갑자기 빠르게 움직이다가 몸이 뻣뻣해지고 성적인 동작을 취하기도 하다가 이후 점차 몸을 떨었다. 또, 고개를 위아래로 흔들면서 베개를 때리기도 했다. 모습이 흡사했지만 뇌전증은 아니었다.

1870년대에 이르러 샤르코는 히스테리가 신경계 질환이라는 확신을 갖게 되었다. 원래 소질이 있는 사람이 심한 정신적 트라우마를 경험하면 히스테리가 발현된다고 생각했다. 그러나 얼마 뒤 벌어진 사태는 이런 결론을 의심할 수밖에 없게 만들었다. 히스테리 환자에 대한 관심이 곧 히스테리 환자의 급증으로 이어졌기 때문이다(지식 상자 10-1). 피티에-살페트리에르 병원에서도 1840년대에는 1퍼센트에 불과했던 히스테리 환자 수가 1880년대에는 20퍼센트대로 늘어났다.

이러한 결과는 샤르코가 총애한 제자 바빈스키Joseph Babinski, 1857~1932가 설명한 대로 암시에 약한 히스테리 환자의 특성 때문으로 파악된다. 특정 질환으로 명확히 설명되지 않는 다양한 증상을 가진 환자들이 병원을 방문해 '히스테리'라는 설명을 들으면 히스테리 증상을 보이는 것이다. 놀랍게도 1893년에 샤르코가 사망하자 그의 스타 환자였던 위트만의 히스테리 발작이 갑자기 사라졌다. 이는 히스테리를 신경계 질환으로만 보기 어렵게 만들었다.

그림 7 | 프로이트(아랫줄 가운데)와 그의 동료들

어쨌든 이 화요강연은 국제적인 명성을 얻어 전 세계 많은 의사가 방문하는 행사가 되었다. 그중에는 젊은 프로이트Sigmund Freud, 1856–1939도 있었다(그림 7). 프로이트는 1885년과 1886년에 걸쳐 파리에 머물면서 샤르코 밑에서 수학했는데, 이때 히스테리 환자를 치료하는 샤르코의 최면 요법에 큰 감명을 받았다. 이는 나중에 프로이트의 정신분석학 개념 정립에 영향을 주었다.

신경계 질환의 발견과 분류에 대한 업적을 인정받아 샤르코는 프랑스 정부로부터 20만 프랑의 예산을 지원받았다. 이 기금은 샤르코의 연구와 새 교육 기반을 다지는 데 쓰였다. 1881년에는 파리대학교에 신경계 질환을 전문으로 담당하는 과가 생겼고, 샤르코가 학과장 자리에 앉았다. 바야흐로, 신경과라는 학문과 진료 분야가 정식 탄생하는 순간이었다.

정신 질환의 새로운 분류 체계를 마련한 크레펠린

신경과에 샤르코가 있다면 정신과에는 현대 정신과의 아버지로 불리는 독일의 정신과 의사 크레펠린Emil Kraepelin, 1856-1926이 있다 (그림 8). 크레펠린은 라이프치히 의과대학에서 수학하던 중 실험심리학experimental psychology이라는 분야를 개척하고 자신을 최초의 심리학자라고 칭한 분트Wilhelm Wundt, 1832-1920의 영향을 받아 정신과에 관심을 가졌다. 학생 신분으로 〈급성기 질환이 정신 상태에 미치는 영향〉이라는 논문을 써내 상을 받기도 한 크레펠린은 이후로 한동안 여러 고난을 겪었다. 졸업 후 뮌헨에서 해부학자이자 정신과 의사인 구덴Bernhard von Gudden, 1824-1886과 같이 일하게 된 그는 위험한 정신과 환자를 150명이나 돌보는 과중한 업무를 소화해야 했다. 엎친

그림 8 | 크레펠린의 초상

데 덮친 격으로 왼쪽 눈이 실명되면서 현미경 연구도 어려워졌다. 우여곡절 끝에 라이프치히로 돌아온 크레펠린은 1882년이 되어서야 여러 약물이 뇌에 미치는 영향을 연구할 수 있었다.

크레펠린의 주요 이론은 그가 1883년에 출간한《정신과 개요 Compendium of Psychiatry》에 잘 담겨 있다. 정신 질환도 다른 분야와 마찬가지로 관찰과 실험을 통해 분류 가능한 질환군이라는 것이다. 이 책을 쓸 당시 크레펠린은 뚜렷하게 보장된 미래도 없고, 모아둔 돈도 없으며, 약혼까지 감행해 부양할 가족이 생긴 사면초가의 상황이었다. 이런 어려운 상황에 경제적으로 조금이나마 보탬이 되도록 정신의학 입문에 관한 책을 써보라는 권유를 받아 쓴 책이었다. 돈 때문에 쓴 것으로 사실상 큰 의욕은 없던 셈인데, 이 책이 정신의학 교과서의 초석이 되리라고는 상상도 못 했을 것이다.

실제로 초판에는 특별히 새로운 내용이 없었다. 그러나 집필 과정에서 크레펠린은 당시 학계에 정신 질환과 관련해 정립된 지식이나 진단 체계가 전혀 없다는 사실을 절감했다. 당시의 분류라고 해봐야 '결혼식 날 정신착란' '친구 상실 후 우울증' 등 증상과 관계가 불분명한 사건에 따르거나, 광기나 우울 같은 증상으로 나누는 것이 고작이었다.

이런 상황에서 30세가 된 크레펠린은 뜻밖에도 에스토니아에 있는 한 대학으로부터 교수 자리를 제안받았다. 러시아어나 에스토니아어를 모름에도 크레펠린은 이 자리를 수락했고, 병상을 80개 소유한 정신과 병동을 맡게 되었다. 동시에 정신심리학을 위한 연구 시설도 마련했다. 여기에서 바로《정신과 개요》제2판과 제3판을 저술하며 정신 질환의 새 분류 체계에 초석을 제공했다. 그의 핵심 아이디어는 여러 정신 질환이 유사한 증상을 보일 수 있어 증상만으로는 감별이 불가능하며, 치료 가능성과 경과를 함께 관찰해 분류해야 한다는 것이었다.

1891년, 성과를 인정받아 크레펠린은 독일의 하이델베르크대학교의 교수로 임명되었다. 당시 독일 학계에서 매우 높은 위치에 자리하던 하이델베르크대학교는 첨단 실험실을 갖추고 있었다. 그곳에서 크레펠린은 수백 명의 정신 질환자를 진료할 기회를 얻었다. 크레펠린은 인덱스카드에 환자의 증상과 특징을 자세히 기록한 후 환자를 추적 관찰하여 증상의 변화와 질병의 진행 과정을 추가로 기록했다. 그리고 최종적으로 최초의 진단이 맞았는지를 표시했다. 이 방법으로 크레펠린은 수천 명이 넘는 환자의 정보를 정리했다. 그리하여 증상과 질환을 재정렬하고 각 질병의 특징을 파악할 수 있었다. 크레펠린은 기존의 방법을 '증상적 분류'라고 부르고, 자신의 방법을 '임상적 분류'라고 불렀다. 정신 질환의 새로운 분류법이 나온 순간이었다.

예전부터 망상, 환각, 비체계적인 사고를 보이는 환자에 대한 기술은 있었다. 다만 조현병이라는 질환에 대한 이해는 전혀 없었다. 이런 증상은 여러 질환에서 공통적으로 나타날 수 있다고 간주되어 왔기 때문이다. 하지만 질병을 분류하면서 크레펠린은 이러한 증상이 특정 질환에서 나타날 가능성을 확인했다. 그래서 《정신과 개요》 제4판에서 이 질환을 조기 치매dementia praecox(10대처럼 어린 나이에 발병해 빠른 진행을 보이는 정신의 퇴행), 망상 치매dementia paranoides(정신의 퇴행과 더불어 편집망상이 주된 증상으로 나타나는 현상), 긴장증catatonia(의식이 또렷함에도 주위의 자극에 응답하지 않고 표정, 행동 역시 정지해버린 정신운동성 혼미 상태) 세 종류로 나눠 분류했다. 그리고 1896년에 발간된 제5판에서 이 세 가지를 모두 같은 질환에서 나오는 증상으로 통합해 조기 치매로 명명하고, 네 가지 형태를 제시해 최초로 조현병을 정의했다.

1. 주변 상황에 관심이 없어지면서 서서히 사회와 단절되는 형태
2. 현실과 맞지 않는 사실을 믿고 주위를 계속 의심하는 편집망상
3. 긴장증 상태
4. 지리멸렬한 사고와 급변하는 정동 변화를 동반, 무책임하고 단편적인 행동과 매너리즘을 보이는 파과증hebephrenia 상태

이전까지 정신병psychosis이라는 이름 아래 뭉뚱그려져 있던 조울증과 조현병(당시의 조기 치매)을 나눈 것도 크레펠린이다. 특히, 지난 200년간 별개의 질환으로 생각되어온 조증과 울증melancholia을 하나의 질환으로 설명한 것은 획기적이었다(지식 상자 10-4). 이 이론이 옳았다는 사실은 오늘날에도 조울증이 하나의 질환으로 유지되고 있는 것을 보면 알 수 있다.

크레펠린은《정신과 개요》제6판에서 도덕적 정신 이상으로 죄책감 없이 무자비하게 자신의 이득을 취하는 정신 질환을 처음으로 제시하기도 했다. 이는 최초의 범죄학자로 평가받는 롬브로소Cesare Lombroso, 1836-1909가 기술한 '타고난 범죄자born criminal'에 대한 병리학적 설명에 부합했다. 롬브로소는 범죄인은 격세유전으로 태어나며 신체나 얼굴에 그 특징이 나타난다고 봤다. 비록 이러한 신체적인 특징이나 유전에 대해서는 동의하지 않았지만, 크레펠린이 요즘 연쇄 살인범 같은 사이코패스 범죄자의 특징으로 잘 알려진 정신병적 인격 장애psychopathic personality에 대한 정의를 내린 셈이었다.

참고로, 그리스어로 '찢어진'을 뜻하는 'schiz'와 '마음'을 뜻하는 'phren'을 결합해 '조현병schizophrenia'이라고 명명한 사람은 스위스의 정신의학자 블로일러Eugen Bleuler, 1857-1939다. 이전에 우리나라에서는 조현병을 '찢어진 마음'이라는 어원을 고려해 '정신분열증'이라고 불렀다. 블로일러는 조기 치매가 모두 회복 불가능한 치매로 진행하지 않는다는 점에서 치매와 구분하기 위해 이름을 바꾸었다. 이밖에도 블로일러는 조현병에는 환청과 같은 양성 증상positive symptom(환자에게서만 관찰되는 증상)과 사회적 무감각과 같은 음성 증상negative symptom(정상인에게는 있지만 환자에게는 없어진 증상)이 있다는 사실도 밝혔다.

프로이트와 정신분석학

오스트리아 빈에서 의학을 공부하던 프로이트는 신경학과 신경병리학에 관심을 가졌다. 그러다 1885년에 파리에서 샤르코를 만나 최면요법에 큰 감명을 받았고, 빈으로 돌아와서 바로 자신의 진료에 최면요법을 도입했다. 이렇게 최면요법을 테스트해보던 프로이트는 동료 브로이어Josef Breuer, 1842-1925와 함께 새로운 치료법을 개발했다. 환자의 고통을 완화하기 위해 환자의 마음에 떠오르는 생각, 영상, 감정, 기억, 꿈을 자유롭게 이야기하도록 한 후에 이 정보를 분석했다. 두 사람은 나중에 이 방법을 '자유연상free association'이라고 불렀다. 최면요법은 중도에 포기했다.

이 방법은 점차 효과를 보이기 시작했다. 브로이어의 환자 안나Anna O., 1859-1936가 그 대표 예였다. 안나는 부분적인 마비, 시각 장애, 언어 장애, 환각 등 다양한 증상을 보였다. 환자가 히스테리 질환을 지녔다고 생각한 브로이어는 프로이트와 치료 방법을 논의했다. 치료는 1880년부터 2년간 이어졌다. 그녀의 증상은 과거의 경험을 이야기하며 점차 완화되었다. 안나는 자신에게 적용되는 이 치료를 처음에는 '굴뚝 청소'라고 부르다가 나중에는 '대화 치료talking cure'라고 불렀다. 추후 완성되는 정신분석학에 아주 합당한 명명이었다.

환자를 직접 치료한 것은 아니지만 프로이트는 이 증례에서 깊은 통찰을 얻었다. 프로이트는 환자의 증상이 어렸을 때 경험한 성적 학대에서 비롯되었다고 결론지었다. 이후 두 사람은 과거의 정신적 외상이 현재 증상의 원인이 된다는 이론을 바탕으로 정신분석학의 초석을 마련했다. 같이 《히스테리 연구Studies of Hysteria》라는 책도 발간했다. 성적 원인을 지나치게 강조하는 프로이트로 인해 얼마 지나지 않아 관계가 끝나고 말았지만 말이다.

프로이트는 자유연상과 정신분석을 이용해 정신 질환을 치료하고자 평생을 노력했다. 그리고 1899년, 내용의 옳고 그름을 떠나 기념비적인 책 《꿈의 해석》을 출간했다.

한편, 샤르코의 제자 중에는 프로이트와 비슷한 시기에 활동한 자네Pierre Janet, 1859-1947가 있었다. 1898년, 파리 소르본대학교의 강사로 일을 시작한 자네는 1901년에 프랑스 심리학회French Psychological Society를 창립했다. 자네는 과거의 심리적 트라우마가 현재의 증상과 관련이 있을 것이라고 생각한 최초의 인물 중 하나다. '해리dissociation'와 '무의식unconscious' 같은 말의 기원 역시 그에게

두뇌 인류

있으며, 최면 치료에서 환자와의 라포르rapport(의사와 환자 사이의 신뢰 관계와 친밀도) 형성을 강조한 것도 그랬다. 그는 인간의 마음을 하위 단계인 반사부터 높은 단계인 합리-자아적 사고를 아우르는 9단계 모델로 설명했다. 그리고 높은 단계의 마음이 낮은 단계로 퇴행하는 것이 신경증이라고 주장했다.

그런 자네가 프로이트와 비슷한 시기에 활동했기에 무의식 이론의 선구자가 누구인지에 대해서는 논란이 있다. 사실 초기 프로이트는 공개적으로 자네의 연구를 인용하고 감사의 마음을 여러 번 표현했다. 그런데 1913년에 열린 영국 의학회에서 자네가 프로이트의 정신분석학 이론 중 상당수가 자신이 이야기한 것을 이름만 다르게 붙인 것이라고 평가절하하면서 문제가 발생했다. 많은 프로이트 지지자가 자네를 비난하고 나선 것이다. 프로이트는 신경증 분야에서 자네의 업적이 매우 크다는 점을 기꺼이 인정할 생각이었지만, 이 사건으로 인해 자네가 지나치게 많은 것을 요구한다고 느꼈다. 공정하게 이야기하자면 자네가 프로이트에게 영감을 준 것은 분명하지만, 프로이트가 이를 훨씬 깊고 종합적인 내용으로 발전시켰다고 보는 것이 맞겠다.

정신분석학을 지지하고 따르는 의사가 늘어나면서 1906년에 프로이트와 융Carl Jung, 1875-1961을 비롯한 16인은 빈 정신분석학회Wiener Psychoanalytische Vereinigung, WPV를 구성했다. 1909년, 이들은 미국을 순회하며 강의 프로젝트를 진행했다. 이때를 기점으로 프로이트와 정신분석학의 명성이 빈으로부터 전 세계로 알려졌다. 그리고 프로이트는 제1차 세계대전 발발 1년 전, 60세가 되는 해에 빈 대학교에서 '정신분석학 입문'이라는 강의를 통해 정신분석학의 요체를 정리했고(지식 상자 10-5), 2년 뒤, 이 강의는 책으로 정리되어 출간되었다.

프로이트의 정신분석학에 대해서는 반론도 많았다. 우선 철학자 포퍼Karl Popper, 1902-1994는 프로이트의 이론이 과학적 방법론의 기준에 부합하지 않는다고 주장했다. 포퍼에 따르면 과학적 이론은 반증이 가능해야 하는데, 어떤 증거도 이론에 맞춰 해석될 수 있는 프로이트의 이론은 반증할 길이 없기에 과학적이지 않다는 것이었다. 또한 초기에 프로이트와 함께 일한 사람을 비롯해 많은 심리학자가 프로이트가 성적 욕구의 역할을 과도하게 강조한다고 비판했다. 인간 행동의 다양한 동기를 설명하는 데 있어 성적 요인만을 강조해서는 부족하다는 것이었다. 그 밖에 프로이트의 이론이 서구 중심적이며 다른 문화 배경을 가진 사람에게는 적용하기 어렵다는 지적도 있었다.

그럼에도 불구하고, 프로이트가 인류 문화 전반에 미친 영향력만큼은 부정하기 어렵다. 이는 '정신분석학 입문' 강의에서 프로이트가 직접 한 말에서도 잘 드러난다. 프로이트는 인간이 신이 만든 유일무이 우월한 존재라는 생각이 세 가지 발견으로 치명타를 입었다고 말했다. 그 세 가지 발견은 바로 코페르니쿠스의 지동설, 다윈의 진화론, 그리고 자신이 체계화한 무의식 이론이다.

기타 이상운동 질환들의 발견

이상운동 질환은 정상적으로 움직이지 못하는 다양한 신경계 질환을 뭉뚱그려 표현하는 말이다. 뇌졸중에서 오는 마비나 통증으로 움직이지 못하는 것은 포함하지 않는다. 이 경우 이상동작이라고 표현하는 것이 더 적합하다. 앞서 나온 파킨슨병이 가장 흔하고, 수전증, 근긴장 이상증, 무도병 등이 포함된다.

원발성 진전essential tremor: 사람이 어떤 환경에서 몸(주로 손)을 반복적으로 떤다는 기록은 수천 년 전부터 인도, 이집트, 그리스 등 여러 지역에 등장한다. 원발성 진전과 파킨슨병에서 나타나는 떨림의 가장 큰 차이는 원발성 진전은 행동을 할 때 심해지고, 파킨슨병은 가만히 있을 때 뚜렷하게 관찰된다는 점이다. 이러한 차이는 로마의 갈렌과 17세기 중반 네덜란드의 실비우스도 언급했다.

17세기는 비슷한 증상이 한 환자에게 반복적으로 나타나면 의사들이 이를 특정한 질병으로 진단하기 시작한 시점이었다. 이 무렵 특정 가족 구성원이 특징적인 떨림을 함께 가진 것을 보고 '가족성 떨림familial tremor'이라는 진단이 내려졌다. 이 떨림은 특별히 다른 질환과 동반하지 않지만, 가족력이 있으며 특정 나이에 발생한다는 공통점이 있었다. 19세기부터 여러 질병에 '원발성essential'이라는 용어가 붙기 시작했는데, 그때부터 이 떨림도 '원발성 진전'으로 불리게 되었다(지식 상자 10-6).

근긴장 이상증dystonia: 근긴장 이상증은 본인의 의지와 무관하게 근육이 경직되어 비정상적인 자세를 취하거나 근육이 비틀어지는 이상운동을 일컫는다. 근긴장 이상증은 과거 역사에 자주 등장하는 뇌전증과는 달리 언급된 예가 많지 않다. 다만, 의지와 상관없이 목이 한쪽 방향으로 돌아간 상태가 유지되는 사경torticollis 만큼은 예외적으로 오래전부터 알려져 있었다. 사경을 기술한 것인지는 분명하지는 않지만 히포크라테스가 한쪽으로 목이 경직되면서 통증을 수반하는 증상을 기록한 바 있고, 로마의 켈수스도 비슷한 현상을 자신의 저서 《의학De medicina》에서 언급했다. 혹자는 조각상에서 고개가 돌아간 모습을 보고 알렉산더대왕Alexander the Great, 기원전 356-323이 사경을 앓았었다고 주장하지만, 이는 과대 해석일 가능성이 높다. 사경에 대한 비교적 정확한 기술은 16세기에 나온다. 스위스의 의사 플라터Felix Platter, 1536-1614는 '머리가 한쪽으로 돌아가게 만드는 근육의 경련spasm'으로 표현했다(그림 9).

앞서 언급한 대로 르네상스에 접어들면서 점차 질병을 분류하려는 시도가 나타났다. 영국의 임상의학자 시드남은 특징적인 증상, 진찰 소견, 병의 경과를 잘 해석하면 동식물을 분류하듯이 질병도 분류할 수 있을 것으로 내다보았다. 그리고 1735년에 스웨덴의 생물학

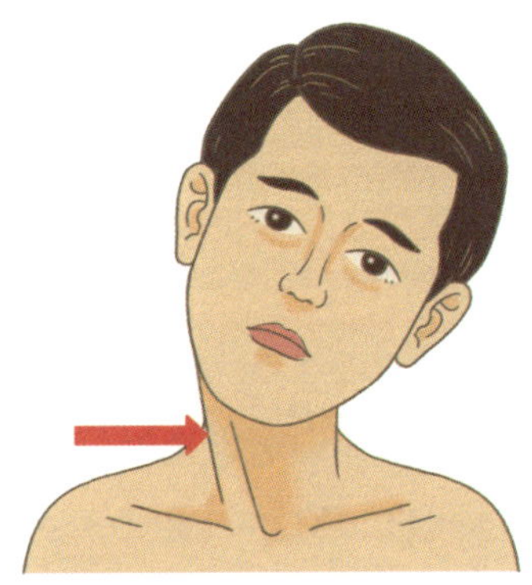

그림 9 | 사경 사경은 목 근육에 나타나는 근긴장 이상증의 한 종류다. 근긴장 이상증은 근육의 비정상적인 긴장이나 경련으로 인해 신체 부위가 비정상적인 자세를 취하거나 반복적으로 움직이는 상태를 말한다. 이 그림에서 고개는 왼쪽으로 기울어져 있고 오른쪽의 흉쇄유돌근(붉은 화살표)이 근긴장 이상증을 보이고 있다. 이 근육이 수축하면 고개가 반대로 돌아간다.

자 린네Carl Linnaeus, 1707-1778가 동식물 분류 체계에 관한 책《자연의 체계Systema Nature》를 출간했다. 린네는 생물학자이면서 동시에 의사로도 활동했는데, 이 분류 체계를 질병의 분류에도 이용했다. 그는 '운동 II class of Motor II'라는 카테고리에 근긴장 이상증과 같은 불수의 운동을 포함했다. 비슷한 방법으로 린네의 친구 보아시에François Boissier de Sauvages de Lacroix, 1706-1767는 사경을 '경련 I spasm I' 그룹에 넣었다. 이후 샤르코의 노력으로 다양한 형태의 근긴장 이상증의 존재가 알려지게 되었다. 특히, 독일의 신경학자 오펜하임Hermann Oppenheim, 1858-1919은 네 명의 어린이에게서 비정상적 자세를 취하는 증상을 확인하고는 변형성 근긴장 이상 부전증dystonia musculorum deformans이라는 이름을 붙였다. 최초로 근긴장 이상증dystonia이라는 명칭이 사용된 순간이었다(지식 상자 10-7).

헌팅턴병Huntington's Disease: 퇴행성 신경 질환의 하나로, 처음 기술한 사람은 미국의 워터스Charles Oscar Waters, 1816-1892지만, 명확한 묘사는 1872년에 미국의 의사 헌팅턴George Huntington, 1856-1916에 의해 이뤄졌다. 그는 가족력을 포함한 임상적 특징을 명확히 묘사하면서 이 질환에 '헌팅턴의 무도증Huntington's chorea'이라는 이름을 붙였다. '무도증chorea'은 라틴어로 '춤'을 의미하며, 환자들의 몸과 팔, 다리가 저절로 빠르게 움직이는 모습에서 유래했다(지식 상자 10-8).

알츠하이머 치매의 발견

알츠하이머병Alzheimer's Disease은 악화되는 치매 증상을 특징으로 하는 대표적인 진행성 퇴행성 질환이다. 병명은 독일 정신과 의사이자 신경 병리학자인 알츠하이머Alois Alzheimer, 1864~1915의 이름을 따서 지었다(그림 10). 알츠하이머는 베를린대학교, 튀빙겐대학교, 그리고 뷔르츠부르크대학교에서 의학을 공부했다. 대학 마지막 해에는 펜싱부에 들어갔는데 다혈질이었는지 시합 때 소란을 피워 벌금을 내기도 했다고 한다. 또, 펜싱 대결에서 얼굴에 상처를 입고 왼쪽 눈 아랫부분부터 턱으로 이어지는 흉터를 얻었다. 흉터가 보이지 않도록 항상 오른쪽 얼굴이 나오도록 촬영해 남은 사진에는 흉터가 보이지 않는다.

그림 10 | 알츠하이머의 초상

의사 면허를 취득한 이후 알츠하이머는 프랑크푸르트 정신병원에서 정신 질환을 앓는 여성들을 돌보면서 신경해부 병리를 같이 연구하기 시작했다. 여기에서 멘토 크레펠린을 만났다. 두 사람은 의기투합해 수년간 함께 연구를 진행했으며, 크레펠린이 뮌헨의 왕립정신병원으로 갈 때 알츠하이머도 같이 초청을 받았다. 다만, 크레펠린이 정신병의 임상적 연구에 주력했다면, 알츠하이머는 노인 질환에 대한 실험 연구에 더 집중했다.

알츠하이머는 프랑크푸르트에서의 근무 초기, 51세의 데테르Auguste Deter, 1850-1906라는 여자 환자를 5년간 돌보게 되었다. 이 환자는 단기 기억상실이 심하고 자신을 돌보지 못하며 망상을 보이고 있었다. 당시로서는 괴상한 증상의 조합이었다. 이 환자의 증상은 5년에 걸쳐 빠르게 악화되었다. 그동안 알츠하이머는 이 환자에게 집착에 가까운 관심을 보였다고 한다. 더는 비싼 프랑크푸르트 정신병원의 입원비를 감당할 수 없게 된 데테르의 남편이 환자를 더 저렴한 병원으로 환자를 옮기려고 하자, 알츠하이머가 밀린 병원비를 대신 내주고 계속 머물 수 있도록 했다. 대신 알츠하이머는 이 환자의 모든 기록을 이용할 수 있는 권리와 사후 뇌 기증을 약속받았다. 마침내 1906년, 데테르가 사망하자 알츠하이머는 뇌를 뮌헨의 크레펠린 연구소로 가져가 해부와 염색을 시행했다. 여기에서 알츠하이머병의 특징적인 병리 소견인 아밀로이드 플라크amyloid plaque와 신경섬유 다발neurofiblrillary tangle을 확인했다(그림 11).

알츠하이머는 이러한 환자의 증상과 병리 소견을 1906년 11월에 튀빙겐에서 열린 '남서 독일 정신과 의사회'에서 발표했다. 하지만 엄청난 내용임에도 불구하고 참가자들은 별 관심을 보이지 않았

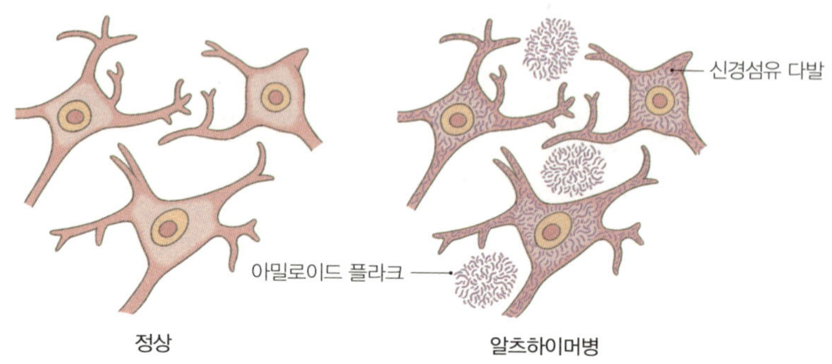

그림 11 | 알츠하이머병의 병리 소견

다. 생뚱맞게도 대부분 알츠하이머의 발표 뒤에 예정되어 있던 '강박적 자위 행위' 강의를 기다리고 있었다고 한다. 어찌 되었든 크레펠린만큼은 이 발견을 중요하게 평가해 1910년 《정신과 개요》 제8판에서 처음으로 '알츠하이머병'이라는 명칭을 사용했다. 하지만 크레펠린은 이 소견을 초로성 치매presenile dementia(나이가 많지 않은 상태에서 발병하는 치매)의 예로 생각했다.

비슷한 시기인 1907년에 체코의 정신과 의사이자 신경 병리학자인 피셔Oskar Fischer, 1876-1942는 환자 열두 명의 뇌에서 아밀로이드 플라크를 확인했다. 이 환자들은 데테르의 경우와는 다르게 나이가 들어서 발병했고, 비교적 천천히 진행하는 치매 증상을 보였다. 이를 토대로 피셔는 플라크가 초로성 치매뿐 아니라 노인성 치매senile dementia에서도 공통적으로 나타난다고 보았다. 그러나 크레펠린이 알츠하이머병을 초로성 치매의 한 유형으로 한정해 분류하면서, 1970년대까지 가장 흔한 알츠하이머 치매의 존재는 초로성 치매와 혈관성 치매에 비해 상대적으로 주목받지 못했다(지식 상자 10-9).

신경계와 정신계 질환의 발견사는 인간이 오랫동안 단순히 '기이한 행동'이나 '불가사의한 떨림'으로 여기던 현상들을 하나씩 의학적 언어로 설명해온 과정을 보여준다. 원발성 진전과 파킨슨병의 떨림 구분, 근긴장 이상증과 헌팅턴병의 명확한 기술, 그리고 알츠하이머병의 병리학적 발견에 이르기까지, 이 과정은 뇌와 신경계가 인간의 움직임, 감정, 사고를 지배한다는 인식을 굳혀주었다.

이러한 발견들은 단순히 질병을 분류하는 데 그치지 않고, 과학적인 치료 방향을 제시함으로써 환자들의 삶의 질을 바꾸었다. 비록 아직 완전한 치료가 불가능한 질환도 많지만, 병의 원인을 찾고 기전을 밝히려는 노력은 계속 이어지고 있다. 이 여정은 인간의 생체 구조를 이해하려는 노력 자체가 결국 인간에 대한 깊은 이해로 이어짐을 보여준다.

히스테리 전염성 hysterical contagion

히스테리 전염성은 특정 집단 내에서 비슷한 심리적 현상이 급속도로 퍼지는 것을 말한다. 집단 내에서 스트레스에 대한 반응, 감정, 행동이 모방을 통해 빠르게 전파되는 것이다. 주로 스트레스나 긴장 요소가 많은 사회환경에서 잘 발생하며, 학교, 직장, 그리고 여러 형태의 밀접한 사회적 집단에서 관찰된다.

히스테리 전염성은 특정한 의료적 진단이나 신체적 질병의 증상이 없는 사람들 사이에서도 발생할 수 있다. 예를 들어, 한 사람이 스트레스에 의한 신체적 증상을 보이면, 이를 목격한 다른 사람들도 비슷한 증상을 경험하기 시작하는 형식이다. 뉴멕시코대학교의 겔렌Frieda Gehlen은 이 경우를 두고 진정으로 전염이 되는 원인은 증상이 아니라 증상으로부터 얻어지는 사회적인 '이차 이득secondary gain'(질병을 갖고 있거나 그런 증상을 보이는 경우에 생기는 부수적 이득으로, 주로 주변의 관심, 동정, 보살핌, 그리고 의무와 책임의 면제 등이 그것이다)이라고 설명한 바 있다. 다른 사람이 히스테리로 이러한 이득을 보는 것을 목격하면, 본인도 모르게 같은 이득을 얻고자 유사 증상을 보인다는 것이다.

운동실조ataxia

운동실조 현상은 신경계 질환으로 인해서 운동 조정 능력에 문제가 생기는 것을 의미한다. 의도한 운동을 정확하게 수행하는 것이 어려워진다. 다음과 같이 몇 가지 형태로 나뉠 수 있다.

소뇌 운동실조cerebellar ataxia: 소뇌는 정밀한 운동을 가능하게 만드는 기관이다. 소뇌에 손상이 발생하면 보행이 불안정해지고, 유창하게 말하는 것이 어려워지며, 정밀한 운동에 장애가 생긴다.

감각 운동실조sensory ataxia: 말초신경, 척수를 거쳐 뇌로 전달되는 감각 정보의 손실로 인해 발생한다. 고유감각proprioception(심부감각)은 신체 위치, 자세 및 움직임에 대한 감각이다. 고유감각에 손상이 오게 되면 환자는 신체의 위치를 정확하게 인지하지 못하여, 균형을 유지하지 못하거나 정확한 운동을 하기가 어려워진다. 특히 눈을 감으면 시각으로 몸의 위치를 알 수 없게 되므로 운동실조가 심해진다.

전정 운동실조vestibular ataxia: 내이의 전정기관이 손상되어 균형 유지 능력이 손상된다. 어지럼증, 구토, 보행 불안정이 나타난다.

파킨슨병 Parkinson's Disease

파킨슨병은 중추신경계에서 발생하는 진행성 퇴행성 질환이다. 주된 병리 소견은 중뇌 흑질에 위치한 도파민 생성 신경세포의 소실이다(그림 12). 이로 인해 운동 조절에 필요한 도파민의 양이 감소한다. 또한 파킨슨병 환자의 뇌에서는 알파-시뉴클레인alpha-synuclein을 포함한 비정상적인 단백질 응집체가 발견되며, 이러한 축적이 신경세포 손상을 촉진하는 것으로 알려져 있다.

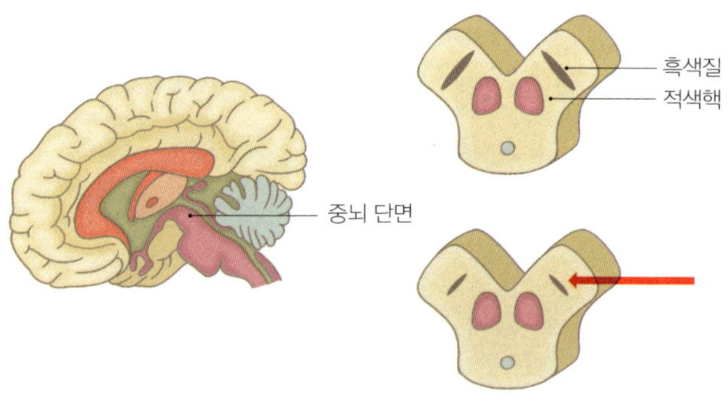

그림 12 | 파킨슨의 병리 소견

주요 증상으로는 운동 속도 저하, 안정 시 손떨림, 근육 경직이 나타나고, 얼굴 표정이 사라지며, 균형과 자세에 문제가 생긴다. 그 외에도, 수면 장애, 인지 및 정서적 변화(우울감, 불안감), 자율신경계 증상(변비, 소변 문제), 후각 상실 등이 동반될 수 있다.

가장 효과적인 파킨슨병 치료제는 레보도파levodopa다. 레보도파는 뇌 속으로 들어가 도파민으로 변환된다. 직접 뇌의 도파민 수용체에 붙어서 도파민과 같은 작용을 하는 도파민 작용제dopamine agonist도 있다. 그 밖에 도파민의 분해를 억제하여 도파민의 농도가 올라가도록 하는 약물도 사용된다. 항콜린성 약물은 떨림에 어느 정도 효과가 있으나 부작용 때문에 최근에는 드물게 사용된다.

양극성 장애 bipolar disorder

과거 조울증이라고 불린 양극성 장애는 기분이 극도로 높아지는 조증 삽화manic episode 상태와 극도로 우울해지는 주요 우울 삽화major depressive episode 상태가 번갈아 나타나는 질환이다. 흔히 기분이 들쭉날쭉한 사람에게 조울증이라 하는데, 양극성 장애는 이와는 관계없는 주요 정신 질환이다.

크게 두 유형으로 나뉘며, 양극성 I 장애와 II 장애의 차이는 조증 삽화의 유무와 심각성에 있다. 양극성 I 장애의 경우 최소 1회 이상의 조증 삽화가 반드시 있어야 한다. II 장애의 경우는 조증 삽화는 없지만 경조증 삽화와 우울 삽화가 번갈아 나타난다.

주요 증상

조증 삽화: 지나치게 기분이 좋거나 들떠 있으면서 과대망상이 나타나고, 활동량이 많아지며, 수면 필요성이 감소하고, 말이 빨라지는 등의 증상이 나타난다.

주요 우울 삽화: 기분이 매우 처지고, 피로감과 에너지 부족을 느

끼며, 관심이나 즐거움이 줄어들고, 잠을 많이 자거나 오히려 잠에 들기 어려워한다. 자살 사고를 품을 수도 있다.

혼재성mixed episode: 조증 삽화와 주요 우울 삽화의 증상이 혼합된 상태로 나타나기도 한다.

진단 기준

미국정신의학회American Psychiatric Association에서 발행한《정신 장애의 진단 및 통계 편람, 제5판Diagnostic and Statistical Manual of Mental Disorders, 5th Edition; DSM-5》에 따르면 양극성 장애를 다음과 같이 구분하며, 각각에 대한 구체적인 진단 기준이 있다.

양극성 I 장애: 진단을 위해서는 적어도 한 번의 조증 삽화 또는 혼재 삽화를 경험해야 한다. 조증 삽화는 일주일 이상 지속되거나, 병원에 입원할 정도로 증상이 심각해야 한다. 조증 삽화의 주요 증상으로는 과도한 자신감, 수면 필요성 감소, 말수 증가, 산만함, 목표 지향 행동의 증가, 과도한 쾌락 추구가 있다.

양극성 II 장애: 진단을 위해서는 하나 이상의 경조증 삽화와 적어도 하나의 주요 우울 삽화를 경험해야 한다. 조증 삽화는 없어야 한다. 일반적으로 기분이 들뜨고 활동량이 증가하는 등의 경미한 조증 삽화의 특징을 가진다. 이 상태가 최소 4일 이상 지속되어야 한다.

양극성 장애의 전형적인 예

IT 업계의 스타트업 회사에서 근무하는 32세 남자를 사람들은 '에너지 넘치는 천재'라고 불렀다. 아이디어가 끊이지 않았고, 밤새

코드 작업을 해도 피곤한 기색이 없었다. 어느 날은 새벽 4시에 회사 단톡방에 새로 구상한 서비스에 대한 문서를 올리며 이렇게 썼다. "이건 혁명이 될 거야. 우리 회사는 1년 안에 유니콘이 된다." 그의 자신감은 전염병처럼 주변으로 퍼졌다. 하지만 그 에너지는 점점 제어할 수 없는 불꽃으로 변해갔다. 그는 잠을 거의 자지 않았다. 이틀 연속 밤을 새도 전혀 피곤하지 않았다. 머릿속이 너무 빨리 돌아가서, 생각이 서로 부딪히고 튀어 오르는 느낌이 들었다. 동료들이 조금 쉬라고 말했지만 그는 웃으며 말했다. "쉬는 건 루저가 하는 거야. 난 지금 멈출 수 없어."

머칠 뒤 그는 은행에서 대출을 받아 사무실을 리모델링하고, 투자자들에게 근거 없는 수익 예측서를 보내며 회사를 확장하려 했다. 주변 사람들이 말렸지만 그는 듣지 않았다. 그의 말은 점점 빨라졌고, 한 문장을 끝내기 전에 다른 주제로 넘어갔다. 더구나 밤에는 클럽을 돌며 모르는 사람들과 어울렸고, 새벽에는 다시 코딩 작업을 이어갔다. 그런 폭풍 같은 시기가 약 4주간 이어졌다. 그러던 어느 날, 갑자기 전등이 꺼진 것처럼 그의 기운은 삽시간에 꺼져버렸다.

몇 주 뒤, 그는 회사에 나오지 않았다. 전화도 받지 않았다. 집에는 불이 꺼져 있었다. 친구가 찾아갔을 때, 그는 커튼을 친 어두운 방 안에 앉아 있었다. 컴퓨터는 켜져 있었지만, 화면에는 아무것도 쓰이지 않은 코드 창이 떠 있었다. "다 망했어……. 내가 다 망쳤어." 그는 급격히 말수가 줄었고, 하루 대부분을 침대에 누워 있었다. 식사는 거의 하지 않았고, 며칠째 같은 옷을 입었다. 머릿속에서는 '쓸모없는 놈'이라는 목소리가 끊임없이 맴돌았다. 그는 자살을 생각하기 시작했다. 하지만 막상 실행에 옮기지 못한 채 매일 아침 눈을 뜨는 것조차 괴로워했다.

프로이트의 정신분석학 이론

간단히 정리할 수 있는 내용은 아니지만, 일반적으로 프로이트의 이론을 세 가지 축으로 설명한다.

1. 의식의 세 가지 층위

의식 consciousness: 우리가 인식하고 있는 사고와 감정이다.

전의식 preconsciousness: 의식 바로 아래에 있으며, 필요할 때 기억이나 정보를 의식으로 불러올 수 있는 영역이다. 전의식이 수면 중에는 약해지기 때문에 우리의 숨겨진 바람이 꿈에 나타날 수도 있다고 보았다.

무의식 unconsciousness: 의식적으로 접근하기 어려운 욕구, 충동, 감정, 기억 등이 저장된 영역이다. 프로이트는 무의식이 인간의 행동과 정신 활동에 강력한 영향을 미친다고 보았다.

2. 정신의 세 가지 구조

이드 Id: 본능적 욕구와 충동을 대표하며, 쾌락 원칙 pleasure

principle에 따라 작동한다. 생존과 번식을 위한 본능적인 욕구를 추구한다.

자아Ego: 현실 원칙reality principle에 따라 이드의 충동을 조절한다. 외부 세계와 내부 욕구 사이의 조화를 이루고자 하며, 논리적·현실적 사고를 담당한다.

초자아Superego: 도덕성과 사회적 규범을 내면화한 구조로, 이드의 충동을 억제하고 자아가 현실적인 방법을 찾도록 유도한다. 양심과 이상적 자아ego ideal로 이루어진다.

3. 방어기제defense mechanisms

인간은 자신의 불안과 갈등을 관리하기 위해 무의식적으로 방어기제를 사용한다. 예를 들어, 억압repression이라는 방어기제는 불쾌한 기억이나 감정을 무의식 속으로 밀어 넣어 의식으로 떠오르지 못하도록 한다. 기타 방어기제로는 부정denial, 투사projection, 합리화rationalization, 분리displacement 등이 있다.

원발성 진전essential tremor

원발성 진전은 가장 흔한 이상운동 장애 중 하나로 주로 손, 머리, 목, 음성이 떨리는 것이 특징이다. 증상은 감정적 스트레스, 피로, 카페인 등에 의해 심해질 수 있으며, 글쓰기나 컵 들기와 같이 의도적으로 움직일 때 심해진다. 떨림은 대개 양손이나 양팔에 대칭적으로 나타난다. 떨림은 빠른 편이어서 1초에 6~12회의 빈도로 떨린다(파킨슨병의 경우 4~6회). 어느 나이에나 발병할 수 있으나, 40세 이상에서 자주 나타나고 일부 경우는 청소년기에 시작된다. 가족력에서 알 수 있듯 유전적 요인이 큰 역할을 한다.

보통 프로프라놀롤propranolol 같은 베타 차단제가 가장 흔히 처방된다. 심박수를 낮추고 떨림을 감소시키는 데 도움을 준다. 약이 잘 안 듣고 생활에 큰 지장을 준다면 심부 뇌 자극기deep brain stimulation 같은 기기를 뇌 속에 심어서 떨림을 조절하기도 한다.

근긴장 이상증dystonia

근육의 비정상적인 긴장이나 경련으로 인해 신체 부위가 비정상적인 자세를 취하거나 반복적으로 움직이는 상태를 말한다. 유전적 요인에 의해 주로 발생하는 일차성 근긴장 이상증과 뇌 손상, 약물 반응, 중독 등 다른 의학적 문제에 의해 발생하는 이차성 근긴장 이상증, 그리고 명확한 원인을 모르는 특발성 근긴장 이상증으로 분류할 수 있다. 침범 부위에 따라서 다음과 같이 분류하는 것도 가능하다.

전신성 근긴장 이상증generalized dystonia : 팔, 다리, 몸통과 같이 신체의 여러 부위에 나타나며, 대개 어린 나이에 시작된다. 증상이 점차 진행되어 걷거나 서는 것이 불가능해진다. 변형성 근긴장 이상 부전증이 여기에 속한다.

분절성 근긴장 이상증segmental dystonia : 두 개 이상의 인접한 부위에 나타난다. 예를 들어, 목과 어깨에 동시에 근긴장이 온다.

초점성 근긴장 이상증focal dystonia : 신체의 한 부위만을 침범한다. 가장 흔한 형태로, 경부 근긴장 이상증cervical dystonia (사경), 안면 근긴장 이상증facial dystonia, 손 근긴장 이상증writer's cramp(서경)이 여기에 속한다. 서경은 손 근육의 근긴장 이상증으로, 글을 쓰기가 점차 어려워진다. 글씨를 많이 쓴 사람에게서 나타난다. 입으로 부는 악기를 다루는 사람에게서는 입에만 근긴장 이상증이 나타날 수 있다. 골프나 야구 같은 특정 스포츠에서 숙련된 선수가 겪는, 갑작스럽고 설명할 수 없는 특정 동작 수행 능력 상실 현상 '입스yips'도 이 증상으로 설명한다.

반측 신경성 근긴장 이상증hemidystonia: 신체의 반쪽에만 나타난다. 뇌의 한쪽 반구에 손상이 있을 때 발생할 수 있다.

근육의 긴장을 줄이는 약을 쓰거나 문제가 되는 근육에 직접 보톡스를 주사해 치료할 수 있다. 정기적으로 보톡스 주사를 반복하면 긴 시간 동안 증상이 완화된 채로 지낼 수 있다.

헌팅턴병의 원인

헌팅턴병은 HTT 유전자에서 CAG 삼염기 반복trinucleotide repeat
이 비정상적으로 많이 나타나는 돌연변이로 인해 발생한다. 상염색
체 우성유전 방식으로 전달된다. CAG 삼염기 반복이란 DNA 서열
에서 시토신Cytosine, 아데닌Adenine, 구아닌Guanine이라는 세 염기가
연속적으로 반복되는 구조를 말한다. 정상적인 경우 HTT 유전자 내
CAG 반복 수는 약 10~35회 정도인데, 이 반복이 36회 이상으로 늘

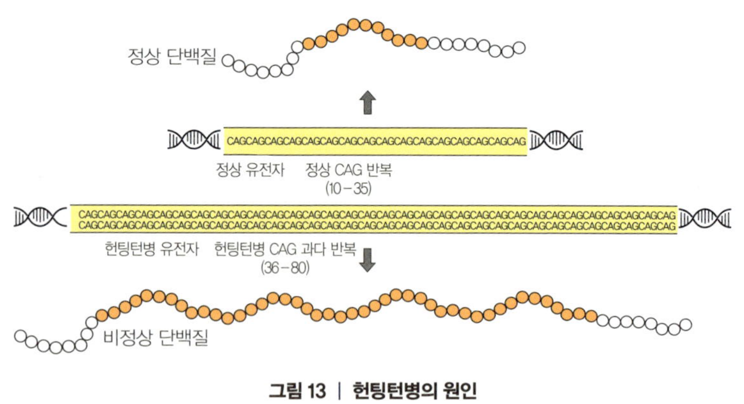

그림 13 | 헌팅턴병의 원인

어나면 헌팅턴병 발병 위험이 생긴다(그림 13).

　이러한 유전자 이상으로 인해 변형된 헌팅턴 단백질Huntingtin이 생성되고, 이 단백질이 신경세포에 축적되면서 점차 뇌의 특정 부위가 퇴행한다. 환자들은 자발적이지 않은, 빠르고 춤추는 듯한 움직임(무도증)을 경험한다. 이 외에도 근육 조정 문제, 어색한 움직임, 균형 장애 등이 나타날 수 있다. 그리고 사고력과 판단력의 감소, 집중력 및 계획 능력의 저하, 기억력 손상 등 인지 기능 저하도 동반된다. 현재까지 헌팅턴병을 완치할 수 있는 치료법이 알려져 있지 않다.

알츠하이머병의 발병 기전과 치료

알츠하이머병의 발병 기전에 관한 연구는 지난 수십 년 동안 매우 많이 진행되었지만, 여전히 완전한 이해에는 도달하지 못하고 있다. 현재까지의 발병 기전과 관련된 주요 연구 결과를 요약하면 다음과 같다.

가장 널리 받아들여지는 가설 중 하나는 아밀로이드 가설이다. 이 이론은 뇌에서 아밀로이드 베타 단백질이 비정상적으로 축적되어 신경세포 사이의 통신을 방해하고, 결국 세포 사멸을 유발한다는 것이다. 이것이 뇌에서 관찰되는 특징적인 플라크를 형성한다(그림 14).

타우 가설은 아밀로이드 베타와 다른 뇌 내 단백질 타우에 초점을 맞추고 있다. 정상적인 상황에서 타우 단백질은 신경세포 내의 미세소관을 안정화하며, 세포 내의 물질 이동에 이용되는 길을 만들어 준다. 그러나 알츠하이머병에서는 타우 단백질이 비정상적으로 변형되어 뭉침(신경섬유 다발)을 형성하고, 신경세포 내 미세 소관을 망가뜨려 결국 신경세포의 기능 장애와 사멸을 초래한다는 것이다.

최근 연구들은 알츠하이머병에서 염증 반응의 역할에도 주목하

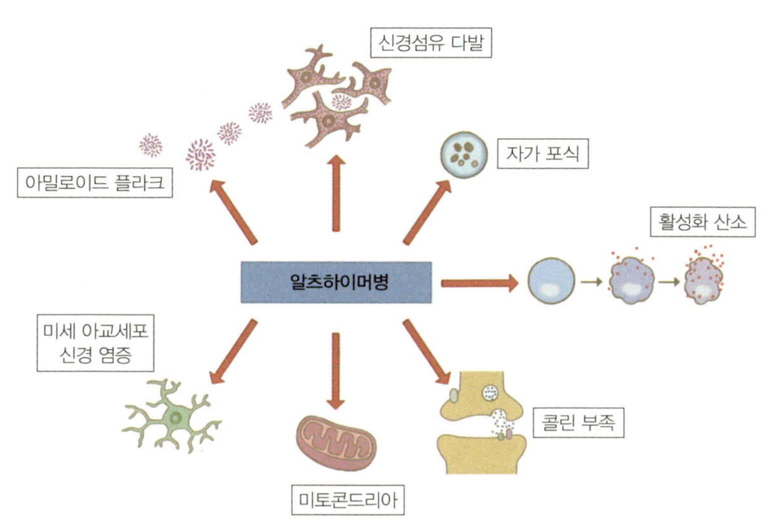

그림 14 | 알츠하이머의 발병 기전

고 있다. 뇌 내 염증은 아밀로이드 플라크와 타우 단백질의 축적을 촉진할 수 있으며, 이는 더 많은 신경세포 손상으로 이어진다. 악순환인 셈이다.

콜린 가설은 알츠하이머병 환자의 뇌에서 콜린성 신경전달물질의 감소가 관찰된다는 점에 초점을 맞추고 있다. 콜린성 시스템의 손상은 기억력 및 학습 능력 저하와 관련이 있다.

산화 스트레스 가설은 자유 라디칼free radical과 같은 반응성 산소종Reactive Oxygen Species, ROS의 과도한 생성이 뇌세포의 손상과 사멸을 초래할 수 있다고 보고 있다. 산화 스트레스는 세포 내 단백질, 지질, DNA에 손상을 주며, 알츠하이머병의 진행에 기여할 수 있다.

그 밖에 세포 내 에너지를 생산하는 미토콘드리아 기능의 이상

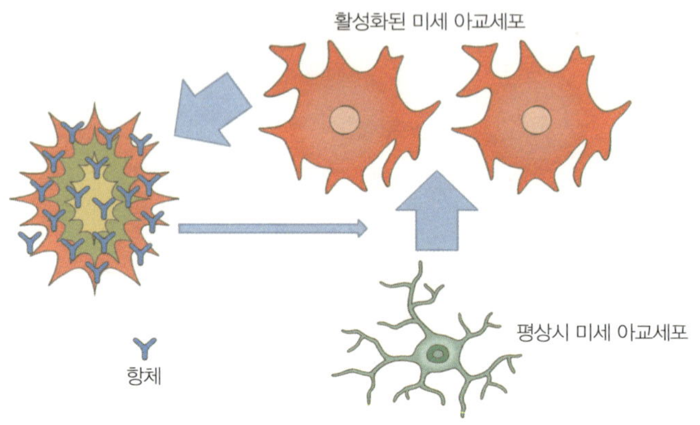

그림 15 | **단클론 항체** 일부 단클론 항체는 아밀로이드 베타 플라크를 면역적으로 인식하고 결합한다. 이 과정에서 활성화된 미세 아교세포가 항체와 결합된 플라크를 제거한다.

이나 자가 포식autophagy(세포 노폐물을 제거하는 과정)의 저하가 알츠하이머병의 발병에 역할을 한다고 보는 가설도 있다. 어느 하나의 이론으로 설명하기보다는, 이러한 발병 기전들이 상호작용하여 알츠하이머병을 일으키고 진행시킨다고 보고 있다.

이전까지는 기억의 쇠퇴를 늦추는 정도의 대증적 치료법만 있었으나, 최근에는 알츠하이머병 치료에 단클론 항체monoclonal antibody가 허가되기 시작했다(그림 15). 단클론 항체는 특정 항원을 타깃으로 하는 맞춤형 항체로, 알츠하이머병의 주요 특징 중 하나인 뇌 내 비정상 단백질의 축적을 억제하는 데 초점을 둔다. 예를 들어, 일부 단클론 항체는 아밀로이드 베타 플라크를 면역적으로 인식하고 결합해 플라크를 제거한다. 이렇게 되면 플라크가 줄어들면서, 뇌 염증 반응도 감소하게 된다.

아직 이러한 치료법이 모든 환자에게 효과적일 것이라는 충분한 근거는 없으나, 질병의 기전에 따른 치료법이 등장하기 시작했다는 점에서 의의가 크다. 앞으로 발병 기전에 대한 이해가 더 깊어지면 근본적인 치료도 가능해질 것이다.

11

드디어 정신 질환을 치료하다

정신 질환 치료의 역사

"질병 치료에서 가장 중요한 것은
환자를 사람으로 보는 것이다."
올리버 색스Oliver Sacks, 1933-2015

"치료 가능한 질병을 치료하지 못한다면
우리 사회의 보건 시스템은 실패한 것이다."
케빈 앨런 리Kevin Alan Lee(《분열된 마음Split Mind》 저자)

"신경과와 정신과는 같은 기관(뇌)을 치료해야 한다."
앨리스 위버 플래허티Alice Weaver Flaherty(《한밤중의 질환Midnight Disease》 저자)

정신병에 대한 극단적 치료법들

제대로 된 치료를 위해서는 질병의 기전을 이해해야만 한다. 질병을 이해하고 분류하는 과정만 해도 오랜 세월이 걸렸기에, 적절한 치료는 최근에서야 이뤄지는 중이다. 과거 정신병 치료에 사용된 방법은 현대의 관점에서 볼 때 매우 극단적이고 비과학적인 경우가 많았다. 조현병 약물이 개발되기 전, 즉 20세기 중반 이전에 시행된 치료 방법을 이야기해보고자 한다. 그중 전두엽 절제술frontal lobotomy은 따로 나누어 자세히 소개하기로 한다.

전기충격요법electroconvulsive therapy은 정신병 환자에게 의도적으로 전기충격을 가해 발작을 일으키는 치료법이다(그림 1). 현재도 주요 우울증과 조현병 같은 일부 질환에서 사용해 효과를 보고 있다. 현대의 전기충격요법은 안전하고 통제된 방식으로 시행되지만, 과거에는 마취나 근육 이완제 없이 시행되어 환자가 큰 고통을 느끼고, 부상을 당하는 등 문제가 많았다. 불행 중 다행으로 환자 다수는 발

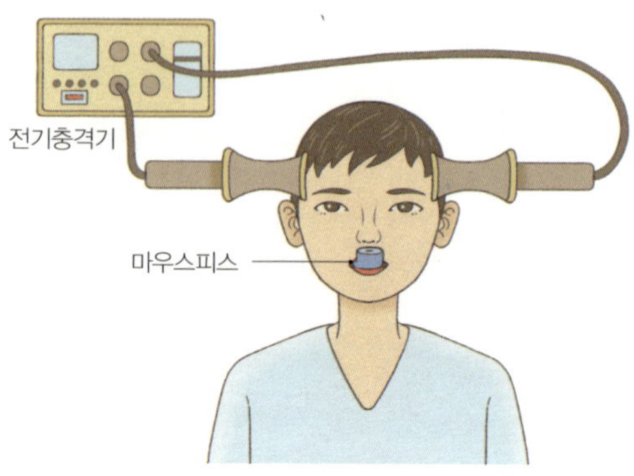

그림 1 | **전기충격요법** 경련이 일어나 혀를 깨무는 것을 막기 위해 마우스피스를 물고 시행한다. 현대의 전기충격요법은 마취 또는 근육 이완제를 이용해 안전하고 통제된 방식으로 진행한다.

작 후 전기충격을 당한 사실을 기억하지 못했지만, 일부 환자는 발작 도중 사망하기도 했다.

고용량 인슐린을 주입해 환자를 극심한 저혈당 상태에 빠뜨렸다가 회복시키는 인슐린 쇼크 치료법도 있었다. 당연히 영구적인 뇌 손상을 입거나 사망에 이르는 경우가 발생했다.

환자를 장기간 수면 상태로 유지하는 수면 치료법도 시행되었다. 때때로 수 주 동안 환자를 잠재우기도 했다. 사실 잠을 잔다는 것은 맞지 않는 말로, 일정 간격으로 바르비투레이트barbiturate를 주입해 혼수상태에 가깝게 유지한 것이었다. 역시 효과가 있다는 증거는 없었고, 장기간 수면에 따른 욕창이나 폐렴 발생 가능성이 높은 위험한 방법이었다. 놀랍게도 이 방법은 1962년부터 1979년까지 호주 시드니의 첼름스포드Chelmsford Private Hospital라는 개인 병원에서 다시 사용되었다. 이 치료 때문에 최소 스물네 명이 사망했다. 죽지 않은 사람도 영구적인 기억 손상이나 만성 공황 장애와 같은 후유증을 겪었다.

위의 예시처럼 극단적이지는 않지만 냉온수 목욕, 강제 샤워 등
이 가장 많이 시행되었다.

최악의 수술, 전두엽 절제술

1888년, 최초의 '정신수술psychosurgery'이라고 불리는 뇌 수술이
스위스의 정신과 의사 부르크하르트Gottlieb Burckhardt, 1836-1907에 의
해 이뤄졌다. 정신수술이라는 이름에서 알 수 있듯이 정신 질환자에
게 적용되는 수술이었다. 그는 정신병이 뇌의 기질적인 이상에서 발
생한다고 생각했다. 그리고 그는 뇌가 정보의 입력-처리-출력의 과
정으로 작동하며, 특정 뇌 영역이 특정 기능을 수행한다는 국소론적
이론을 믿었다. 그는 과잉 정보 같은 지나친 자극 또는 과도한 출력
이 증상을 만들기에, 해당 회로를 절제해 연결을 차단하면 증상을 완
화할 수 있다는 가설을 세웠다. 이러한 이론으로 무장한 부르크하르
트는 난폭한 행동을 보이는 난치성 정신병 환자 여섯 명에게 뇌 절제
술을 시행했다. 수술 후 두 명은 증상 변화가 없었고, 두 명은 얌전해
졌으며, 한 명은 뚜렷한 호전이 있었다고 애매모호하게 결과를 발표
했다. 나머지 한 명은 발작하고 며칠 뒤 사망했다. 그는 '50퍼센트의
성공률'이라고 주장했으나 주위 반응은 싸늘했다. 이후 정신수술은
한동안 잊혔다.

그런데 전두엽에 손상을 입을 시 인격에 변화가 나타난다는 사
실이 알려지기 시작했다(제7장, 게이지의 경우). 침팬지에게서 전두엽을

절제한 미국의 신경생리학자 야콥센Carlyle Jacobsen, 1902-1974의 실험 결과나, 양쪽 전두엽이 부분적으로 절제된 환자를 관찰한 미국의 신경학자 브리크너Richard Max Brickner, 1896-1959의 증례를 통해 전두엽에 손상을 입으면 주변에 흥미를 잃어버리고, 새로운 행동을 계획하거나 조직하는 능력이 떨어짐을 확인할 수 있었다. 1935년, 이러한 결과가 영국에서 열린 국제신경학회에서 발표되었다. 그곳에는 포르투갈의 신경과 의사 모니스Antonio Egas Moniz, 1874-1955가 있었다.

뜻밖에도 이 발표로 인해 전두엽 절제술의 시대가 열리게 된다. 모니스는 야콥센의 실험 속 특정 결과에 관심을 가졌다. 수술 전에 두 침팬지는 행동에 따라 적절한 보상을 받지 못하면 화를 내면서 바닥을 구르거나 변을 보는 등 반항적인 행동을 보였다. 하지만 전두엽 절제술 이후 둘 다 얌전해졌고, 특히 한 마리는 마치 득도라도 한 듯이 주변에 신경을 쓰지 않고 편안해진 듯 보였다. 모니스는 여기에서 힌트를 얻었다. 난폭하거나 행동 조절이 힘든 정신과 환자에게 이 수술법을 적용하기로 한 것이다.

전두엽 절제술은 1940년대와 1950년대를 거치며 폭발적으로 시행되어 미국에서만 2만 건이 넘게 이루어졌다(그림 2). 여성에게 더 많이 시행되었고, 동성애자 남성에게도 적용되었다. 이 수술은 기괴하거나 난폭한 증상을 없애는 정신병 증상 조절의 마지막 수단으로 여겨졌다. 그러나 사실 환자의 지능과 인간성을 희생하는 최악의 수술이었다. 수술을 받은 환자는 자발적인 행동이 거의 없어지고 감정적으로도 무감각해지며, 반응성이 떨어지고 자기 조절 능력을 잃었다. 상상력도 같이 사라졌다. 마치 무기물질처럼 되고 만 것이다. 키지Ken Kesey, 1935-2001의 소설 《뻐꾸기 둥지 위로 날아간 새One Flew

　　　　　　　　　　　　　　　　　　　　　두뇌 인류

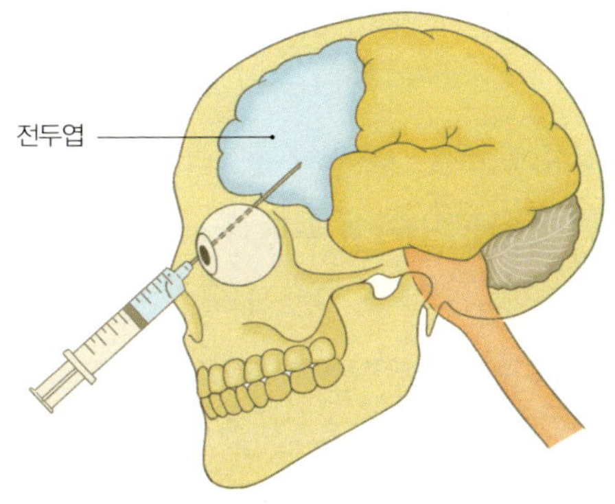

그림 2 | **전두엽 절제술** 안와 공동의 안쪽으로 침을 넣어 전두엽에 도달한 후 전두엽 조직을 손상시킨다. 두개골을 열지 않고 전두엽을 손상시킬 수 있다. 이 방법은 환자의 지능과 인간성을 희생하는 최악의 수술이었다.

Over the Cuckoo's Nest》의 주인공 맥 머피가 받는 수술이 바로 이것이다. 미국에서 눈 위로 접근하는 전두엽 절제술로 명성을 얻은 프리먼Walter Jackson Freeman, 1896–1972조차 이 방법을 '수술을 통한 어린이 만들기'라고 표현할 정도였다. 하지만 프리먼은 재활 과정을 잘 거치면 사회에 적합한 인격을 만들 수 있다고 주장했다. 그는 이 수술을 4,000번 이상 시행했고, 그중 100명 정도가 사망했다.

전두엽 절제술은 정신병이 얼마나 오래 지속될지, 또 예후가 어떻게 될지 모르는 상황에서 불필요한 수술이 될 수 있기에 시행 초기부터 논란이 있었다. 어이없게도 이 수술을 개발한 공로로 모니스는 1949년에 노벨 생리의학상을 수상했다. 부끄러운 수상이다.

조현병 약물의 개발

현재는 정신 질환에 사용 가능한 약물의 종류가 매우 많지만, 1950년 이전에는 이런 약물이 거의 없었다. 계속 환자를 재우기 위해 바르비투레이트 계열의 약물을 사용하거나, 우울증 환자에게 뇌 흥분 효과를 노리고 암페타민을 사용하는 정도가 고작이었다. 물론 이러한 약물은 효과도 뚜렷하지 않았다.

정신 질환을 가진 환자들은 병원에서 감금과 다름없는 생활을 해야만 했다. 1950년대 중반까지도 미국에서만 50만 명이 넘는 정신 질환자들이 이런 처참한 환경에 처해 있었다. 1950년대에 이르러서야 정신 질환에 최초로 약물이 도입됐다. 1954년 3월 26일, 미국 식품의약안전처FDA가 클로르프로마진chlorpromazine을 조현병 치료에 사용할 수 있도록 승인한 것이다. 이는 특정 정신 질환에 대한 약물 사용이 허가된 최초 사례다. 이를 기점으로 1960년대까지 많은 항우울제, 항불안제가 개발되고 보급되었다.

클로르프로마진 발견에는 우연이 많이 따랐다. 클로르프로마진은 오래전부터 직물의 염료로 사용되던 페노티아진phenothiazine 계열 화학물에서 유래한 약물이다. 1930년대에 알레르기를 유발하는 히스타민에 대한 연구가 진행되면서 페노티아진이 항히스타민 효과를 가졌다는 사실이 알려졌다. 당시 여러 제약사가 새로운 항히스타민제를 개발하려고 경쟁 중이었고, 그중 프랑스의 론풀랑크Rhône-Poulenc(현재 다국적 제약기업 사노피Sanofi의 전신)가 페노티아진 유도체를 이용한 항히스타민 개발을 추진했다. 1947년, 드디어 론풀랑크의 화학자 샤르팡티에Paul Charpentier, 1884–1968가 페노티아진 유도체 합성에

 　　　　　　　　　　　　　　　　　　　　　　　두뇌 인류

성공했고, 그 과정에서 프로메타진promethazine과 클로르프로마진이 개발되었다.

　처음에 프로메타진은 항히스타민 효과를 이용해 수술하는 동안 혈압을 안정시키는 목적으로 사용되었다. 그런데 프랑스의 신경외과 의사 라보리Henri Laborit, 1914-1995가 뜻밖의 관찰을 했다. 수술 전 이 약을 투여받은 사람들이 눈에 띄게 침착해지고 덜 불안해하는 것이었다. 이를 계기로 수술 전 환자들의 불안을 진정시켜주는 부수적인 효과가 더 크게 알려지게 되었다. 그리고 이 사실을 전해 들은 프랑스의 정신과 의사 들레Jean Delay, 1907-1987와 데니커Pierre Deniker, 1917-1998가 조현병 환자에게 이 약을 사용할 생각을 했다. 곧이어 이들은 프로메타진이 조현병 환자에게 효과적이며, 특히 환자의 환각과 망상을 억제하는 효과가 있음을 발견했다. 게다가 높은 용량을 투입해도 환자가 혼수상태에 이르지 않았다. 안전성도 확인된 것이었다. 1952년에 이 내용이 발표된 후로 10여 년에 걸쳐 전 세계적으로 약 5,000만 명에 달하는 환자들이 프로메타진과, 같은 계열에 속하는 클로르프로마진의 혜택을 받을 수 있었다.

　두 번째 조현병 치료 약은 벨기에의 의사 얀센Paul Janssen, 1926-2003에 의해 1958년에 개발되었다. 얀센은 현재 글로벌 제약사인 얀센 파마슈티카Janssen Pharmaceutica의 창립자로, 당시 암페타민 중독에서 나타나는 정신병적 증상을 치료할 수 있는 물질을 찾고 있었다. 그 과정에서 그는 할로페리돌haloperidol을 합성했다. 이 약은 클로르프로마진보다 부작용이 적고, 적은 용량으로 증상을 조절할 수 있어 현재도 사용되고 있다.

　클로르프로마진과 할로페리돌 같은 약물의 개발은 조현병의 치료 약물을 얻었다는 것 이상으로 의미가 크다. 이런 약물이 조현병에 효과를 발휘하는 이유를 밝히면 조현병이 어떤 기전으로 발병한다는 것을 추정할 수 있기 때문이다.

그 첫 번째 단서는 식물에서 추출된 레세핀reserpine이라는 약물에서 나왔다. 이 약은 조현병의 증상을 완화해주지만 부작용 때문에 실제 치료제로는 사용되지 못했다. 부작용은 뇌에서 도파민, 노르아드레날린, 세로토닌의 농도가 떨어지며 나타나는 저혈압과 운동 강직이었다. 이로부터 암페타민이 도파민 분비를 증가시켜 정신병적 증상을 유발하고, 레세핀은 이러한 암페타민의 효과를 상쇄하는 길항제로서 항정신병 효과를 얻는 것이라는 가설이 세워졌다.

그런데 할로페리돌과 클로르프로마진이 뇌 도파민 농도를 떨어뜨리지는 않는다는 사실이 밝혀진다. 그럼에도 이 두 약이 정신병 치료에 효과가 있으므로, 도파민 증가가 조현병의 원인이라는 가설은 한때 위기를 맞았다. 하지만 이러한 문제를 스웨덴의 약리학자 칼손(제9장)이 해결한다. 항정신병 약물이 도파민 농도를 직접 낮추지는 않지만, 도파민 수용체를 차단해 도파민 신호 전달을 억제한다는 이론을 내놓은 것이다. 칼손은 이 발견에 대한 공로로 노벨 생리의학상을 수상했다. 이후 그는 세로토닌과 관련된 항우울제 개발의 초석을 다지는 데도 중요한 역할을 했다.

정신병 치료 과정의 흑역사

지금까지 과정을 보면 정신 질환 치료의 수준이 약물 개발과 함께 순조롭게 발전하는 듯이 보이지만 실제로는 그렇지 않았다. 이미 전두엽 절제술로 많은 환자가 피해를 보고 있는 상황에서 또 하나의 치명적인 사건이 발생했다. 이번에는 북미, 특히 신경과학의 본산지로 여겨지던 몬트리올에서였다. 몬트리올의 맥길대학교는 몬트리올 신경학 연구소 외에도 앨런 메모리얼 정신의학연구소Allan Memorial Institute를 설립했다. 그리고 1943년에 정신의학자 캐머런Donald Ewen Cameron, 1901~1967을 책임자로 임명했다. 캐머런은 나중에 미국과 캐나다 정신의학회 회장이 되는 거물로, 당시 이미 정신 질환 치료 개선을 위한 노력을 인정받아 국제적인 명성을 얻고 있었다. 앨런 메모리얼 정신의학연구소에서도 개방형 정신병동과 낮 병동을 설치하는 등 치료 방법 개선에 힘썼다.

문제는 그가 지나치게 새로운 요법을 좋아하고, 그 실행에 있어서 무자비하다는 점이었다. 그는 북미 최초로 인슐린요법을 도입했고, 전기충격요법에 깊게 매료되었다. 극단적 치료법에 경도된 것이다. 그는 약물이나 전기충격으로 뇌를 백지상태로 만든 뒤 새롭고 긍정적인 사고를 주입하고자 했다. 세뇌 방법을 사용한 셈이다. 이 과정에서 인슐린요법, 다량의 약물 주입, 수백 번의 전기충격 등 증명되지 않은 위험한 방법을 사용했다. 더구나 이 방법을 중증 환자에게만 적용한 것도 아니었다.

세뇌를 통해 인간을 개조(개악)한다는 생각은 《1984》 《멋진 신세계》 《멘츄리안 캔디데이트The Manchurian Candidate》 등 여러 소설에도 등장한다. 그는 새로운 생각을 집어넣기 위해 환자에게 같은 내용을 수만 번씩 들려주는 방법도 사용했다. 결론적으로 환자를 퇴행 상태로 만드는 데 성공했지만, 새로운 생각을 집어넣어 환자의 상태를 개선하겠다는 최종 목표 달성에는 실패했다. 4분의 1 이상의 환자에게서 신체적 합병증이 발생했고, 환자 대부분에게서 기억력 문제가 생겼다. 더 문제가 되는 점은 캐머런이 자신의 치료 결과를 자의적으로 해석해서 실험이 성공했다고 발표한 것이다. 믿고 싶은 것을 믿은 것이다. 그는 반응이 없는 환자를 치료 명단에서 지워버리고 항의하는 연구자들을 떠나보냈다.

이미 세뇌 실험을 시행한 바 있던 헤브(제6장)는 이러한 캐머런의 치료 방법과 결과 해석을 강하게 비판했다. 헤브는 캐머런을 가리켜 연구 자체보다는 혁신적인 돌파구를 만들어 유명인이 되고 싶어하는 인물이라고 지적했다. 철저하게 관리되는 이중맹검 임상시험이 필요한 이유다. 범죄에 가까운 이 사건은 캐머런이 사망한 뒤 10년이 지난 1977년에 소송으로 번졌고, 결국 1988년에 정부에 의해 일부 해결되었다. 이 사건에 CIA가 일부 관계되었다는 이야기도 있다. 당시 한 피해자가 받은 보상금은 10만 불이었다.

항경련제의 개발

뇌전증은 전 세계 인구의 0.5퍼센트에서 1퍼센트가 앓고 있는 질환이다(제4장). 잠깐씩 나타나는 경련이나 의식 소실을 동반하는 이상 행동으로, 19세기 이전까지는 영적이며 초자연적인 현상으로 취급되었다. 이 질환에 대한 스티그마는 아직도 많이 남아 있다. 기원전에 이미 히포크라테스가 이 질환의 원인이 뇌에 있다고 밝혔지만, 18세기까지도 이 질병에 대한 구시대적 관점은 변하지 않았다.

　　　　　　　　　　　　　　　　　　　　　　　　

따라서 치료도 여러 약초를 사용하거나 퇴마의식을 시행하는 수준이었다.

19세기 중반에 와서야 진정 효과가 있는 브로마이드bromide가 뇌전증 치료에 사용되기 시작했다. 1857년에 산부인과 의사 로콕Sir Charles Locock, 1799-1875이 월경성 뇌전증에 브로마이드가 효과가 있을 가능성을 제시했다(지식 상자 11-2). 그는 열다섯 명의 월경성 뇌전증 환자 중 열네 명에게서 발작 빈도가 줄어들었다고 보고했다. 위장과 심장 치료로도 유명한 영국의 의사 윌크스Sir Samuel Wilks, 1824-1911도 별도로 뇌전증에서 브로마이드의 효과를 확인했다. 이때부터 브로마이드는 최초의 항경련제로 인정받게 되었다. 하지만 이 약은 졸림, 의식 혼탁, 섬망, 혼수와 같은 신경계 부작용이 매우 많아서, 실제로 많은 환자에게는 사용하지 못했고, 주로 시설에 갇혀 있는 환자들에게 투여되었다. 즉, 환자의 삶의 질 개선에는 크게 도움이 되지 못했다.

20세기에 들어서는 마취 및 진정 효과가 있는 바르비투레이트가 알려졌다. 1911년, 이 중 페노바르비탈phenobarbital이 불면증 치료제로 발매되었다. 그리고 1912년, 독일의 신경정신과 의사 하우프트만Alfred Hauptmann, 1881-1948이 페노바르비탈의 진정 효과가 뇌전증의 흥분 현상을 억제할 가능성을 보았다. 그는 뇌전증으로 입원한 환자들이 빈번한 발작 때문에 잠을 잘 자지 못하는 것을 보고 수면 유도 목적으로 이 약을 사용했다. 그런데 수면 효과보다 환자들의 발작이 밤낮을 가리지 않고 줄어드는 것이 더 눈에 띄었다. 이후로 많은 뇌전증 환자에게 투여되면서 그 효과가 본격적으로 알려졌다. 페노바르비탈은 브로마이드보다 효과와 부작용 모두 현저히 개선된 모

그림 3 | 메리트(왼쪽)와 퍼트넘(오른쪽) 메리트와 퍼트넘은 강한 전기자극을 주어 동물에서 뇌전증 발작을 일으키는 동물 모델을 만들었다. 그리고 이 모델을 이용해 페니토인에 뇌전증 치료 효과가 있음을 증명했다.

습을 보였다. 실제로 여전히 임상에서 사용되고 있다. 그렇지만 브로마이드나 페노바르비탈 모두 과학적 근거를 가지고 환자에게 사용된 것은 아니다. 의사들이 약물의 특성을 관찰하며 경험적으로 발견한 치료제였다.

이러한 시도와 별개로, 19세기 말부터는 전기자극이나 화학물질을 이용하여 동물에게서 뇌전증 발작을 일으키려는 시도가 계속되었다. 발작이 나타나는 동물 모델을 만들려는 목적이었다. 동물 모델을 통해 여러 약물의 효과를 시험하고, 뇌전증의 기전 연구를 진행하고자 했다. 하지만 1930년대가 될 때까지는 확실한 모델을 만들지 못했다. 그러다가 1936년에 이르러 미국의 신경학자 메리트H. Houston Merritt, 1902-1979와 퍼트넘Tracy Putnam, 1894-1975이 강한 전기자극을 주어 뇌전증 발작을 일으키는 동물 모델maximum electroshock model을 만들었다(그림 3).

그들은 라디오 배터리의 전기를 이용해 고양이 머리에 강한 전기자극을 주었다(오늘날에는 설치류를 이용한다). 그리고 이 모델을 이용해 페니토인phenytoin이라는 약물이 뇌전증에 치료 효과가 있음을 증명했다. 페니토인은 기존 약물에 비해 진정 효과는 거의 없으면서도 항경련 효과는 뛰어난 획기적인 약물이었다. 실제로 이후 수십 년간 뇌전증 치료제의 표준 약물로 자리 잡았고, 현재까지도 사용되고 있다.

메리트와 퍼트넘은 보스턴 시립병원에서 책임자 코브Stanley Cobb, 1887-1968의 지도하에 뇌전증을 연구했다. 코브는 미국의 생물정신학 창시자로 불리는 사람으로, 이 병원에서 레녹스William Lennox, 1884-1960와 함께 케톤 식이요법을 뇌전증 치료에 적용하고 있었다. 뇌전증의 진단 목적으로 뇌파를 처음 도입한 것도 이 병원이었다. 코브가 매사추세츠 종합병원으로 이동한 후 퍼트넘이 보스턴 시립병원의 신경과장이 되었다. 메리트와 퍼트넘은 1937년부터 1941년까지 페니토인의 개발과 관련된 여섯 개 중요 논문을 함께 게재했다.

이러한 커다란 업적을 쌓은 후에 퍼트넘은 1939년에 컬럼비아 대학교의 신경 및 신경외과학 교수 겸 과장으로 임명되었다. 뇌 수술의 선구자로 불리는 쿠싱(제6장)으로부터 수술 기법을 배운 퍼트넘은 실제로 뇌 수술을 시행하면서 신경외과와 신경과 양쪽의 진료를 모두 보았다. 그러나 1947년, 로스앤젤레스로 이동한 후부터는 개인적인 이유로 연구와 저술 및 학회 활동을 완전히 중단했다.

반면, 메리트는 이후 전성기를 맞이했다. 1948년, 퍼트넘의 자리를 이어받은 메리트는 많은 제자를 길러냈다. 그의 제자 서른다섯 명이 미국 전역의 신경과에서 과장으로 재직한 것만 봐도 그 교육의 질을 예상해볼 수 있다. 또, 그는 신경학의 양대 교과서로 불리는《메리트 신경학 교과서Merritt's Textbook of Neurology》를 제5판까지 단독으로 저술했다(다른 하나는《애덤스와 빅터의 신경학 원칙Adams and Victor's Principles of Neurology》이다). 또, 뇌척수액 분야와 신경 매독에 대해서도 대가다운 면모를 보여주었다.

뇌전증 치료에 효과적인 페니토인이 발견된 것만큼이나, 만들기 쉬우면서 일관성 있는 뇌전증 동물 모델이 개발된 것 역시 중요하다. 실제 뇌전증 발작 억제 효과가 있는지 여러 약물을 테스트해볼 방법이 생긴 것이다. 이 전기자극 모델과 이후 개발된 화학물질 펜틸렌테트라졸pentylenetetrazole을 이용한 발작 모델은 이후 수십 년간 항경련제 스크리닝의 표준으로 사용되었다.

약물 스크리닝이 가능한 동물 모델이 개발되었지만 1960, 1970년대에는 카바마제핀carbamazepine과 발프로익산valproic acid, 단 두 개의 새로운 항경련제만이 개발되었다. 이 둘은 현재도 중요한 항경련제로 널리 사용되고 있다.

발프로익산 발견에는 재미있는 일화가 있다. 1881년에 최초로 합성된 이 약물은 원래 다른 화학물질을 녹일 때 사용하는 용매로서 주로 이용되어왔다. 그러던 1963년, 한 실험실 연구원 카라즈Georg Carraz는 고대 이집트 시대부터 만병통치약처럼 사용되던 약초 켈린khelin을 발프로익산으로 용해한다. 켈린이 뇌전증에도 효과가 있을 가능성을 염두에 두고 실험한 것이었다. 그런데 뜻밖에도 켈린이 얼마나 들어갔는지와 상관없이 용매인 발프로익산 자체가 발작을 억제한다는 사실이 밝혀졌다. 이 우연한 발견을 계기로 발프로익산은 항경련제로 개발되어 현재까지 널리 사용되고 있다. 행운이 작용한 발견이다.

마침내, 1975년이 되어서야 표준화된 항경련제 스크리닝 프로그램Anticonvulsant Screening Program, ASP이 미국 국립보건원의 주도하에 정립되었다. 이로써 새로운 약물의 개발이 가속화되어 1980년대 후반부터 무려 20종이 넘는 새로운 항경련제가 추가로 발매되었다. 이 중에는 국내 제약사가 개발한 세노바메이트도 있다. 스크리닝 프로그램은 이후로도 계속 다양한 약물 스크리닝 방법을 추가하고 있다.

항우울제의 개발

클로르프로마진이 조현병 약물로 등장하고 3년 뒤, 최초의 항우울제가 소개된다. 바로 히드라진hydrazine에서 파생된(분자에 붙는 염기를 다른 것으로 대체한) 이프로니아지드iproniazid다. 이 약의 탄생에는 흥미로운 이야기가 있다. 원래 히드라진은 제2차 세계대전 중에 독일이 대량 살상무기로 개발 중이던 V2 로켓의 추진체에 들어가는 연료였다. 그 자체로 인체에 독성이 있어 피부와 안구를 자극하고, 우울증, 경련 발작, 그리고 혼수상태를 유발할 수 있었다. 그런데 전쟁이 끝난 후 연합군이 히드라진을 확보했고, 이를 제약회사들이 임상에 쓸 수 있는 약물로서 테스트해보게 되었다. 인체에 해를 끼치는 물질은 변형만 잘하면 반대로 인체에 이롭게 사용할 수 있기 때문이었다.

이 과정에서 제일 먼저 개발된 것이 제약회사 로슈에서 만든 항결핵제 이소니아지드isoniazid였다. 이 약은 당시 마땅한 치료제가 없던 결핵 환자들에게 큰 희망이 되었다. 이후 다른 염기를 붙이거나 교환하는 방법으로 결핵에 효과가 있는 물질을 추가로 찾으려는 시도가 계속되었다. 그렇게 개발된 약이 이프로니아지드다. 당연히 이 약에도 항결핵 효과가 있었지만, 환자에게 투여하는 과정에서 기대하지 않은 현상이 관찰되었다. 결핵으로 죽어가고 있던 환자들의 기분이 호전되고, 태도도 훨씬 더 희망적으로 바뀐 것이었다. 이 사실을 놓치지 않은 미국 정신과 의사들은 클라인Nathan Kline, 1916-1983의 주도하에 임상 시험을 수행한 끝에, 이 약으로 70퍼센트 이상의 환자가 기분이 호전되는 것을 확인했다. 이 결과를 바탕으로 이프로니아지드는 1957년에 바로 항우울제 허가를 받았고, 그 이듬해에만 미국에서 40만 명이 넘는 우울증 환자가 이 약물로 치료를 받았다.

1952년에는 노스웨스턴대학교의 젤러Albert Zeller, 1907-1987가 어떻게 이프로니아지드가 우울증에 효과를 보이는지 밝혀냈다. 이프로니아지드가 뇌 신경전달물질 노르아드레날린, 세로토닌, 도파민을 분해하는 모노아민 산화효소Monoamine Oxidase, MAO를 억제하는 것이었다(그림 4). 이 효소를 억제하면 뇌 신경전달물질 분해가 떨어져 농도가 증가했다. 이 발견은 단순히 약물의 작용 기전을 규명한 것을 넘어, 신경전달물질의 부족 또는 불균형이 우울증의 중요한 원인이 될 수 있다는 강력한 증거가 되었다.

1950년대에는 이미프라민imipramine이라는 또 다른 항우울제가 개발되었다. 이 약은 항히스타민 약물의 구조를 변형시킨 것으로, 원래는 조현병 치료 약물로 만들었다. 그런데 실제로 환자에게 사용해보니 조현병보다는 우울증에 더 큰 개선 효과를 보였다. 이러한 결과는 스위스의 정신과 의사 쿤Roland Kuhn, 1912-2005에 의해 1957년에 독일어 논문으로 발표되었다. 학회에서도 이 논문을 소개했지만 당

　　　　　　　　　　　　　　　　　　　　　　　　　　　　두뇌 인류

시 열두 명 정도의 청중은 무심했다고 한다. 게다가 영어 번역 논문이 나오지 않아 한동안 결과가 조작된 것 아니냐는 의심을 샀다. 하지만 이후로도 우울증 개선 효과가 일관성 있게 확인되면서, 최종적으로 새로운 항우울제로 인정받을 수 있었다. 이미프라민은 요즘도 사용하는 삼환계 항우울제tricyclic antidepressant(분자 구조에 링 모양이 세 개가 있어 붙은 이름이다)의 시초가 되었다.

이미프라민도 뇌에서 노르아드레날린과 세로토닌의 농도를 높였지만, MAO에 대한 억제 효과는 없었다. 어떻게 분해 효소 억제 작용 없이 신경전달물질의 농도를 높이는지에 관심이 집중되었다. 이에 대한 해답은 미국 국립보건원에서 연구 중이던 액설로드Julius Axelrod, 1912-2004에 의해 밝혀진다(그림 5). 신경전달물질은 신경세포의 축삭 말단에서 분비되어 인접 신경세포의 수용체에 결합한 후, 효소에 의

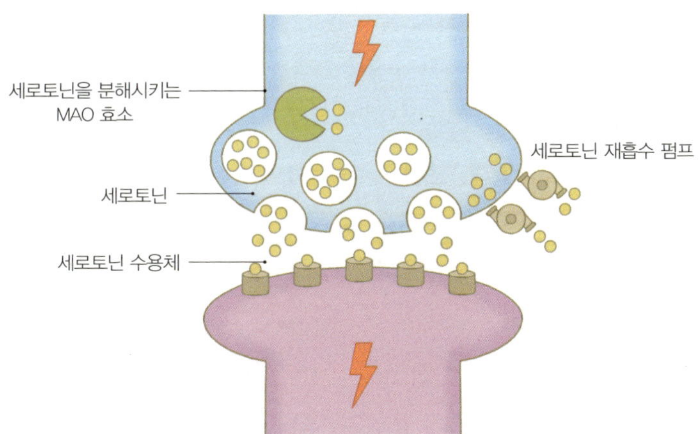

그림 4 | **항우울제의 작용 기전** 세로토닌은 만족과 행복을 가져오는 신경전달물질이다. 항우울제는 종류에 따라 MAO 효소를 차단하여 세로토닌의 분해를 줄이거나, 세로토닌 재흡수 펌프를 차단하여 시냅스 간극의 세로토닌 농도를 올린다.

그림 5 | 액설로드의 초상

해 분해되거나 다시 원래 신경세포로 되돌아간다. 두 번째 현상을 재흡수reuptake라고 부르는데, 이미프라민은 바로 이 재흡수 현상을 차단하여 시냅스 내 신경전달물질의 농도를 올렸다(그림 4). 이 발견 또한 신경전달물질의 불균형이 우울증의 원인이 됨을 시사하는 소견이었다. 액설로드는 이 발견으로 1970년에 카츠(제8장)와 공동으로 노벨 생리의학상을 받았다. 현재 가장 많이 사용되고 있는 항우울제인 선택적 세로토닌 재흡수 억제제Selective Serotonin Reuptake Inhibitor, SSRI도 세로토닌의 재흡수를 억제하여 항우울 효과를 만들어낸다.

20세기 전반의 정신 질환 치료는 인슐린 쇼크, 전기충격요법, 전두엽 절제술처럼 인체에 큰 부담을 주는 방법들이 주류였다. 이들은 당시로서는 증상을 완화할 수 있는 거의 유일한 선택지였지만, 효과와 부작용 사이의 균형이 맞지 않아 많은 환자가 고통을 겪었다.

1950년대 클로르프로마진의 등장으로 조현병 치료가 가능해지고, 이어서 이프로니아지드와 이미프라민 같은 항우울제가 개발되면서 정신 질환 치료의 중심축은 점차 외과적 방법과 충격요법에서 약물 치료로 옮겨갔다. 특히, 이 약물들은 뇌 속 신경전달물질의 불균형이 우울증 등 정신 질환의 원인이 될 수 있음을 보여주었고, 이후 선택적 세로토닌 재흡수 억제제 등 보다 안전하고 표적화된 약물의 개발로 이어졌다. 결국 우울증은 단순한 심리 문제나 의지 부족이 아니라, 뇌의 화학적 불균형에서 비롯될 수 있는 질환이라는 인식이 자리 잡게 되었고, 이는 정신 질환에 대한 낙인 효과를 줄이고 치료 접근성을 높이는 데 중요한 역할을 했다.

조현병의 발병 기전

조현병의 발병 기전과 관련된 가설은 다음과 같이 다양하다.

유전적 요인: 조현병의 발현에는 유전적 요인이 중요한 역할을 할 것이라는 증거가 있다. 가족력이 있는 경우 발병 위험이 높아지며, 다양한 유전적 변이가 위험을 증가시킨다.

신경전달물질 가설: 도파민과 같은 신경전달물질의 불균형이 조현병의 발병과 관련이 있다는 가설이다. 뇌의 도파민 시스템이 과도하게 활성화되어 조현병에서 관찰되는 양성 증상(환각, 망상 등)이 나타날 수 있다.

뇌 구조 및 기능 변화 가설: 조현병 환자들은 뇌의 구조와 기능에서 여러 가지 변화를 보인다. 예를 들어, 특정 뇌 특정 영역의 크기가 줄어들거나 활동이 감소하는 것이 관찰된다.

환경 요인 가설: 스트레스, 약물 사용, 그리고 태아기 또는 출생 초기의 환경적 요인도 조현병의 발병에 영향을 줄 수 있다. 예를 들어, 태아기에 바이러스 감염에 노출되거나 극심한 스트레스를

경험하는 것이 위험 요소가 될 수 있다.

면역 이상 가설: 최근 일부 연구들은 조현병과 면역 체계 이상 사이의 관련성에 주목하고 있다. 이는 자가면역 반응이나 염증과 같은 면역 체계의 변화가 조현병 발현에 관여할 수 있음을 시사한다.

발달 관련 가설: 뇌의 발달과 성숙 과정에서 발생하는 이상이 장기적으로 조현병의 증상을 초래할 수 있을 가능성이 있다.

이러한 가설들은 서로 독립적이라기보다는 상호 연관되어 있을 가능성이 높다. 발병에 요인이 복합적으로 작용할 것으로 예상된다.

월경성 뇌전증catamenial epilepsy

월경성 뇌전증('catamenia'는 그리스어로 '매달'을 뜻한다)은 생리 주기에 맞춰 발작 빈도가 증가하는 형태의 뇌전증이다. 에스트로겐은 발작을 촉진하고, 프로게스테론은 발작을 억제하는데, 생리 주기 중 배란기와 월경기에는 두 호르몬의 비율이 변하여 상대적으로 에스트로겐의 영향이 커진다. 그 결과 발작이 더 심해지는 경향이 나타난다.

새로이 개발되는 신경계 약물 중
뇌전증 치료제가 압도적으로 많은 이유

어떤 물질이 특정 질환에 치료 효과가 있을 가능성이 발견되면, 다음과 같은 임상시험 과정을 거쳐 실제 임상에서 사용된다. 각 단계는 특정 목적을 가진다.

전임상 단계 preclinical trials

의약품이나 치료법의 안전성과 생물학적 활성을 동물 모델을 통해 평가한다. 이 단계에서는 효능, 독성, 최적의 용량이 평가되며, 인간 대상 시험의 기초 데이터가 만들어진다.

임상시험 1상 phase I

의약품의 안전성과 내약성을 소규모(보통 20~100명의 건강한 자원자)로 평가한다. 최적의 용량 범위와 약물의 대사 및 배설 경로를 확인한다. 가장 중요한 목적은 안전성을 확인하는 것이다.

임상시험 2상 phase II

의약품의 효능과 부작용을 더 많은 환자(보통 100~300명)에게서 평가한다. 이 단계에서는 약물이 대상 질병을 치료하는 데 효과적인지도 판단한다. 약물의 효과와 부작용을 같이 보는 과정이다.

임상시험 3상 phase III

의약품의 효과와 안전성을 큰 규모의 환자 집단(보통 수백 명에서 수천 명)에서 평가한다. 이 단계는 시장에 출시하기 전에 약물의 효능에 관한 과학적인 증거를 확인하는 과정이다. 보통 3상을 통과한 약의 발매가 허가된다. 대조군을 이용해서 이중맹검 시험을 하게 된다. 이중맹검은 환자가 복용하는 것이 실제 약물인지 단순한 밀가루(플라세보)인지 약을 주는 의사와 복용하는 환자 모두 모르는 상태에서 시험이 이루어지는 것을 말한다.

임상시험 4상 phase IV

시장에 출시된 후의 의약품을 대상으로 장기적인 효과, 부작용, 경제적 가치 등을 평가한다.

통상 임상시험 중 가장 어려운 단계가 2상과 3상이다. 이 단계에 참여하는 뇌전증 환자들은 여러 항경련제를 복용함에도 발작이 조절되지 않아 한 달에도 여러 차례 발작하는 사람들이다. 그렇다 보니 새로운 약물의 항경련 효과 여부 판단은 몇 개월만 관찰하면 가능하다. 반면, 뇌혈관 질환의 예방제나 치매 치료제 같은 경우에는 그 효과를 관찰하기 위해 수년간의 시간이 소요된다. 항경련제가 가장 많이 개발된 이유가 여기 있다(표 1).

비가바트린 Vigabatrin	1989
라모트리진 Lamotrigine	1991
가바펜틴 Gabapentin	1993
토피라메이트 Topiramate	1995
티아가빈 Tiagabine	1998
옥스카르바제핀 Oxcarbazepine	2000
레비티라세탐 Levetiracetam	2000
스티리펜톨 Stiripentol	2001
프레가발린 Pregabalin	2005
조니사미드 Zonisamide	2006
루피나미드 Rufinamide	2007
라코사미드 Lacosamide	2008
에슬리카르바제핀 Eslicarbazepine	2009
레티가빈 Retigabine	2009
페람파넬 Perampanel	2012
세노바메이트 Cenobamate	2019

표 1 │ **새로운 항경련제의 개발** 근래에 올수록 많은 약물이 개발되었다. 그중 가장 최근에 나온 효과적인 항경련제 세노바메이트는 국내에서 개발되었다.

기억은 어디에 저장될까?

학습 능력과 뇌 가소성의 비밀

"우리의 정신 상태는 끊임없이 흐르면서 변하기에,
이를 안정적으로 테스트하기란 매우 어렵다."
헤르만 에빙하우스 Hermann Ebbinghaus, 1850-1909

"동시에 흥분하는 신경세포는 함께 엮여 있다."
도널드 헤브 Donald O. Hebb, 1904-1985

"기억이 우리를 만든다.
현재 우리의 모든 것은 우리의 과거에 있다."
루크 디트리치 Luke Dittrich(《환자 H. M.》 저자)

기억 연구의 태동

　　기억 연구에 최초로 과학적인 방법론을 적용한 사람을 꼽는다
면 에빙하우스Hermann Ebbinghaus, 1850-1909가 맞을 것이다(그림 1). 독
일에서 태어나 대학에서 역사와 철학에 관심을 보인 에빙하우스는
1873년에 박사 학위 취득 후 영국과 프랑스를 돌면서 학생 교육에
힘을 쏟았다. 그러다가 런던의 한 헌책방에서 우연히 독일의 철학
자 페히너Gustav Fechner, 1801-1887가 쓴《정신물리학 요강Elements of
Psychophysics》이라는 책을 접하게 된다. 이 책은 에빙하우스가 그 유
명한 기억 실험을 계획하는 데 결정적인 자극을 주었다.

　　참고로 페히너는 베버Ernst Heinrich Weber, 1795-1878와 함께 '베
버-페히너의 법칙'을 제시한 사람이다(그림 2). 이 법칙은 감각기관에
서 자극의 변화를 느끼기 위해서는 이전 자극보다 더 큰 자극이 필
요함을 역설한다. 만약 처음에 약한 자극을 받으면 이후 자극의 변화
폭이 작아도 그 변화를 느낄 수 있지만, 처음에 강한 자극을 받으면

그림 1 | 에빙하우스의 초상

이후 자극의 변화가 커야만 그 변화를 인지할 수 있다. 10그램의 물체에 1그램이 추가된다면 그 변화를 감지하기 쉽지만, 1킬로그램의 물체에 1그램이 추가된다면 그 변화를 감지하기 어려운 것이다. 인간이 감정 변화를 체감할 때도 이와 유사한 원리가 적용된다.

1879년, 에빙하우스는 베를린대학교에서 독일의 세 번째 심리학 실험실을 설립하고, 기억에 관한 실험을 시작했다. 이전 연구자들은 기억이라는 요소는 너무 주관적이고 빨리 변하므로 객관적인 연구 방법이나 측정 지표를 만드는 것이 불가능하다고 보고 있었다. 하지만 에빙하우스는 베버-페히너의 법칙에서 아이디어를 얻어, 기억 연구에도 객관적인 측정 지표를 만들 수 있다고 확신했다. 그리고 마침내 1885년에 《기억: 실험심리학에 대한 기여 Memory: A Contribution to Experimental Psychology》라는 기억과 관련한 심리학 연구 분야의 기념비적인 저서를 내놓는다.

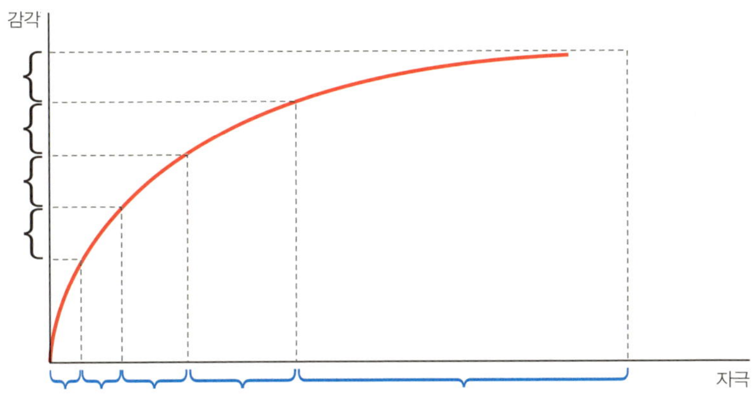

그림 2 | 베버-페히너 법칙

이 책에서 에빙하우스는 독창적인 기억 측정법을 제시했다. 기억의 대상으로 'WOK, MOK, JEK'같이 뜻이 만들어지지 않는 글자의 조합을 선정한 것이다. 이러한 의미 없는 글자를 사용해 기억 실험을 하면 환자 개인의 감정이나 경험과 같은 주관적 요소를 배제하고 객관적인 기억 능력을 측정할 수 있었다. 에빙하우스는 2,300개가 넘는 조합을 이용해 기억의 습득, 저장, 불러오기 등 여러 단계의 기억 능력을 평가했다. 이를 통해 습득에 걸리는 시간, 기억에 필요한 반복 횟수를 측정했고, 습득과 불러오기(기억해내기) 사이의 시간 간격이 기억 재생에 미치는 영향도 연구했다. 그는 객관적인 지표 개발을 통해 기억에 관한 연구를 철학 영역에서 심리학 영역으로 이동시켰다는 평가를 받는다. 곧이어, 유사한 방법을 동물 실험에 적용하는 연구자들이 나타났다.

신경세포의 변화와 기억의 형성법

신경계가 하나의 거대한 그물처럼 이어진 게 아니라 '개별 세포(신경원)'들이 모여서 연결망을 이루고 있다는 신경원 독트린(제5장)이 받아들여진 후, 자연스럽게 신경세포 간의 연결이 변화하는 현상이 있을 것이라는 가설이 나왔다. 신경세포 사이의 연결, 즉 시냅스가 고정되어 있지 않고, 수상돌기나 축삭이 자라거나 움직여서 특정 기능을 강화하거나 약화할 수 있을 것이라 생각했다. 특히, 1890년대에는 수상돌기와 축삭이 마치 아메바처럼 움직일 것이라는 가설이 인기를 끌었다.

독일의 해부학자 라블-뤽하르트Hermann Rabl-Rückhard, 1839–1905는 특정한 정신적 행위를 지속하면 신경원의 돌기가 아메바처럼 움직여서 특정 지역으로 이동할 것으로 생각했다. 이 아이디어는 이탈리아의 정신과 의사 탄지Eugenio Tanzi, 1856–1934에 의해 더 세련되게 다듬어졌다. 그는 신경 신호가 전달되면 세포 내 원형질의 필라멘트filament가 길게 늘어나면서 인접한 세포와 시냅스를 형성할 것이라고 설명했다. 이러한 아메바 이론은 프랑스의 해부학자 뒤발Mathias-Marie Duval, 1844–1907도 제시했다. 그는 수면 중에는 감각신경의 돌기가 줄어들어 감각을 받아들이지 못하다가 자극이 점차 강해지면 감각신경의 돌기가 길어지고, 마침내 돌기가 대뇌 피질에 도달하면 각성 상태가 된다고 보았다. 또한 상상력을 발휘하거나 기억을 떠올리려고 하면 신경세포의 아메바 운동이 강해지면서 시냅스를 통한 신경신호 전달이 잘 이뤄진다고 주장했다. 뒤발은 물고기 눈에 빛을 쪼이면 망막의 원뿔 세포가 수축하고, 동물에게 마취제를 쓰면 수상돌기가 후퇴하는 것을 그 증거로 들었다. 또, 피곤한 환경에 노출된 쥐나 겨울잠을 자는 동물의 수상돌기의 형태가 변하는 것도 그 예로 제시했다.

한편, 스위스의 해부학자 쾰리커(제5장)는 아메바 운동은 원생동물에게서 영양소나 온도의 변화에 따라 나타나는 것으로, 단단한 신경세포에는 일어날 수 없다고 생각했다. 그리고 점차 많은 과학자가 시냅스에서의 변화가 아메바 운동보다는 훨씬 느린 현상임을 받아들였다.

네덜란드의 신경학자 카퍼르스C. U. Ariëns Kappers, 1877~1946는 신경세포가 우연히 자라는 것이 아니라, 자극을 더 많이 받는 방향으로 성장한다는 원리를 제시했다. 그리고 이를 자극주성neurobiotaxis이라고 불렀다. 카퍼르스는 뇌가 발달하는 과정에서 성장 요소growth factor가 세포와 수상돌기의 성장 방향을 결정하며, 신경의 전기 신호가 바로 이 성장 요소 역할을 한다고 보았다. 전기자극이 많은 쪽으로 수상돌기가 자라 연결이 강화된다는 것이었다. 그런가 하면 미국의 동물학자 차일드Charles Manning Child, 1869~1954와 심리학자 홀트Edwin B. Holt, 1873~1946는 신경섬유의 성장이 시냅스 간격을 좁히는 쪽으로 진행되어 신경전달이 쉬워진다는 이론을 내놓았다.

반면, 래슐리(제6장)처럼 신경세포의 성장 자체를 부정하는 사람도 있었다. 그는 학습이 이루어지는 빠른 속도를 생각하면 신경세포의 성장으로 기억을 설명할 수 없다고 생각했다. 더불어 뇌에서 기억이 머무는 자리, 엔그램(제6장)을 찾을 수 없다는 점도 신경세포가 자라난다는 성장 이론이 틀렸다는 증거로 들었다.

이러한 상황에서 기억과 학습을 반사로 설명할 수 있다는 이론도 등장했다. 세체노프(제6장)는 학습과 같은 복잡한 인지 과정도 단순 반사의 수많은 조합으로 이뤄진 것이라고 주장했다. 파블로프(제6장) 또한 조건반사가 동물과 인간의 기본 학습 수단이며, 모든 학습된 행동은 이러한 조건반사의 연속된 조합이라고 보았다. 그리고 학습이 조건반사 간 새로운 연결을 만드는 과정이라고 주장했다. 미국의 철학자 제임스William James, 1842-1910도 비슷한 생각을 했다. 그는 뇌 구성 요소 두 개가 동시 또는 연속 동작을 반복하면 이 두 구성 요소 사이에 마치 도로 같은 통로가 생겨 연결이 강화된다고 생각했다. 별개의 두 구성 요소가 함께 작동하는 한 단위로 바뀐다는 것이었다.

기억 연구의 동물 실험 모델과 기억 전체론의 부상

기억 연구에 사용할 수 있는 동물 모델을 개발한 사람은 미국의 심리학자 프란츠다(제6장). UCLA의 초대 심리학과장이던 그는 이후 미국 심리학회American Psychological Association의 회장이 되었다. 그가 사용한 방법은 동물 뇌에 병소를 만들어 기억과 학습에 어떤 영향을 미치는지 관찰하는 것이었다. 1902년, 그는 고양이 모델을 이용해서 전두엽이 학습에 미치는 영향을 조사했다. 실험에는 컬럼비아대학교의 심리학자 손다이크Edward L. Thorndike, 1874-1949가 개발한 탈출상자puzzle box를 활용했다.

이 상자 안에 가둬진 고양이는 줄을 당기거나 버튼을 눌러 문을 열고 탈출할 수 있다. 처음에는 우연히 문을 열게 되지만 실험을 반복하면 고양이는 점점 더 짧은 시간 안에 탈출할 수 있게 된다. 학습이

두뇌 인류

이루어진 것이다. 바로 이때 고양이의 양쪽 전두엽에 손상을 주면 이전에 학습한 탈출 기술을 잊어버리는 것을 확인했다. 반면, 한쪽 전두엽만 손상시키는 경우에는 반응 속도가 느려지기는 하지만 기술을 잊어버리지는 않았다. 또한 함께 발견된 중요한 사실은 양쪽 전두엽이 손상되어 기술을 잃어버린 고양이조차 빠른 시간 안에 재학습이 가능하다는 것이었다.

이러한 관찰 결과를 바탕으로 프란츠는 전두엽이 기억에 관여하는 것은 맞지만 결정적인 장소는 아니라고 결론지었다. 나아가 그는 뇌의 연결은 고정된 것이 아니라 유동적이라는 생각에 이르렀다. 전두엽 손상 이후에도 빠르게 회복하고 다시 학습할 수 있는 고양이의 모습에서 뇌 기능이 특정 부위에만 국한되지 않으며, 손상 시 새로운 경로가 형성되어 기능을 대체할 수 있음을 확인했기 때문이었다. 이는 오늘날 신경계 가소성 개념과 통하는 것으로(지식 상자 12-1), 뇌신경세포가 새로운 자극을 통해 새로운 회로를 형성할 수 있다는 사실을 시사한다.

프란츠는 이제 막 의과대학을 졸업한 래슐리와 함께 다섯 가지 기억 실험 프로젝트를 진행했다. 프란츠가 병소를 만들면 래슐리가 동물의 행동 테스트를 기획 및 시행하고, 다시 프란츠가 조직의 변화를 연구하는 방식이었다. 이러한 연구를 바탕으로 둘은 1917년부터 기억과 관련한 중요 논문을 발표하기 시작했다.

1929년이 되어 래슐리는 그동안의 연구 결과를 요약 정리했다. 대뇌 피질에 커다란 병소를 만들면 기억 저장에 문제가 생기는 것은 맞으나, 어떤 특정 부위 손상으로 인해 기억에 문제가 생기는 것은 아니라는 내용이었다. 기억 손상은 대뇌 피질 손상의 양에 의해서 결정되는 것이지 위치는 중요하지 않다는 것이었다(제6장).

래슐리는 이후로도 기억 연구를 계속하여 1950년에는 《기억의 흔적을 찾아서In Search of Engram》라는 논문을 발표했다. 쥐에서 운동 피질과 시각 피질로 생각되는 부위를 제거해도 시각 자극을 향해 달려드는 행동에는 장애가 생기지 않았다. 원숭이의 운동신경 부위에 손상을 주어도 빗장을 열고 문을 여는 기억을 되살리는 데 문제가 없었으며, 시각연합 영역visual association area에 병소를 만들어도 이미 학습된 색깔, 밝기, 형태를 구분할 수 있었다. 심지어 대뇌 피질 여러 곳에 칼집을 넣어 피질 간 연결을 끊어도 기억에 장애가 초래되지 않았다. 이로써 래슐리는 뇌의 특정 영역에 기억의 엔그램이 존재한다는 가설은 틀렸다는 확신을 가지게 되었다. 그는 원숭이 실험을 통해서 입증된 이러한 결과가 사람에게도 적용될 것으로 믿었다. 기억에 관한 한 또다시 뇌의 전체론적 설명이 설득력을 얻은 것이었다.

이러한 프란츠와 래슐리의 견해는 쾰러Wolfgang Köhler, 1887-1967와 코프카Kurt Koffka, 1886-1941로 대표되는 독일의 게슈탈트Gestalt학파의 '기억의 패턴 이론'으로 이어졌다. 원래 게슈탈트학파의 기본 원리는 '전체는 전체를 이루는 각 부분을 합한 것보다 더 크다'라는 것이었다. 다시 말해, 따로따로 특정한 기능을 가진 뇌의 각 부분이 모여 전체적인 뇌 기능이 완성되는 것이 아니라는 말이었다. 그들은 특정 기능을 수행할 때 뇌의 넓은 영역에서 각 부분이 복잡한 패턴을 이루어 작동한다고 생각했다. 예를 들어, 시각 기억을 형성하기 위해 눈으로 들어오는 시각 정보가 뇌의 특정 영역과 일대일로 매칭되는 것이 아니라, 여러 차원의 뇌 영역이 패턴을 형성해 정보를 기호화한다는 것이었다. 그리고 기존의 패턴 위에 추가 패턴을 더해 새로운

두뇌 인류

패턴을 형성하면 새로운 기억이 된다고 보았다. 이 이론은 래슐리의 전체론과 일맥상통한다. 기억의 엔그램이 뇌 피질에 두루 퍼져 있으며, 뇌의 한 부분이 손상된다면 비록 패턴을 형성하는 네트워크에 어느 정도 이상은 오겠지만 기억 전체가 망가지는 일은 없다는 것이다.

기억에 관한 전두엽의 역할

게슈탈트학파의 이론과 프란츠와 래슐리의 전체론적 이론이 기억과 관련한 뇌 작동을 잘 설명한다고 생각되는 상황에서도, 기억 기능에 관한 국소론적 아이디어는 여전히 살아 있었다. 그중 유명한 것이 미국의 야콥센(제11장)과 풀턴John Fulton, 1899-1960이 시행한 침팬지 실험이다(제11장). 두 사람은 벡키와 루시라는 두 침팬지가 도구를 사용하도록 훈련시킨 후에 순차적으로 양쪽 전두엽을 손상시켰다. 양쪽 전두엽에 병소가 생긴 후에도 침팬지들의 도구 사용 기술은 유지되었다. 하지만 행동 테스트 중간에 시간차를 두면 문제가 생기기 시작했다. 예를 들어, 두 컵 중 한 컵에 음식을 넣는 것을 보여주고 수 분간 막으로 가린 후에 막을 걷으면 침팬지들은 어느 쪽에 음식이 들었는지 판단하기 곤란해했다. 수술 전에는 문제가 없는 부분이었다. 전두엽 손상이 기술 습득에는 영향을 주지 않지만, 단기기억에는 문제를 일으키는 것으로 보였다. 그들은 비슷한 실험을 타란툴라의 일종인 바분에게도 시행해 같은 결과를 얻었다.

이런 결과를 다르게 해석하는 시각도 있었다. 미국의 정신과 의사 브리크너(제11장)는 뇌종양 수술로 전두엽이 손상된 환자를 분석했었다. 언뜻 보기에는 이 환자에게 단기기억 손상이 있는 것 같았지만 실제로는 아니었다. 자세히 관찰해보니 그는 주변에 흥미를 가지고 새로운 환경에서 알맞은 행동을 계획하거나 조직하는 능력이 떨어진 것이었다.

야콥센과 풀턴의 실험에서도 두 침팬지는 수술 전에 특정 행동 보상을 받지 못할 때 보이던 반항적 행동을 보이지 않았다. 모두 얌전해졌고, 특히 한 마리는 주변에 전혀 신경을 쓰지 않고 편안해했다. 래슐리 역시 전두엽 손상으로 나타나는 장애가 필요한 행동을 순차적으로 계획하고 수행하지 못하는 것이라고 해석했다. 1948년에는 야콥센도 침팬지의 행동 변화가 단기기억 손상만으로는 설명되지 않음을 인정했다. 이후 최종적으로 행동의 계획, 집중, 불필요한 행동의 억제와 같은 고위 인지 기능의 손상임이 확인되었다. 참고로, 뒤에 다시 나오겠지만 전두엽이 작업 기억working memory에 중요한 역할을 하는 것은 사실이다.

펜필드의 전기자극 실험과 국소론의 재등장

래슐리와 게슈탈트학파의 이론으로 기억에 관한 한 전체론적 관점이 우세를 점한 가운데, 이를 반박할 수 있는 실험 결과가 발표되었다. 몬트리올의 펜필드는 난치성 뇌전증을 치료하기 위해 수백 명에게 발작의 초점을 찾아 제거하는 수술을 시행했다. 이와 같은 뇌전증 수술은 지금도 시행되는 것이다. 그는 대뇌 피질에 전극을 올려놓고 뇌의 전기적 현상을 기록해 발작의 초점을 찾았다. 반대로, 전극에 전류를 흘려보내서 전극이 올려진 대뇌 피질이 어떠한 기능을 하는지도 확인했다. 전기자극은 국소 마취만 한 상태에서 가해졌다. 이때 뇌를 싸고 있는 구조물은 통증을 느끼지만 뇌 자체는 통증을 느끼지 못했다.

그런데 놀랍게도 측두엽에 전기자극을 가하니 과거에 있던 일을 생생하게 다시 경험하는 환자들이 있었다. 과거에 들었던 피아노 연주가 다시 들리거나 전화 내용이 그대로 다시 재생되는 것이었다. 심지어 이전에 보았던 장면이 다시 나타나기도 했다. 이러한 현상은 반드시 특정 지점을 자극해야만 나타났고, 같은 지점을 다시 자극하면 같은 경험을 할 수 있었다.

펜필드의 이러한 발견은 기억 저장과 관련한 기능이 대뇌 피질에 전체적으로 퍼져 있으며, 특정 부위의 손상이 아니라 특정 양의 손상이 있어야 기억이 감소한다는 래슐리의 전체론적 관점에 정면으로 반하는 소견이었다. 이 발견으로 국소론과 전체론의 해묵은 논쟁이 다시 수면 위로 올라왔다. 펜필드가 바로 기억의 엔그램을 자극한 것처럼 보였기 때문이었다. 펜필드의 발견을 본 래슐리는 놀라움을 감추지 못했으며, 어떻게 몇 개의 신경세포를 자극함으로써 복잡한 기억이 떠오르는지 설명할 길이 없다고 했다.

그러나 펜필드가 전기자극으로 불러일으킨 기억은 우리가 평소에 떠올리는 일상 기억과는 성격이 달랐다. 우리가 어떤 일을 기억할 때는 그 당시의 모든 순간을 세세하게 떠올리는 것이 아니라, 중요한 장면이나 감정을 중심으로 압축된 형태로 회상한다. 하지만 전기자극으로 유도된 기억은 마치 과거의 한 순간을 실시간으로 다시 체험하는 듯이 모든 세부가 영화처럼 재생되었다. 게다가 이런 기억들은 피실험자에게 특별히 중요한 사건도 아니었다.

그래서 펜필드는 이 자리가 바로 그 기억을 보관하는 장소라는 초기 이론을 수정했다. 그는 다양한 실험 결과를 종합해, 측두엽 자극은 특정한 기억 장소를 직접 활성화하는 것이 아니라 뇌 여러 부위에 흩어져 있던 기억 흔적을 한곳으로 모아 재생시키는 역할을 한다는 새 이론을 제시했다. 전기자극이 기억 자체를 건드린 것이 아니라, 흩어진 기억이 모여 회상되는 과정을 촉발했다는 것이었다.

1950년, 펜필드는 전기자극 실험을 통해 이전까지는 동물 실험으로만 확인되던 운동·감각 피질 지도를 인간 뇌에서도 작성하는 데 성공했고, 이로써 세계적인 명성을 얻었다(제7장).

헤브의 통찰력과 세포 수준의 기억 저장

캐나다의 심리학자 헤브(제6장)는 1949년 당시로는 획기적인 아이디어를 내놓았다. 우선 헤브는 인간의 마음이 전적으로 뇌 활동에 의한 것이라고 전제했다. 당시는 여전히 많은 과학자와 심리학자, 철학자가 마음이 뇌와 관련이 없다고 생각하던 때였다. 그리고 많은 철학자가 마음에 대한 물리적인 설명은 불가능하다고 생각하고 있었다. 물론 여전히 그렇게 믿고 있는 사람도 많다. 헤브는 이러한 비관론에 일침을 가하면서 지금 우리가 설명하지 못한다고 해서 영원히 풀 수 없는 문제는 아니며, 과학을 하는 사람이라면 언제까지고 모호한 설명을 받아들일 수는 없을 것이라고 했다.

헤브는 한때 스승이었던 래슐리와 달리 기억이 뇌에서 기능적,

  두뇌 인류

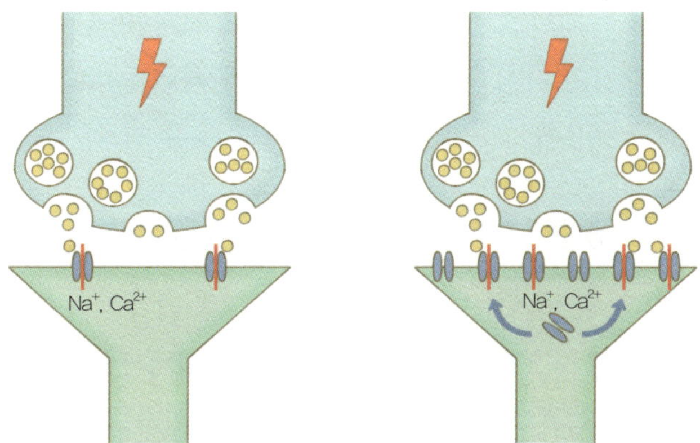

그림 3 │ 시냅스 가소성 신경계 가소성 또는 뇌 가소성은 뇌와 신경계가 경험에 따라 변화하고 적응하는 능력을 가졌음을 의미한다. 그림에서는 수용체의 증가로 인하여 신경세포 사이의 연결이 강화되어, 정보 전달이 더 용이해지는 과정을 보여주고 있다.

구조적 변화를 만들 것이라고 믿었다. 그리고 시냅스에서의 돌기 성장 이론과 비슷하면서도 다른 의견을 내놓았다. 인접한 신경세포들이 반복해서 자극되면 두 세포의 연결성이 강화될 것으로 예측한 것이었다(그림 3). 이는 추후 언급할 장기 강화 현상과 일치하는 개념이다. 다만 헤브는 반복 자극으로 신경세포 연결이 강화되는 과정을 설명하면서, 그 이유가 세포 자체가 자라서 시냅스가 늘어나는 구조적 변화 때문일 수도 있고, 세포 내 화학적, 전기적 변화 때문일 수도 있다고 보았다.

이러한 아이디어의 기원은 18세기의 영국의 철학자 하틀리David Hartley, 1705-1757까지 거슬러 올라간다. 하틀리는 감각이 도달하기 전의 마음 상태는 백지와 같이 아무것도 적혀 있지 않은 상태라고 생각했다. 그리고 이 마음에 기억과 감정, 추론 등이 출현하기 위해서는 근접한 마음 영역이 순차적 또는 동시적으로 자극이 되어야 한다고 주장했다. 헤브의 아이디어는 하틀리의 것과 개념은 비슷하지만 그 뒤에 발달한 해부학, 조직학, 신경생리학을 이용해 더 자세한 근거를 제시했다. 헤브는 여러 신경세포가 서로 연결되어 하나의 집단(복합체) 을 이루며, 이 집단에 흘러드는 전기 신호의 패턴이 다르면 집단이 수 행하는 기능이나 기억도 달라진다고 보았다. 즉, 기억은 특정 뇌 영역 에 하나씩 고정 저장되는 것이 아니며, 같은 영역에서도 신호 패턴만 달리하여 서로 다른 기억을 저장할 수 있다고 보았다.

새 기억을 만들지 못하는 H. M.과 해마의 역할

사망하기 전까지 H. M.이라는 이니셜만으로 알려졌던 매우 유 명한 사람이 있다. 헨리 몰래슨Henry Gustav Molaison, 1926-2008이라는 그의 실명은 사후에 밝혀졌다. 그러거나 말거나 몰래슨 자신은 신경 도 쓰지 않았을 것이다. 그는 새로운 기억을 만들 수 없는 사람이었 기 때문이다.

어린 시절, 자전거 사고를 당한 몰래슨은 10세부터 뇌전증 발작 을 경험하기 시작했다. 처음에는 항경련약으로 조절되는 듯하던 발 작은 16세경부터 여러 약을 고용량으로 주입해도 조절되지 않는 상 태에 이르렀다. 당시는 정신 질환자들에게 전두엽 절제술과 같은 뇌 수술이 유행하던 시대였다. 미국의 신경외과 의사 스코빌William Scoville, 1906-1984도 이 수술에 대한 굳은 믿음을 가지고 이미 300번 이 넘는 수술을 시행했었다. 뇌전증 수술은 경험이 없음에도 불구하

　　　　　　　　　　　　　　　　　　　　두뇌 인류

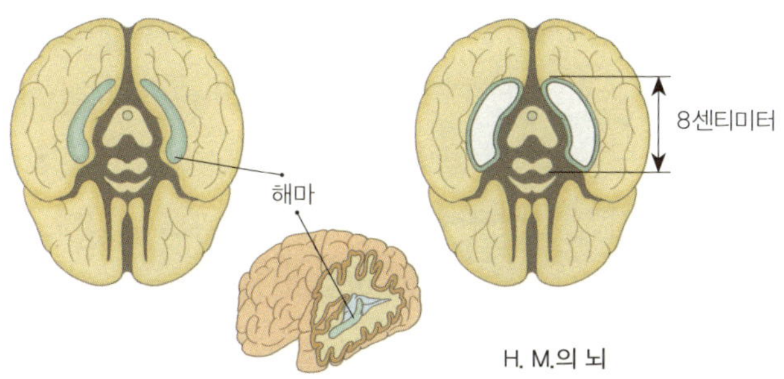

그림 4 | H. M. 환자에게 시행된 절제술의 범위(오른쪽) 양쪽 해마를 포함한 내측두엽을 길이 8센티미터 정도의 크기로 절제했다.

고 스코빌은 몰래슨에게 수술을 권유했고, 몰래슨은 1953년 9월에 이를 받아들였다. 스코빌이 시행한 수술 방법은 해마를 포함한 양쪽 측두엽을 절제하는 것이었다(지식 상자 12-2, 12-3).

한쪽이 아니라 양쪽 해마를 포함하는 측두엽 수술은 전례가 없는 것이었고, 스코빌 자신도 나중에 인정했듯이 아주 실험적인 수술이었다(그림 4). 어쨌든 절제된 해마는 매우 위축되어 기능하지 못하고 있던 것처럼 보였다(사실은 계속 기능하고 있었다). 그리고 수술 결과 뇌전증 발작은 현저하게 줄어들었다.

그런데 몰래슨의 인생은 다른 의미로 완전히 뒤바뀌고 말았다. 그는 수술 날짜 이전의 상태에 영원히 머무르게 되었다. 수술 이후로 새로운 기억을 전혀 형성하지 못하게 되었기 때문이다. 영화감독 놀런Christopher Nolan, 1970-의 초기작 〈메멘토〉가 H. M. 증례로부터 아이디어를 얻었다는 이야기가 있다. 1954년, 펜필드와 그의 동료이자 젊은 심리학자 밀너Brenda Milner, 1918-가 학회에서 몰래슨의 이야기에 관심을 보이며 이 이야기는 점차 세상에 알려졌다. 펜필드와 밀너는 뇌전증 수술을 시행하면서 해마가 기억에 관여할 가능성에 주목하고 있었다. 몰래슨에 대한 연구는 이후 주로 밀너를 통해서 이루어졌다.

잔인한 이야기지만 개인에게는 엄청난 비극이나 몰래슨 사례는 기억을 연구하는 사람들에게 뜻밖의 선물과도 같았다. 그는 2008년 사망하기 전까지 수술을 받기 이전의 기억과 지금 순간만을 기억하고 살게 되었다. 매일 일어나면 수술 전 기억 외에는 아무것도 없었고, 수 분 전에 일어난 새로운 일조차 기억하지 못했다. 그에게 행해진 수술 방법과 결과를 설명해주면 그 순간에는 이해했지만 기억으로 남기지는 못했다. 다시 설명하면 처음 듣는 것처럼 반응했다.

몰래슨의 증상을 설명하자면 일화 기억episodic memory과 의미 기억semantic memory에 대한 순행성 기억상실이 생겼다고 표현할 수 있다(지식 상자 12-4). 순행성 기억상실이란 손상 시점부터 새로이 생기는 일을 기억하지 못하는 것이고, 후행성 기억상실이란 손상 시점 이전의 기억을 잃어버리는 것이다. 그리고 일화 기억은 어느 특정 시간과 장소에서 일어났던 개인적인 경험의 모음이다. 한편, 의미 기억은 인간이 축적해가는 일반적인 백과사전식 지식을 의미한다. 단어나 세계사 같은 것 말이다. 몰래슨은 수술을 받은 이후 더는 새로운 경험을 기억하거나 지식을 학습하는 것이 불가능해졌다.

몰래슨에게서 특히 주목할 점은 기억 손상이 특정 영역에 국한되어 있었다는 점이다. 그의 지능은 전반적으로 정상 범위였고, 작업 기억 또한 온전했다. 예를 들어, 숫자 다섯 개를 불러주고 잠시 후 다시 말하게 하면 정확히 기억할 수 있었다. 작업 기억은 단기 기억short-term memory의 한 형태로, 약 15~30초 동안 정보를 머릿속에 유지하는 기능이며 주로 전두엽이 담당한다. 작업 기억 영역은 일시

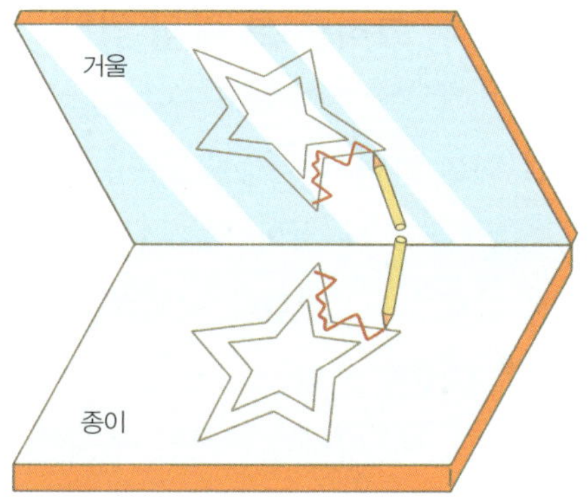

그림 5 | 환자 H. M.이 연마한 운동 기술 거울만 보면서 별 두 개 사이의 공간에 벗어나지 않고 선을 그리는 기술이다. 몰래슨은 처음에는 실수를 많이 했지만 점차 선을 잘 그을 수 있었다. 그러나 자신이 이 실험을 반복했다는 사실을 기억하지 못했다.

적으로 기억을 유지하는 곳이라고 해서 '뇌 속의 메모지'라는 별명으로 불리기도 한다.

몰래슨은 새로운 운동 기술을 익히는 능력도 보존되어 있었다. 이것은 비선언적 기억에 속한다(지식 상자 12-4). 이를 확인하기 위해 연구자들은 그에게 거울 그리기 과제를 시켰다. 이 과제는 별 모양 도형의 경로를 거울로만 보면서 따라 그리는 실험으로, 실제로 해보면 매우 어렵다(그림 5). 처음에는 선을 자주 벗어났지만, 두 번째 시도에는 실수가 크게 줄었고 열 번째 시도에는 거의 정확하게 그릴 수 있었다. 시간 간격을 두고 반복했기 때문에 몰래슨은 자신이 같은 과제를 계속하고 있다는 사실을 전혀 기억하지 못했음에도 기술은 꾸준히 향상되었다. 이는 새로운 일화 기억과 의미 기억은 양측 해마에 저장되지만, 운동 기술의 학습과 기억은 해마가 아닌 다른 뇌 영역에서 이루어짐을 시사했다.

해마와 공간 기억, 그리고 그 밖의 역할

공간 기억과 관련된 해마의 기능은 1960년대 후반부터 영국의 오키프John O'Keefe, 1939-와 그의 제자 도스트로프스키Jonathan Dostrovsky의 연구로 밝혀지기 시작했다. 오키프는 쥐의 시상에 전극을 넣고 전기 신호를 측정하는 실험을 하고 있었다. 그런데 시상과 무관하게도 쥐가 돌아다니며 머리를 움직일 때 강한 신호가 잡혔다. 이상하다고 생각한 그는 실험 후 쥐의 뇌를 해부해 전극 위치를 확인했고, 전극이 의도와 달리 해마에 심어져 있었음을 발견했다. 이 우연한 발견은 해마가 특정 상황에서 강하게 반응한다는 단서를 제공했고, 이후 해마의 기능을 밝히는 연구로 이어졌다.

1971년, 오키프와 도스트로프스키는 추가 실험을 통해 쥐가 특정 장소에 있을 때만 반응하는 해마 세포 여덟 개를 발견했다. 이 세포들은 각각 다른 장소에서만 신호를 냈다. 또, 같은 장소라도 쥐에게 강한 빛을 비추면 더 강한 신호가 나타났다. 즉, 이 세포들은 단순히 위치만이 아니라 공간과 자극의 조합에 반응한다는 사실이 밝혀졌다. 오키프는 해마가 주변 환경의 공간 정보를 인식하고 이를 다른 뇌 영역에 전달해 이후의 움직임을 예측하는 데 활용된다고 보았다. 다시 말해, 뇌 안에 공간에 대한 '지도'가 있고, 이를 이용해 A에서 B로 이동하는 경로를 계획하거나, 이동 후 어떤 변화가 일어날지를 예측한다는 것이었다. 그는 이 지도를 단순한 공간 지도가 아니라 여러 감각 정보가 통합되는(이를 통해 움직임에 따른 변화를 예측할 수 있는) 인지 지도cognitive map라고 불렀다. 오키프의 연구는 해마가 단순히 일화 기억을 저장하는 곳일 뿐만 아니라, 주변 환경을 지도처럼 표현하는 기능도 한다는 것을 보여주었다.

이 지도 역할을 하는 해마 세포는 이후 '장소 세포place cell'라고 불리게 되었다(그림 6). 오키프의 연구는 제자인 노르웨이의 신경과학자 모세르 부부Edvard Moser, 1962– & May-Britt Moser, 1963–에게 계승되었다. 이들은 2005년에 해마와 인접한 내후각 피질entorhinal cortex에서 네트워크를 구성하는 '격자 세포grid cell'를 발견했다. 격자 세포는 동물이 있는 공간을 격자처럼 나누어, 현재 위치에 해당하는 지점을 활성화한다. 이렇게 활성화된 신호가 해마의 장소 세포로 전달되면 장소 세포는 그 정보를 바탕으로 '지금 내가 이 위치에 있다'라고 인식하게 된다(그림 6). 즉, 격자 세포는 공간의 좌표계를 제공하고, 장소 세포는 그 좌표계 속에서 현재 위치를 특정하는 역할을 한다.

두 사람은 내후각 피질에서 머리의 방향, 움직임의 속도, 주변 경계선 등을 감지하는 세포들도 발견했다. 덕분에 동물은 단순히 어디 있는지뿐만 아니라 어느 쪽을 보고 있는지, 얼마나 빨리 움직이

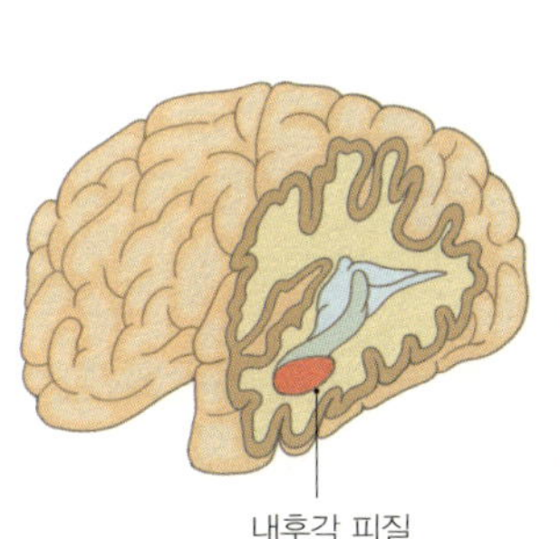

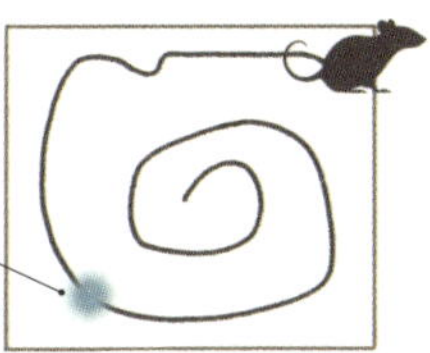

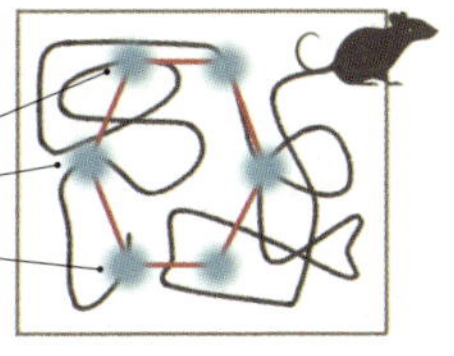

그림 6 | 해마의 장소 세포와 격자 세포

는지, 가까이에 벽이 있는지 등의 정보까지 함께 파악할 수 있다는 사실이 밝혀졌다. 이러한 공로를 인정받아 모세르 부부와 오키프는 2014년에 노벨 생리의학상을 공동 수상했다.

이후의 연구 결과는 장소 세포와 격자 세포가 단순히 내비게이션 기능만을 하는 것은 아님을 가리키고 있다. 냄새, 촉각, 시각은 물론 시간에 대한 감각, 심지어 보상과 처벌에 대한 인지 기능까지 이 자리로 모이고 있다. 주변에 다른 존재들을 감지하고, 위험성과 친근성을 계산하고, 관계를 해석해 사회 정보까지 파악할 수 있게 해주는 것이 이들 세포다.

해마를 통해 들어온 정보는 각 정보의 특성에 따라 각기 다른 뇌 부분으로 옮겨져 저장된다. 그리고 해마는 필요한 경우 다른 부분과 긴밀한 연결을 취해 필요 정보를 모으고, 도출된 결론에 따라 매 순간 우리의 사고와 행동을 결정한다. 결국 해마는 단순한 기억 저장소를 넘어, 사고와 행동을 조정하는 뇌의 컨트롤 타워 역할을 하는 셈이다. 그리고 이 역할을 위해서는 국소화된 기능과 전체의 작동이 모두 필요하다. 국소론과 전체론 양쪽 다 반만 맞았다고 할 수 있다.

기억에 의한 세포의 변화

H. M. 증례를 보고 깊은 감명을 받은 사람 중에는 미국의 신경 생리학자 캔들Eric Kandel, 1929-도 있었다(그림 7). 기억과 학습에 관련된 신경계가 있다는 사실을 알게 된 캔들은 6개월간 곰곰이 생각을 정리한 후에 기억 및 학습과 관련된 뇌세포 수준의 변화를 관찰

그림 7 | 캔들의 초상

하기로 결심했다. 기억과 관련된 최소 단위인 세포와 시냅스의 변화를 관찰하기로 한 것이다. 그는 초대형 바다 민달팽이aplysia를 이용해 실험을 진행했다(그림 8). 이 민달팽이는 다 자라면 30센티미터 크기에 달해 관찰이 용이했다. 2만 개의 신경세포가 아홉 개의 무리로 나뉜 간단명료한 신경계를 가진 것도 장점이었다. 실험을 계획하기가 편리했다. 여기에다가 학습이 잘되었는지를 알 수 있는 특별한 반사 운동이 있었다. 민달팽이의 몸을 건드리면 아가미를 몸쪽으로 당기는 반사가 나타났다. 반복 자극 시 이 반사가 약해지는 습관화, 몸을 건드릴 때 약한 전기자극을 함께 주면 회피 반응이 강해지는 감작sensitization 현상을 관찰할 수 있었다.

캔들은 1970년대부터 일련의 실험을 통해 이러한 습관화와 감작 과정에서 신경세포 간에 시냅스 강화 또는 약화가 일어난다는 사

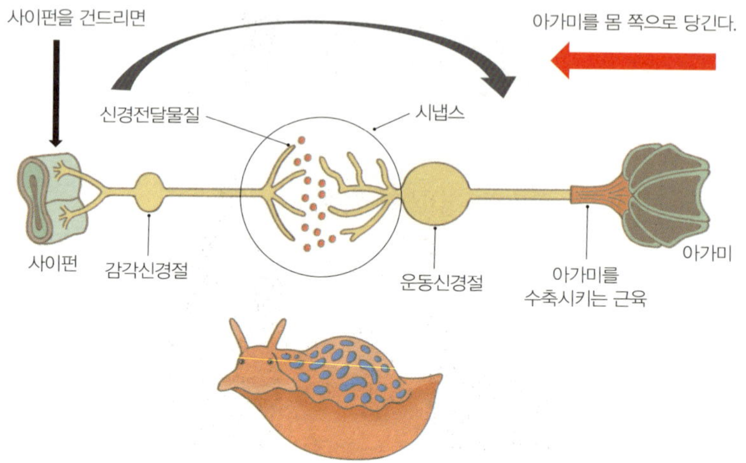

그림 8 │ 민달팽이의 습관화와 감작 과정(일종의 기억 현상) 민달팽이의 몸(사이펀)을 건드리면 감각신경절이 접촉을 느낀다. 이 신호는 시냅스를 통해 운동신경세포로 전달된다. 이 과정을 통해 민달팽이는 보호를 위해 중요한 아가미를 몸쪽으로 당긴다. 반복해서 이런 자극을 주면 이러한 반사가 약해지고(습관화), 몸을 건드릴 때 약한 전기자극을 같이 주면 이러한 회피가 더 강해진다(감작). 신경전달물질의 양이 습관화의 경우는 줄어들고, 감작의 경우는 늘어난다.

실을 확인했다(그림 3). 더 나아가, 이러한 시냅스의 변화 과정에 작용하는 단백질과 효소, 그리고 유전자의 정체도 밝혀냈다. 특정 단백질CREB이 세포 내 특정 유전자cyclic AMP를 활성화하면, 이 유전자가 세포 내에서 다시 여러 단백질을 생성해 기억이 만들어진다. 이때 CREB는 어떤 단백질을 만들지 세포에 지시하는 '세포 스위치' 역할을 한다. 이렇게 생성된 단백질은 이후에 신경세포의 성장을 촉진하고 새로운 시냅스를 만들어 기억을 고정화한다.

캔들은 기억이 만들어지는 과정을 세포와 유전자, 단백질 수준에서 보여주었고, 이러한 업적을 인정받아 2000년에 노벨 생리의학상을 수상했다. 수상 소감에서 캔들은 노벨상을 받아야 하는 것은 민

달팽이라고 했다. 나중에는 노벨상 목걸이를 걸고 있는 민달팽이 사
진도 공개했다.

개체 간의 기억 전달

1960, 1970년대에는 공상과학 영화에 나올 만한 연구 결과가
소개되었다. 한 동물에게서 형성된 기억을 다른 동물에게 전달할 수
있다는 것으로, 동물에게서 뽑아낸 단백질이나 RNA를 먹이거나 주
사하면 기억이 전달된다는 주장이었다.

당시 스웨덴의 화학자들은 아주 작은 조직 단위, 심지어는 세포
하나에서 일어나는 화학적 변화를 측정할 수 있는 기술을 개발하고
있었다. 그중 하이덴Holger Hydén, 1917-2000은 동물을 훈련시키면 세
포 내 단백질과 RNA 구성이 변한다는 사실을 확인했다. 시냅스 연결
에 중요한 S100 단백질도 발견했다. 더 나아가, 그는 이러한 단백질
이나 RNA를 옮기면 한 동물에게서 다른 동물로 학습된 기억이 전달
될 수 있다고 주장했다.

그 밖에 하이덴은 세포 미세 해부 기술을 선보이기도 했다. 그는
이 기술로 세포핵, 세포막, 세포질을 분리해냈다. 하이덴의 세포 미세
해부 기술은 획기적이었고 현재도 이용되는 첨단 기법이다. 그런데
이후의 기억 전달 실험이 논란에 휩싸이면서 중요한 이 업적은 널리
알려지지 못했다.

하이덴은 나름대로 이러한 가능성을 시사할 만한 여러 실험 결과
를 가지고 있었다. 가령, 금붕어부터 쥐에 이르는 다양한 동물로부터

단백질이나 RNA 생성을 방해하는 물질을 주입하면 기억 형성이 차단됨을 확인했다. 그리고 머리를 잘라도 새로운 머리와 뇌가 자라나는 편형동물 플라나리아planarian flatworm에게 빛과 전기자극을 같이 주어 빛을 회피하도록 학습시킨 뒤 머리를 자르면 새 머리와 뇌가 자랐음에도 불구하고 같은 회피 반응을 보임도 확인했다. 심지어 학습된 플라나리아를 갈아서 다른 플라나리아에게 먹여도 같은 학습 효과를 관찰할 수 있었다. 플라나리아만큼 극적이지는 않지만, 쥐 역시 학습된 쥐의 뇌를 갈아서 다른 쥐에게 주입하면 학습 효과가 전달되는 것처럼 보였다. 앞선 관찰 내용을 바탕으로 하이덴은 특정 단백질이 전달되면 신경세포막에 위치한 단백질의 3차원 구조가 변한다고 예측했다. 이 변화가 축삭을 따라 신경 말단까지 전달되면 기억과 관련된 신경전달물질이 분비된다고 본 것이었다. 또한, 특정 신경세포는 특정 학습에서만 활성화되며, 이 과정에 역시 특정 단백질이 관여할 것이라고 추정했다. 그래서 기억 과정에서 생성되는 단백질을 다른 개체에 주입하면 특정 학습이 그대로 전달될 수 있다고 설명한 것이었다.

이러한 실험 결과는 당시 언론의 큰 주목을 받았다. 어쩌면 알약으로 기억을 전달할 수 있을지 모른다는 생각 때문이었다. 공부를 안 하고 약만 먹어도 지식이 생긴다! 하지만 머잖아 이러한 실험 결과는 의심을 받기 시작했다. 실험이 대부분 아주 적은 개체를 대상으로 삼았고 학습 평가가 상당히 주관적이었기 때문이다. 급기야 1966년에는 여러 연구 기관에서 모인 스물세 명의 연구자가 공동명의로 〈사이언스〉를 통해 RNA를 통한 기억 전달 실험을 재현하는 것이 불가능하다는 성명을 발표했다.

이 논란의 와중에 헝가리 출신 베일러대학교의 신경과학자 웅가Georges Ungar, 1906-1977가 등장한다. 웅가는 RNA 추출물에는 소량의 단백질이 같이 존재하는데, RNA가 아니라 이 단백질에 기억 전달 효과가 있다고 주장했다. 그는 쥐 4,000마리에게 습성과 달리 어둠에 공포를 느끼도록 동일한 훈련을 시킨 후에 뇌 추출물을 분석해, 드디어 이 단백질을 발견했다고 말했다. 웅가는 이 물질에 그리스어로 '어둠'을 뜻하는 'scotos'와 '두려움'을 뜻하는 'phobos'를 결합해 '스코토포빈scotophobin'이라는 이름을 붙였다. 그는 훈련받지 않은 쥐에게 스코토포빈을 주입하면 그 쥐도 어두운 곳을 피하게 된다고 주장했다.

이 연구 결과는 잠잠해져가던 기억 전달과 관련된 논란에 다시 불을 질렀다. 〈뉴욕타임스〉〈워싱턴포스트〉〈타임〉 등 유수 신문과 잡지가 특집으로 이 내용을 보도했다. 웅가는 연구 결과를 다듬어 마침내 1972년, 스코토포빈과 더불어 행동 조절에 관여할 가능성이 있는 단백질에 관한 내용을 〈네이처〉에 발표했다. 이 논문이 게재되기까지는 매우 긴 심사가 동반되었다. 심사위원 중 한 사람이 이 연구 결과를 전혀 믿을 수 없다고 끈질기게 주장했기 때문이었다. 이러지도 저러지도 못하던 편집진은 결국 웅가의 논문을 출판하되, 이 심사위원의 긴 비판도 같이 게재하는 방식을 택했다.

이후 다른 연구자들에 의해 비슷한 실험이 진행되었으나 같은 결과를 얻지는 못했다. 실제 웅가가 자세한 실험 과정을 공개하지 않기도 했다. 결국 계속되는 세밀한 생화학적 실험 끝에도 학습 또는 기억 전달을 가능하게 하는 단백질을 찾아내지 못했다. 이 과정에 관련이 있는 단백질이 측정은 되었으나, 기억 전달이 아니라 스트레스와 관련이 있는 것으로 밝혀졌다. 그렇게 기억 전달 물질을 찾는 일은 일장춘몽으로 끝나고 말았다. 기억을 전달한다는 주장에는 분명

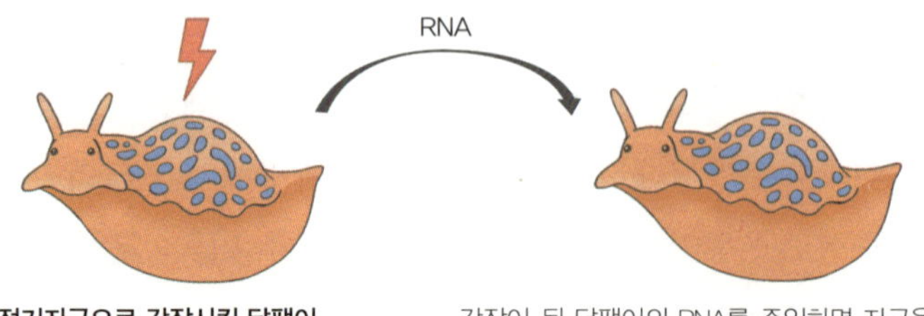

전기자극으로 감작시킨 달팽이
감작이 되면 살짝 건드리기만 해도
강한 회피 반응이 나타난다.

감작이 된 달팽이의 RNA를 주입하면 자극을 경험
한 적이 없는 달팽이가 감작이 된 달팽이처럼 살짝
건드리기만 해도 강한 회피 반응을 보인다.

그림 9 | RNA를 이용한 기억 전달 실험

오류가 있었으나 그래도 1950년대 이후로 행동을 조절하는 단백질은 계속 발견되고 있어서 완전히 황당무계한 주장은 아니다. 캔들 역시 기억과 관련된 단백질을 찾아냈었다.

2018년, 캘리포니아대학교 글란츠만 연구팀 UCLA, David L. Glanzman은 캔들의 실험처럼 민달팽이에게 자극을 주어 감작을 시켰다. 그리고 감작이 된 민달팽이의 RNA를 감작이 되지 않은 민달팽이에게 주입하여, 자극을 경험한 적이 없는 민달팽이가 감작이 된 민달팽이와 같은 강화된 회피 동작을 하는 것을 확인했다(그림 9). 글란츠만은 이 결과를 토대로 기억은 시냅스가 아닌 신경세포의 핵에 존재할 수 있다는 아이디어를 제시했다. 그래야만 RNA가 역할을 할 수 있기 때문이다. 아직 이야기는 끝나지 않았다.

장기 강화 현상과 광유전학의 대두

장기 강화Long-Term Potentiation, LTP란 신경세포 간 연결 부위인

시냅스에 반복적인 신호가 전달되어 시냅스에서의 정보를 전달하는 효율이 높아진 상태를 뜻한다. 같은 자극이 반복되어 세포 간 연결통로가 오솔길에서 도로로 바뀌었다고 생각하면 쉽다. 이 현상을 처음 발견한 사람은 노르웨이의 생리학자 뢰모Terje Lømo, 1935-와 영국의 신경과학자 블리스Timothy Bliss, 1940-다. 두 사람은 오슬로대학교의 뇌과학자 안데르센Per Andersen, 1930-2020의 연구소에서 이뤄진 연구에서 토끼의 해마에 위치한 신경 경로에 매우 빠른 자극을 연속해서 주면, 신경 시냅스에 구조적 변화가 나타나는 것을 확인했다.

처음 뢰모가 이 현상을 목격한 것은 1966년이었다. 이후 블리스와 1969년까지 같은 연구를 계속했다. 실험 결과의 재현이 불완전해 확신을 갖지 못하다가 1973년에야 "강화 효과long-lasting potentiation"라는 명칭으로 연구 결과를 발표했다. 발표하면서도 100퍼센트 확신은 없었다고 한다. 그리고 두 사람은 이 연구에서 멀어졌는데, 다행히도 이후 다른 연구자들이 이 주제에 매달려서 성과가 폭발적으로 늘어났다. 그리고 마침내 '장기 강화'라 부르는 결과가 정리되었다. '장기'가 붙은 이유는 이러한 반복 자극으로 발생한 시냅스의 변화가 상당 기간 지속되기 때문이다. 최초 논문이 나온 지 20년이 되던 해에 블리스는 다시 중요한 질문을 던졌다. "과연 이 현상이 기억에서 중요한 역할을 할 것인가?"

장기 강화와 그 반대 현상인 장기 억압Long-Term Depression, LTD이 둘 다 기억에 중요한 역할을 할 가능성은 계속 제기되었다(그림 10). LTP로 인해서 신경세포 간의 신호 전송이 강화되면, 정보의 저장과 재생이 더 쉬워질 것으로 예측한 것이었다. 또, 모든 정보를 무한히 저장할 수 없으며, 어떤 정보가 잊혀야만 새로운 정보를 받아들일 수

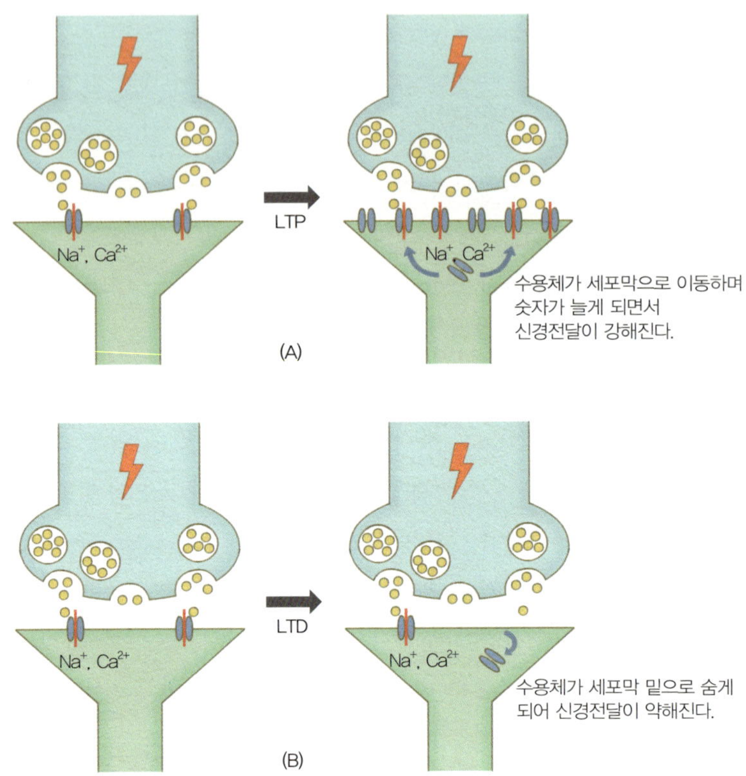

그림 10 | (A) 장기 강화 현상, (B) 장기 억압 현상

있기에 LTD도 기억에 관여할 것으로 추정했다. 이때 LTD는 '덜 중요한 정보'나 '오래된 연결'을 줄여서, 뇌가 효율적으로 새로운 정보를 저장할 수 있도록 하는 과정에 관여한다고 여겨진다. 이러한 변화들이 신경계 가소성의 예다(지식 상자 12-1).

그러나 LTP가 기억에 관여한다는 것에 대한 회의적인 시각도 있었다. 한 번 보고 기억하는 경우처럼 반복 자극이 아님에도 기억이 형성되는 상황을 설명하기 어려웠기 때문이다. 하지만 사실 우리가 의식하는 것이 한 번일 뿐, 무의식에서는 반복 자극이 형성되고 있을 것이다. 자는 동안에 형성되는 기억의 강화 현상도 마찬가지다. 다시 한번 강조하지만 공부를 잘하려면 잠을 잘 자야 한다. 자기 전에 집중적으로 공부하는 것이 좋다.

LTP가 기억에 필수적이라는 결정적 증거는 최근에 나왔다. 광유전학optogenetics이라는 독특한 분야의 발전에 도움을 받았다. 광유전학의 기원은 1979년으로 거슬러 올라간다. DNA의 이중나선구조를 밝히고 유전자 정보의 흐름이 DNA, RNA를 거쳐 단백질 생성으로 나타난다는 것을 밝힌 영국의 천재 생물학자 크릭Francis Crick, 1916~2004은 연구 인생의 후반부를 신경생물학에 바쳤다(그림 11).

진정한 천재답게 그는 의식과 관련한 중요 이론도 많이 남겼다. 크릭은 여러 신경세포 중에서 특정 기능을 가진 세포만 선택적으로 켜거나 끌 수 있다면 신경과학 연구가 크게 발전할 것이라고 생각했다. 한 가지 기능만 수행하는 세포를 따로 떼어서 관찰할 수 있다면 뇌의 작동 원리를 훨씬 명확히 이해할 수 있으리라 생각한 것이었다. 나아가 그는 이런 세포 조절을 빛을 이용해 특정 시간 동안 수행할 수도 있을 것이라고 미리 예측했다. 당시는 광유전학의 개념조차 없던 시기였다. 가히 놀라운 통찰력이라고 말할 수밖에 없다.

광유전학은 유전공학과 광학을 결합한 연구 기술로, 빛을 이용해 특정 세포의 활동을 제어한다(그림 12). 빛에 반응하는 채널로돕신channelrhodopsins 같은 단백질을 원하는 특정 신경세포에 인공적으로 넣은 후에 특정 파장의 빛을 쪼임으로써 세포의 활성화나 비활성화를 유도한다. 이를 활용해 뇌 기능과 신경 회로의 역할을 더 잘 이

그림 11 | 크릭의 초상

해할 수 있다. 광유전학의 주요 장점 중 하나는 매우 정밀한 시간적, 공간적 제어가 가능하다는 것이다. 즉, 원하는 시점에 원하는 세포가 작동하게 만들 수 있다.

이 기술을 이용해 마침내 학습에 관여하는 신경세포에서 전형적인 장기 강화 현상이 일어나는 것이 확인되었고, 기억을 불러오는 과정에서도 동일한 세포들이 작동하는 것이 밝혀졌다. 이러한 기술은 공상과학에 나올 법한 일을 가능하게 만들 수 있다. 기억을 수정하거나 삭제할 수도 있고, 외상 후 스트레스 증후군Posttraumatic Stress Disorder, PTSD의 치료에도 적용할 수 있다.

1982년, 크릭은 새로운 기억이 형성될 때 신경세포의 수상돌기에 있는 작은 돌출부(수상돌기 가시)가 중요한 역할을 할 것이라는 예측도 했다. 새로운 기억이 형성되려면 시냅스가 변화하는데, 이때 그 변화가 일어나는 자리가 수상돌기 가시일 것이라는 예언이었다. 이 것도 거의 맞았다. 새 기억의 형성을 위해 수상돌기 가시가 추가로 만들어지면서 새로운 시냅스가 형성되고 있던 것이다.

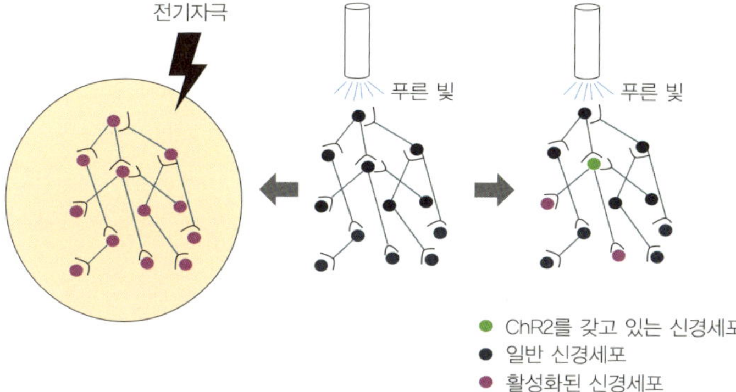

그림 12 │ **광유전학** 전기자극을 주면 해당 영역의 신경세포가 모두 흥분하게 되어 각각의 신경세포와 그 연결을 알 수 없게 된다(왼쪽 그림). 이때 특정 기능과 연결을 알고자 하는 신경세포에 빛에 반응하는 단백질(채널로돕신, ChR2 등)을 발현한 후, 특정 파장의 빛을 조사하면 해당 세포만 선택적으로 활성화할 수 있다(오른쪽 그림). 이를 통해 뇌의 기능과 신경 회로의 역할을 보다 정확하게 이해할 수 있다. 이러한 단백질이 없는 경우에는 빛을 조사해도 신경세포가 반응하지 않는다(가운데 그림).

기억 연구는 초기 행동 관찰에서 시작해 점차 세포 수준까지 정밀해졌다. 인간과 동물의 학습 과정이 뇌 속의 어떤 물리적·화학적 변화를 통해 이뤄지는지 입증하는 단계까지 이르렀다. 이러한 연구들은 기억이 단순한 경험의 산물이 아니라, 시간과 반복, 그리고 생물학적 구조와 긴밀히 연결된 체계적 현상임을 알려준다.

신경계 가소성 neural plasticity

신경계 가소성 또는 뇌 가소성은 신경계와 뇌가 경험에 따라 변화하고 적응하는 능력을 가지고 있음을 의미한다. 이 개념은 몇 가지 중요한 원리에 기반을 두고 있다.

경험에 의한 변화: 신경 가소성은 개인의 경험에서 영향을 받는다. 학습, 기억, 환경의 변화, 손상 후 회복과 같은 다양한 경험이 뇌의 구조와 기능을 변화시킨다.

시냅스 가소성: 가장 잘 알려진 형태의 신경 가소성이다. 이는 신경세포 사이의 연결(시냅스)이 강화되거나 약화되는 것을 의미한다. 학습과 기억 형성에서 중요한 역할을 한다.

구조적 가소성: 뇌도 구조적으로도 변할 수 있다. 이는 신경세포의 수, 크기, 시냅스의 변화(증가)를 포함한다. 새로운 신경세포의 생성 neurogenesis도 가능하다. 가령, 적절한 운동과 기억 활동은 뇌 해마에 새로운 세포의 생성을 촉진할 수 있다.

기능적 가소성: 뇌는 기능적으로도 손상에 대처해서 적응할 수

있다. 가령, 한 부위가 손상되면 다른 부위가 그 기능을 대신할 수 있다.

연령과 뇌 가소성: 연령은 신경 가소성에 영향을 미친다. 어린 나이의 뇌는 더 가소성이 높다. 물론 성인기에도 여전히 적응과 학습이 가능하다.

신경 가소성의 한계: 신경 가소성은 무한하지 않으며, 일부 뇌 손상이나 질병의 경우 완전히 회복되지 않는다.

신경 가소성은 심리학, 신경과학, 교육학, 재활과학 등 다양한 분야에서 중요한 개념으로 활용되고 있다. 이는 학습과 기억, 뇌 손상 후 회복, 외상 후 증후군의 치료와 같은 분야에 응용될 수 있다.

해마 hippocampus

해마는 주로 기억과 학습에 관여하는 기관이다(그림 13). 해마는 뇌 측두엽 안쪽에 위치하며, 양쪽 반구에 하나씩 있다. 해마는 바닷속 해마를 닮은 구부러진 모양을 하고 있으며, 그 이름도 같은 뜻의 그리스어에서 유래했다. 해마는 새로운 기억을 형성하고 장기 기억으로 전환하는 데 필수적인 역할을 한다. 학습 과정에 관여하며, 특히 반복

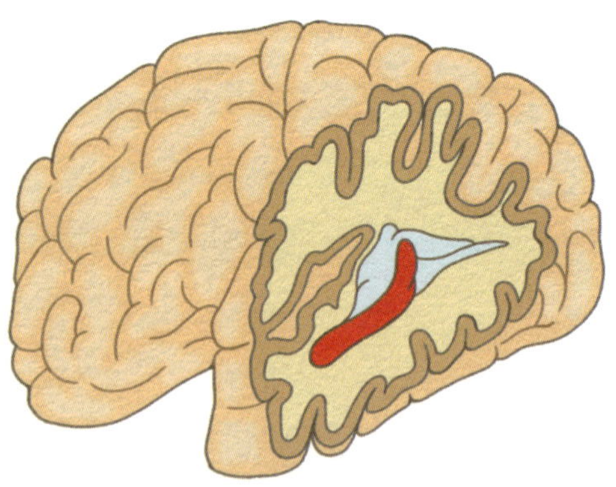

그림 13 | **해마** 해마(빨간색 구조물)는 주로 기억과 학습에 관여하는 기관이다.

을 통한 학습이나 연습에 기여한다. 또, 해마는 공간적 배치와 방향 감각을 포함한 공간 인식의 방향타 역할도 한다. 일부 연구에서는 해마가 감정 조절에도 관여할 가능성이 제시되고 있다. 해마의 손상이나 기능 저하는 기억상실, 학습 능력 저하와 같은 인지 장애를 불러온다. 알츠하이머병에서도 해마의 뚜렷한 위축이 관찰된다.

새로 만들어지는 신경세포

불과 2, 30년 전까지도 인간의 신경세포는 새로 만들어질 수 없고, 한번 죽으면 다시는 재생이 안 된다고 생각했다. 그러나 이후 인간 뇌에서도 신경세포가 새로이 만들어지고 있음을 가리키는 많은 증거가 나왔다.

새로운 신경세포가 가장 활발히 만들어지는 곳이 바로 해마다. 해마에서 하루에 약 700개 정도의 신경세포가 새로 만들어진다. 전체 신경세포 수에 비하면 매우 작은 수치지만, 이들이 기억 기능을 향상하고, 나이가 들면서도 기억을 유지하는 데 중요한 역할을 하고 있을 가능성이 높다. 실제로 (비록 재현에 문제가 있는 연구이기는 했지만) 내비게이션 없이 런던 내의 모든 도로를 외우고 각 지점 간 최단 거리를 계산할 수 있어야만 면허를 받을 수 있는 런던의 택시 운전자의 뇌를 MRI로 관찰한 결과 우측 해마가 더 커져 있음을 확인한 예도 있다.

꾸준한 학습, 적절한 육체 운동, 균형 잡힌 식단, 간헐적 단식 등은 해마에서 새 신경세포의 생성을 촉진한다. 반대로 스트레스와 수면 부족은 세포 생산을 방해한다. 따라서 공부를 잘하기 위해 잠을 줄여야 한다는 생각은 위험한 발상이다. 해마에서 새로운 신경세포가 만들어지지 않는 것은 물론이고, 수면 중 일어나는 기억 강화 작용도 크게 저해된다.

　　우울증도 해마의 신경 재생을 방해하는 중요한 요인이다. 우울증 자체로도 신경세포의 생성이 방해받지만, 의욕 부족에 따른 운동 부족, 학습 결여 등이 겹쳐 기억력이 더 떨어지게 된다. 그래도 우울증 치료제를 복용하면 신경세포 재생은 점차 개선된다. 약물을 기피하지 말고 적극적으로 우울증을 치료해야 하는 이유 중 하나다.

기억의 분류

기억은 인간의 경험, 정보, 감정을 저장하고 재현하는 인지 과정이다. 기억은 크게 세 가지 유형으로 분류될 수 있다.

1. **감각 기억** sensory memory: 감각 기억은 외부 세계로부터의 감각적 정보를 매우 짧은 시간 동안 보유하는 기억이다. 수 초 정도의 짧은 시간만 유지된다. 우리 주변의 시각, 청각 기억 등의 감각적 정보가 이에 해당된다. 우리가 다 인지하지 못해도 매우 많은 정보가 감각 기억으로 잠시 뇌에 입력된다.

2. **단기 기억** short-term memory: 작업 기억과 비슷하며 제한된 용량으로 정보를 대개 15초에서 30초 정도 보유하는 기억이다. 보통 사람들은 다섯 개에서 아홉 개 사이(평균 일곱 개)의 숫자나 단어를 잠시 기억할 수 있다. 감각 기억에서 온 정보의 일부 또는 장기 기억에서 호출된 단편적 정보가 이에 해당된다. 컴퓨터의 RAM에 비유할 수 있다. 반면, 장기 기억은 하드 디스크라 할 수 있다.

3. 장기 기억long-term memory: 장기간에 걸쳐 정보를 저장하는 기억이다. 여기에는 사실과 정보에 관한 선언적 기억declarative memory과 자동차 운전과 같은 기술과 습관에 관한 비선언적 기억non-declarative memory이 있다. 또, 선언적 기억에는 두 가지 종류가 있다. 개인의 경험과 사건에 관한 기억은 서술적 기억episodic memory이라고 하고, 일반적인 지식에 관한 기억은 의미적 기억semantic memory이라고 부른다.

13

뇌는 잠자는
동안에도 일한다

서서히 밝혀지는 수면의 과학

"수면 박탈은 가장 흔한 뇌 오작동의 원인이다."
윌리엄 디멘트 William Dement, 1928-2020

"수면은 생활에 필수 요소다.
그리고 더 중요한 사실은 그 자체가 선물이라는 것이다."
윌리엄 디멘트

그리스 신화 속의 수면

그리스 신화 속 수면의 신 이름은 히프노스Hypnos다. 지금도 최면hypnosis이라는 단어에 그 흔적이 남아 있다. 히프노스는 밤의 여신 닉스의 아들로 소개된다. 그리고 히프노스의 쌍둥이 형제가 바로 죽음의 신 타나토스Thanatos다. 이 형제 관계에서 고대인들이 수면을 각성과 죽음 사이의 중간 단계로 생각했음을 알 수 있다. 참고로 꿈의 신도 있다. 바로 진통제 모르핀morphine의 어원이 되는 모르페우스Morpheus다. 영화 〈매트릭스〉에서 주인공을 가상현실에서 꺼내는 인물 모피어스의 이름도 그에게서 왔다. 이렇게 여러 신이 등장하는 것을 보면 고대부터 수면과 꿈을 자못 신비로운 현상으로 생각해왔음을 짐작할 수 있다.

윌리스와 기면증

플라톤과 아리스토텔레스가 수면을 뜬금없이 소화기관과 연관해 설명한 바는 있으나(아마도 배가 부르면 잠이 오는 데서 착안한 듯하다) 큰 의미가 없는 내용이고, 수면에 대한 과학적인 고찰은 17세기까지 거의 존재하지 않았다. 수면과 관련한 질병이 최초로 보고된 것은 1672년이다. 윌리스Thomas Willis(제3장)가 그의 다섯 번째 해부학 저서《동물의 영혼에 관하여De anima brutorum》에서 기면증narcolepsy 환자를 소개했다(지식 상자 13-1). 이 책은 라틴어로 쓰였고, 1684년이 되어서야 영어 번역판이 나왔다.

기면증 환자는 평상시에 정상적으로 생활을 하다가 문득 말하거나, 걷거나, 심지어 밥을 먹다가도 갑자기 꾸벅꾸벅 졸았다. 누군가 깨우지 않으면 계속 잠을 잤다. 많은 사람이 이를 단순히 나쁜 습관으로 취급했지만, 윌리스는 그것은 틀린 생각이고 이를 하나의 질병으로 다뤄야 한다고 주장했다. 그러면서 주변에서 자극이 들어오면 바로 깨는 것으로 보아 대뇌 피질의 문제로 추정했다. 대뇌 혈류 속도가 느려져서 뇌가 붓는 것이 피질 문제를 초래한다고 보았다. 그래서 피를 뽑아내는 사혈을 치료 방법으로 제시했다(물론 틀린 생각이다). 그런가 하면 여러 약초를 사용하기도 하고, 치료법의 일환으로 환자에게 커피를 제공했다고 한다. 비록 현상 이해에 부족한 점이 많았지만 기면증을 하나의 질병으로 명시한 점이 중요하다. 이후 기면증이 다시 의학계에 등장하는 것은 200년도 더 지나서다.

맥니시와 수면 철학

《주취의 해부학Anatomy of Drunkenness》이라는 책으로 명성을 얻은 스코틀랜드의 외과 의사 맥니시Robert Macnish, 1802~1837는 수면과 꿈에도 큰 관심을 가지고 있었다. 그래서 1830년과 1834년에 두 버전으로 《수면 철학Philosophy of Sleep》이라는 책을 출판했다. 그는 이 책에서 수면은 각성과 죽음 사이의 중간적인 상태라고 주장했다. 중요한 것은 그가 수면의 목적을 우리의 몸과 마음을 쉬게 하여 각성 상태 동안 소모된 에너지를 보충하는 것이라고 지적한 점이다. 수면이 뇌를 새롭게 세팅해서 다시금 마음이 신선하게 작동할 수 있도록 한다는 것이었다.

그는 상당히 과학적으로 수면과 꿈을 설명했다. 뇌 전체가 완전히 쉬면 모든 기능이 정지하지만, 일부분이라도 깨어 있으면 불완전한 수면 상태로 접어들어 꿈을 꾸게 된다고 보았다. 예를 들어, 통증, 고열, 주취, 과식과 같은 상태로 잠이 들면 대부분의 뇌는 수면 상태에 있지만 일부 깨어 있는 뇌 영역이 자극을 받아들인다. 이 부분적으로 깨어 있는 뇌 영역이 혼란스럽게 정보를 처리함에 따라 기괴한 꿈을 꾸게 된다는 것이었다.

맥니시의 설명을 자세히 들여다보면 뇌의 각 부분이 다른 기능을 할 것이라는 뇌 국소화 이론을 배경에 깔고 있음을 알 수 있다. 더 중요한 점은 그가 꿈을 이미 마음속에 형성되어 있던 생각이나 형태가 재생되는 것이라고 본 점이다. 꿈에 대한 현대적인 설명과 상당히 유사한 생각이다. 실제로 뇌는 꿈을 통해 경험을 내부적으로 재연하며, 새로운 정보를 통합하고 기억을 장기간 보존한다. 또, 이 재연 과정에서 현실에서는 불가능한 연결과 아이디어가 만들어지기도 한다.

이후 19세기 후반에는 객관적으로 수면 연구를 수행할 수 있는 과학적 발전이 이루어진다. 1875년 캐튼의 발견과 1924년 베르거의 발견(제7장)으로 뇌 전기 현상을 측정할 수 있게 된 것이다. 이로써 수면 연구에 전기생리학적 측정 방법을 적용할 수 있는 기반이 마련되었다.

수면 연구의 아버지 클라이트먼

시카고대학교의 교수 클라이트먼Nathaniel Kleitman, 1895-1999은 전 생애를 수면 연구에 바친 수면 연구의 아버지로 인정받는다(그림 1). 러시아에서 태어난 클라이트먼은 1915년에 미국으로 건너갔다. 그때까지 수면은 뇌가 작동을 멈추는 휴지기 취급을 받고 있었기 때문에 체계적으로 수면을 연구하는 사람은 없는 것이나 다름없었다. 1950년대에 클라이트먼 그룹이 수면이 단순히 쉬는 과정이 아니고 반대로 매우 역동적인 과정이라는 것을 밝히고 나서야 수면에 대한 과학적 이해가 시작되었다. 이후 수면 연구가 폭발적으로 증가하고 수면 질환 치료에 대한 관심도 커졌다.

1925년, 시카고대학교에서 교수 일을 시작한 클라이트먼은 세계 최초의 수면 연구소를 만들었다. 그는 명성에 큰 관심이 없어 당시 아무도 주목하지 않던 연구 분야를 선택했다. 연구소에는 그가 직접 제작한 다양한 실험 장치가 설치되었다. 1939년에는《수면과 각성Sleep and Wakefulness》이라는 교과서를 출간했는데, 이는 당대 수면

그림 1 | 클라이트먼의 초상

연구 분야에서 가장 탁월하고 종합적인 교과서로 평가받았다.

클라이트먼의 가장 중요한 발견은 1953년에 이루어졌다. 제자 아세린스키Eugene Aserinsky, 1921–1998와 함께 렘수면Rapid Eye Movement Sleep, REM sleep을 발견한 것이다(지식 상자 13-2). 그들은 초기 형태의 뇌파 기계를 사람에게 연결해 전체 수면 시간에 해당하는 뇌파를 기록했다. 한 사람 검사만으로도 쌓이는 종이 길이가 800미터에 달했다고 한다. 기록을 살펴보던 클라이트먼은 하룻밤에도 여러 차례에 걸쳐 피검사자의 눈동자가 심하게 움직이는 현상을 발견했다. 눈동자가 움직일 때 깨우면 환자는 꿈에 대해 이야기할 수 있었다. 최초로 렘수면이 관찰된 순간이었다. 클라이트먼은 이 관찰 결과를 검증하기 위해 자신의 딸에게도 같은 기록을 시행했고, 1953년에 렘수면이라는 수면 단계의 존재와 이 단계가 꿈을 꾸는 구간이라는 사실을 발표했다(지식 상자 13-3).

　　이외에도 클라이트먼은 수면과 관련된 여러 중요한 발견을 했다. 이 과정에서 본인 또는 가족을 대상으로 테스트하는 경우도 많았다고 한다. 그는 영아 시기부터 대학교에 입학할 때까지 두 딸의 수면 습관을 자세히 기록하는가 하면, 수면 박탈이 인체에 미치는 영향을 알아보기 위해 180시간 동안 잠을 자지 않기도 했다. 또, 햇빛과 일상의 영향을 배제한 상태에서 수면 패턴과 체온이 어떻게 변하는지 알아보기 위해 다른 연구자들과 함께 깊은 동굴에 한 달이 넘도록 머물기도 했다. 참고로, 1948년에는 잠수함에서 2주간 머물면서 교대 근무가 인체에 미치는 영향도 조사했다. 이러한 노력 끝에 일주기 리듬circadian rhythm과 울트라디언 리듬ultradian rhythm의 개념을 정립하고, 수면을 고려한 교대 근무의 기준을 만들 수 있었다.

수면 의학의 아버지 디멘트

　　디멘트William Dement, 1928-2020는 클라이트먼의 제자다(그림 2). 클라이트먼이 수면 연구의 아버지로 불린다면, 디멘트는 수면 의학의 아버지로 불린다. 그는 수면의 신비를 밝히고자 연구에 매진하는 한편, 수면을 사회적인 주제로 확장하는 데 결정적 역할을 했다. 그는 저평가된 수면의 귀중함을 세상에 널리 알리는 것을 최우선 목표로 삼았다. 그래서 '졸음은 위험 신호'라는 슬로건을 평생 동안 전파했다. 개인의 건강과 능력 발휘, 그리고 운전과 같은 공공 안전에까지 건강한 수면의 중요성을 확장시키는 것을 일생의 사명으로 여긴

　　　　　　　　　　　　　　　　　　　　　　　　　　　두뇌 인류

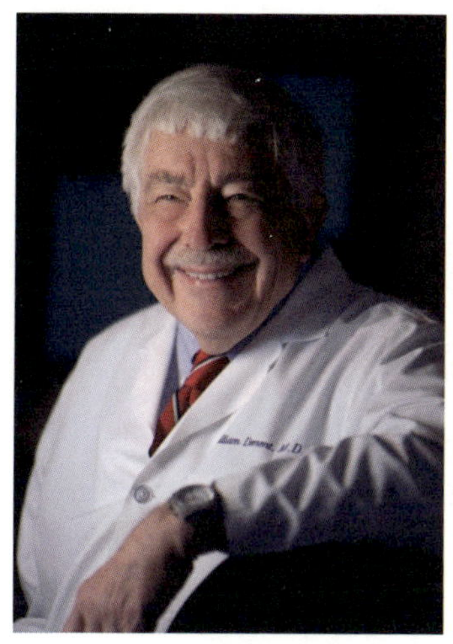

그림 2 | 디멘트의 초상

것이다. 그는 스탠퍼드대학교에서 '수면과 꿈'이라는 인기 강좌를 계속 열어서 많은 학생에게 수면의 중요성을 강조했다. 그의 강의실에는 졸린 학생이 앉아서 잘 수 있는 배려석이 있었다. 이 구간 외의 의자에서 조는 학생에게는 바로 물총을 쏘아서 깨웠다고 한다. 그러면 학생은 일어나서 "졸음은 위험 신호"라는 구호를 복창해야 했다.

디멘트도 수면 연구에 뇌파를 이용한 최초 멤버 중 한 사람이다. 그는 뇌파를 이용하게 되면서 수면이 과학의 진정한 한 분야로 자리매김했다는 믿음을 가지고 있었다. 뇌파를 이용해 수면의 다섯 단계를 확정한 사람도 디멘트다(지식 상자 13-2). 또, 그는 현재도 사용되고 있는 수면 무호흡sleep apnea의 진단 기준을 마련하기도 했다(지식 상자 13-4). 디멘트는 1963년 말부터 1964년까지 17세의 가드너라는 인물이 무려 11일 24분 동안 각성 상태를 유지하는 세계 기록을 세울 때 신체 및 정신 상태를 모니터하는 역할을 맡기도 했다. 마지막 세계 신기록은 맥도널드라는 사람이 세운 18일 21시간이다. 1997년 이후로는 건강상의 이유로 더는 기네스협회에서 이러한 기록을 받아주지 않는다.

디멘트는 1975년에 미국 수면학회를 창립했고, 미국 국립보건원에 수면 연구센터를 만드는 데 결정적 역할을 했다. 그의 가장 중요한 업적은 수면 무호흡이나 수면 박탈에 의해 유발되는 낮 시간대의 졸음을 사회적 이슈로 부각시킨 점이다. 그의 이러한 노력으로 수많은 사람이 목숨을 건졌다고 평가받고 있다.

멜라토닌과 수면 주기

멜라토닌melatonin은 1958년에 예일대학교의 러너Aaron B. Lerner, 1920–2007에 의해 발견되었다. 이 물질은 소의 송과선에서 추출되었다. 멜라토닌이라는 이름은 그리스어로 '검정'을 의미하는 'melas'와 '억제하다'를 뜻하는 'ton'을 합쳐 만들었다. 멜라토닌이 양서류의 피부를 밝게 하는 효과가 있어 붙여진 이름이다. 참고로 러너는 예일대학교 피부과의 첫 번째 학과장이기도 했다.

멜라토닌은 처음에는 동물에게 약간의 진정 효과가 있는 것으로 알려졌다가, 1982년에 MIT의 우트먼Richard Wurtman, 1936–2022에 의해 사람에게 수면 촉진 효과가 있음이 밝혀졌다. 이후 멜라토닌과 관련된 많은 연구가 진행되었다. 멜라토닌의 수면 주기 조절 효과뿐만 아니라 항산화 효과, 면역 조절 효과, 수면 연장 효과까지 거론되

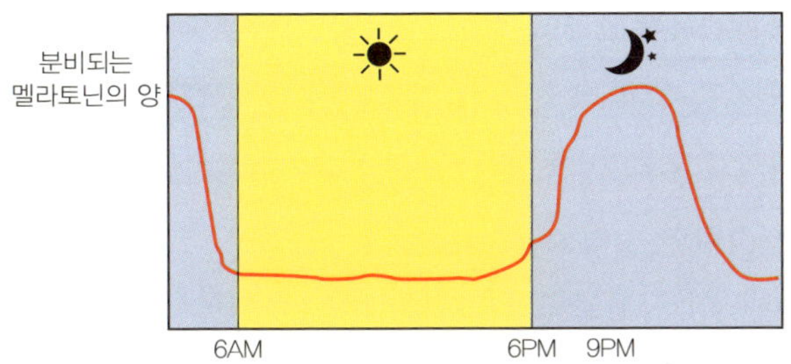

그림 3 | 일주기에 따른 멜라토닌의 분비

었다. 거의 만병통치약 취급을 받은 것이다. 그러나 확실시되는 수면 유도 작용 외 다른 효과의 직접적인 관계는 증명된 바가 없다. 그럼에도 수면을 잘 취하는 것이 면역 기능을 높이고 각종 질병의 발생을 억제하므로, 아예 터무니없는 이야기는 아니다(지식 상자 13-5).

멜라토닌은 일상 주기에 따라 분비가 조절된다. 밤에 수치가 올라가고 낮에 최저치에 도달한다. 망막으로 들어오는 빛이 시상을 통해서 송과선의 멜라토닌 분비를 조절한다(그림 3). 이러한 변화는 사람이 자연스러운 낮과 밤의 패턴에 맞춰 수면-각성 주기를 조절할 수 있게 해준다.

수면과 기억의 연관성

하룻밤의 수면이 기억을 강화하는 현상을 처음으로 기록한 사람은 로마의 수사학자 쿠인틸리아누스Marcus Fabius Quintilianus, 35-100다. 그는 "원인은 분명하지 않지만, 신기하게도 하룻밤을 자고 나면 시간이 경과했음에도 불구하고 오히려 기억이 잘된다. 아마도 기억을 되살리는 능력이 이 기간에 자라나는 것 같다"라고 표현했다. 이것이 수면의 효과라고 특정하지는 않았지만, 수면 후 기억이 강화되는 현상을 지적한 것이었다.

1749년, 영국의 철학자 하틀리(제12장)는 꿈을 꾸는 과정에서 뇌의 각 부분이 새로 소통을 한다는 이론을 제시했다.

19세기 말부터는 많은 사람이 수면 과정에서 뇌 기능의 회복과 기억의 편집과 강화가 일어난다는 아이디어를 받아들이기 시작했다(물론 명확한 실험 증명이 있는 것은 아니었다). 한 예로,《피터 팬》의 작가 배리James M. Barrie, 1860-1937는 1911년에 출간한《피터와 웬디》라는 작품에서 꿈에 대해 다음과 같이 묘사한다. "어린이들이 잠들면 현명한 어머니들은 아이들의 마음속을 살피면서 다음 날 아침을 위해 여러 생각을 정리한다. 그리고 낮에 마음속에서 떠돌던 여러 생각 중에서 나쁜 생각과 욕망은 마음 깊숙한 곳에 보관하고, 예쁘고 좋은 생각은 마음 제일 위로 떠오르도록 올려놓는다. 그래서 다음 날 아침, 아이들은 이 좋은 생각을 가지고 하루를 시작할 수 있게 된다." 여기서 현명한 어머니는 바로 '잠'이다.

최초의 체계적인 수면-기억 연구는 1924년에 젠킨스John Jenkins와 달렌바흐Karl Dallenbach, 1887-1971에 의해 이뤄졌다. 그들은 에빙하우스의 기억 측정법(제12장)을 이용하여 수면이 기억에 미치는 영향을 살폈다. 의미 없는 글자를 기억하게 만든 후 일정 시간 뒤에 기억하는 정도를 평가한 것이다. 그들은 중간에 수면을 취한 그룹이 내내 깨어 있던 그룹보다 기억을 더 잘하는 것을 확인했다. 공부를 한 후에 반드시 충분히 잠을 자야 하는 이유다.

 두뇌 인류

그리고 클라이트먼이 1953년에 렘수면을 발견하고 이후 디멘트에 의해 수면의 다섯 단계가 확인되면서, 각 수면 단계가 기억에 미치는 영향이 본격적으로 연구되기 시작했으며 이제 그 결과물들이 나오고 있다(지식 상자 13-6).

가장 중요한 사실은 '잠 없이는 기억도 없다'라는 것이다.

기면증narcolepsy

기면증은 수면과 각성의 주기를 제어하는 부분에 문제가 있을 때 발생하는 만성적인 수면 질환이다. 다음과 같은 특징적인 증상이 나타난다.

- 환자는 낮 동안에도 불가항력적으로 졸음을 느끼며, 갑자기 잠에 빠질 수 있다.
- 탈력발작cataplexy은 기면증 유형 I에서 주로 발생하며, 감정

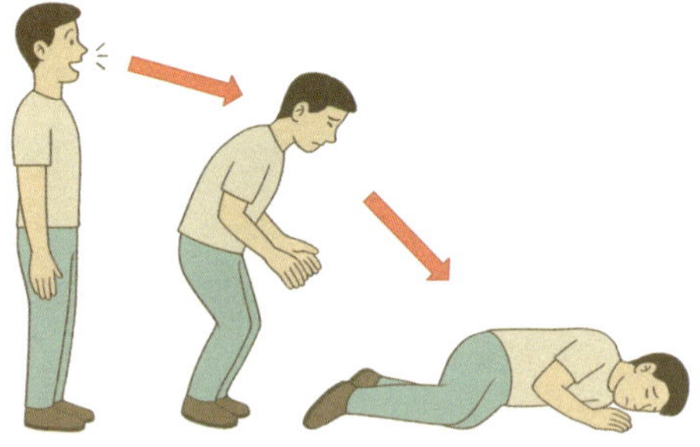

그림 4 | 기면증 환자의 탈력발작

의 급격한 변화(특히 웃음이나 놀람)가 있을 때 순간적으로 근육에 힘이 빠지는 현상이다. 전신 근육에 나타나 환자가 웃다가 정신은 있는 채로 쓰러지기도 한다(그림 4). 근육 일부에만 나타나는 경우에는 고개가 앞으로 툭 떨어지는 것과 같은 모습을 보이기도 한다.

- 수면마비sleep paralysis는 잠들기 직전이나 깨어날 때 일시적으로 몸을 움직일 수 없게 되는 현상이다. '가위눌리다'라고 표현하는 증상이다.
- 잠들기 직전이나 깨어날 때 생생하면서 무서운 환각을 경험할 수 있다hallucination.

기면증은 두 유형이 있다. 유형 I은 뇌 속에 오렉신orexin이라는

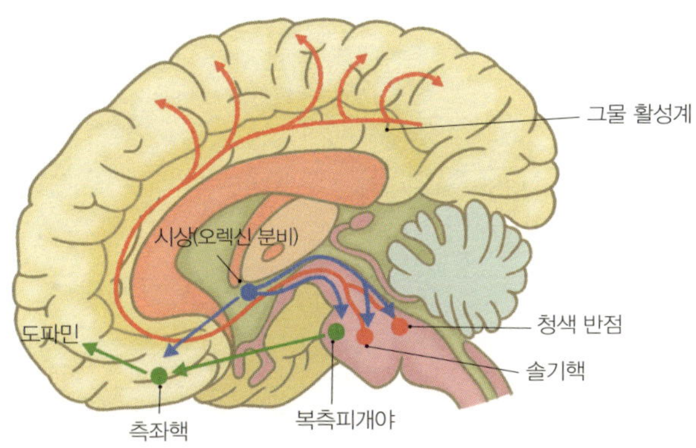

그림 5 | 기면증 유형 I의 원인 기면증 유형 I은 뇌 속에 오렉신이라는 물질이 결핍되어 나타난다. 자가면역 질환에 의해 오렉신을 생산하는 세포가 감소하는 경우가 가장 흔하다. 오렉신은 뇌의 시상하부에 위치한 특정 세포에서 생성된다. 오렉신은 뇌의 다른 부분, 특히 각성 상태를 유지하는 망상 신경계에 전달되어 깨어 있는 상태를 유지하도록 한다. 참고로, 파란색으로 표시된 경로는 보상, 중독에 관여하는 도파민 신경전달 체계다.

물질의 결핍이 원인이다(그림 5). 뇌의 시상하부에 위치한 특정 세포에서 생성되는 오렉신은 뇌의 다른 부분에 신호를 보내 각성 상태를 유지하도록 한다. 또, 렘수면과 비렘수면 사이의 전환을 조절한다. 이 환자들에서 오렉신 수치가 감소하는 주된 원인은 자가면역 반응으로 인해 오렉신을 생산하는 뇌세포가 파괴되어서라고 추정하고 있다. 유형 I에서는 탈력발작이 나타난다. 유형 II에서는 탈력발작은 없고, 주된 증상으로 낮 시간대의 과도한 졸음증이 나타난다.

수면 단계의 종류

수면은 크게 렘수면과 비렘수면으로 나뉘며, 비렘수면은 다시 얕은 수면light sleep과 깊은 수면deep sleep으로 구분된다. 각 수면 단계는 그에 해당하는 특징적인 뇌파 소견을 갖고 있다(그림 6).

얕은 수면

비렘수면 단계 1과 2(N1, N2)가 여기에 속한다. N1 단계는 수면의 초기 단계로, 가장 얕은 수면이다. 잠들기 시작할 때 나타나며, 뇌파는 알파파(1초에 8회에서 13회 사이로 반복되는 뇌파)에서 세타파(1초에 4회에서 8회 사이로 반복되는 뇌파)로 전환된다. 이 단계는 일반적으로 짧게 지나간다. 근육이 이완되기 시작하고, 심박수와 호흡이 느려진다. 갑자기 깜짝 놀라는 것과 같은 순간적 근육 수축이 발생할 수 있다.

N2 단계는 수면이 조금 더 깊어지는 단계로, 성인 대부분이 밤에 보내는 시간의 약 50퍼센트를 차지한다. 수면 방추sleep spindle, 두정 예파vertex sharp wave와 K-복합체K-complex라는 특정한 뇌파 패턴이 나타난다. 심박수와 호흡이 더 느려지며, 체온이 낮아진다.

깊은 수면

비렘수면 단계 3과 4(N3, N4)에 해당하며, 매우 느린 뇌파인 델타파(1초에 4회 미만으로 반복되는 뇌파)가 주로 나타난다. 일반적으로 밤의 첫 3분의 1 동안 나타나며, 이 단계에서 깨어나기가 가장 어렵다. 이 시기가 신체와 뇌가 회복되는 가장 중요한 시간으로, 성장 호르몬이 분비되며, 면역 체계가 강화된다.

렘수면

꿈을 꾸는 단계로 잘 알려져 있다. 이 단계에서는 뇌파가 깨어 있거나 졸고 있을 때와 유사하게 나타난다. 렘수면은 보통 밤에 여러 번 발생하며, 각 사이클을 지날수록 렘수면의 지속 시간이 길어진다. 이때 이름에서 알 수 있듯이 눈동자가 빠르게 움직이며, 근육의 긴장이 거의 사라져 몸이 마비 상태에 가까워진다. 심박수와 호흡이 불규칙해질 수 있다.

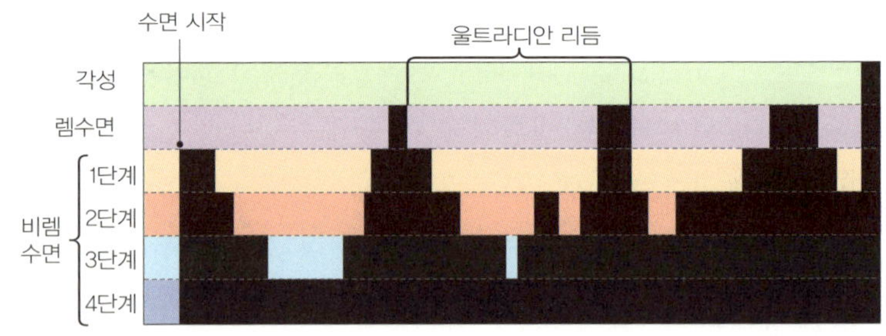

그림 6 | 수면 단계와 수면 주기 울트라디안 리듬은 24시간 주기보다 짧은 시간 동안 반복되는 생체 리듬을 의미한다. 울트라디안 리듬의 대표적인 예는 90분에서 120분 사이의 주기로 나타나는 수면 사이클이다. 하룻밤에 이러한 주기가 여러 번 반복되며, 새벽이 다가올수록 렘수면이 길어진다.

울트라디언 리듬

수면 연구에서 언급되는 울트라디언 리듬은 24시간 주기보다 짧은 시간 동안 반복되는 생체 리듬을 의미한다. 울트라디언 리듬의 대표적인 예는 90분에서 120분 사이의 주기로 나타나는 수면 사이클이다. 수면 과정에서 사람은 비렘수면 단계를 거친 후 렘수면 단계로 진입한다. 이러한 사이클이 밤 동안 여러 번 반복되며, 각 사이클이 울트라디언 리듬을 구성한다. 울트라디언 리듬은 낮에도 나타나며, 집중력이나 에너지 소모의 변화를 동반할 수 있다. 이 리듬을 이해하면 효과적인 수면 관리 및 일상생활의 업무 효율 증진에 도움을 받을 수 있다.

꿈은 렘수면에서만 꾸는가?

꿈은 주로 렘수면 단계에서 발생하지만, 다른 수면 단계에서도 꿈을 꿀 수 있다. 각 수면 단계별로 꿈의 특성이 다르다.

렘수면: 이 단계의 꿈은 보통 매우 생생하고, 복잡하며, 기억하기 쉽다. 꿈의 내용이 비현실적이고 환상적인 요소를 포함한다.

비렘수면: 이 단계의 꿈은 렘수면 때보다 덜 생생하거나 기억하기 어려울 수 있다. 대체로 더 단순하고, 일상적인 내용을 다루는 경향이 있다. 종종 현실적이며, 해결해야 할 문제나 걱정거리를 반영하기도 한다. 깊은 수면에서는 꿈이 거의 나타나지 않거나 매우 단편적이다.

수면 무호흡sleep apnea의 종류와 진단 기준

수면 무호흡은 수면 중 호흡이 일시적으로 멈추는 상태다. 수면의 질을 떨어뜨리고, 낮 시간대의 피로, 고혈압, 심장병 등 다양한 건강 문제를 만드는 수면 질환이다. 수면 무호흡은 보통 세 가지 유형으로 분류된다.

폐쇄성 수면 무호흡 Obstructive Sleep Apnea, OSA: 가장 흔한 유형으로, 수면 중 상기도가 일시적으로 막혀 호흡이 멈추는 것을 말한다. 이완된 근육이나 혀, 기타 신체 조직이 상기도를 막는 것이 원인이다. 코골이를 동반하는 경우가 많다. 10초 이상 지속되는 호흡 정지 또는 호흡이 얕아지는 경우가 시간당 평균 5회 이상인 경우부터 이 진단을 적용한다. 무호흡, 저호흡의 시간당 횟수를 무호흡-저호흡 지수Apnea-Hypopnea Index, AHI라고 부른다. 낮 시간대의 졸음이나 무기력, 짜증, 우울증을 유발할 수 있으며, 아침에 두통을 호소하기도 한다. 장기적으로 혈관이나 심장에 문제를 일으킬 수 있다. 90퍼센트의 환자는 자신이 수면 무

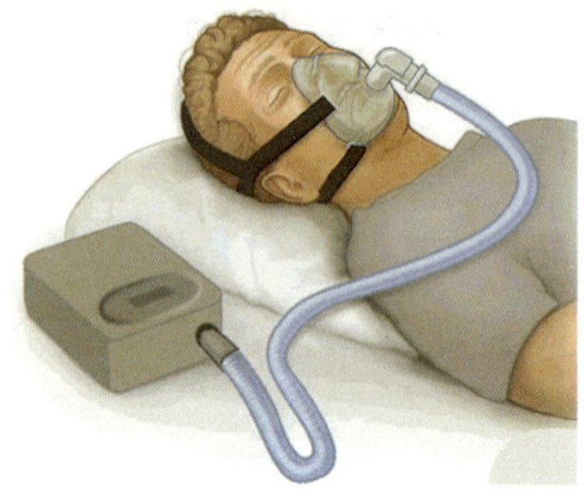

그림 7 | 양압기 수면 무호흡증을 치료하는 데 사용되는 의료 기기다. 수면 중 기도가 좁아지거나 막혀서 호흡 곤란을 겪는 사람들을 돕기 위해 설계되었다. 양압기는 모터를 사용하여 끌어들인 공기를 필터링하여 깨끗하게 만든 후에 일정한 압력으로 사용자에게 전달한다. 이 압력은 사용자가 숨을 쉴 때 기도가 축소되거나 완전히 닫히는 것을 방지한다. 기도를 계속 열어두는 것이다.

호흡을 갖고 있다는 것을 모른다. 수면 다원검사polysomnography로 진단이 가능하다. 보통 지속적 양압기Continuous Positive Aairway Pressure, CPAP이라는 기계를 사용하여 치료한다(그림 7).

중추성 수면 무호흡 Central Sleep Apnea, CSA: 뇌의 호흡 조절 센터에 문제가 있어, 호흡을 일으키는 뇌 신호가 일시적으로 중단되면서 나타난다.

혼합형 수면 무호흡 Complex Sleep Apnea Syndrome: 폐쇄성 수면 무호흡증과 중추성 수면 무호흡의 특징을 모두 가지고 있는 경우다.

수면이 건강에 미치는 영향

수면이 건강에 주는 혜택은 UC 버클리의 탁월한 수면 연구가 워커Matthew Walker, 1974-의 말로 대변할 수 있다.

"최근 과학자들은 인간의 질병을 예방하고 수명을 연장할 수 있는 새로운 치료법을 발견했다. 이 방법은 우리의 기억력을 향상시키고 더 창의적으로 만들며, 식탐을 줄여 날씬하게 만든다. 암과 치매에 예방 효과가 있으며 면역력을 높여준다. 심장과 뇌혈관 질환, 당뇨의 발병 확률도 줄여준다. 기분이 더 좋아지고 덜 불안해지며, 우울증에 걸릴 확률이 낮아진다. 자, 이 치료법에 관심이 있는가?"

짐작대로 이 치료법은 정상적인 수면을 유지하는 것이다.

수면 단계와 기억의 관계

수면이 단순히 '깨어 있지 않은 상태'가 아니라 뇌 기능의 회복을 돕는 능동적인 과정이라는 점은 이제 확정된 사실이다. 수면의 각 단계와 시기에 따라 도움을 받는 뇌 기능이 다르다. 가장 중요하고 유명한 것은 물론 기억 능력이다. 다음 다섯 가지 내용은 참조할 만하다.

1. 학습하기 전에 취하는 수면은 최근에 얻어진 기억들이 장기 기억 저장소로 이동하는 데 도움을 준다. 이를 통해 새로운 기억을 받아들일 공간을 마련한다. 이 과정은 비렘수면 2단계에서 주로 일어나며 수면 방추(수면 2단계에서 나타나는 특징적인 뇌파 소견)가 중요한 역할을 한다. 나이가 들면 수면 방추의 양이 줄어드는데 이것이 새로운 학습에 장애를 겪는 이유 중 하나다.

2. 학습 후 잠을 자면 깊은 수면 단계에서 기억한 내용의 강화가 이뤄진다. 깊은 수면은 주로 하루 수면의 전반부에 일어나므

로 이 수면 구간이 중요하다. 20분의 짧은 낮잠 역시 기억에 도움이 된다. 새로이 학습된 기억은 수면 중에 장기 기억 저장소로 이동한다.

3. 수면 중의 기억 강화는 무작위로 일어나는 것이 아니라 선택적으로 이뤄진다. 즉, 뇌는 중요한 기억은 더 단단히 강화하고, 불필요하거나 버리고자 하는 기억은 더 쉽게 잊히도록 만든다. 이러한 선택적 과정은 비렘수면과 그때 나타나는 수면방추가 핵심적인 역할을 맡아 조절한다.

4. 운동이나 악기를 다루는 기술은 (특히 수면 마지막 두 시간에 걸쳐 일어나는) 비렘수면 2단계와 운동 피질 부근에서 발생하는 수면방추의 양과 관련 있다. 전날 아무리 연습해도 안 되던 기술이 자고 나서 저절로 되는 현상이 이와 관련이 있다. 전날 열심히 운동하고 충분한 수면 없이 새벽부터 일찍 일어나서 다시 운동하는 것은 이런 이유로 바람직하지 못할 수 있다.

5. 렘수면은 뇌에 광범위하게 흩어져 있는 지식을 다양하게 조합해보는 시간이다. 그래서 말도 안 되는 꿈을 꾸기도 하지만 천재적인 발상이나 창의력의 원천이 되기도 한다.

14

나는 누구인가?

의식의 비밀을 찾아서

> "뇌의 보스는 한 명이 아니다."
> **마이클 가자니가**Michael Gazzaniga, 1939-

> "따로 존재하는 마음이라는 것은 없다.
> 마음은 뇌 속에 있고 뇌는 몸속에 있다."
> **안토니오 다마지오**Antonio Damasio, 1944-

> "우리는 항상 환각 속에 살고 있다.
> 그 환각에 동의하는 순간 그것은 현실이 된다."
> **아닐 세스**Anil Seth, 1972-

의식의 어려운 문제

인간 의식의 정체를 알아내기란 우주의 신비를 알아가는 여정만큼 어려운 일이다. 오스트레일리아의 철학자이자 인지과학자인 차머스David Chalmers, 1966–는 1995년에 〈의식의 문제에 직면하여Facing Up to the Problem of Consciousness〉라는 논문에서 의식을 '쉬운 문제easy problem'와 '어려운 문제hard problem'로 구분했다.

쉬운 문제는 인간의 행동과 인지 프로세스에 관한 것이다. 우리가 주변 환경을 인지하고 주의를 집중하여 일상의 다양한 작업을 수행하는 과정이 쉬운 문제에 속한다. 차머스는 이러한 쉬운 문제는 현대의 신경과학이나 인지과학 기법으로 연구해 점차 이해해나갈 수 있을 것으로 예상했다. 물론 연구가 쉽지는 않지만 적어도 설명의 틀이 열려 있다는 점에서 '쉬운' 문제라 부른 것이다.

반면, 어려운 문제는 주관적 경험, 즉 '질감qualia'의 성격을 묻는 것이다. 예를 들어, 특정 파장의 빛이 망막에 닿아 뇌에서 처리되는 과정을 설명할 수는 있지만, 그것이 왜 '빨강이라는 느낌'으로 경험되는지는 설명할 수 없다. 통증을 전달하는 신경 경로를 분석할 수는 있지만, 왜 그 신경 활동이 '아픈 감각'을 수반하는지는 알 수 없는 것이다. 차머스가 이것을 어려운 문제라고 부른 이유는, 뇌에서 이뤄지는 물질적 과정이 어떻게 고차원적이고 주관적인 경험으로 전환되는지에 대해 과학이 원리적으로 답을 내기 어렵기 때문이다.

차머스는 이러한 질감을 설명하기 위해 '철학적 좀비'라는 개념을 만들었다. 철학적 좀비란 '외면적으로는 보통 사람과 똑같이 행동하지만, 의식이나 질감과 같은 내면적인 경험을 가지지 않은 인간'으로 정의된 가상의 존재다. 이들은 보통 사람과 똑같이 웃고 화내고 열심히 철학적 논의를 할 수 있다. 물리 화학적, 전기적 반응도 보통 사람과 완전히 같다. 그러나 이들에게는 즐거움, 분노, 불편함 같은 주관적 경험이 없다. 차머스는 바로 이 결여된 '의식'이 의식 연구의 어려운 문제에 해당하며, 현대 과학만으로 설명할 수 없다고 주장했다.

하지만 '철학적 좀비'라는 난해한 비유는 오히려 이해를 방해한다는 비판을 받았다. 우선, 철학적 좀비는 정의상 존재할 수 없다는 지적이 있다. 의식이 없는 존재가 우리와 똑같이 동작하고, 주관적 경험이 없음에도 그 경험에 대해 말하거나 반응할 수 있다면, 그 존재에 의식이 있다 없다 논의하는 것에 무슨 의미가 있을까? 또한 철학적 좀비라는 개념을 도입하는 것 자체가 논의를 복잡하게 만들 뿐이라는 의견도 있다. 실제로 존재하지 않는 이론적 개체가 오히려 탁상공론만 양산한다는 것이다.

그래도 철학적 좀비 개념은 의식 연구 분야에 많은 논쟁을 일으킨 순기능이 있다. 이를 계기로 다양한 이론과 접근법이 제시되었고,

덕분에 의식의 '어려운 문제'를 어떻게 다룰 수 있을지에 대한 논의
가 활발해졌다. 그리고 점차 이 '어려운 문제'도 해결할 수 있는 문제
가 되어가고 있다.

의식 연구의 흐름

차머스의 어려운 문제는 잠시 제쳐두고, 복습을 한다 생각하고
데카르트로부터 시작된 논란과 19세기부터 시작된 중요 의식 연구
의 흐름을 다시 한번 따라가보자.

17세기에 데카르트는 마음과 몸의 이원론을 통해서 물질세계
와 정신세계를 구분한 바 있다(제3장). 인간은 본질적으로 다른 두 성
질을 지녔는데, 먼저 정신(마음)은 비물질적이며 사유하는 것으로, 의
식, 느낌, 생각, 의도를 포함한다. 반면, 몸은 물질적인 것이 공간적으
로 확장된 것으로, 정신과는 완전히 다른 성질을 가진다. 데카르트는
이러한 마음의 존재를 그 유명한 "나는 생각한다, 고로 존재한다"라
는 말을 통해 확신했다. 그리고 이렇게 완전히 성질이 다른 두 영역
이 만나는 곳으로 뇌 속의 작은 송과선을 지목했다. 데카르트 주장의
핵심은 인간의 정신은 형이상학적이라는 것이었다. 많은 논란 속에
서도 그의 이론은 19세기까지 서양 과학과 철학을 이끌어왔다.

뇌와 의식의 관계에 대한 연구는 대체로 19세기에 시작되었다.
처음에는 뇌 부위별 손상에 따른 행동 및 인지 변화를 관찰하는 방식
이 주를 이뤘다. 1861년, 브로카가 운동언어 영역을 발견한 것이 그
예다(제4장). 그리고 19세기 말부터는 동물의 뇌에 임의로 손상을 주

거나, 전기로 자극하여 해당 영역의 기능을 확인하는 방법이 도입되었다. 대뇌 피질을 제거한 동물의 움직임과 반응을 관찰해, 과연 피질이 제거되어도 의식이 있는지, 아니면 단순 반사 운동만이 가능한지 알아본 것이 그 예다.

페리어는 동물의 두정엽이나 측두엽을 자극했을 때, 그 동물이 시각, 촉각, 청각 자극을 실제로 받은 것처럼 반응하는 현상을 관찰했다(제7장). 반면, 피질이 아닌 다른 부위를 자극했을 때는 이러한 반응이 나타나지 않았다. 그는 이러한 결과가 대뇌 피질이 의식과 관련이 있다는 간접적이지만 중요한 증거라고 보았다. 다만 동물은 자극을 받았을 때 어떤 경험을 했는지 우리에게 직접 전달할 수 없으므로, 이 문제를 명확히 규명하기 위해서는 인간을 대상으로 한 전기자극 연구가 필요하다고 생각했다.

잭슨은 뇌전증 환자에게 발작이 일어날 때 종종 의식이 손상되는 현상에 주목했다(제4장). 이를 단서로 그는 인간의 의식이 대뇌 피질에 존재하는 고도로 조직화된 신경 구조와 깊이 연관되어 있을 것이라고 추론했다. 동시에 마음의 작동이 단순 의식적인 과정이 아니라, 무의식과 의식이 끊임없이 교차하고 상호작용하는 과정이라고 생각했다. 이러한 관점은 마음을 단순히 신경학적으로 설명하려는 데 머무르지 않고, 심리학적 차원에서 이해하려는 시도로 이어졌다. 실제로 잭슨의 생각은 후대 연구자들에게 큰 자극을 주었으며, 특히 무의식의 역할을 강조한 프로이트에게 중요한 영감을 제공했다.

19세기 말에는 생리학 실험에 이용하던 방법을 의식 문제에도 적용해 '실험심리학experimental psychology'이 탄생한다. 19세기에 활약한 독일 과학자 페히너(제12장)와 헬름홀츠(제4장)가 실험심리학의 기초를 마련하고 획기적인 발전을 이끌었다. 페히너와 헬름홀츠는 심리학과 생리학의 교차점에서 중요한 연구를 시행해 두 분야를 통합하는 토대를 마련했다.

페히너는 심리물리학psychophysics의 창시자로 잘 알려져 있다. 심리물리학은 물리 자극의 강도와 감각 경험 사이의 수학적 관계를 탐구해 물리 자극과 그 자극이 인식되는 방식의 관계를 연구하는 학문 분야다. 페히너는 자극의 강도와 이를 느끼는 감각의 강도가 로가리듬logarithm 관계를 형성하는 것을 발견했다. 이를 페히너의 법칙Fechner's Law이라고 부른다. 감각기에서 자극의 변화를 느끼기 위해서는 처음 자극보다 일정 비율 이상으로 더 큰 자극을 받아야 한다는 이론이다.

헬름홀츠는 감각과 지각의 원리를 연구했으며, 물리학, 생리학, 심리학 분야를 통합하고자 했다. 특히 시각, 청각, 색채 지각을 느끼는 원리를 찾는 데 주력했다. 음악과 청각을 연구하는 과정에서 헬름홀츠는 공명기를 개발해 특정 주파수의 소리를 분리하고 분석할 수 있도록 했다. 이를 통해 소리의 구조와 인식 과정을 정밀하게 탐구할 수 있었다. 또한 그는 의식의 내용이 무의식에서 먼저 처리된다고 보았다. 이러한 관점은 감각과 지각이 단순한 물리적 입력이 아니라, 신경과 무의식적 처리 과정을 거쳐 형성된다는 이해로 이어졌다.

1913년에는 미국의 심리학자 왓슨이 심리학이 과학적 학문이 되기 위해서는 자극에 따른 행동 변화를 연구의 중심에 두어야 한다고 주장했다(제6장). 행동주의behaviorism학파가 등장한 것이다. 행동주의는 심리학이 학습과 행동 연구에 집중해야 하며, 관찰 가능한 행동만이 과학적 탐구의 주요 대상이 될 수 있다고 보았다. 그리고 개인의 내적인 생각이나 감정은 과학적으로 연구하기 어려운 영역으로 취급했다. 조건반사로 유명한 파블로프(제6장)도 이 학파에 속한다. 행동주의는 인지뇌과학cognitive neuroscience과 더불어 심리학이 과학적 토대를 갖추는 데 중요한 역할을 했다. 그러나 인간의 복잡한 인지 과정을 지나치게 단순화하고, 모든 행동을 연속적이면서도 기계적인 반사 과정으로만 설명하려는 점이 한계로 지적되었다.

인지과학의 탄생

일찍이 페리어와 셰링턴은 동물의 대뇌 피질을 자극해서 대뇌 피질의 중요성을 짐작한 바 있다(제7장). 그리고 마침내 이러한 내용이 사람에게서도 확인되었다. 현대 신경학의 아버지로 불리는 셰링턴에게 교육받은 펜필드가 뇌전증 수술 과정에서 대뇌 피질을 직접 자극한 후에 환자로부터 전기자극이 들어갈 때의 감각과 경험에 대해 들은 것이다(제7장, 제12장). 자극 부위에 따라 감각, 운동, 기억, 심상 등이 뚜렷하게 달라졌으며, 이는 곧 대뇌 피질이 의식 경험과 밀접하게 연결되어 있음을 보여주는 결정적 증거가 되었다.

그럼에도 여전히 뇌에서 기억과 학습이 어떻게 이루어지는지는 미지의 영역으로 남아 있었다. 이러한 의문을 더욱 본격적으로 탐구한 인물이 바로 기억의 엔그램과 양 작용설로 유명한 래슐리였다(제6장, 제11장). 래슐리의 중요 연구 주제 중 하나는 학습과 기억에 관한 뇌의 역할이었다. 그는 동물의 뇌 일부를 제거하는 실험을 통해 뇌의 특정 부위가 손상되어도 기억과 학습 능력이 유지될 수 있다는 사실을 발견했다. 이를 바탕으로 뇌 기능은 특정 부위보다는 손상된 양에 따라 영향을 받는다고 보는 양 작용설을 주장했다. 그렇다고 뇌의 크기와 양에 따른 작용을 강조하려 한 것은 아니었다. 래슐리가 강조하고자 한 내용은 뇌의 여러 영역이 긴밀히 연결되어 협력하며, 어떤 기능이 특정 부분에 국한되지 않을 수 있다는 것이었다.

초기에는 행동주의자인 왓슨과 함께 연구하기도 했으나, 래슐리는 단순한 반사의 연속으로 인간의 행동과 의식을 설명하는 것은 틀렸다고 보았다. 그는 반사 작용과는 별도로 뇌 안에 존재하는 중앙 프로그램이 행동을 지배하며, 이 프로그램은 복잡하게 얽혀 있는 광범위한 뇌 네트워크에서 작동한다고 생각했다. 이러한 관점 때문에 래슐리는 국소론이 아닌 전체론의 대표로 평가되었다. 다만 시각과 관련해서는 망막과 뇌 사이에 특정한 연결 지점이 존재한다는 사실을 인정하며 국소론적 관점도 일부 수용했다.

기억이 뇌 전체에 넓게 저장되는 점, 뇌가 항상 활동 중인 점, 뇌세포 간 연결의 패턴이 중요하다고 본 점을 고려하면, 래슐리를 단순한 전체론자가 아니라 인지과학의 새 지평을 연 사람으로 평가하는 것이 적절하다. 실제로 이후의 인지과학자 다수가 '래슐리 계열'로 분류되고 있다. 래슐리의 이론은 뇌의 다양한 부분이 어떻게 상호작용하고 통합되는지에 대한 깊은 이해를 제공했다. 래슐리는 1936년에 보스턴에서 열린 정신·신경학회에서 '신경심리학neuropsychology'이라는 용어를 처음 사용했으며, 1950년에는 의식이 어떻게 무의식으로부터 만들어지는지에 대한 통찰력 있는 논문을 발표했다.

특정 뇌 영역과 의식의 관계

래슐리의 양 작용설과 등능의 법칙law of equipotentiality(양 작용설과 일맥상통하며, 뇌는 전체적으로 연결되어 작동하므로 손상된 부위의 크기에 비례해 기능이 저하되고, 각 부분의 역할은 명확히 구분되지 않는다는 개념)이 널리 전파되었지만, 뇌의 특정 부위와 의식의 상관관계를 밝히려는 시도는 계속되었다. 그리고 동물 실험을 통해서 그 결과가 먼저 나타났다.

1940년대, 이 분야에서 가장 유명한 동물 실험실은 미국 플로리다의 여키스 영장류 연구소Yerkes Primate Center였다. 래슐리 역시 이 연구소의 소장을 지냈으며, 사망 당시에도 명예 소장으로 남아 있었다. 이곳은 래슐리의 동물 실험 방법을 계승하고 있었다. 특정 부위를 손상시키고 행동 변화를 살피는 래슐리의 실험 방법 자체는 매우 탁월했다. 쥐를 사용했기 때문에 뇌의 특정 부위에 따른 기억 손상을 구체적으로 관찰하기 어려웠지만 말이다. 이후의 연구자들은 발달한 신경외과적 기술을 적용하여 영장류에게 더 세밀한 뇌 손상을 만들었다.

연구자들은 원숭이 뇌의 중요한 엽에 교대로 병소를 만들었다. 이는 단순히 뇌 구조와 행동의 관계를 밝히는 것을 넘어서, 의식이 뇌의 어느 부분에 의해 어떻게 구성되는지를 탐구하는 중요한 열쇠가 되었다. 여러 발견 중에 특히 흥미로운 것은 클뤼버-부시 증후군Klüver-Bucy syndrome이었다. 독일계 미국 심리학자 클뤼버Heinrich Klüver, 1897–1979는 천연 환각성 알칼로이드인 메스칼린mescaline이 투여된 원숭이의 행동에 관심을 가졌다. 입맛을 쩝쩝 다시는 듯한 이 원숭이의 모습은 측두엽 뇌전증 환자들의 발작 모습과 비슷했다. 측두엽 뇌전증 환자들은 발작이 시작되면 멍하니 한 곳을 응시하거나 정신없이 두리번거리고, 입맛을 다시기도 한다.

이후 미국의 신경외과 의사 부시Paul Bucy, 1904-1992가 원숭이의 뇌에 정교한 병소를 만들어 연구를 심화했다. 양쪽 측두엽이 손상되었을 때 나타나는 변화는 단순한 감각, 운동 기능의 손실이 아니었다. 기억 장애, 감정 반응 감소, 대상을 제대로 파악하지 못하는 시각적 무감각, 비정상적인 성적 행동, 식욕 증가, 심지어 먹을 수 없는 물건까지 입으로 가져가는 행동 등이 관찰되었다. 이러한 변화는 특정 뇌 영역의 손상이 의식과 행동 전반에 깊은 영향을 미친다는 강력한 증거가 되었다.

이러한 증후군은 양측성 손상이 있어야 나타나기 때문에 사람에게는 드물지만, 외상이나 뇌염으로 인해 양쪽 측두엽이 동시에 손상된 경우에 보고되기도 한다. 이는 뇌의 특정 부위의 손상이 의식과 행동 전반에 심대한 영향을 미칠 수 있음을 보여주었다. 이 현상은 주로 측두엽에 위치한 편도핵 또는 편도핵 관련 경로의 문제로 해석되고 있다.

의식 연구에서 다음으로 주목받은 뇌 구조물은 전전두엽 영역prefrontal area이다. 이 영역은 인간의 의사 결정, 문제 해결, 사회적 상호작용, 도덕 및 윤리와 같은 고차원 기능과 밀접하게 관련되어 있다(그림 1). 이 영역에 대한 이해는 쇠막대 관통상을 입은 게이지를 대상으로 한 연구에서 시작되었고(제7장), 이후 원숭이 실험을 통해 체계적인 연구가 진행되었다. 이 연구는 훗날 미국 국립 정신건강 보건원National Institute of Mental Health 산하 신경심리학 연구실 책임자가 되는 신경심리학자 미슈킨Mortimer Mishkin, 1926-2021이 주도했다. 1950년대 말에 진행된 원숭이 실험에서 미슈킨은 전전두엽의 특정 영역이 작업 기억에 중요한 역할을 하는 것을 입증했다. 작업 기억은 인간

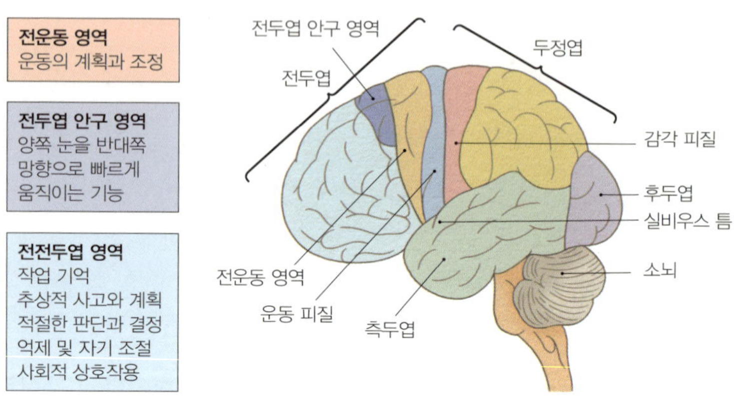

그림 1 | **전전두엽 영역** 전전두엽은 작업 기억 능력을 바탕으로 정보를 처리하고 평가하며, 이를 통해 미래의 결과를 예측하고 복잡한 결정을 내릴 수 있게 해준다.

의 정보 처리 과정에서 일시적으로 정보를 유지하고 조작하는 능력이다. 이를 통해 새로운 정보나 기존의 정보를 일시적으로 가져와서 계획을 세우고 행동을 집행하게 된다. 1970년 이후로 많은 연구자는 이 작업 기억이 인지를 구성하는 가장 중요한 요소 중 하나라고 생각하게 되었다.

전전두엽은 작업 기억 능력을 바탕으로 정보를 처리하고 평가함으로써 미래의 결과를 예측하고 복잡한 결정을 내릴 수 있게 해준다. 그 밖에도 충동을 제어하고 스트레스나 유혹 상황에서 목표 지향적 행동을 유지할 수 있게 해준다. 또, 여러 정보를 같이 조작함으로써 복잡한 문제를 해결하기도 한다. 타인의 관점을 이해하고 예측하는 데도 중요하다. 그리고 집중력을 유지하는 데도 가장 크게 작용한다. 이는 정보 처리의 우선순위를 정하는 데 필수적이다. 우리가 생각하는 의식 기능의 상당 부분을 전전두엽이 행하는 것처럼 보이기도 한다.

하지만 뇌는 매우 복잡한 구조물이다. 전전두엽 단독으로 이러한 기능을 수행할 수 있는 것은 아니다. 뇌의 광범위한 부분과 네트워크를 형성하여 정보를 교환하는 과정이 필수적이다.

맹시: 볼 수 없지만 볼 수 있다?

양쪽의 일차 시각 중추primary visual cortex가 손상되면 아무것도 보이지 않는다. 눈과 시신경은 정상이어도 그것을 받아들일 대뇌 피질이 없기 때문이다. 그런데 이 상황에서 실제로는 뭔가를 볼 수 있다는 사실이 1967년 영국의 신경심리학자 바이스크란츠Larry Weiskrantz, 1926–2018와 험프리Nicholas Humphrey, 1943–의 실험으로 밝혀졌다. 그들은 우선 헬렌이라는 원숭이의 양쪽 일차 시각 중추를 제거하고 여러 실험을 통해 분명 물체의 형태나 색상을 인지할 수 없음을 확인했다. 그럼에도 헬렌은 특정 물체나 움직임에 반응할 수 있었다. 헬렌에게 물체를 향해 손을 내밀라고 명령하면, 물체의 위치나 움직임에 맞게 손을 내밀었다. 심지어 장애물을 설치하고 곳곳에 땅콩을 늘어놓으면 헬렌은 장애물을 피해가면서 땅콩을 집어 먹을 수 있었다.

이러한 현상은 양쪽 일차 시각 중추가 손상된 실제 환자에게서도 확인되었다. 환자가 시각 손상으로 인해 물체를 볼 수 없다고 주장하는 쪽에 물체를 제시하고, 짐작으로 같은 물체를 골라보라고 하면 통상보다 월등히 높은 확률로 물체를 맞힐 수 있었다. 이러한 현상을 맹시blindsight라고 부른다. 맹시는 뇌 손상으로 인해 의식적으로는 해당 물체나 움직임을 인식하지 못하면서도, 해당 물체나 움직임에 반응하는 뇌의 능력을 의미한다. 가령, 맹시를 가진 사람은 "나는 아무것도 보지 못한다"라고 말하지만, 그들에게 움직이는 물체를 피하라고 지시하면 성공적으로 피할 수 있다. 당연히 이런 환자들은 원형, 사각형도 구분하지 못하고, 사진 속 인물이 남자인지 여자인지도 알 수 없다. 그런데 놀랍게도 화난 얼굴이나 행복한 얼굴의 사진을 보여주면 어떤 감정인지 맞힐 수 있다.

맹시는 의식과 뇌 기능의 관계에서 중요한 시사점을 던져준다. 의식적인 인식이 없더라도 여전히 뇌가 정보를 처리하고 반응할 수 있음을 보여주는 것이다. 여기에서 문제가 하나 발생한다. '우리가 인식하는 것만 의식으로 취급해야 하는가?'

자유의지와 자아, 그리고 분리 뇌

우리는 우리가 자유의지를 가지고 모든 일을 결정한다고 생각하지만, 이 역시 그렇게 당연한 것은 아니다. 1980년대에 진행된 미국의 신경과학자 리벳Benjamin Libet, 1916-2007의 실험이 이와 관련된 논란을 촉발시켰다. 그는 실험 참가자의 두피에 뇌파 전극을, 손목에 시간에 따라 원형으로 움직이는 점이 있는 특수 시계를 부착한 뒤 언제든지 그들이 원할 때 손목을 움직이라고 지시했다. 그리고 움직이겠다고 결심하는 순간에 시계에 있는 점의 위치를 기억하거나 버튼을 누르도록 했다(그림 2).

그런데 놀랍게도 실험 참가자가 움직이기로 결심한 순간보다 약 200밀리세컨드(0.2초) 전에 특정 뇌파 활동이 나타났다. 이러한 활동을 베라이트샤프츠퍼텐셜Bereitschaftspotential, BP이라고 부른다. 이것은 참가자가 의식적으로 움직이겠다고 결심하기 전에 뇌에서 이미 움직일 준비가 시작되었음을 의미했다. 이 실험 결과는 자유의지에 근본적인 의문을 제기한다. 만약 우리의 뇌가 의도적인 행동을 취하기 전에 이미 준비를 시작하고 있다면, 우리의 의식적인 선택은 얼마만큼 자유로운 것인가? 이 현상은 우리의 의식적 선택이 우리의 행동을 결정하는 것이 아닐 수 있음을 시사한다.

리벳의 실험 이후 많은 유사 연구에서 의사 결정에 앞서는 뇌의 전기 활동이 관찰되었다. 이러한 발견들은 우리의 선택이 완전히 의식적이지 않고, 뇌의 무의식적인 활동에 의해 일부 조절될 수 있다는 주장을 지지한다. 한편, 이런 연구 결과가 자유의지의 존재를 부정하는 것은 아니고, 의사 결정 과정을 더 잘 이해할 수 있도록 도와준다

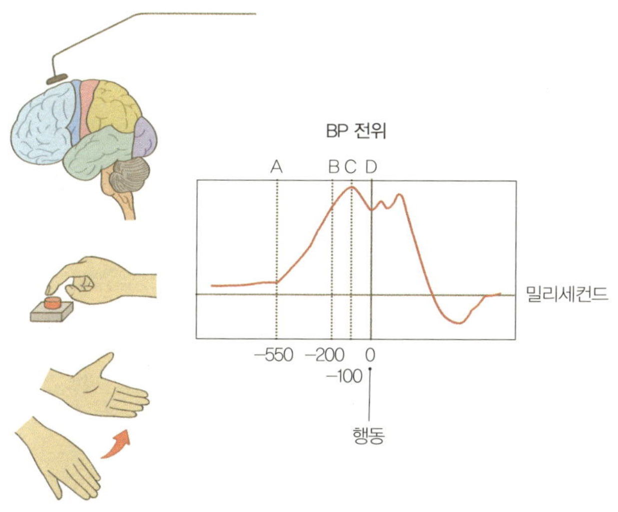

그림 2 | 베라이트샤프츠퍼텐셜(Bereitschaftspotential, BP 전위)

는 관점도 있다. 일부 연구자는 의사 결정이 단일 프로세스로 이루어지는 것이 아니라, 여러 단계의 프로세스로 구성된다고 생각하고 있다. 가령, 무의식적인 선택이 이루어진 후에도, 의식적인 단계에서 그 선택을 수정하거나 거부할 수 있다는 것이다. 자유의지의 본질과 우리의 의사 결정이 어떻게 이루어지는지에 대한 분명한 답은 아직 제시되지 않은 상태다.

우리가 통합된 뇌를 통해서 결정을 내리는 주체라는 생각은 분리 뇌 연구로 인해 다시 큰 도전에 직면한다. 분리 뇌split brain는 뇌의 두 반구 사이의 주요 연결 경로인 뇌량이 끊어진 상태를 뜻한다. 양쪽 뇌를 연결하는 가장 중요한 다리가 없어진 셈이다. 뇌 손상으로도 생길 수 있으나, 많은 경우 중증 뇌전증 환자의 발작을 완화시킬 목적의 수술에서 비롯된다. 발작파가 뇌량을 통해 반대쪽 반구로 넘어가면 뇌 전체에 발작파가 퍼지는 전신발작이 일어나는데, 뇌량을 끊어주면 한쪽 반구에서 시작된 발작이 반대편 반구로 넘어가는 것을 막을 수 있다. 큰 발작을 막아 정신을 잃고 쓰러져서 다치는 경우를 방지할 수 있는 것이다. 과거에는 뇌량 전체를 절개했지만, 최근 수술에서는 분리 뇌 현상을 막기 위해 대체로 일부분만 끊는다.

분리 뇌 연구는 1960년대 스페리Roger Wolcott Sperry, 1913-1994와 그의 동료 허블David Hubel, 1926-2013과 비셀Torsten Wiesel, 1924-에 의해 주도되었으며, 이 공로로 세 사람은 1981년에 노벨 생리의학상을 수상했다(그림 3). 이후 연구는 가자니가Michael Gazzaniga, 1939-에 의해 더 발전했다. 분리 뇌 실험 내용을 정리하면 다음과 같다.

원래 한쪽 시야에 한정해 특정 정보를 제시하면 그 정보는 오직 그 반대쪽 뇌 반구에서만 인식된다(그림 4). 대부분은 왼쪽 뇌 반구가

그림 3 | 스페리(왼쪽), 허블(가운데), 비셀(오른쪽)의 초상

언어 처리와 관련된 기능을 담당하는 우성 반구다. 정상적인 경우 왼쪽 시야에 물건을 보여주고 그 이름을 대라고 하면, 오른쪽 뇌의 시각 중추가 물체를 인지하고 이 정보를 뇌량을 통해 왼쪽 우성 반구로 보낸다. 그렇게 왼쪽 뇌가 물체의 이름을 댈 수 있게 된다. 그런데 분리 뇌 환자들은 왼쪽 뇌 반구와 연결된 오른쪽 시야에 단어를 보여주면 그 단어를 명확하게 인식하고 발음할 수 있지만, 오른쪽 뇌 반구와 연결된 왼쪽 시야에 단어를 보여주면 그 단어를 말하지 못한다. 뇌량이 없어 우측 시각 중추의 정보가 좌측 뇌로 넘어가지 못하기 때문이다. 언어 중추에 정보가 닿지 못한 것이다.

그런데 왼쪽 시야에 보여준 이미지나 단어를 말로 표현은 못 하지만, 그들의 행동에서 그 정보를 처리하고 있음을 알 수 있었다. 환자의 왼쪽 시야에 "사과"라는 단어를 보여주면 환자는 그것을 사과라고 말할 수는 없었지만, 나중에 여러 물건 중에 왼손으로 사과를 골라낼 수 있었다. 왼손은 오른쪽 뇌가 지배하기 때문에 가능한 일이었다. 이는 뇌량이 없는 상태에서 한쪽 반구로 들어온 정보가 다른 반

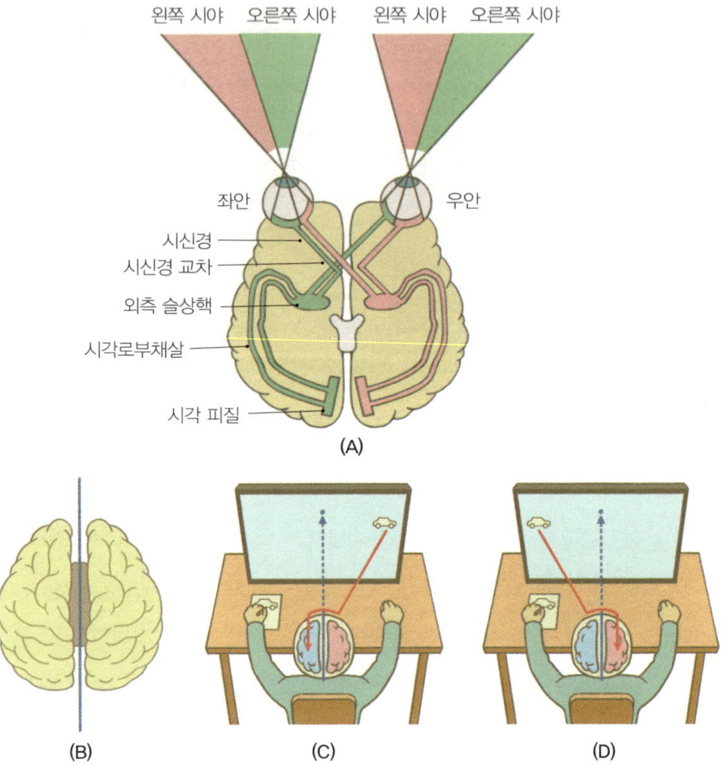

그림 4 | 분리 뇌 실험

(A) 좌측 시야의 물체는 우측 후두엽에서 인지하고 우측 시야의 물체는 좌측 후두엽에서 인지한다.

(B) 뇌량이 절개된 분리 뇌 상태.

(C) 우측 시야에 보이는 물체는 좌측 뇌에서 인지하고, 좌측 뇌에는 언어 중추가 있으므로 물건의 이름을 이야기할 수 있다.

(D) 좌측 시야에 보이는 물체는 우측 뇌에서 인지하는데, 분리 뇌 상태로 인해 언어 중추가 있는 좌측 뇌로 정보가 전달될 수 없다. 따라서 무슨 물건을 보았는지 물어도 대답을 못 한다. 물건을 보았다는 사실도 인정할 수 없다. 이때 좌측 손으로 본 물건을 그리도록 하면 좌측 손은 우측 뇌와 연결되어 있으므로 그릴 수 있다. 왼쪽 뇌는 무슨 물건인지 모르므로 우측 손으로는 그릴 수 없다.

구로 전달되지 못해도, 각 반구가 독립적으로 정보를 처리할 수 있음을 보여주는 놀라운 결과였다.

계속되는 실험의 결과는 더 충격적이었다. 분리 뇌 환자의 좌측 시야에 성적인 사진을 보여주자 환자가 실소를 터뜨렸다. 이후에 환자에게 조금 전에 왜 웃었냐고 물어보자 좌측 뇌는 이 그림을 보지 못했기에 이유를 설명하지 못했다. 본인이 웃은 것은 알지만 왜 웃었는지는 모른 것이다. 그래도 상황을 수습하기 위해 '갑자기 재미있는 일이 생각이 났다'라는 식으로 변명했다. 마치 좌측 뇌가 우리 행동의 의미를 설명하는 대변인 역할을 하는 것처럼 보였다. 어찌 되었든 난처한 상황을 최대한 수습하려는 모습을 보인 것이다. 가자니가는 이 현상을 두고 왼쪽 반구 내에 '해석기'가 있다고 표현했다. 이 정도면 해석기 역할뿐 아니라 '작화'도 가능한 것처럼 보인다. 그래서 가자니가는 외출할 때 좌측 반구를 집에 두고 나가지 말라고 권고했다. 대변인 없이 다니지 말라는 소리다.

또 다른 실험에서는 좌측 시야에 물건을 보여준 후(이 경우 우측 뇌만 정보를 받았다), 여러 물건을 진열해놓고 오른손으로 같은 물건을 찾아서 집도록 했다. 이 경우 오른손을 작동시키는 왼쪽 뇌는 무슨 물건을 보았는지 모른다. 따라서 오른손으로 엉뚱한 물건을 집게 되는데, 이때 잘못된 물건을 잡지 못하도록 왼손이 오른손을 방해하는 모습이 관찰되었다. 이러한 현상을 외계인 손 증후군이라고 한다.

이 정도면 우리 뇌에 통합된 의식이 있다는 생각에 확신이 없어진다. 우리가 통합된 의식이라고 생각하는 것은 결국 뇌 각 부분의 정밀하면서도 물리적인 연결이 있어야만 존재할 수 있는 것이다.

자유의지 실험과 분리 뇌 사례를 종합하면, 뇌는 우리가 인식하는 '마음'보다 먼저 결정을 내리며, 좌우 뇌는 독립적인 의식을 가질 수 있다는 결론이 나온다. 이는 우리가 생각하는 의지와 의식이 결국 뇌의 활동임을 명확히 보여준다. 그럼에도 우리는 의식을 가지고 있다는 주관적 소유감을 느낀다. 결국 뇌가 마음의 원천이라는 뜻이다. 뇌가 의지를 먼저 결정한다 해도, 그 결정도 자신의 뇌가 내린 것이다. 분리가 이루어지더라도 두 개의 뇌는 모두 우리 자신이다.

진화와 의식의 기원

미국의 신경학자 다마지오Antonio Damasio, 1944-는 의식의 기원과 발전에 관한 이론 중 가장 유명한 '항상성과 감정 관련 이론'을 제시했다(그림 5). 진화 과정에서 의식이 생겨난 이유를 설명하면서 다마지오는 생명체의 가장 중요한 과제가 내외부 환경 변화에 대처해 체내 항상성을 유지하는 것이라고 주장했다. 이 과정이 흔들리면 생명체의 생존이 위협받는다. 다시 말해, 생명체는 생존을 위해 체내 상태를 일정 범위 내에서 유지해야 한다.

사실 이 개념을 처음으로 제시한 사람은 프랑스의 생리학자 베르나르였다(제9장). 젊은 시절에 극작가가 되겠다는 꿈을 품고 작품을 가지고 파리로 상경한 베르나르는 주위의 권고로 인생 방향을 생리학 연구로 돌렸다. 해부 솜씨가 일품이던 베르나르는 마장디의 눈에 띄어 그의 제자가 되었고(후에 콜레주 드 프랑스의 마장디 자리를 이어받는다), 끝내 프랑스가 낳은 위대한 생리학자가 되었다. 그는 만일 같은 실험에서 다른 결과가 나온다면 그 연구 결론은 신뢰할 수 없다며 실험

그림 5 | 다마지오의 초상

연구의 중요성을 강조했다(이 과정에서 살아 있는 동물을 무자비하게 해부해 악명을 떨치기도 했다). 그가 명성을 가장 크게 떨친 분야는 간과 췌장의 생리 기능이었지만, 자율신경계를 포함하는 중추신경계의 연구에도 적잖은 영향을 끼쳤다. 베르나르는 사망 후에도 프랑스 최초로 과학자에 대한 국가 장례식이 거행될 정도로 예우를 받았다.

베르나르는 생체가 자신의 내부 환경을 적절히 조절하기 위해 여러 감각기관을 이용한다고 생각했다. 이전까지 정설로 여겨지던, 생명력이 몸속을 흐르면서 생체 환경을 조절한다는 단순한 생각을 버린 것이다. 이 개념이 바로 항상성 이론의 기원이다. 특히, 베르나르는 이러한 조절을 관장하는 최고 중추는 뇌라고 주장하며, 신경계의 다양하고 복잡한 기능에 대한 이해를 넓혀갔다.

다마지오는 여기에서 한 발 더 나아가 감정이 항상성을 조절하고 유지하는 과정에서 비롯되었다고 보았다. 감정은 환경 변화에 대한 생리적 반응을 인식하고, 그에 따른 적절한 행동을 선택하도록 도와 생존을 가능하게 만든다. 이 감정은 개체 밖의 환경뿐 아니라 몸

안에서 일어나는 변화까지 감지한다. 예를 들어, 우리 몸 안의 항상성을 흔들 만한 변화가 일어나면 우리는 불쾌한 감정을 느낀다. 다마지오는 진화 초기 단계에서 생명체가 이런 구체적인 감정을 느낄 수 있던 것은 아니지만 생체 내 위험한 변화를 감지하는 원시적인 신경계가 존재해 이를 알아챘으리라 생각했다. 이후 진화를 거치면서 점차 지금의 감정과 유사한 것을 느끼게 되었으리라 가정했다. 즉, 감정이 몸을 보호하기 위한 목적에서 탄생했다는 것이었다.

몸과 마음은 따로 노는 것이 아니다. 몸은 마음에 여러 기본 정보를 전달하고, 마음은 이 정보를 토대로 대처 방안을 결정한다. 가령 포식자가 나타났다고 하자. 그러면 뇌는 이 정보를 토대로 몸 전체의 에너지를 각 기관에 어떻게 배정하고 소모할지 계획을 세운다. 위기에 대처하기 위해 체내에서 생화학적 변화를 일으키고, 근육으로 공급해야 할 혈액량을 결정하며, 동작을 지시한다. 몸과 마음의 정보를 교환해 생체 각 부분을 개별적으로, 또 통합적으로 조절하여 생존을 위한 최적의 상태로 적응시키는 것이다. 이런 과정을 통해 포식자로부터 벗어날 수 있게 된다. 이 과정에서 뇌는 단순히 정보를 전달받는 역할만 하는 것이 아니라, 적극적으로 개입해 정보를 분석하여 개체의 생존 가능성을 높인다. 이런 방식을 통해 우리는 경험하지 못한 새로운 환경에서도 적용할 수 있게 된다. 다만 많은 경우 우리는 이런 과정을 의식적으로 느끼지 못한다. 우리가 모든 일을 파악할 수 있는 전능한 존재는 아닌 것이다.

이러한 프로세스를 인간만 가진 것도 아니다. 초기의 단순한 생명체는 자극에 반응하는 간단한 방식으로 정보를 처리했다. 그리고 진화 과정에서 뇌가 복잡하게 발달하면서 정보 처리 능력과 감정 지각 능력이 같이 발달했다. 이후 사회적 교류를 하는 인간과 유사한 동물에게는 다른 개체의 의도와 감정을 파악하기 위해 더 발달한 의식이 필요해졌다. 원활한 사회적 상호작용은 불필요한 싸움을 피하고, 협조가 가능한 동료 집단을 만들어 생존율을 높이기 때문이다. 여기에서 인간의 특장점이 드러난다.

영국의 역사학자 토인비Arnold J. Toynbee, 1889~1975는 '도전과 응전Challenge and Response'이라는 개념을 제시해 인류 문명의 발전을 설명한 바 있다. 토인비는 역사적으로 주변의 압력이 큰 지역에서 발전이 뚜렷함을 관찰해냈다. 이는 우리의 의식 또한 주변의 압력으로 인해 진화했음을 시사한다. 만일 인간이 한때 지구를 지배한 공룡이나 거대 포유류와 같은 육체 경쟁력을 갖추고 있었다면, 과연 인간의 의식이 이 정도 수준으로 발전할 수 있었을까? 쉽게 최상위 포식자가 되었다면 의식을 발전시키려는 동기는 없었을 것이다. 하지만 약소한 체구의 인간은 여럿이 힘을 합치지 않으면 사냥이 불가능했기에 협력이 필수적이었다. 생존을 위한 각종 지혜를 동원하게 되었고, 그 결과 언어까지 만들어냈다. 그렇게 개발된 지혜는 집단 속에서 빠르게 전파되었을 것이다. 육체적으로 연약했기에 의식적으로 뭉쳐야만 했고, 의식적 강자로서 지구를 지배할 수 있었다.

능동적 예측 시스템으로서의 의식

영국의 신경과학자 세스Anil Seth, 1972-는 의식을 '내적 주관적 경험'으로 정의한다. 이는 우리가 세상과 자신을 단순히 새롭게 받아들이는 것이 아니라, 자아와 세계에 대한 경험을 이미 가지고 있음을 의미한다. 우리가 자아라고 생각하는 것은 실제 뇌의 '내적 모델'이며, 이 모델을 통해 우리는 몸의 내부 상태를 모니터링하고 예측하며, 외부 환경에 적응하게 된다.

세스의 이론에서 중요한 점은, 의식이 단순히 내부와 외부의 자극을 수동적으로 받아들이는 것이 아니라 능동적으로 예측한다는 것이다. 우리의 뇌는 지속적으로 들어오는 자극을 토대로 내부 및 외부 환경에 대한 예측을 생성하며, 이러한 예측이 곧 우리의 의식적 경험이 된다. 따라서 우리가 경험하는 현실은 단순히 외부를 있는 그대로 인지하는 것이 아니고, 실제로는 뇌에 의해서 '건설'되는 것이다.

즉, 세스에 따르면 우리의 뇌는 세상에 대한 정보를 수용하고, 그것을 기반으로 가장 가능성 있는 시나리오를 만들어낸다. 물론 이 시나리오는 우리의 생존 가능성을 가장 높이는 쪽으로 작용한다. 예측이 잘못되어 해가 될 수도 있을 것이다. 또한, 그는 인간만 의식을 가진다는 이론에는 동의하지 않으며, 다른 동물들도 서로 다른 형태와 정도로 의식을 경험할 수 있다고 주장한다.

뇌 기둥과 천 개의 뇌 이론

대뇌 피질은 수십 개의 이랑으로 구성되어 있고, 각 이랑은 면적이 1제곱밀리미터 정도에 깊이가 2.5센티미터인 수천 개의 피질 기둥cortical column으로 이루어져 있다. 이 피질 기둥 하나는 수백 개의 작은 미니 기둥minicolumn이 합쳐진 것이다(그림 6). 미니 기둥 하나에는 약 100개의 신경세포가 존재하며, 그로써 피질 기둥 하나에는 수만 개의 신경세포가 존재한다. 대뇌 전체의 피질 기둥은 약 15만 개다. 미니 기둥과 달리 피질 기둥은 현미경으로 구분되지는 않는다. 피질 기능은 기능적으로 한 단위를 이룬다.

1950년에 대뇌의 피질 기둥을 발견한 미국의 신경생리학자 마운트캐슬Vernon B. Mountcastle, 1918-2015은 매우 선구적인 가설을 내놓았다. 미니 기둥 하나하나가 대뇌의 기본 알고리즘 단위이며, 본질적으로 같은 기능을 한다는 것이었다. 마치 컴퓨터의 반도체 회로가 반복적으로 배열되어 복잡한 연산을 수행하는 것과 같다는 설명이었다. 이 가설은 진화론적 관점에도 부합한다. 진화 과정 중 새로운 기능이 필요할 때마다 뇌 속에서 새로운 네트워크를 만드는 것은 매우 부담스럽기 때문이다. 반도체 칩과 같은 미니 기둥의 숫자를 늘리고 조합을 바꿔서 이에 대응하는 것이 훨씬 효율적이다. 실제로 인간은 진화 과정에서 경험하지 못한 새로운 기능, 가령 컴퓨터 작동에도 비

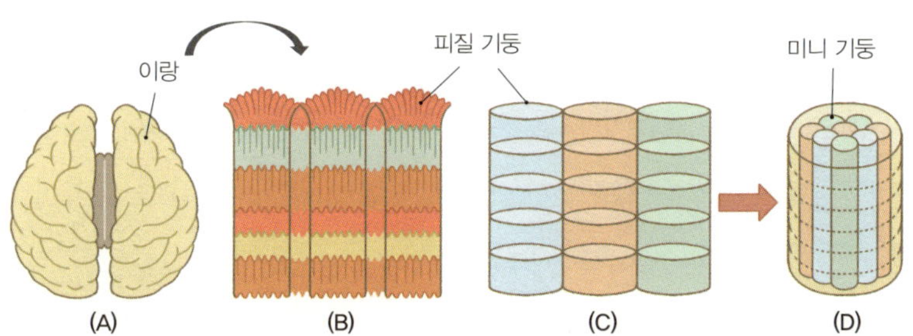

그림 6 | 이랑 속에 있는 기둥과 미니 기둥 (A) 대뇌 피질은 수십 개의 이랑으로 구성되어 있고, (B) (C) 각 이랑은 수천 개의 피질 기둥으로 이루어져 있다. 대뇌의 피질 기둥은 마운트캐슬에 의해 발견되었다. (D) 피질 기둥 하나는 미니 기둥이 합쳐진 것이다. 피질 기둥 하나에 수백 개의 미니 기둥이 들어 있다. 이 미니 기둥 하나에는 100개 정도의 신경세포가 들어 있다. 마운트캐슬은 미니 기둥 하나하나가 대뇌의 기본 알고리즘 단위이며, 본질적으로는 같은 기능을 한다고 생각했다. 호킨스는 이 이론을 더 발전시켜 미니 기둥의 작동 방식을 설명했다.

교적 쉽게 적응한다. 이렇게 짧은 시간에 진화 과정에서 필수적이지도 않은 일을 익힐 수 있다는 사실은 지식과 기술을 학습할 수 있는 기본 도구가 있음을 암시한다.

마운트캐슬 이전까지 가장 널리 인정받던 뇌 작동의 원리는 계단식 작동 방식이었다. 감각 신호가 들어오면 대뇌 피질의 한 영역에서 기본적인 정보가 처리되고, 그다음 단계의 영역에서 더 복잡한 처리를 하는 식으로 정보가 쌓여 올라간다는 것이었다.

시각을 예로 들어보자. 망막의 시각 세포가 신호를 접수하면, 이 신호는 후두엽의 일차 시각 중추primary visual cortex, V1로 전달된다. 망막의 세포 하나는 시야의 아주 일부분만 담당하기에 이를 전달받은 V1 영역의 신경세포는 아주 국소적인 신호만 처리한다. 마치 작은 구멍을 통해서 보는 것과 같다. 따라서 V1 영역에 모든 시각 정보가 전달되어도 어떤 물체를 보고 있는지는 알 수 없다. 이후 V1에서 나오는 신호는 이차 시각 중추secondary visual cortex, V2로 이동한다. V2 영역은 V1의 조각난 정보를 보다 복잡한 영상으로 재구성한다. 그리고 이 신호가 다시 다른 대뇌 피질 영역으로 이동하는 과정을 반복하며, 마침내 보고 있는 물건의 정체(배쪽 경로)나 공간 위치(등쪽 경로)를 알 수 있게 된다는 것이 계단식 작동 이론이다(그림 7). 촉각이나 청각도 같은 방식으로 설명한다.

이 이론의 문제는 시각 작용을 마치 그때그때 디지털카메라로 촬영하는 과정처럼 정적인 현상으로 본다는 점이다. 우리 눈앞의 광경은 눈동자를 잠깐만 돌려도 완전히 다른 광경으로 바뀐다. 걸으면서 주위를 살필 때 우리는 순간순간 완전히 새로운 것을 마주한다. 시각은 움직임과 끊임없이 상호작용하는 역동적인 기능인 것이다.

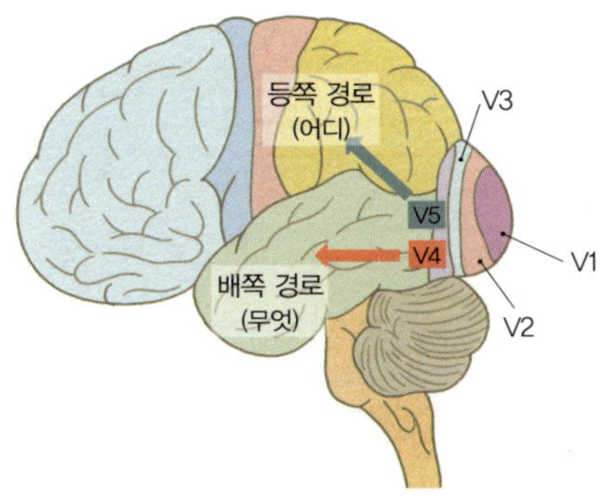

그림 7 | 시각 피질의 계단식 작동 방식

촉각도 마찬가지다. 손바닥 위 물건이 무엇인지 알기 위해서는 가만히 두는 게 아니라 이리저리 만져봐야 한다. 즉, 감각은 역동적인 과정인데, 계단식 설명은 이를 포착하지 못한다.

또, 시각 중추의 V1 영역은 뇌에서 큰 부분을 차지하고 있다. V1 영역이 매우 큰 것은 다른 동물도 마찬가지다. 쥐 같은 동물은 V1을 제외한 시각 영역이 매우 작은 편이다. 단순한 기본 정보를 받는 기관이 이렇게 클 필요는 없다.

동물 실험에 따르면 V1 영역의 신경세포 중 일부는 기본 자극에만 반응한다는 것이 확인되었다. 하지만 V1 영역의 신경세포 다수는 이러한 단순 자극에 반응하지 않았다. 계단식 이론에 따른 기본적인 시각 처리를 맡은 세포가 아니라는 뜻이다. 이 신경세포들은 다른 역할을 수행한다고 보는 것이 합당하다. 그런가 하면, 눈을 돌려 새로운 환경을 쳐다볼 때 V1, V2 영역의 신경세포 일부는 신기하게도 시각 자극이 도달하기도 전에 흥분 신호를 보낸다. 마치 새로운 환경에 대해 미리 예측하는 듯이 말이다.

우리의 망막은 중심부로 볼 때 가장 명확하게 보이고, 주변부로 갈수록 뿌옇게 보인다. 심지어 시신경이 나가는 부분에는 망막 세포가 없어서 물체를 아예 보지 못한다, 이를 맹점이라고 한다. 그렇다면 이런 망막을 통해서 본 물체는 상당히 불완전하고 왜곡된 모양으로 보여야 할 것이다. 그런데 실제로는 빠진 부분 없이 명확한 모양을 인지할 수 있다. 이 감각신경의 '연결 문제'는 단순한 계단식 이론으로는 설명되지 않는다. V1 영역의 신경세포가 서로 연결되어 정보를 교환해야만 이 현상이 설명될 수 있다.

시간이 흘러 미국의 신경과학자이자 컴퓨터과학자인 호킨스Jeff Hawkins, 1957–는 뇌의 새로운 작동 방식에 대한 아이디어를 제시했다. 원래 그는 스마트폰 이전에 사용하던 2세대 PDA '팜파일럿'을 만든 성공한 사업가였다. 큰돈을 번 그는 2002년부터 신경학으로 방향을 돌려, 캘리포니아에 레드우드 신경학 연구소를 설립했다. 그리고 2016년에 그동안의 연구 결과를 종합해 '천 개의 뇌 이론'을 발표했다.

천 개의 뇌 이론은 마운트캐슬의 미니 기둥 개념을 발전시킨 것이다. 그는 이를 통해 어떻게 의식이 형성되는지도 설명했다. 이 이론에 따르면 각 미니 기둥은 객체나 개념의 한 부분을 인식하도록 특화되어 있다. 예를 들어, 어떤 물체의 모양, 색깔, 질감 등 다양한 속성이 각기 다른 미니 기둥에 의해 처리된다. 하나의 미니 기둥이 무한히 많은 정보를 습득할 수 있는 것은 아니다. 대략 수백 가지 정보를 습득할 수 있을 것으로 추정되며, 한 물체에 대한 정보가 수천 개의 미니 기둥에 분산되어 저장된다. 그래서 '천 개의 뇌' 이론이다. 이러한 분산 표상은 뇌가 같은 객체를 다양한 각도나 상황에서 인식할 수 있게 해준다(그림 8). 미니 기둥은 입력 데이터로부터 패턴을 학습하고, 이를 바탕

두뇌 인류

으로 미래의 입력을 예측한다. 피드백loop을 통해 오류를 교정하며 학습하고 기준reference을 형성해 향후 어떤 물체를 보았을 때 그 물체가 무엇인지, 다음에 어떤 물체가 나타날지를 예측한다는 것이다.

천 개의 뇌 이론은 일차 감각 수용 피질로 여겨진 V1 같은 피질의 미니 기둥 작동을 통해 전체 물체의 모양을 볼 수 있다고 여긴다. 하나의 기둥은 물체의 각기 다른 부분에 대한 모델을 가지고 있고, 이 모델은 상호보완적으로 정보를 교환하여 전체 모델을 만든다. "장님 코끼리 만지기"라는 속담을 생각해보자. 시각 장애인을 비하하려는 의도는 결코 아니다. 장님들이 저마다 코끼리의 다른 부분을 만진 뒤 그 정체를 짐작한다. 이렇게 해서는 코끼리의 전체 모습을 절대 알아낼 수 없다. 하지만 이들이 모여서 각자가 수집한 정보를 교환한다면 전체 모습을 많이 드러낼 수 있을 것이다. 천 개의 뇌 이론은 바로 이러한 토론이 피질에 있는 미니 기둥 사이에서 일어난다고 주장한다.

정리해보자면 동시에 미니 기둥 수천 개가 작동해 각기 다른 정보를 처리하며, 이들의 상호작용을 통해(아웃풋) 통합된 인식이 이뤄진다. 이로써 뇌는 매우 효율적으로 복잡한 패턴과 상황을 인식하고 반응할 수 있다. 천 개의 뇌 이론은 우리가 어떤 결정을 내릴 때는 뇌

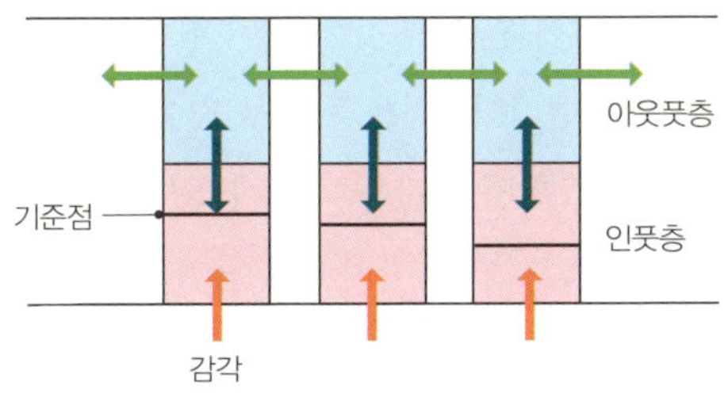

그림 8 | 미니 기둥의 작용 기전

안에서 수많은 미니 기둥이 동시에 작동하며, '회의'와 '투표' 과정이 진행된다고 가정한다. 예를 들어, 손으로 물체를 만지는 동시에 눈으로 물체를 볼 때, 손과 눈에서 온 정보는 여러 다른 미니 기둥을 통해 처리되고, 이 정보가 통합되어 하나의 인식을 형성한다. 이런 식으로 그 물건이 무엇이고 어떻게 생겼는가에 대한 통일된 견해를 피력할 수 있게 된다. 투표 과정은 뇌가 일관된 인식을 형성하기 위한 필수 과정이다. 이 이론에 따르면 우리가 습득하는 정보는 특정 한 부위에 저장되는 것도 아니고, 뇌 전체에 다 저장되는 것도 아니다. 지식은 무수히 많은 피질 기둥에 나뉘어 분포하고 있으며, 상호보완적으로 작동한다. 그래서 우리가 심한 뇌 손상을 입어도 부분적으로 피질 기둥이 남아 있다면 지식은 어느 정도 보존될 수 있다.

우리의 뇌는 투표 과정에서 그룹별로 얻은 정보를 기반으로 '제안'을 거친다. 그리고 가장 많은 '표'를 얻은 반응이 최종적으로 의식에 떠오르게 된다. 이를 우리가 자유의지에 의한 판단이라고 생각하는 것일 수도 있다. 의식적 인지가 뇌 안에서 일어나는 '투표' 결과에 기반한다고 생각할 수 있다는 것이다. 어쨌든 이 이론은 뇌의 복잡한 네트워크가 정보를 효율적으로 처리하고 결정을 내리는 방식에 대한 여러 설명 중 하나다. 아직 모든 연구자가 동의하는 통일된 이론은 없다.

이 투표 시스템 역시 완벽한 것은 아니다. 만일 우리가 술에 취한 채 진행한 투표에서 많은 표를 얻은 결론을 자유의지에 의한 결정이라고 여긴다면, 그 순간 그릇된 판단을 내릴 수 있는 것이다. 분명히 그때는 좋은 생각이라고 믿었지만 돌이켜보면 어이없는 결정일 수 있다.

천 개의 뇌 이론의 핵심은 같은 모양과 작동 방식을 가진 구조물(미니 기둥)이 병렬로 작동한다는 점을 지적한 데 있다. 이러한 기능 단위의 존재는 인간과 닮은 인공지능을 만들 때도 도움을 줄 수 있다. 또, 인간의 의식을 디지털 형태로 전환하여 컴퓨터나 기타 디지털 매체에 저장하는 '마인드/브레인 업로딩'에도 응용될 수 있을 것이다. 다시 말해, 천 개의 뇌 이론이 제시한 정보 처리 방식을 이용해 우리는 이를 모방하는 알고리즘을 개발하거나 뇌의 특정 기능을 디지털화할 수 있을 것이다.

지금까지 내용으로 우리 의식의 기원은 뇌에 있다는 것을 알게 되었다. 그런데 우리 뇌는 두개골 속에서 바깥으로 한 발자국도 나가지 못한다. 그렇다면 우리 의식의 한계는 우리 자신에게 있는 걸까?

의식의 확장, 공감

많은 SF 소설이나 영화에 타인의 생각과 감정을 읽어내는 초능력자나 외계인이 등장한다. 머릿속이 보이는 것이다. 아예 전체가 하나의 의식을 공유하는 외계 종족도 있다. 물론 이는 모두 상상의 산물이지만 실제 인간은 유사한 능력을 보유하고 있다. 바로, 공감력empathy이다. 공감은 타인의 관점이나 감정을 이해하는 능력이다. 사회관계에 필수인 뇌 기능이며, 우리 의식의 중요한 구성 요소다. 뇌 속에 있다고 의식이 자신에게만 국한되는 것은 아니다. 우리는 사회에서 타인과 엮이며 확장되는 존재다.

공감은 여러 종류가 있는데, 크게는 인지적 공감과 감정적 공감으로 나눌 수 있다. 인지적 공감은 타인의 관점에서 상황을 이해하는 능력이다. 상대방의 입장에 서보는 것이다. 감정적 공감은 타인의 감정을 함께 느끼는 능력이다. 타인이 슬픔을 느낄 때 슬퍼지거나, 타인이 기쁠 때 덩달아 기쁨을 느끼는 것이 예시다.

인간은 어쩌다 공감 능력을 갖게 되었을까? 인류 초기부터 상대방의 의도를 파악하는 것은 생존에 필수적이었다. 우선 자신에게 적대적인지 우호적인지 파악해 싸움을 피하거나 협력 가능성을 열어 두게 된다. 상대방의 의도를 알아차려 호감과 신뢰를 얻어내기도 한다. 서로의 감정을 이해하고 지지할 때, 공동체는 더 안정적이고 긴밀한 관계를 유지하며 생존 가능성을 높일 수 있다. 이런 공감 능력을 가지고 있는 사람이 더 많이 생존해 자손을 생산했기 때문에, 오랜 세월이 지난 지금은 대부분의 사람이 공감 능력을 가지게 되었다. 사이코패스에게는 공감 능력이 없다.

공감이라는 개념은 오래전에도 있었다. 일찍이 아리스토텔레스는 타인의 감정을 이해하는 것의 중요성을 언급한 바 있다. 그는 '타인의 입장에서 생각하는 것'이 도덕적 관계의 기초라고 생각했다. 스코틀랜드의 계몽 철학자이자 경제학의 아버지라고 불리는 스미스Adam Smith, 1723~1790도 공감의 사회적 중요성을 강조했다. 스미스는《국부론The Wealth of Nations》에 비해 잘 알려지지 않았지만《도덕 감정론Theory of Moral Sentiments》이라는 책도 썼다. 여기에서 그는 사람에게는 타인의 기쁨이나 슬픔을 목격할 때 자연스럽게 그 감정을 공유하려는 경향이 있다고 지적했다. 그리고 이러한 경향이 사회적 관계를 강화하고 유지하는 데 중요한 역할을 하며, 개인적인 도덕성을 발전시키는 데 필수적이라고 설명했다. 타인의 상황에 공감하면 사람은 더 공정하고 이타적으로 행동할 가능성이 높아진다. 공감이 개인이 자신의 행동을 객관적으로 평가하고 도덕적으로 올바른 결정을 내리도록 도움을 주는 것이다.

　　　　　　　　　　　　　　　　　　　　　　　　

사실 스미스의 '보이지 않는 손'은 무자비한 경제 법칙이 아니라, 인간성을 토대로 모두가 더 나은 삶을 살 수 있는 방안을 제시한 개념이었다.

실제로 공감이라는 개념은 독일의 철학자 티치너Edward Titchener, 1867-1927가 처음 언급한 독일어 'Einfühlung(감정 속으로)'에서 비롯되었다. 이는 감정을 대상에 투영한다는 의미를 담고 있다. 이 개념이 20세기 초 영국으로 전해지면서 영어 단어 'empathy'로 번역되었다. 어원인 그리스어 'empatheia'는 '강한 연민'을 의미한다.

참고로, 공감 능력은 처음에는 예술을 감상하는 방법으로 사용되었다. 20세기 초에는 그림을 제대로 감상하기 위해 작품 속 요소들의 무게, 속도, 움직임의 방향을 몸으로 느끼도록 가르쳤다. 그러다가 타인의 감정을 이해하는 차원을 넘어, 사회적 상호작용을 촉진하고 갈등을 해결하는 능력까지 포함하는 의미로 확장되었다.

공감의 한계는 어디까지일까

인간의 공감력은 우리 주변의 동물은 물론이고, 산, 달, 자동차, 기차 같은 무생물에도 인격을 부여한다. 우리의 마음을 대상에게 투사하는 것이다. 1944년에 사회심리학의 창시자 중 한 명인 오스트리아의 심리학자 하이더Fritz Heider, 1896-1988는 동료 지멜Marianne Simmel, 1923-2010과 함께 흥미로운 실험을 진행한다.

두 사람은 유리와 종잇조각을 이용해 짧은 스톱모션 애니메이션을 만들었다. 컴퓨터가 없던 시절이어서 이런 수고를 하는 수밖에 없었다. 작은 삼각형, 큰 삼각형, 작은 원이 등장하는 애니메이션에서 큰 삼각형은 작은 삼각형을 계속 따라다니고 작은 삼각형은 달아나듯 움직인다. 사각형 공간으로 들어간 작은 삼각형을 쫓아 큰 삼각형이 사각형에 달린 문으로 들어가려 할 때 작은 원이 나타나 작은 삼각형과 함께 문을 닫으면서 큰 삼각형의 추격으로부터 벗어나는 내용이다.

우리에게 공감력이 없다면 이것은 단순히 도형들이 이리저리 움직이는 것으로밖에 안 보일 것이다. 사람들에게 이것을 어떻게 보았는지 묻자, 추격, 싸움, 승리, 사랑과 같은 온갖 이야기가 튀어나왔다. 도형의 움직임에서 동기와 목적, 감정을 본 것이다. 이런 공감력을 바탕으로 인간 문명은 오래전부터 신화나 전설 같은 이야기를 통해 소통하고 교류하며 정보를 계승해 거대 문명을 구축할 수 있었다. 우리는 공감을 통한 이야기에 자동적으로 끌려가는 것이다.

그렇다면 우리는 공감력을 타고나는 것일까, 배워가는 것일까? 2007년에 진행된 캐나다의 심리학자 해믈린Kiley Hamlin의 실험을 통해 어느 정도 짐작할 수 있다. 해믈린은 한 살이 채 안 된 아기들을 대상으로 인형극을 보여주었다. 오리 인형이 장남감이 들어 있는 상자를 열려고 애쓰고 있다. 곰 인형 하나는 이것을 도와주고, 다른 하나는 뚜껑을 깔고 앉아 방해한다. 인형극이 끝난 후 아기에게 두 곰 인형 중 어느 곰 인형과 놀지를 선택하게 하자, 거의 모든 아기가 착한(?) 곰 인형을 골랐다. 한 살이 안 된 아기도 이미 사회적인 공감력을 가지고 있는 것이다.

공감력은 당연히 감정에도 작용한다. 사람이 역겨운 냄새를 맡을 때는 뇌섬엽insular cortex 앞부분의 신경세포가 활성화되는데(그림 9), 흥미롭게도 실제로 이 냄새를 맡지 않더라도 냄새를 맡고 얼굴을 찌푸리는 사람의 얼굴을 보면 뇌섬엽의 같은 영역이 작동한다. 찌푸린 얼굴만 보아도 '싫다'라는 감정을 느끼는 것이다.

흉내 내기와 거울신경의 발견

오래 같이 산 부부를 보면 서로 얼굴이 닮았다고 느끼는 경우가 많다. 같이 산 기간이 길어질수록 더 닮아간다. 우리는 무의식 중에 같이 있는 사람의 표정을 모방하기 때문이다. 표정뿐만이 아니다. 우리는 무의식적으로 타인의 제스처도, 심지어 말투도 따라 한다. 이런 따라 하기는 상대방의 호감을 유도할 뿐 아니라 상대방의 감정을 이해하는 데 도움을 준다. 우리의 표정은 감정을 크게 반영한다. 기분이 별로여도 자꾸 웃는 표정을 지으면 실제로 행복 호르몬의 수치가 올라가고 기분이 좋아진다. 따라서 상대방의 표정을 무의식적으로 따라 지으면 상대방의 느끼는 감정을 이해하는 데 도움이 된다.

미국의 사회심리학자 바그John Bargh, 1955–는 이 주제와 관련된 여러 흥미로운 실험을 수행했다. 한 실험에서 그는 아무것도 모르는 피실험자를 실험실로 불러서 의도적으로 기다리게 했다. 기다리는 동안 피실험자는 두 명의 실험 진행자가 대화를 나누는 모습을 보았다. 한 상황에서는 두 사람이 계속 공손하게 대화하는 모습을 보여주고, 다른 상황에서는 두 사람이 심하게 논쟁하는 모습을 보여주었다. 그 결과, 공손한 환경에 노출된 피실험자는 차분하게 긴 시간을 기다렸으나, 논쟁적 상황에 노출된 피실험자는 얼마 지나지 않아 시험이 언제 시작되는지를 따져 물었다. 행동이 전염된 것이다. 이렇게 다른 사람의 행동이나 표정을 무의식적으로 따라 하는 현상을 '카멜레온 효과chameleon effect'라고 부른다. 그렇다면 이 카멜레온 효과가 단지 상대방의 호감을 얻고 사회적으로 협력을 이끌어내서 생존율을 높이기 위해서만 존재하는 것일까? 그렇지 않다. 흉내 내기는 훨씬 더 많은 부분에서 인간 문명 발전에 영향을 끼쳤다. 거울신경mirror neuron은 이런 맥락과 연관되어 있다.

거울신경 현상은 다른 사람이 특정 행동을 할 때 이를 관찰하는 사람의 뇌에서 유사한 신경 활동이 일어나는 것을 일컫는다. 거울신경은 1980년대와 1990년대에 걸쳐 이탈리아의 심리 신경과학자 리촐라티Giacomo Rizzolatti, 1937-를 비롯한 이탈리아의 신경과학자들에 의해 발견되었다. 이 발견에는 얼마간 우연의 힘이 작용했다. 원래 연구자들은 원숭이 뇌에 직접 전극을 꽂고 특정 운동을 할 때 어느 신경이 활성화되는지 알아보고 있었다. 그런데 우연히 한 실험자가 바닥에 떨어뜨린 아이스크림을 줍는 광경을 본 원숭이의 특정 신경 세포가 활성화되는 것을 관찰하게 되었다. 놀랍게도 이 신경은 원숭이가 실제로 바닥에서 물건을 집을 때 작동하는 신경과 같았다. 다시 말해, 보기만 해도 직접 행동할 때 작동하는 운동신경의 일부가 흥분한 것이다. 거울신경이 발견된 순간이었다. 이렇듯 비록 수준은 다르지만 사람이 아닌 동물에게도 거울신경계가 있을 것으로 추정되고 있다. 고등생물과 사람에게서 이 거울신경계는 주로 전두엽과 두정엽, 그리고 상부 측두엽에 분포하고 있다(그림 9). 여담으로 연구자들은 이 중요한 발견을 최고 권위의 학술지 〈네이처〉에 기고했으나 많은 관심을 끌기는 부족하다는 이유로 게재를 거부당했다. 좋은 발견도 항상 곧장 주변의 인정을 받는 것은 아니다.

거울신경계는 인간이 관찰하는 행위의 목적을 이해하도록 도와

주고, 더 나아가 새로운 학습을 가능하게 한다. 이렇듯 거울신경은 공감력과 밀접한 관련이 있다. 다른 사람이 특정 감정을 표현할 때 우리 뇌의 거울신경이 활성화되어 비슷한 감정을 경험하게 된다. 이는 타인의 정서 상태를 이해하고 공감할 수 있는 신경학적 기반이 되며, 사회적 유대감의 형성을 돕는다.

또, 거울신경은 다른 사람이 하는 행동을 단순히 보는 것만으로도 그 행동을 배울 수 있도록 도와준다. 아기가 부모의 행동을 보고 따라 하는 것 역시 거울신경 덕분이다. 우리는 모방을 통해 새로운 기술과 행동을 쉽게 습득할 수 있다. 이는 언어 습득이나 사회적 행동 학습에 중요하게 작용한다.

2000년대 들어 기능적 자기공명영상functional MRI, fMRI을 이용해 거울신경 영역을 찾으려는 노력이 계속되고 있다. 현재로는 최초 예측보다 더 다양한 기능이 이 영역과 관련된 것으로 보인다. 한 예로, 자폐 스펙트럼 질환을 거울신경의 이상으로 설명하기도 한다.

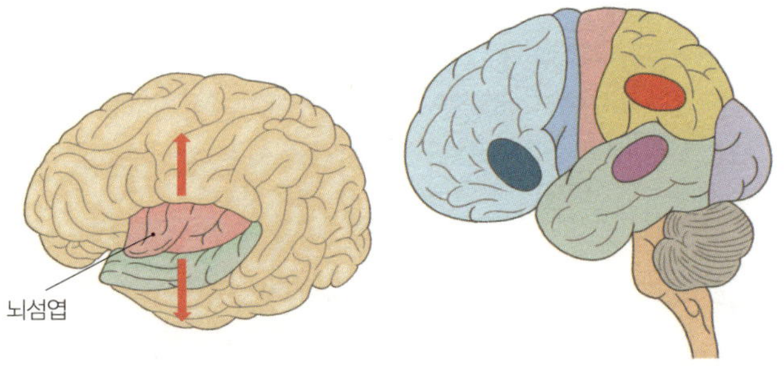

그림 9 | 거울신경의 위치 직접 경험하지 않고 다른 사람의 불쾌한 상황을 보기만 해도 뇌섬엽 앞부분의 신경이 활성화된다. 뇌섬엽은 전두엽과 측두엽이 만나는 자리의 안쪽에 있다. 뇌를 그냥 옆에서 보는 경우 관찰이 되지 않고 전두엽과 측두엽을 화살표 방향으로 젖히면 나타난다(왼쪽). 거울신경은 전두엽과 두정엽의 아랫부분, 측두엽의 상부, 그리고 뇌섬엽 등에 분포한다(오른쪽).

15

우리 존재는
어디로 가고 있나

뇌 연구의 현재와 미래

> "뇌과학은 과학 분야에서 가장 흥미로운 영역이다.
> 뇌는 우주에서 가장 매혹적인 기관이기 때문이다.
> 뇌는 사람마다 다르고, 이 다름이 각자의 특징을 구분한다."
> 스탠리 푸루시너Stanley B. Prusiner, 1942-

> "지식보다 중요한 것은 상상력이다."
> 알베르트 아인슈타인Albert Einstein, 1879-1955

> "인간의 뇌는 마음을 만들고, 인간의 마음은 뇌를 이해하려고 노력한다.
> 어떠한 난관을 무릅쓰고라도."
> 루크 디트리치Luke Dittrich

뇌 연구의 현재

현재 뇌 연구는 여러 분야에서 발전을 거듭하고 있다. 이 중에서 가장 눈에 띄는 뇌 영상학의 발전과 난치성 뇌 질환을 극복하기 위한 노력을 살펴보자.

컴퓨터화(전산화) 단층촬영 Computerized Tomography, CT

CT는 엑스선을 이용해 인체나 물체 내부의 단면을 보는 기법이다. CT의 원리는 촬영하고자 하는 대상을 중심으로 발생기가 X-선을 방출하여 인체를 통과하도록 하는 데 있다. 통과한 데이터는 다양한 각도에서 수집기로 들어가고, 엑스선의 강도에 따라 데이터로 전환된다. 컴퓨터는 복잡한 수학적 알고리즘을 통해 인체의 구조를 재구성한다. 수치 해석을 거친 데이터가 디지털 이미지로 변환되어 물체나 인체의 단면을 드러낸다.

1960년대 후반에 영국의 엔지니어 하운스필드Godfrey Hounsfield, 1919-2004와 미국의 물리학자 코맥Allan MacLeod Cormack, 1924-1998이 각기 CT 스캐너의 기초를 연구했다. 그리고 1971년에 하운스필드가 코맥의 이론을 참고해 실제 기계를 만드는 데 성공했다. 그런 이유에서 독립적으로 연구를 수행했음에도 이 두 사람은 1979년 노벨 생리의학상을 공동 수상했다. CT는 1970년대 중반부터 다양한 응용 분야에 적용되면서 널리 보급되었다.

과거에는 사망한 후에 부검을 통해서만 환자의 병소를 확인할 수 있었다. 하지만 CT의 개발로 살아 있는 상태에서 병소를 볼 수 있게 되어 임상 신경학 발전에 획기적인 전환점이 찍혔다. 뇌 손상, 뇌종양, 뇌출혈, 뇌경색(뇌졸중) 등 다양한 질환을 구분하고, 병소 위치를 알 수 있게 된 것이다. 증상과 뇌 손상 부위 및 범위를 직접 비교할 수 있다는 점에서 의미가 아주 컸다. 환자의 증상이 변하는 경우에도 곧장 그 이유를 알 수 있게 되었다. 이로써 뇌 국소화 개념이 다시 강조되는 방향으로 연구자들의 시선이 모였다. 뇌 국소론과 전체론의 제3라운드가 시작된 것이다.

양전자 방출 단층촬영 Positron Emission Tomography, PET

PET는 특정 물질에 방사성 동위원소를 부착해서 주사한 후 영상을 얻는 기법이다. 해당 물질이 신체 내에서 어떻게 분포되고 이용되는지 볼 수 있다. 예를 들어, 포도당이 신체 내에서 어

 두뇌 인류

떻게 이용되는지 보기 위해 포도당에 방사성 동위원소를 부착[18F Fluorodeoxyglucose, FDG]해서 주사한다. 뇌세포는 에너지원으로 오로지 포도당만 이용하기 때문에 이 검사로 뇌 기능을 평가할 수 있다. 뇌에서 특정 부위의 포도당 대사가 비정상적으로 떨어지면 그 자리의 기능이 감소한 것을 의미한다(그림 1). 반대로 암세포는 활발한 증식을 위해 많은 연료를 요구하므로, 종양이 존재하는 부위에서는 포도당 대사가 비정상적으로 증가한다.

포도당 외에도 물 분자에 동위원소를 결합해 검사를 시행할 수 있다. 물은 혈액을 구성하므로 혈류 분포에 따라 방사성 동위원소의 분포가 달라진다. 이 영상을 이용하면 짧은 시간(약 2분, 사용된 동위원소의 반감기에 따라 결정됨) 동안 실제로 기능을 수행 중인 뇌 영역을 확인할 수 있다. 이는 활동이 많은 뇌 부위일수록 더 많은 혈류를 필요로 한다는 점에 근거한다. 이 밖에도 연구자가 원하는 물질과 동위원소를

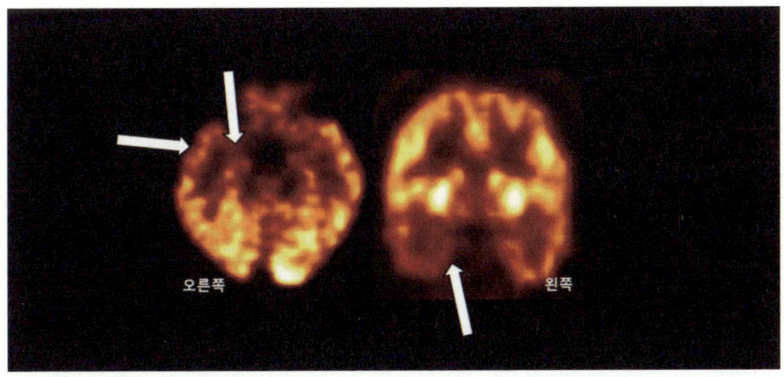

그림 1 | 양전자 방출 단층 촬영의 예 포도당과 같은 물질이 신체 내에서 어떻게 이용되는지 보기 위해 포도당에 방사성 동위원소를 부착해서 검사한 사진이다. 이 사진에서는 오른쪽 측두엽의 포도당 대사가 왼쪽에 비해 비정상적으로 떨어져 있다(화살표). 오른쪽 측두엽 뇌전증 환자로 오른쪽 측두엽이 발작 초점으로 작용하면서, 평상시 정상적인 기능이 떨어져 있는 것을 보여준다.

결합해 특정 물질의 분포를 보는 새로운 영상법도 만들어낼 수 있다.

PET의 이론적 배경은 1950년대부터 있었지만, 1970년대에 이르러 임상 적용이 이루어지게 되었다. 적용 초기에는 뇌 연구에 많이 이용되었다. 지금은 종양 진단에 더 많이 쓰인다. PET의 개발자라고 할 수 있는 사람은 미국의 신경학자 레이츨Marcus Raichle, 1937-과 생물물리학자 펠프스Michael E. Phelps, 1939-다. 방사성 동위원소가 결합된 물질을 주사하면 이 물질이 몸속에 분포된 후에, 양전자가 근처의 전자와 충돌하여 소멸하는 과정을 거친다. 이때 발생하는 두 개의 감마 광자가 대략 180도 각도로 나오는데 이를 검출기로 포착해 컴퓨터로 영상화한다. 우리나라 출신의 과학자 조장희 박사1936-는 원통형 PET을 최초로 만들어 PET의 발전에 크게 기여했다(조장희 박사는 국내에서 7.0T MRI를 만들기도 했다). 해부학적 정보와 생리학적 정보를 동시에 얻을 수 있도록 PET와 CT 또는 MRI를 결합하는 방법도 있다.

다만 PET 영상은 뇌에서 벌어지는 순간적인 상황을 아주 세분해 보여주지는 못하고, 특정 시간 동안의 평균적인 포도당 대사(30분)나 혈류 흐름(2분)밖에 볼 수 없는 점이 한계였다. 이러한 문제의 해결을 위해서는 기능적 자기공명영상의 개발을 기다려야 했다.

자기공명영상Magnetic Resonance Imaging, MRI

MRI는 엑스선이나 감마선과 같은 방사능을 이용하지 않고, 강력한 자기장과 라디오 주파수 펄스를 이용해 몸 안의 구조를 보는 검사 기법이다. 핵자기공명현상Nuclear Magnetic Resonance, NMR이라는 원리를 이용한다. 1938년, 미국의 물리학자 라비Isidor Isaac Rabi, 1898–1988가 이 현상을 최초로 발표했다. 초기에는 물리, 화학 분야에서 분자의 구조를 파악하는 데 이용했다. 1970년대에 이르러 미국의 의사 다마디안Raymond Damadian, 1936–2022이 악성 종양과 정상 조직 간의 NMR 신호의 차이를 관찰했다. 실제로 임상 의료에 이용할 수 있는 가능성이 생긴 것이다. 그리고 1977년에 "굴복하지 않는"이라는 의미의 "인도미터블Indomitable"이라는 의료용 MRI 스캐너를 만들었다. 거의 같은 시기에 미국의 화학자 로터버Paul Lauterbur, 1929–2007와 영국의 물리학자 맨스필드Peter Mansfield, 1933–2017가 각각 MRI 영상화를 위한 중요한 기술적 접근법을 추가로 개발했다. 두 사람은 2003년에 노벨 생리의학상을 공동 수상했다. 1980년대에는 상업적 MRI 기계가 제작되었고, 의료 분야에서 널리 사용되기 시작했다.

MRI의 원리는 다음과 같다(그림 2). 우리 몸의 대부분은 물로 이루어져 있으며, 물은 구성 성분으로 수소 원자를 갖고 있다. 수소 원자핵

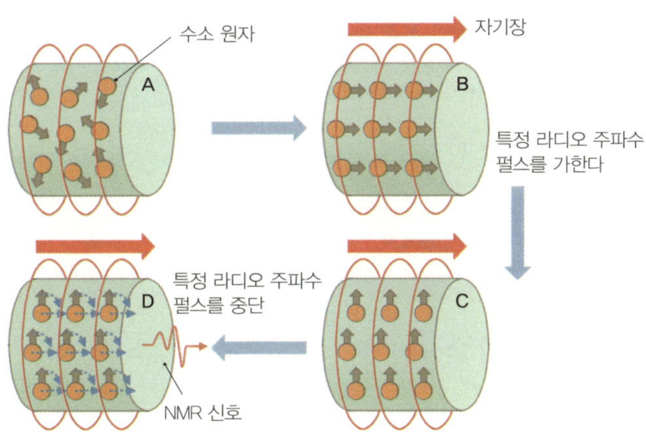

그림 2 | 자기공명영상의 원리

은 스스로 회전하는 전하를 가진 입자이므로, 주변에 작은 자기장을 생성한다. 이때 신체를 강한 자기장 안에 놓으면 수소 원자핵들은 이 자기장 방향으로 정렬하게 된다. 여기에 다시 특정 라디오 주파수 펄스를 가하면 수소 원자의 회전 상태가 방해를 받고, 그 결과 원자들이 자기장 방향과 다른 방향으로 틀어지게 된다. 마지막으로 라디오 주파수 펄스를 종료하면, 원자핵들이 원래의 방향으로 다시 정렬하게 되는데 이때 에너지를 방출한다. 이 방출되는 에너지를 측정한 후 컴퓨터를 이용해 2차원 또는 3차원 영상으로 재구성하면 영상이 완성된다.

자기장을 이용하는 MRI의 강도를 T Tesla로 표시한다. 미국의 유명한 과학자인 테슬라Nikola Tesla, 1856~1943의 이름을 땄다. 자기장의 강도가 높을수록 더 자세한 영상을 얻을 수 있다. 무한히 높일 수는 없지만 현재 일반적으로 쓰이는 MRI는 3.0T(3.0T는 3만 가우스에 해당)고 7.0T도 임상적으로 사용되고 있다. 최근 프랑스에서는 11.7T MRI를 인간에게 적용한 바 있다.

MRI는 전신에 이용 가능하지만 특히 뇌 질환의 진단에 중요한 도구가 되었다. 작은 병소를 찾아내고 그 병소의 종류와 특성도 파악할 수 있게 된 것이다. 뇌 연구에서 MRI의 중요성은 여기에서 끝나지 않는다. 기능적 자기공명영상, fMRI가 개발되어 뇌 기능 연구의 새로운 시대가 열렸다.

기능적 자기공명영상functional MRI, fMRI

fMRI는 뇌의 활동을 시각화하기 위한 기술로, 특정 뇌 영역이 언제 활동하는지를 보여준다. 1990년에 일본 출신의 생물물리학자 오가와Seiji Ogawa, 1934-는 미국의 AT&T 벨 연구소에서 쥐를 대상으로 실험을 하던 중, 뇌 혈중 산소 농도 변화를 관찰하다가 혈액 산소 의존Blood Oxygen Level Dependent, BOLD 신호를 발견했다.

BOLD 신호는 산소가 결합된 헤모글로빈과 결합되지 않은 헤모글로빈 간의 차이를 기반으로 한다. 산소와 결합한 헤모글로빈은 반자성diamagnetic(강한 자석을 가까이 했을 때 끌려오지 않고 오히려 약하게 밀려나는 현상)을 띠고, 산소와 떨어진 헤모글로빈은 상자성paramagnetic(강한 자석을 가까이 했을 때 약하게 끌려오는 현상)을 띤다. 자성이 다르다면 자기를 이용하여 영상을 얻는 MRI에서 다른 신호를 보이므로 구분이 가능해진다.

뇌의 특정 부위가 활성화되면 더 많은 혈액과 산소가 필요하다. 실제로는 뇌세포의 요구량보다 더 넉넉하게 산소가 공급되므로, 활성화된 영역 주변 혈액에는 산소화 헤모글로빈의 비율이 증가한다. 그 결과 자성이 변하게 된다. 활성화된 뇌 영역에 바로 인접한 정맥에서 이런 일이 벌어지는데, 이 변화를 반영하는 것이 바로 BOLD 신호다. fMRI는 이 신호를 영상으로 변환해 어떤 뇌 영역이 언제 기능하는지를 보여준다(그림 3). fMRI를 이용하면 단어를 생각한다든가 계산을 한다든가 하는 특정한 기능을 수행할 때 활성화되는 뇌 영역을 찾을 수 있다.

그리고 다음과 같은 장점이 있다. 우선 뇌를 직접적으로 자극하지 않으며 방사선도 사용하지 않기 때문에 참여자에게 안전하다. fMRI는 공간 해상도가 높아, 뇌에서 미세하게 활성화되는 영역도 관찰할 수 있다. 또, 3차원 영상으로 뇌의 전체적인 구조와 활동을 한눈에 볼 수 있다. 이 밖에도 한 검사자에게 같은 실험을 안전히 여러 번

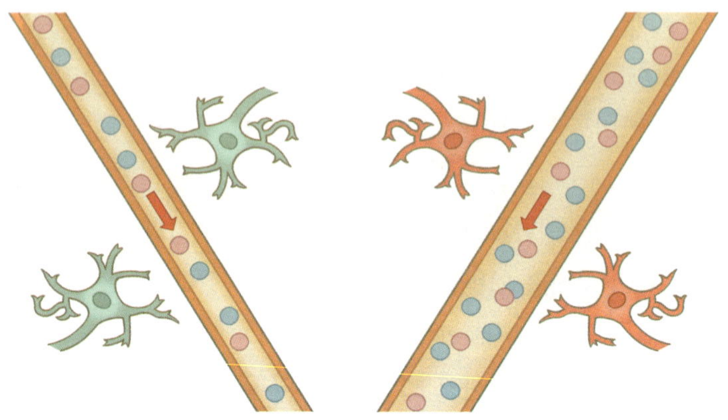

반복하거나, 다양한 실험 디자인을 적용할 수 있다.

그렇지만 약점도 있다. 혈류 변화를 기반으로 하기 때문에 뇌의 실시간 반응을 추적하는 데 있어서 실제 뉴런 활동을 보는 뇌자도Magnetoencephalography, MEG나 뇌파에 비해 시간 해상도(시간별 변화를 알 수 있는 민감도. 높을수록 더 짧은 시간 동안의 변화를 알 수 있다)가 떨어진다. 신경세포 활성화에 동반되는 혈류 변화는 전기 변화보다 항상 뒤처져서 나오기 때문이다. 활성화된 뇌 영역을 이미 통과한 정맥에서 BOLD 신호가 나타나는 것도 문제다. 그래서 실제 활동하는 뇌 영역과 BOLD 신호가 나타나는 자리는 조금이나마 다를 수밖에 없다.

이러한 약점이 있지만 2001년에 그리스의 생물 신경학자 로고

테티스Nikos Logothetis, 1950-는 BOLD 신호와 신경세포의 활동 영역이 잘 맞아떨어진다는 사실을 확인했다. 동물의 뇌에 전극을 심은 상태에서 fMRI를 시행한 것이다. 그 뒤로 fMRI 이용은 그야말로 폭발적으로 늘어났다. 짧은 기간 동안 무려 10만 개가 넘는 논문이 출간되었다. 언론으로부터도 큰 주목을 받아서 "도박에 중독된 뇌는 활동하는 방식이 다르다"라거나 "fMRI를 이용한 거짓말 탐지기의 탄생 가능성" 같은 내용이 보도되기도 했다. 이렇게 많은 연구자나 언론으로부터 관심을 받은 이유는 역시 특정 정신 활동이 이루어질 때 활성화되는 뇌 영역을 알 수 있어서다.

단, 실제로는 앞선 문제보다 복잡한 문제가 있다. 뇌는 지속적으로 활동하는 기관이어서 아무것도 안 하고 있다고 생각될 때도 기본적으로 활동하고 있는 영역이 많다. 그래서 특정 정신 활동을 하는 경우와 하지 않는 경우를 비교하는 것이 매우 어렵다. 그래서 fMRI의 위양성률(실제 특정 정신 활동을 하는 자리가 아니라 다른 곳이 활성화된 것처럼 보이는 비율)은 매우 높다. 보고에 따라 70퍼센트까지도 위양성이라고 한다. 또, 만일 특정 자리가 옳게 활성화된다고 해도 그 자리만 단독으로 그 정신 활동을 한다는 보장도 없다.

급기야 2008년에는 BOLD 신호와 신경세포 활성화가 깊은 관련이 있다고 보고했던 로고테티스조차 fMRI의 해석에는 주의가 필요함을 강조했다. fMRI는 신경세포의 활성화를 직접 보는 것이 아니므로, 이 문제는 컴퓨터와 MRI 기계가 아무리 개선되어도 해결될 수 없다고 주의를 환기한 것이다. 2009년에는 미국의 신경학자 베넷Craig Bennett이 죽은 연어를 MRI 기계에 넣고 fMRI를 시행했다. 사람에게 여러 감정을 불러일으킬 만한 사진을 죽은 연어 앞에 놓고 실

험한 것이었다. 그런데 놀랍게도 영상에서 유의미하게 활성화된 뇌
부위가 나타났다. 죽은 연어의 뇌가 활성화될 리는 만무한 일이었다.
이 실험으로 베넷은 노벨상을 패러디한 이그노벨상을 받았다. 베넷
이 풍자적으로 보여주었듯이 fMRI는 뇌 기능을 들여다보는 만능의
기계가 아니다.

fMRI로 다시 촉발된 국소론에 관한 논쟁

1997년, MIT의 신경과학자 캔위셔Nancy Kanwisher, 1958-는 fMRI
를 이용해 방추이랑이 사람의 얼굴에 대한 정보를 처리한다는 연구
결과를 발표했다(그림 4). 이는 시각 기능 중에서도 특히 세분화된 기
능으로, fMRI가 이런 기능까지도 세밀하게 확인할 수 있다는 점을
보여주었다. 이로써 뇌의 정밀 국소론이 다시 주목을 받았다.

이후 캔위셔는 해마 주위 영역parahippocampal area이 장소와 환경
을 구분하는 기능을 한다는 사실도 확인했다(제11장). 그녀는 자신이
현대판 골상학의 계승자가 아니며, 뇌에 동물이나 꽃과 같이 모든 범
주별로 구별하는 영역이 따로 존재한다고 주장하는 것이 아님을 분
명히 했다. 그럼에도 불구하고 얼굴이나 장소처럼 뚜렷하고 중요한
인지 범주에 대해서는 뇌 속에 분명한 기능적 단위가 존재한다고 강
조했다.

그렇지만 앞서 언급한 fMRI의 많은 문제점을 지적하면서 이 주
장에 동의하지 않는 과학자들도 많다. 사실 fMRI가 정밀하다고 해도
fMRI가 표현하는 한 점(3차원 공간으로, 복셀voxel이라고 표현한다. 3×3×4밀리미

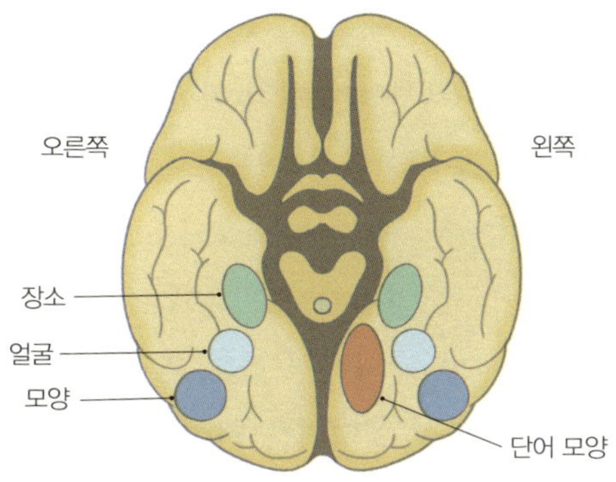

그림 4 | 뇌 시각 중추의 영역별 기능 얼굴과 장소를 인식하는 부위는 양쪽 반구에 다 있으나 우측에서 더 넓다(더 중요하게 작용한다). 단어 모양에 대한 인식은 좌측 뇌에서만 가능하다.

터에 해당한다)에는 500만 개 이상의 신경세포가 존재한다. 그리고 시냅스의 수는 무려 10^{10} 단위에 이른다. 이렇게 많은 신경세포의 활동을 하나의 복셀로 표현하는 것은 당연히 한계가 있다. 더구나 신경세포의 정보 전달은 밀리세컨드 단위로 이루어지지만, fMRI가 잡는 것은 초 단위로 변하는 BOLD 신호다(낮은 시간 해상도). 또, 신경세포의 연결은 흥분과 억제로 이루어져 있으나 fMRI는 이를 구분할 수 없다. 따라서 fMRI에서 음성이라고 해도 그 자리에 실제로 아무 기능이 없다고 단정할 수는 없다.

또, 전전두엽의 기능을 보면, 뇌의 한 영역이 특정 기능을 담당한다는 생각에 의문이 들 수밖에 없다(제13장). 전전두엽은 인지, 정서, 행동, 그리고 사회적 행동과 관련해 중요한 역할을 하는 영역이다. 이렇게 여러 기능이 있는 것을 '다원성 기능multimodal function'을 가졌다고 표현한다.

그 기능을 조금 더 자세히 살펴보면 우선 실행 기능executive

functions이 있다. 여기에는 계획, 조직, 순서 설정, 억제, 유연성 등의 능력이 포함된다. 어떤 문제를 해결하기 위한 단계별 계획을 세울 때 이 영역이 활성화된다. 그리고 단기적인 정보를 유지하고, 필요에 따라 그 정보를 조작하는 기능을 한다(작업 기억, 제12장). 부적절하거나 불필요한 반응이나 행동을 억제하기도 하며, 정서적 반응을 조절하고 사회적 정보 처리도 한다. 다른 사람의 관점을 이해하고, 사회적인 규칙을 따르는 능력이 이 영역과 관련이 있다. 이 영역이 손상되면 게이지의 사례처럼 하지 말아야 할 일을 억제하지 못하고, 사회적으로 부적절한 행동을 하게 된다. 마지막으로, 복잡한 결정을 내리는 과정에서 중요한 정보를 평가, 통합, 선택하는 데 관여한다.

전전두엽이 이러한 다원성 기능을 갖기 위해서는 기능적 연결이 중요하다. 전전두엽 단독으로 이런 기능을 다 수행하는 것이 아니다. 이 영역은 뇌의 다른 많은 부분과 광범위하게 연결되어 있다. 그래서 다양한 출처로부터 정보를 수집하고, 해당 정보를 통합, 조절해 다양한 인지와 행동 기능을 수행할 수 있는 것이다.

뇌의 작동법은 너무 복잡해서 단순히 한 영역이 단독 모듈로서 특정 기능을 수행하는 식으로 작동할 수 없다. 대신, 하위의 여러 모듈이 서로 결합하는 방식으로 작동해서 높은 차원의 행동이나 생각이 나타날 것으로 추정하고 있다. 이런 의미에서 fMRI로 보는 뇌 기능의 분포는 한계가 있을 수밖에 없다. 결국, 좁은 의미의 국소론, 전체론 양쪽 다 정답은 아니다. 특정 기능과 더 많이 관련된 영역이 있지만, 뇌 기능은 이 영역을 포함해 여러 단위의 모듈이 결합한 네트워크 형태로 작동한다고 생각하는 것이 옳다.

이와 관련한 재미있는 이론이 하나 있다. 신경 재사용 이론neural

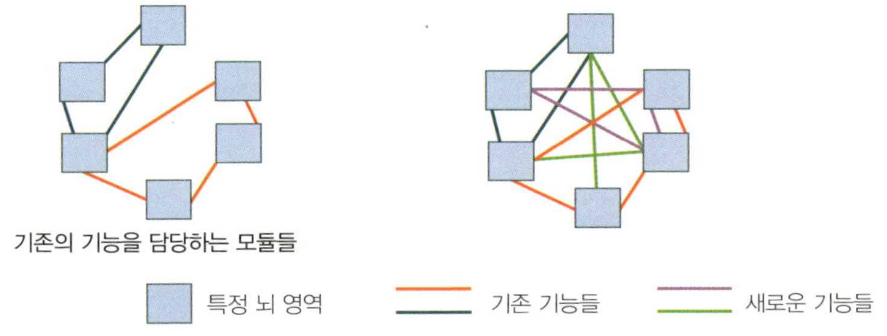

그림 5 | 신경 재사용 이론

reuse theory은 신경세포의 한 단위 모듈이 어떤 조합에 속하는지에 따라 여러 기능을 만들어내는 데 기여한다는 이론이다(그림 5). 한 단위 모듈이 여러 조합에 소속될 수 있다는 것이다. 이는 진화 측면이나 에너지 절약 측면에서 아주 합당한 이론이다. 즉, 뇌는 점진적인 진화 과정에서 여러 기능을 더해왔는데, 이때 기존의 모듈은 처음 기능을 유지하면서 새로운 조합을 만들어, 이전에 없었던 기능을 추가한다는 것이다.

뇌 무게는 1.5킬로그램 정도로 몸무게의 약 2퍼센트에 불과하지만, 몸 전체 에너지에서 20퍼센트를 소모한다. 많은 영화와 소설에서 우리가 뇌의 아주 일부분만을 사용하고 있어서 만약 모든 뇌를 사용하면 초능력이 생길 듯이 묘사하지만(영화 〈루시〉), 과거에 몸을 유지하는 에너지를 사냥과 채집으로 어렵게 얻은 것을 감안하면 이것은 말도 안 되는 생각이다. 이것은 극단적인 국소론에 기반한 아이디어다. 특정 작업을 할 때 뇌 일부분만을 사용하므로 다른 부분은 놀고 있다는 생각이다. 그렇지만 이미 이야기한 대로 뇌는 그렇게 작동하지 않는다. 새로운 기능을 위해서 새로운 신경 모듈을 매번 만들어낼 수는 없다. 일부라도 기존의 신경세포 또는 모듈을 재활용하는 것이 에너지 절약에도 더 합리적이다.

난치성 신경계 질환의 극복

난치성 뇌 질환을 치료하기 위한 미래의 의학 및 과학 발전은 이미 시작되었다. 여기에는 유전 공학, 뇌 인터페이스 기술, 나노 기술, 그리고 개인 맞춤형 의학이 포함된다. 크리스퍼Clustered Regularly Interspaced Short Palindromic Repeats, CRISPR와 같은 유전자 편집 기술의 발전은 특정 유전적 결함을 수정하여 질병의 원인을 직접적으로 교정할 수 있을 가능성을 열어준다. 이 기술로 유전자의 특정 부분을 정확하게 편집할 수 있으며, 질병의 원인이 되는 유전자를 잘라내거나 변형할 수 있다. 이미 헌팅턴병이나 유전성 알츠하이머병 같은 질환에서 유전자 변이를 수정하는 연구가 진행 중이다.

뇌-컴퓨터 인터페이스Brain Computer Interface, BCI 기술은 뇌와 컴퓨터 간의 직접적인 통신을 가능하게 하여 뇌 기능을 보완하거나 회복시키는 데 사용될 수 있다. 예를 들어, 파킨슨병 환자를 위한 심부 뇌 자극기deep brain stimulator도 BCI의 초기 단계라고 할 수 있다. 최근에는 뇌전증 환자에게 전극을 삽입하여 발작이 시작되려는 조짐이 보일 때 발작을 멈추도록 전기자극을 주는 방법도 도입되어 초기 이용 단계에 있다.

나노 기술도 이용 가능하다. 나노 입자를 사용해 뇌의 특정 부위에 약물을 정밀하게 전달하는 연구가 진행 중이다. 이 기술은 뇌의 보호 장벽인 혈뇌 장벽blood brain barrier 때문에 약물이 효과적으로 뇌에 전달될 수 없는 지점을 극복할 수 있다. 우리가 바라는 뇌 특정 부위에 집중적으로 약물이나 특정 유전자를 보낼 수 있다(그림 6).

손상된 뇌세포를 회복시키거나 대체하기 위한 줄기세포 기술도 계속 발전하고 있다. 이 기술은 특히 뇌졸중 후의 회복이나 특정 유형의 신경퇴행성 질환에서의 세포 복구에 이용될 가능성이 있다.

그 외에 빅데이터와 인공지능을 통합한 분석을 통해 각 환자의 유전적, 생물학적, 환경적 요인을 고려한 맞춤형 치료 방안이 개발될 수 있다. 이러한 접근 방식은 복합적 요인을 갖는 난치성 뇌 질환의 치료에 유리할 것이다. 이러한 기술은 아직까지는 초기 단계 또는 실험적 단계에 머물러 있는 것이 많지만, 이들 기술의 통합과 발전이 뇌 질환 치료에 혁명을 가져올 가능성이 높다.

뇌 연구의 미래

뇌 연구는 지속적으로 발전하고 있으며, 앞으로도 다양한 방면에서 뇌의 신비를 밝히기 위한 연구가 끊임없이 진행될 것이다. 뇌는 우주와 더불어 우리가 탐구해야 할 마지막 개척지라고 할 수 있다. 물론 갈 길은 멀다. 그래도 분명한 것은 지금까지와 마찬가지로 진전이 계속되리라는 사실이다. 다음의 소개는 그중 일부분에 국한된 것이다.

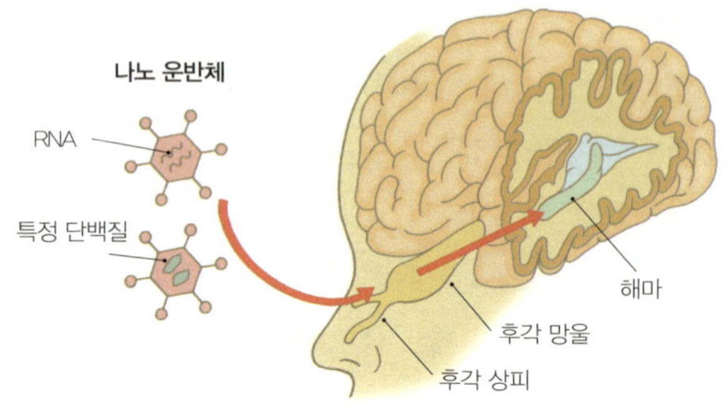

그림 6 │ 나노 기술을 이용한 치료법의 예 나노 운반체에 특정 유전자나 단백질을 실어서 특정 뇌 부위(여기에서는 코를 통해 해마에 도착한다)에 전달하여, 그 부위의 기능을 올리거나 뇌세포의 재생을 도울 수 있다.

초고해상도 뇌 스캔 기술의 개발

현재의 MRI 또는 fMRI로 대표되는 뇌 영상 기술은 뇌 미니 기둥(제14장)이나 세포 단위의 뇌 구조와 활동을 상세하게 파악하기에는 한계가 있다. 미래의 초고해상도 스캔 기술은 신경세포 단위의 활동까지 파악할 수 있을 것이다. 실시간으로 뇌의 활동을 관찰할 수 있는 기술의 발전도 예상된다. 이러한 기술이 필요한 이유는 뇌의 개별 신경세포의 활동 및 그들 사이의 연결을 더욱 세밀하게 이해하는 것이 중요하기 때문이다. 미세한 레벨에서 뇌 활동을 측정하고 시각화할 수 있는 방법은 필요조건이다. 이는 뇌 작동법을 알려주는 데 그치지 않고, 뇌와 기계를 직접 연결하는 뇌-컴퓨터 인터페이스나 인공신경망의 제작에도 중요한 자료를 제공할 것이다.

또, 현재 뇌 스캔 장비는 많은 공간을 차지하며 특별한 설치가 필요하다. 하지만 미래에는 더 작고, 저렴하며, 쉽게 접근 가능한 장비가 개발될 것으로 예상된다. 여느 소형화된 기기들과 마찬가지로 휴대성과 이동성이 모두 좋아지는 것이다.

이러한 기기의 개발은 질병의 조기 진단과 치료에 큰 도움이 될 것이다. 더 나아가 발병 기전의 연구에도 많은 이해를 제공할 것이다. 뇌의 복잡한 연결 구조와 활동을 알면 우리의 의식, 무의식, 생각, 감정, 기억의 기본 원리를 파악할 수 있는 길이 열리게 된다. 그 밖에도 개인의 뇌 활동을 기반으로 한 맞춤형 교육이나 훈련 방법을 개발하는 데 활용할 수 있다.

인공지능과 인간 뇌의 관계

현재 인공지능의 세 가지 주요 학습 방식은 지도 학습supervised learning, 비지도 학습unsupervised learning, 그리고 강화 학습reinforcement learning이다.

지도 학습은 정답(레이블)이 있는 데이터로 모델을 학습시키는 방법이다. 입력 데이터와 그에 대응하는 레이블이 주어지며, 모델은 이러한 데이터를 기반으로 입력에서 출력으로의 매핑mapping을 학습한다. 주어진 데이터 세트로부터 패턴을 학습하고, 새로운 데이터를 정확하게 판정하는 것이 목표다. 예를 들어, 이메일에서 스팸인지 아닌지 분류해 필터링하는 기능이 여기에 속한다.

비지도 학습은 레이블이 없는 데이터로 모델을 학습시킨다. 주어진 데이터에서 숨겨진 패턴이나 구조를 발견하는 것이 목표다. 군집화clustering로 비슷한 특성을 가진 고객들을 골라내거나, 차원 축소dimensionality reduction 방법으로 주요 특징을 추출하는 방법이 여기에 속한다.

마지막으로 강화 학습은 에이전트가 환경과 상호작용하면서 보상을 최대화하는 행동을 학습하는 방법이다. 에이전트는 상태를 인식하고 행동을 취하며, 그 행동의 결과로 보상을 받는다. 그리고 이 보상을 바탕으로 최적의 행동 전략을 학습한다. 바둑에서 이기는 전략을 학습하는 방법이 여기에 속한다.

최근 AI의 발달 속도가 매우 빠르다. 일부 과학자는 100년도 지나기 전에 인공지능이 인간의 능력을 뛰어넘고, 인간에게 큰 위기가 닥칠 것이라고 예측한다. 한편, 그런 일은 절대로 일어날 수 없다고 단언하는 과학자도 많다. 우려와 기대가 공존하고 있지만, 당분간은 AI가 여러 방법으로 인간을 돕게 될 것은 틀림없어 보인다.

AI는 신경학을 포함하는 의학뿐 아니라 생물학 전체에 큰 공헌을 할 수 있다. 이미 AI를 이용한 모션 추적 장치motion tracking device는 신경생리학적 변화와 동반된 동물과 인간 행동의 특징을 잡아내고 있다. AI를 신경세포 집단에서 시냅스 패턴을 밝혀내는 것과 같은 복잡한 과제에 이용할 수도 있다. 이미 이 방법으로 초파리를 대상으로 뇌 전체의 연결 패턴 분석이 끝났으며, 극히 일부분이긴 하지만 쥐 시각 중추 1세제곱밀리미터에 들어 있는 신경세포의 연결도 재구성되었다. 이 외에도 AI는 생체 단백질의 3차원 모델링, 유전자 시퀀스 분석, 의학 진단, 약물 개발에도 이용되고 있다.

근본적으로 AI와 인간 뇌의 관계는 양방향성을 가졌다. 인간의 생각과 추론 방식을 모방하는 AI를 만들 수도 있고, AI를 통해 인간 뇌의 작동법을 이해할 수도 있다. AI는 초기부터 인간 뇌 작동법을 참고로 만들어졌다. 2000년대 초반까지만 해도 인간을 닮은 AI를 만드는 노력이 한계에 부딪힌 듯 보였지만 이후 상황이 반전되었다. 강화 학습과 딥러닝deep learning으로 무장한 AI가 등장해 놀랄 만한 능력을 보여주면서 이 한계가 돌파 가능한 것처럼 보인다. 기하급수적으로 늘어난 계산 능력과 대용량 데이터가 중요 요소로 작용했다. 게다가 많은 수의 신경세포의 전기생리적 변화를 직접 모니터링하는 방법도 개발되었다. 이제 인공신경망 연결과 실제 뇌 연결 방식을 비교하는 길이 열리고 있는 것이다.

하지만 뇌와 인공지능의 작동 방법에는 뚜렷한 차이도 있다. 신경세포 간에는 국소적이거나 장거리를 이동하는 매우 복잡한 연결이 혼재하며, 또 흥분성 및 억제성 신경전달이 모두 기능을 하고 있다. 반면에 인공지능은 입력층, 은닉층, 출력층의 비교적 단순한 연결을 갖고 있다. 입력 영역은 모델이 문제를 이해하고 해결하기 위해 필요한 초기 데이터를 제공한다. 은닉 영역은 모델이 입력 데이터의 복잡한 패턴과 특징을 학습하는 부분이다. 여러 층layer으로 구성되어 있으며, 각 층은 입력 데이터를 가공해 다음 층으로 전달한다. 은닉층의 수가 많을수록 모델의 복잡성과 학습 능력이 증가하지만 과적합의 위험도 있다. 출력 영역은 모델이 학습한 내용을 바탕으로 입력 데이터에 대한 최종 결과를 제공한다(그림 7).

또한 인간의 뇌는 학습 이전부터 작동하는 타고난 능력을 지니고 있다. 태어날 때부터 일정한 신경 연결망이 이미 형성되어 있어, 영아기부터 복잡한 행동을 수행하고 새로운 것을 배울 준비가 되어 있는 것이다. 다시 말해, 인간은 오랜 진화 과정을 거치며 인지와 학습에 필요한 기본 구조를 선천적으로 갖춘 존재다. 반면, 인공지능은

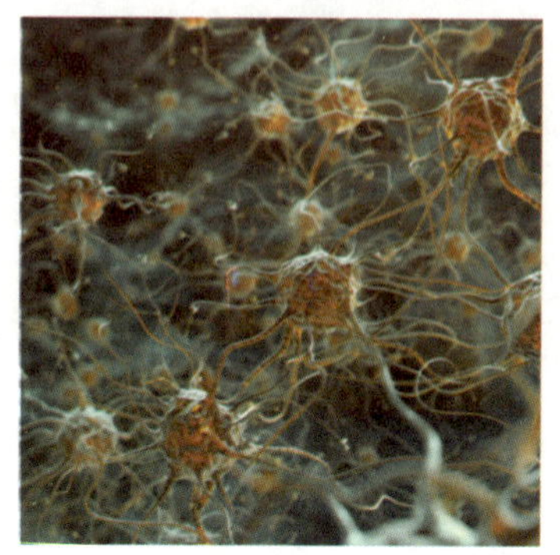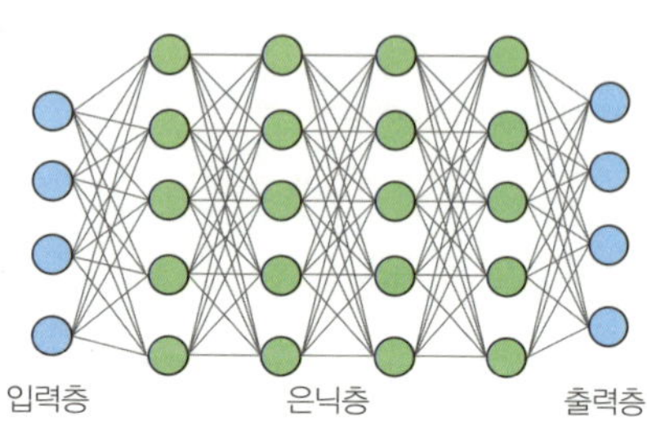

그림 7 | 신경세포의 연결(왼쪽)과 인공지능망(오른쪽)

처음에는 아무런 기능망이 없는 상태에서 시작한다. 일정한 훈련 과정을 거쳐야만 비로소 신경망이 연결되고, 주어진 과제를 수행할 수 있다. 이런 점에서 인간의 뇌는 학습 전에도 작동하지만, 인공지능은 학습을 통해서만 작동한다는 차이가 있다.

그렇지만 인공지능은 인간의 기능을 모방하며 계속해서 발전하고 있다. 시각 중추의 작동 방식을 이해하기 위한 실험 방법이 그 예가 될 수 있다. 연구자들은 동물에게 얼굴 사진 같은 시각 자극을 제시하고 시각 중추신경세포의 신호 패턴을 측정한다. 이때, 인공신경망을 도구로 사용해 이 신호 데이터를 분석한다. 연구자들은 여러 형태의 인공신경망을 시험해보고, 실제 신호 패턴을 가장 잘 재현하는 모델을 찾아낸다. 이렇게 선택된 인공신경망의 작동 방식을 분석하면 얼굴 인식을 담당하는 시각 중추가 어떤 방식으로 작동하는지, 가령, 수많은 시냅스 중 어느 부분이 학습에 중요한지 이해할 수 있다. 이처럼 인공지능의 적용과 인간 뇌에 대한 이해는 서로 깊이 연결되어 있으며, 한쪽의 발전이 다른 쪽의 진전을 촉진한다.

뇌-컴퓨터 인터페이스의 개발

뇌와 기계 사이를 직접 연결하는 인터페이스를 개발할 수도 있다. 예를 들어, 뇌의 신호를 디코드하여 전송함으로써 생각만으로 기계를 조작할 수 있다. 현재 마비 환자의 뇌파를 읽어 원하는 대로 움직이는 외골격 로봇이 활발히 개발되고 있다. 뇌-컴퓨터 인터페이스 아이디어는 오래전부터 SF 소설이나 영화에 자주 나온 내용이다. 측두엽 뇌전증 환자의 뇌에 칩을 삽입하거나(소설 《터미널 맨》), 생각만으로 전투기를 조절하는 식(영화 〈파이어폭스〉)이다. 꿈같은 이야기는 아니다. 뇌 속에 칩을 넣어서 마비 환자가 생각만으로 컴퓨터 마우스를 움직이는 데 성공했다는 최근 보고도 있다.

이와 반대로 기계로부터 정보를 직접 뇌로 전송하는 것도 가능해질 것이다. 사실 연구자들은 이런 시도가 컴퓨터에 의식을 업로드하는 작업에 비하면 상대적으로 훨씬 쉬우면서, 충분히 실현 가능하다고 생각하고 있다. 이를 통해 의식 손상 환자나 여러 신경 장애의 교정도 가능해질 것이다. 더 나아가, 가상현실과 직접 연결될 수도 있다.

인공 와우cochlear implant와 같은 것이 이미 실현된 성공적인 기계 신경 인터페이스의 한 예라고 할 수 있다(그림 8). 인공 와우는 심각한 난청이 있는 사람들에게 청력을 제공하기 위한 전자 장치다. 외이와 중이를 건너뛰고 직접 내이에 신호를 전달하는 방식이다. 작동 원리는 다음과 같다.

우선 마이크가 소리를 포착하면 음성 프로세서가 디지털 신호로 변환한다. 이때 배경 소음을 제거하고 말소리와 같은 중요한 소리

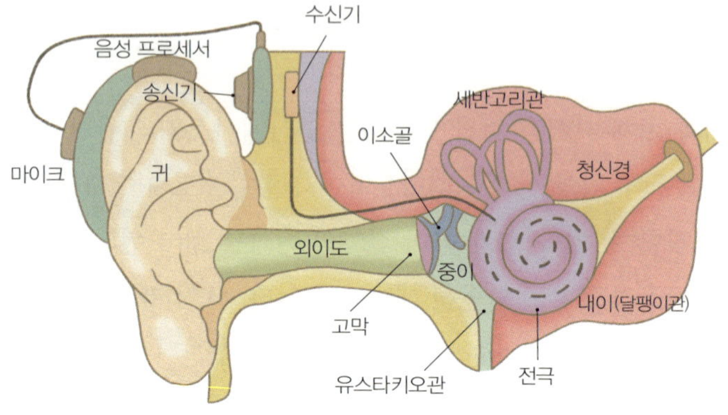

그림 8 | 인공 와우

를 강조하여 전환한다. 이 디지털 신호는 전기자극으로 변환되어 수신기에 전달된다. 이 신호의 특성에 따라 달팽이관의 특정 지점에 위치한 전극이 청각 신경세포를 자극한다. 최종적으로 이 정보가 뇌의 청각 중추에 도달한다. 처음에는 이 소리가 환자에게 아무 의미 없는 부호같이 들린다. 하지만 수 주간의 훈련을 통해서 청각 중추는 점차 이 신호를 우리가 실생활에서 듣는 언어와 같은 청각 신호로 해석하게 된다. 뇌 가소성이 작동하는 것이다. 앞으로 시각을 비롯한 여러 감각도 이러한 방법으로 뇌에 인지되는 과정을 거칠 것이다.

의식 분야의 연구

의식 분야는 지금도 활발히 연구되고 있지만 매우 복잡한 분야로, 가야 할 길이 많이 남아 있다. 미래의 뇌과학 연구는 다음과 같은

 두뇌 인류

단계를 거쳐 의식의 원리를 밝힐 것으로 예상된다. 우선 앞서 이야기한 대로 뇌의 구조와 기능을 더욱 정밀하게 관찰할 수 있는 고급 뇌 영상과, 뇌 구조 및 전기생리학적 변화를 모두 기록할 수 있는 스캔 기술의 개발이 필요하다. 이를 통해 뇌의 특정 영역과 의식 사이의 관련성을 더 명확히 이해하는 것이 우선이다.

연구자들은 뇌의 다양한 신경망이 어떻게 상호작용하여 의식을 생성하는지 연구하게 될 것이다. '천 개의 뇌' 같은 이론이 한 예다. 더 나아가, 뇌의 신경 회로와 화학적 경로를 분석하고, 이러한 경로가 어떻게 정보를 처리하고 의식적 경험을 생성하는지 알아내게 될 것이다. 인공지능을 활용하여 뇌 데이터를 분석하고 의식의 작동 메커니즘을 모델링하는 분야도 활발한 발전이 예상된다. 이러한 기술은 뇌가 복잡한 데이터를 처리하고 패턴을 식별하는 방법을 이해하는 데 도움을 줄 것이다.

그리고 신경과학, 심리학, 철학, 컴퓨터과학 등 여러 학문 분야의 전문가들이 협력하면서 의식의 본질을 탐구하게 될 것이다. 이러한 다학제적 접근은 의식에 보다 깊이 있는 이해를 가능하게 한다. 연구 대상도 확장해 인간을 비롯한 동물의 뇌 연구를 통합하여, 의식의 보편적인 측면과 종별 특성도 파악하게 될 것이다. 의식의 진화적 기원과 발달 과정에 한 발짝 더 다가서는 것이다. 이후 이런 이해를 토대로 의식 장애를 겪는 환자들에게 새로운 희망을 제공할 것이다.

뇌의 가소성과 난치성 질환의 극복

뇌의 가소성은 뇌가 후천적 경험이나 학습을 통해 구조와 기능을 변경할 수 있는 능력을 말한다(제11장). 이것은 학습과 기억, 뇌 손상 후 회복에 중요한 역할을 하고 있다. 뇌 가소성 연구는 뇌에 대한 이해를 높이는 차원을 넘어 새로운 질병 치료법의 개발을 가능하게 한다. 우선 알츠하이머병과 같은 퇴행성 신경 질환의 예방과 치료에 도움을 줄 수 있다. 가소성을 증진시키는 약물이나 방법의 개발로 신경세포의 퇴행을 막고 재생을 촉진하는 것이다. 다양한 뇌 손상 후 회복 과정을 돕는 새로운 재활 방법이나 기술, 약물이 개발될 수도 있다.

학습과 기억 형성에 핵심적인 역할을 하는 뇌 가소성 연구를 통해 미래에는 개인의 학습 능력을 향상시키는 방법을 찾을 수도 있다. 이는 교육을 용이하게 하고 인간의 학습 능력을 한 단계 끌어올릴 것이다. 이로써 우울증, 불안 장애, 외상 후 스트레스 증후군과 같은 정신 질환의 치료에도 뇌 가소성을 이용할 수 있다. 외상 기억이 존재하는 네트워크나 오작동으로 정신 질환을 만드는 신경계의 기능을 억제, 또는 제거하면 된다.

인간의 의식을 컴퓨터로, 뇌 업로딩

마지막으로 영화나 소설에 자주 등장하는, 인간 의식을 컴퓨터로 옮기는 케이스를 살펴보자. '뇌 업로딩'이나 '마인드 업로딩'이라고 불리는 이 아이디어는 과학적으로나 철학적으로나 다양한 논의 대상이 되고 있다. 언젠가는 가능하다는 의견과 절대 불가능하다는 의견이 팽팽히 맞서고 있다. 이 아이디어의 가능성을 긍정적으로 보는 쪽은 신경과학과 컴퓨터 기술이 급속한 발전을 이루고 있는 점을 강조한다. 뇌의 작동법을 알면 뇌 기능을 더욱 정확하게 모델링하는 것이 가능해진다는 것이다. 만일 뇌 업로딩이 성공적으로 이루어진다면, 인간의 의식은 물리적인 몸의 제약을 받지 않게 되고, 사실상 무한한 수명을 얻게 될 수도 있다. 이렇게 된다면 불가능하다고 여겨지는 먼 우주로의 여행도 가능해질 것이다. 몸을 두고 의식만 이동하는 것이다. 의식은 이후 로봇에 탑재해도 된다. 업로드된 의식은 가상 현실에서 경험을 쌓거나 다양한 시뮬레이션 환경에서 살아갈 수 있을 것이다.

부정적으로 보는 쪽은 기술의 한계와 무한히 복잡한 뇌의 작동법을 장애 요인으로 꼽는다. 뇌의 복잡한 연결 구조와 활동을 감안하면 이를 완전히 모델링하거나 복제하는 것은 불가능하다는 것이다. 뇌세포 단위에서 시시각각 벌어지는 유전자의 발현과 단백질의 생성, 그리고 우리 은하에 있는 별의 개수에 필적할 만큼 많은 신경세포(신경세포의 수는 최근 860억 개 정도로 추산되고 있다. 우리 은하에 있는 별의 개수는 1,000~4,000억 개 정도로 보고 있다)와 그보다 1,000배 이상 많은 신경세포 간의 연결(100조)만 보면, 그 모두를 이해하고 시뮬레이션한다는 것은 넘을 수 없는 벽처럼 보인다.

또한 인간의 뇌는 생체 안팎의 상황을 파악하여 몸의 생존 가능성을 높이도록 진화해왔다. 과연 주변 환경 또는 신체의 지속적인 자극과 교정 과정 없이 뇌만 업로딩하여 계속 살아갈 수 있을지 알 수 없다. 마치 계속 몸이 있는 것처럼 자극을 줄 수 있는 방법이 있다면 모르겠지만 말이다. 더구나 뇌는 이러한 자극에 끝없이 기능과 형태를 바꿔가야 하므로, 한 번의 업로딩으로 끝날 문제도 아니다. 어떤 자극이 들어가면 세포 내 핵에서 유전자가 전사되어 새로운 단백질이 형성되고, 이에 따라 신경세포 간의 연결 정도와 형태가 달라지는데, 이를 시뮬레이션한다는 것은 보통 일이 아니다. 해결책으로는 업로딩된 의식에 따라 움직이고 자극을 받아들일 수 있는 로봇 몸체를 만들거나, 〈매트릭스〉에서처럼 자극히 현실과 똑같이 느껴지는 가상 현실을 창조하는 방법이 있다. 그러나 가상현실을 현실이 아니라고 알려주어야 하는지에 대한 어려운 문제가 남게 된다. 가상현실 속의 디지털화된 뇌에게 '지금 당신이 속해 있는 사회는 가상세계다'라고 알려주면 그것을 현실로 인식하고 살던 디지털화된 뇌는 큰 혼란에 빠질 것이고, 반대로 알려주지 않는다면 비윤리적으로 여겨질 것이다.

또, 미국의 신경과학자이자 저술가인 이글먼David Eagleman, 1971-의 말대로 만일 업로딩에 성공한다고 해도 이 업로딩된 의식을 '나'라고 할 수 있을지에 대한 문제가 남는다. 현실적으로 우리 뇌를 업로딩하려면 죽기 전에 해야 한다. 죽기 전에 업로딩에 성공했다고 치자. 그럼 그 이후로는 육체를 가진 나도 살고, 업로딩된 뇌도 살아나가면서 서로 다른 경험을 하게 될 것이다. 마치 완전히 같은 유전자를 갖고 태어난 일란성 쌍둥이가 이후 경험에 따라 각자의 인생을 살게 되는 것과 같다. 업로딩된 의식은 시간이 지나면서 실제 나와는 달라질 수밖에 없다.

인간의 의식을 디지털로 전환하는 것에 대한 윤리적 논의도 큰 문제다. 그리고 그 과정에서 발생할 수 있는 부작용이나 위험성을 경고하는 목소리도 있다. 만일 업로딩된 의식이 더는 살고 싶지 않게 될 때 누가 이를 결정할 수 있을까? 만일 누군가가 업로딩된 뇌를 계속 노예처럼 이용한다면 어떻게 될까? 디지털 형태로 변환된 의식은 해킹, 바이러스, 데이터 손실과 같은 새로운 위험에 노출될 수도 있을 것이다.

결론적으로, 인간의 의식을 컴퓨터에 업로드하는 아이디어는 아주 매력적이지만 기술적, 철학적, 윤리적으로 많은 문제점이 존재한다. 실현 가능성 역시 아직 미지수다.

아직 갈 길이 멀지만 지금까지의 뇌 연구의 성과는 인간 이해의 지평을 크게 넓혔다. CT, PET, MRI, fMRI와 같은 영상 기술은 뇌의 구조와 기능을 보다 정밀하게 들여다볼 수 있게 만들었고, 유전 공학, 나노 기술, 뇌-컴퓨터 인터페이스 등은 난치성 뇌 질환 극복의 가능성을 열었다. 더 나아가, 인공지능이 발전하며 뇌의 작동 원리를 밝히는 강력한 도구를 얻게 되었다. 그러나 뇌의 복잡성과 다양성은 여전히 많은 질문을 남기고 있다. 뇌 연구는 기술 발전뿐 아니라 윤리적 성찰과 사회적 논의와 함께 이뤄져야 할 것이다. 그렇게 인류는 아름답게 '마음의 미지'를 탐구해나갈 수 있을 것이다.

이제 이 책을 마칠 시간이다. 지금까지 뇌의 작동 기전과 신비를 밝히기 위한 지난한 여정을 되돌아보았다. 여기에 소개된 내용은 가장 굵직한 사실로만 구성한 것이고, 실제로는 수많은 연구자의 실험 결과와 이론이 모여서 지금의 성과에 도달했다. 다시 한번 말하지만 여기에 소개되지 않았다고 해서 그 많은 연구자의 노력과 성과가 무시되어서는 안 된다.

무에서 시작해 여기까지 온 것은 그야말로 대단한 성취다. 우리가 지금 이 정도의 지식이나마 알게 된 시기에 살고 있는 것도 큰 행운이라고 생각한다. 아직 밝혀지지 않은 뇌의 신비가 어떤 모습으로 드러날지 정말 궁금하다.

오늘날의 지식은 결코 완결된 지식이 아니다. 이는 잠정적 기록이며 미래의 발견에 의해 언제든 다시 쓰일 수 있다. 이 책을 덮는 순간에도 누군가는 또 다른 가설을 세우고 실험을 시작하고 있을 것이다. 그 끝없는 탐구의 흐름 속에서, 독자 역시 질문하는 인간으로서 그 여정의 일원이 되기를 바란다.

지식의 발견에 왕도는 없다. 지금도 자신의 연구 분야에서 힘을 쏟는, 전 세계의 수많은 연구자가 있다. 느린 걸음처럼 보이지만, 이들의 연구 결과가 계속 합쳐지면서 우리는 분명히 전진할 것이다. 그리고 마침내 비밀이 풀리는 날이 올 것이다. 호기심을 참지 못하고 비밀을 파헤치는 집념을 대를 이어 계속 가지고 살아온 것이 우리 인간이다.

2026년 이상건

1 뇌를 발견하다

1 마음은 심장에 있을까, 뇌에 있을까?

Andrews C. Egyptian Mummies. Cambridge. Harvard University Press. 1984.

Bettmann O. A Pictorial History of Medicine. Springfield, IL: Charles C Thomas. 1979:18-19.

Brandt T. & Huppert D. Brain beats heart: a cross-cultural reflection. Brain. 2021;144:1617-1620.

Breasted JH. The Edwin Smith Surgical Papyrus. Chicago: University of Chicago Press. 1930.

Broca P. Remarks on the seat of the faculty of language followed by an observation of aphemia. In von Bonin G (Ed). Some Papers on the Cerebral Cortex. Springfield. 1861.

Cohut M. Curiosities of medical history: trepanation. Medical News Today. September 6, 2019.

Clower, W. & Finger, S. Discovering Trepanation: The Contribution of Paul Broca Neurosurgery. 2001;49:1417-1426.

Clarke E. Apoplexy in the Hippocratic writings. Bulletin of the History of Medicine. 1963;37:301-314.

David R. Mysteries of the Mummies: The Story of the Manchester University

Investigation. London. Book Club Associates. 1978.

Dobson JF. Herophilus of Alexandria. Proceedings of the Royal Society of Medicine. 1925;18:19-32.

Dobson JF. Erasistratus. Proceedings of the Royal Society of Medicine. 1927;20: 825-832.

Finger S. & Fernando HR. E. George Squier and the Discovery of Cranial Trepanation: A Landmark in the History of Surgery and Ancient Medicine. J of History of Medicine. 2001;56:353-381.

Finger S. Origins of Neuroscience. New York: Oxford University Press. 1994.

Finger S. Hippocrates: The Brain as the Organ of Mind. In: Minds behind the Brain. Oxford: Oxford University Press. 2000:21-38.

Ganz J. Herophilus and vivisection. History of Medicine. 2014;4:5-12.

Gross, CG. A Hole in the Head: More Tales in the History of Neuroscience. Cambridge, MA: MIT Press. 2009.

Hippocrates. In Great Books of the Western World vol.10. Chicago. Wm. Benton. 1952.

Horne JF. Trephining in Its Ancient and Modern Aspect. London: John Bale and Sons. 1894.

Horsley, V. Brain surgery in the Stone Age. Br Med J. 1887;1:582-587.

Horsley, V. Trephining in the Neolithic period. J Anthropol Inst G Brit Ire. 1888: 100-106.

Horsley, V. The function of the so-called motor area of the brain. Br Med J. 1909;2:125-132.

Hurry JB. Imhotep. Humphrey Milford. Oxford University Press. 1926.

Janssens PA. Paleopathology. London. UK: Curwen Press. 1970.

Majno G. The Healing Hand. Cambridge, MA: Harvard University Press. 1975.

Marshall C. Surgery of epilepsy and major disorders. In Walker AE (Ed), A History of Neurological Surgery. New York: Hafner. 1967.

Mettler CC. History of Medicine. Philadelphia PA. Blakiston. 1947.

O'Connor DC. & Walker AE. Prologue. In Walker Ae (Ed). A History of Neurological Surgery. New York: Hafner. 1967:1-22.

O'Leary J. & Goldring S. Epilepsy over the millennium. In Science and

Epilepsy. New York: Raven Press. 1976:15-34.

Retief FP. & Louise Cilliers. The nervous system in antiquity. SAMJ. 2008; 98:768-772.

Sigerist HE. A History of Medicine, vol. 2: Early Greek, Hindu, and Persian Medicine. New York: Oxford University Press. 1961:44-79.

Squier EG. Peru: Incidents of Travel and Exploration in the Land of the Incas. London: Macmillan and Co. 1877.

Strickland A. An elite bronze age man had brain surgery more than 3,000 years ago. CNN World. February 22, 2023.

Thompson CJS. The evolution and development of surgical instruments. British Journal of Surgery. 1938;25:726-734.

Trelles JO. Cranial trepanation in ancient Peru. World Neurology. 1962;3:538-545.

von Staden H. Herophilus and the Art of Medicine in Early Alexandria. Cambridge, UK: Cambridge University Press. 1989.

Wright J. A medical essay on the Timaeus. Annals of Medical History. 1925; 7:117-127.

2 몸을 열어 진실을 보다

Baloyannis SJ. Galen as neuroscientist and neurophilosopher. Encephalos. 2016;52:1-10.

Castiglioni A. Andreas Vesalius: Professor at the medical school of Padua. Bulletin Acad Natl Med. 1943;19:766-777.

Clark K. Leonardo da Vinci. Penguin: Hammondsworth. 1958.

Del Maestro RF. Leonardo da Vinci: the search for the soul. J Neurosurg. 1998;89:874-887.

Dobran A-A, Muresanu D. History of neurotrauma: a tale from the medieval ages and the Renaissance. J Med Life. 2023;16:1-3.

Finger S. Origins of Neuroscience. New York, NY: Oxford University Press. 1994.

Freeman FR. Galen's ideas on neurological function. J History Neurosci. 1994;3:263-271.

Gross, CG. A Hole in the Head: More Tales in the History of Neuroscience. Cambridge, MA: MIT Press. 2009.

Gross CG. Galen and the squealing pig. Neuroscientist. 1988;4:216-221.

Gross CM. On anatomy of nerves by Galen of Pergamon. Am J Anat. 1966;118:327-336.

Infusino MH, Win D, O'Neill YV. Mondino's book and the human body. Vesalius. 1995;1:71-76.

Joffe SN. Andreas Vesalius: The Making, The man, and the Myth. Persona Books: Bloomington. IN. 2009.

Jones DEH. The great museum at Alexandria: its ascent to glory. Smithsonian. 1971:53-60.

Kemp S. Cognitive Psychology in the Middle Ages. London: Greenwood Press. 1996.

Manzoni T. The cerebral ventricles, the animal spirits and the dawn of brain localization of function. Arch Ital Biol. 1998;136:103-152.

May M. Galen: On the usefulness of the parts of the body. Ithaca, NY: Cornell University Press. 1968.

Oly R. Medieval Neuroanatomy: the text of Mondino dei Luzzi and the plates of Guido da Vigevano. J Hist Neurosci. 1997;6:113-123.

Pagel W. Medieval and renaissance contributions to knowledge of the brain and its functions. In Poynter FML (Ed). The Brain and Its Functions. Oxford: Blackwell. 1958.

Paluzzi A, Belli A, Bain P, et al. Brain 'imaging' in the Renaissance. J Royal Soc Med. 2007;100:540-543.

Pevsner J. Leonardo da Vinci's contributions to neuroscience. Trends Neurosci. 2002;25:217-220.

Rocca J. Galen and the ventricular system. J Hist Neurosci. 1997;6:227-239.

Russell GA. After Galen: late antiquity and the Islamic world. In Finger S et al (Eds). Handbook of Clinical Neurology vol. 95. Elsevier: Amsterdam. 2010: 61-78.

Sarton G. Galen of Pergamon. Kansas: University of Kansas Press. 1954.

Shanks NJ. & Al-Kalai D. Arabian medicine in the Middle Ages. J Royal Soc

Med. 1984;77:60-65.

Simeone FA. Andreas Vesalius: anatomist, surgeon, court palatine and pilgrim. Am J Surg. 1984;147:432-440.

Smith ES. Galen's account of the cranial nerves and the autonomic nervous system: Part 2. Clio Medicine. 1971;6:173-194.

Spillane JD. The Doctrine of the Nerves: Chapters in the History of Neurology. Oxford: Oxford University Press. 1981.

Stahnisch FW. On the use of animal experimentation in the history of neurology. Oxford: Oxford University Press. 2010.

Tascioglu AO. & Tascioglu AB. Ventricular anatomy: illustrations and concepts from antiquity to renaissance. Neuroanatomy. 2005;4:57-63.

Temkin O. On Galen's pneumatology. Gesnerus. 1951;8:180-189.

3 나는 생각한다, 고로 존재한다

Almog J. What am I? Descartes and the Mind-Body Problem. Oxford: Oxford University Press, 2001.

Akert K, Hammond MP. Emanuel Swedenborg (1688-1772) and his contribution to neurology. mem Hist. 1962;6:255-266.

Clarke DM. Descartes: a biography. Cambridge: Cambridge University Press. 2006.

Cobb M. Timeline: exorcising the animal spirits: Jan Swammerdam on nerve function. Nat Review Neurosci. 2002;3:395-400.

Cottingham J. Descartes. London: Blackwell. 1986.

Damasio A. Descartes' Error: Emotion. Reason, and the human brain. New York: Avon Books. 1994.

David B. The Invention of the Microscope. Bios. 2004;75:78-84.

Donaldson IML. Cerebri anatome: Thomas Willis and his circle. J R Coll Physicians Edinb. 2010;40:277-279.

Feindel W. Thomas Willis (1621-1675)-the founder of neurology. Can Med Assoc J. 1962;87:289-296.

Finger S. Origin of Neuroscience. Oxford: Oxford University Press. 1994.

Gross CG. Emanuel Swedenborg: neuroscientist before his time.

Neuroscientist. 1997;3:142-147.

O'Keane V. A sense of self: memory, the brain, and who we are. W.W. New York: Norton Company. 2021.

Parent A. Niels Stensen: a 17th century scientist with a modern view of brain organization. Can J Neurosci. 2013;40:482-492.

Perrini P, Lazino G, Parenti GF, et al. Niles Stensen (1638-1686): scientist, neuroanatomist, and saint. Neurosurgery. 2010;67:3-9.

Sacks O. An anthropologist on Mars. New York: Vintage Books. 1995.

Smith CUM. Descartes' pineal neuropsychology. Brain Cogn. 1998;36:57-72.

Wickens AP. A history of the brain. London: Psychology Press. 2015.

4 언어 중추를 발견하다

Barker EA, Barker AH, Smith A. Translation of Broca's 1865 report. Arch Neurol. 1986;43:1065-1072.

Benton AL. Contributions to aphasia before Broca. Cortex. 1964;1:314-327.

Bresadola M. Medicine and science in the life of Luigi Galvani (1737-1798). Brain Res Bull. 1998;46:367-380.

Cajavilca C, Varon J, and Sternbach GL. Luigi Galvani and the foundations of electrophysiology. Resuscitation. 2009;80:159-162.

Critchey M. Neurology's debt to F.J. Gall (1758-1828). Br Med J. Ⅱ:775-781.

Dougan A. Raising the Dead: The Men who Created Frankenstein. Berlin: Edinburgh. 2008.

Finger S. Paul Broca (1824-1880). J Neurol. 2004;251:769-700.

Finger S. & Wade N. The neuroscience of Helmholtz and the theories of Johannes Mueller Part 1: nerve cell structure, vitalism and the nerve impulse. J Hist Neurosci. 2002;11:136-155.

Flourens M-J-P. Phrenology Examined (2nd Ed.). Philadelphia, PA: Hogan and Thompson. Reprinted in DN Robinson (Ed.). Significant Contribution to the History of Psychology, Vol Ⅱ. Washington DC: University Publications of America. 1846.

Fulton J. The early phrenological societies Boston Med Surg J. 1927;196:398-400.

Greenblatt SH. Phrenology in the science and culture of the nineteenth century. Neurosurg. 1995;37:790-804.

Hoff TL. Gall's psychological concept of function: the rise and decline of 'internal essence'. Brain Cogn. 1992;20:378-398.

Holmes FL. The old martyr of science: the frog in experimental physiology. J Hist Biol. 1993;26:311-328.

Marshall JC. & Gurd J. Franz Joseph Gall: genius or charlatan? J Neuroling. 1994;8:289-293.

Marshall JC. & Gurd J. Johann Gasper Spurzheim: quack or thomist? J Neuroling. 1995;9:297-299.

Marx O. Aphasia studies and language theory in the nineteenth century. Bull Med. 1966;40:328-349.

Morgan JP. The first reported case of electrical stimulation of the human brain. J Hist Med Allied Sci. 1982;37:51-64.

Nomura T. & Izawa E-I. Avian brains: Insights from development, behaviors and evolution. Develop Growth Differ. 2017;59:244-257.

Omerod W. Richard Caton (1842-1926): pioneer electrophysiologist and cardiologist. J Med Biog. 2006;14:30-35.

Parent A. Giovanni Aldini: from animal electricity to human brain stimulation. Can J Neurol Sci. 2004;31:576-584.

Pearce JMS. Marie-Jean-Pierre Flourens (1794-1867) and cortical localization. Eur Neurol. 2009;61:311-314.

Rawling CE. & Rossitch E. Franz Joseph Gall and his contribution to neuroanatomy with emphasis on the brainstem. Surg Neurol. 1994;42:272-275.

Simpson D. Phrenology and the neuroscience: Contribution of F.J. Gall and J.G. Spurzheim. Aust N Z J Surg. 2005;75:475-482.

The galvanometer. Am Heart J. 1969;77:434-435.

Walsh AA. George Vombe: A portrait of a heretofore generally unknown behaviorist. J Hist Behav Sci. 1971;7:269-278.

Wickens AP. A history of the brain. London: Psychology Press. 2015.

Yildirim FB. & Sarikcioglu L. Marie Jean Flourens (1794-1867): an extraordinary scientist of his time. J Neurol Neurosurg Psychiatry. 2007;78:852.

2 뇌의 언어를 해독하다

5 신경세포, 뇌 속의 작은 우주

Albert von Kölliker (1817-1905) Würzburger histologist. JAMA. 1968;206: 2111-2112.

Anderson CT. Robert Remak and the multinucleated cell: eliminating a barrier to the acceptance of cell division. Bull Hist Med. 1986;60:523-543.

Carlos JA. & Borrell J. A historical reflection of the contributions of Cajal and Golgi to the foundation of neuroscience. Brain Res Rev. 2007;55:8-16.

Cavero I. Guillon NM, Holzgrefe HH. Reminiscing about Jan Evangelista Purkinje: a pioneer of modern experimental physiology. Adv Physiol Educ. 2017;41:528-538.

Clark G, Kasten FH. History of Staining. London: Williams and Wilkins. 1983.

Cope Z. Joseph Lister, 1827-1912. Br Med J. 1967;2:7-8.

DeFelipe J. Sesquicentenary of the birthday of Santiago Ramon y Cajal, the farther of modern neuroscience. Trends Neurosci. 2002;25:481-484.

Grant G. How the 1906 Nobel Prize in Physiology and Medicine was shared between Golgi and Cajal. Brain Res Rev. 2007;55:490-498.

Harris H. The Birth of the Cell. Yale University Press: New Haven, CT. 1999.

Jones EG. The neuron doctrine 1891. J Hist Neurosci. 1994;3:3-20.

Louis ED, Stapf C. Unraveling the neuron jungle: the 1879-1886 publications by Wilhelm His on the embryological development of the human brain. Arch Neurol. 2011;58:1932-1935.

Llinas RR. The contribution of Santiago Ramon y Cajal to functional neuroscience. Nature. 2003;4:77-80.

Mazurka M. & Kusa J. Jan Evangelista Purkinje: a passion for discovery. Tex Heart Inst J. 2018;45:23-26.

Mazzarello P. Garbarino C, Calligaro A. How Camillo Golgi became 'the Golgi'. FEBS Lett. 2009;583:3732-3737.

Mazzarello P. The rise and fall of Golgi's school. Brain Res Rev. 2011;66: 54-67.

Mehta AR, Mehta PR, Anderson SP, et al. Etymology and the neuron(e). Brain.

2020;143:374-379.

Müller P. Gabriel Gustav Valentin, pioneer of Bern physiology. Gesnerus. 1988;45:191-199.

Pannese E. The Golgi stain: invention, diffusion and impact on neurosciences. J Hist Neurosci. 1999;8:132-140.

Parent A. Auguste Forel on Ants and Neurology. Can J Neurol Sci. 2003;30: 284-291.

Pearce JM. Sir Charles Scott Sherrington (1857-1952) and the synapse. J Neurol Neurosurg Psychiatry. 2004;75:544.

유발 하라리. 넥서스. 김영사. 2024.

Wolpert L. The evolution of 'The Cell Theory'. Curr Biol. 1996;6:225-228.

6 인간 행동의 원리를 밝히다

Anon. Thomas Laycock (1812-1876). Mental physiologist, medical psychologist. JAMA. 1968;205:301-302.

Carmichael L. Karl Spencer Lashley, experimental psychologist. Science. 1959; 129:1410-1412.

de Freitas Araujo S, Saraiva FT, de Carvalho MB. The initial impact of John Broadus Watson on American psychology: The necessity of comparative parameters. J Hist Behav Sci. 2019;55:122-138.

Dimsdale JE. Dark persuasion: a history of brainwashing from Pavolov to social media. Yale University Press. 2021.

Eadie MJ. Robert Whytt and the pupils. J Clin Neurosci. 2000;7:295-297.

Eadie MJ. Marshall Hall, the reflex arc and epilepsy. J R Coll Physicians Edinb. 2008;38:167-171.

Eccles JC, Gibson WC. Sherrington, his life and thought. Heidelberg: Springer. 1979.

Gardner, H. & Gardner, J. Classics in Psychology: I.M. Sechenov. Biological Sketch and Essays. New York: Arno Press. 1973.

Knoeff R. The reins of the soul: the centrality of the intercostal nerves to the neurology of Thomas Willis and to Samuel Parker's theology. J Hist Med Allied Sci. 2004;59:413-440.

Larriva-Sahd JA. Some predictions of Rafael Lorente de Nó 80 years later. Front Neuroanat. 2014;8:1-8.

Nadel L, Maurer AP. Recalling Lashley and reconsolidating Hebb. Hippocampus. 2020;30:776-793.

Pick D. Brain washed: a new history of thought control. Wellcome Collection. 2020.

Rehman I, Mahabadi N, Sanvictores T, et al. Classical Conditioning. In: StatPearls [Internet]. Treasure Island (FL): StatPearls Publishing. 2021.

Rössler W, Riecher-Rössler A, Meise U. Wilhelm Griesinger and the concept of community care in 19th-century Germany. Hosp Community Psychiatry. 1994;45:818-822.

Stahnisch FW. François Magendie (1783-1855). J Neurol 2009;256:1950-1952.

Van Gijin J. Charles Bell (1774-1842). J Neurol. 2011;258:1189-1190.

Wickens AP. A history of the brain: From stone age surgery to modern neuroscience. London: Psychology Press. 2015.

Windholz G. Pavlov J. Pavlov as a psychologist. A reappraisal. Biol Sci. 1987;22:103-112.

7 뇌의 기능지도를 그리다

Bhattacharyya KB. Edgar Adrian and Patrick Merton: Names Blurred with the Passage of Time. Ann Indian Acad Neurol. 2018;21:19-23.

Catani M. & Mesulam M. The arcuate fasciculus and the disconnection theme in language and aphasia: history and current state. Cortex. 2008;44:953-961.

Colombo M, Colombo A, Gross CG. Bartholmeo Panizza's observations on the optic nerve. Brain Res Bull. 2002;58:529-539.

Critchley M. & Critchley EA. John Hughlings Jackson: Father of English Neurology. Oxford: Oxford University Press. 1998.

Damasio A, Damasio H. The anatomic basis of pure alexia. Neurology. 1983;33:1573-1583.

Falk D, Lepore FE, Noe A. The cerebral cortex of Albert Einstein: a description and preliminary analysis of unpublished photographs. Brain. 2013;136:

1304-1327.

Finger S. Origins of Neuroscience: A History of Explorations into Brain Function. UK: Oxford University Press. 2001.

Fishman RS. Ferrier's mistake revisited, or when it comes to the brain, nothing is simple. Arch Neurol. 1995;52:725-730.

Guenther K. Between Clinic and Experiment: Wilder Penfield's Stimulation Reports and the Search for Mind, 1929-55. Can Bull Med Hist. 2016;33:281-320.

Geschwind N. Wernicke's contribution to the study of aphasia. Cortex. 1967;3:448-463.

Greenblatt SH. The multiple roles of Broca's discovery in the development of the modern neurosciences. Brain Cogn. 1984;3:249-258.

Gross CG. The discovery of the motor cortex and its background. J Hist Neurosci. 2007;16:320-331.

Harris LJ. & Almergi JB. Probing the human brain with stimulating electrodes: The story of Robert Bartholow's (1874) experiment with Mary Rafferty. Brain Cogn. 2009;70:92-115.

Heffner HE. Ferrier and the study of auditory cortex. Arch Neurol. 1987;44: 218-221.

Hines T. Neuromythology of Einstein's brain. Brain Cogn. 2014;88:21-25.

Horwitz NH. Historical perspective. David Ferrier (1843-1928). Neurosurgery. 1994:793-795.

Joynt RJ. & Benton AL. The memoir of Marc Dax. Neurology. 1964;14:851-854.

Penfield W. The mystery of the mind: a critical study of consciousness and the human brain. New Jersey: Princeton Legacy Library. 2015.

Penfield W. & Boldrey E. Somatic motor and sensory representation in the cerebral cortex of man as studied by electrical stimulation. Brain. 1937;60: 389-443.

Penfield W. & Jasper HH. Epilepsy and the functional anatomy of the human brain. Boston: Little Brown. 1954.

Sandrone S and Zanin E. David Ferrier (1843-1928). J Neurol. 2014;261:1247- 1248.

Taylor CR. & Gross CG. Twitches versus movements: a story of motor cortex. J Hist Neurosci. 2003;9:332-342.

Tudor M, Tudor L, Tudor KI. Hans Berger (1873-1941)-the history of electroencephalography. Acta Med Croatica. 2005;59:307-313.

Tyler KL, Malessa R. The Goltz-Ferrier debates and the triumph of cerebral localizationalist theory. Neurology. 2000;55:1015-1024.

Wilgus J. & Wilgus B. Face to face with Phineas Gage. J Hist Neurosci. 2009;18:340-345.

Wickens AP. A history of the brain: From stone age surgery to modern neuroscience. London: Psychology Press. 2015.

8 신경세포는 '모 아니면 도'로 작동한다

Adrian L. Herbert Spencer Gasser 1888-1963. Biographical Memoirs of Fellows of the Royal Society. 1964;10:75-82.

Brittain JE. Electrical Engineering Hall of Fame: John A. Fleming. Proceedings of the IEEE. 2007;95:313-315.

Denny-Brown D. Edgar Douglas Adrian 1890-1977. Trans Am Neurol Assoc. 1978;103:303-304.

Fye WB. Henry Pickering Bowditch. Clin Cardiol. 1994;17:221-222.

Hernández-Ochoa EO, Schneider MF. Voltage clamp methods for the study of membrane currents and SR Ca(2+) release in adult skeletal muscle fibres. Prog Biophys Mol Biol. 2012;108:98-118.

Isitan C, Yan Q, Spencer DD, et al. Brief history of electrical cortical stimulation: A journey in time from Volta to Penfield. Epilepsy Res. 2020;166:106363.

Keith Lucas: An airborne pioneer. Archived 3 May 2015 at the Wayback Machine-The Royal Society website.

Lamb T. Alan Hodgkin (1914-98). Nature. 1999;397(6715):112.

McComas A. Galvani's Spark: The Story of the Nerve Impulse. New York City, NY: Oxford University Press. 2011.

MacNalty A. Sir Victor Horsley, His Life and Work. BMJ. 1954;1:910-916.

Mauro AJ. The role of the Voltaic pile in the Galvani-Volta controversy concerning animal vs. metallic electricity. Hist Med Allied Sci. 1969;24:140-50.

Meltzer SJ. Emil Du Bois-Reymond. Science. 1897;5:217-219.

Messenger J. John Zachary Young (1907-97). Nature. 1997;388(6644):726.

O'Connor WJ. Francis Gotch FRS (1853-1913), British Physiologists 1885-1914: A Biographical Dictionary. 1991:77-79.

Parent A. Giovanni Aldini: from animal electricity to human brain stimulation. Can J Neurol Sci. 2000;31:576-84.

Pearce JMS. Lord Adrian, MD, PRS, OM. Eur Neurol. 2018;79:64-67.

Piccolino M. Luigi Galvani and animal electricity: two centuries after the foundation of electrophysiology. Trends Neurosci. 1997;20:443-448.

Piccolino M, Wade NJ. Carlo Matteucci (1811-1868), the "frogs pile", and the Risorgimento of electrophysiology. Cortex. 2012;48:645-646.

Schmidt-Nielsen K. Yngve Zotterman. The Physiologist. 1982;25:431.

Seyfarth EA. Julius Bernstein (1839-1917): Pioneer neurobiologist and biophysicist. Biol Cybern. 2006;94:2-8.

Shampo MA, Kyle RA. Hans Christian Orsted. JAMA. 1982;248:939.

Wickens AP. A history of the brain: From stone age surgery to modern neuroscience. London: Psychology Press. 2015.

9 스파크 VS 수프: 뇌의 통신법 전쟁

Curtis DR, Andersen P. Sir John Carew Eccles, A.C. 27 January 1903-2 May 1997: Elected F.R.S. 1941. Biogr Mem Fellows R Soc. 2001;47:159-187.

Feldberg W. Henry Hallett Dale, 1875-1968. Br J Pharmacol. 1969;35:1-9.

Grabfield GP. Reid Hunt, 1870-1948. Science. 1948;108:127.

Hornykiewicz O. Dopamine miracle: from brain homogenate to dopamine replacement. Mov Disord. 2002;17:501-508.

Holmes FL. Claude Bernard and Animal Chemistry: The Emergence of a Scientist. Harvard University Press. 1974.

Kuffler SW. Otto Loewi, 1873-1961. J Neurophysiol. 1962;25:451-453.

Lee MR. Curare: The South American Arrow Poison. J R Coll Physicians Edinb. 2005;35:83-92.

Maehle AH. "Receptive substances": John Newport Langley (1852-1925) and his path to a receptor theory of drug action. Med Hist. 2004;48:153-174.

Nature Editorial. Dr. George Oliver, 1841-1915. Nature. 1941;147:451.

Nozdrachev AD. John Newport Langley and his autonomic (vegetative) nervous system structure (to the 150th anniversary of birth). Zh Evol Biokhim Fiziol. 2002;38:422-429.

Sakmann B. Bernard Katz, 26 March 1911-20 April 2003: Elected 1952. Biogr Mem Fellows R Soc. 2007;53:185-202.

Sparrow EP, Finger SJ. Edward Albert Schafer (Sharpey-Schafer) and his contributions to neuroscience: commemorating of the 150th anniversary of his birth. Hist Neurosci. 2001;10:41-57.

Szent-Györgyi AG. The early history of the biochemistry of muscle contraction. J Gen Physiol. 2004;123:31-41.

Teleanu RI, Niculescu A-G, Roza E, et al. Neurotransmitters-key factors in neurological and neurodegenerative disorders of the central nervous system. Int J Mol Sci 2022;23:5954. doi: 10.3390/ijms23115954.

Whitaker-Azmitia PM. The discovery of serotonin and its role in neuroscience. Neuropsychopharmacol. 1999;21:2-8.

Wickens AP. A history of the brain: From stone age surgery to modern neuroscience. London: Psychology Press. 2015.

3 뇌와 인간을 계발하다

10 마침내 정신 질환을 발견하다

Berrios GE. Eugen Bleuler's Place in the History of Psychiatry. Schizophr Bul. 2011;37:1095-1098.

Bhattacharyya KB. The story of George Huntington and his disease. Ann Indian Acad Neurol. 2016;19:25-28.

Bogousslavsky J, Walusinski O, Moulin T. Alfred Vulpian and Jean-Martin Charcot in each other's shadow? From Castor and Pollux at La Salpetriere to neurology forever. Eur Neurol. 2011;65:215-22.

Carrà G, Barale F. Cesare Lombroso, M.D., 1835-1909. Am J Psychiatry. 2004; 161:624.

Charlton A. George Cheyne (1671 or 73-1743): 18th-century physician. J

Med Biogr. 2011;19:49-55.

Clark RW. Freud: The Man and the Cause (1st ed): a biography. New York: Random House. 1980.

Crellin J. Theophile Bonet (1620-1689). Am J Pathol. 1980;98:212.

Doig A, Ferguson, JPS, Milne, IA, et al. William Cullen and the Eighteenth Century Medical World. Edinburgh University Press. 1993:34-39.

Faber DP. Jean-Martin Charcot and the epilepsy/hysteria relationship. J Hist Neurosci. 1997;6:275-290.

Fitz R. Thomas Sydenham, Our Model Practical Physician. Boston Med Surg J. 1925;192:171-173.

Goetz CG. Charcot: Past and present. Rev Neurol (Paris). 2017;173:628-636.

Ghosh SK. Giovanni Battista Morgagni (1682-1771): father of pathologic anatomy and pioneer of modern medicine. Anat Sci Int. 2017;92:305-312.

Havens LL. Pierre Janet. J Nerv Ment Dis. 1966;143:383-398.

Hunting P. Alois Alzheimer (1864-1915). J Med Biogr. 2015;23:238-239.

Louis ED. Essential tremor. Handb Clin Neurol. 2023;196:389-401.

Newby RE, Thorpe DE, Kempster PA, et al. A history of dystonia: ancient to modern. Mov Disord Clin Pract. 2017;4:478-485.

Poirier J, Philippon J. Renewing the fire: Joseph Babinski. Front Neurol Neurosci. 2011;29:91-104.

Rickards H, Cavanna AE. Gilles de la Tourette: the man behind the syndrome. J Psychosom Res. 2009;67:469-474.

Shepherd M. Two faces of Emil Kraepelin. Brit J Psych. 1995;167:74-183.

Soria Lopez JA, González HM, Léger GC. Alzheimer's disease. Handb Clin Neurol. 2019;167:231-255.

Teodoro T, Durval R. Emil Kraepelin's taxonomic unitary view of manic-depressive insanity in the 21st century: the never-ending diagnostic conundrum of bipolar depression. CNS Spectr. 2022;28:389-390

11 드디어 정신 질환을 치료하다

Ban TA. Pharmacotherapy of depression: a historical analysis. J Neural Transm (Vienna). 2001;108:707-716.

Boyd-Kimball D, Gonczy K, Lewis B, et al Classics in Chemical Neuroscience: Chlorpromazine. ACS Chem Neurosci. 2019;10:79-88.

Braslow JT, Marder SR. History of Psychopharmacology. Annu Rev Clin Psychol. 2019;15:25-50.

Byard RW. Frontal lobotomy. Forensic Sci Med Pathol. 2017;13:259-264.

Coyle J.T. Julius Axelrod (1912-2004). Molecular Psychiatry. 2005;10:225-226.

Dimsdale JE. Dark persuasion: a history of brainwashing from Pavlov to social media. Yale University Press. 2021.

Friedlander WJ. Who was 'the father of bromide treatment of epilepsy'? Arch Neurol. 1986;43:505-507.

Friedlander WJ. Putnam, Merritt, and the discovery of Dilantin. Epilepsia. 1986;27 Suppl 3:S1-S20.

Goldensohn ES. Merritt-Putnam: the legacy. Epilepsia. 1992;33 Suppl 4:S3-S5.

Granger B, Albu S. The haloperidol story. Ann Clin Psychiatry. 2005;17:137-140.

López-Muñoz F, D'Ocón P, Romero A, et al. Role of serendipity in the discovery of classical antidepressant drugs: Applying operational criteria and patterns of discovery. World J Psychiatry. 2022;12:588-602.

Kaliora SC, Zervas IM, Papadimitriou GN. Electroconvulsive therapy: 80 years of use in psychiatry. Psychiatry. 2018;29:291-302.

Kaplan RM. A history of insulin coma therapy in Australia. Australas Psychiatry. 2013;21:587-591.

McCann EK. Pre-frontal lobotomy. Can Nurse. 1946 Dec;42:1023-1027.

Pick D. Brain washed: a new history of thought control. Wellcome Collection. 2020.

Seeman MV. History of the dopamine hypothesis of antipsychotic action. World J Psychiatry. 2021;11:355-364.

Shampo MA, Kyle RA. Julius Axelrod-American biochemist and Nobel Prize winner. Mayo Clinic Proceedings. 1994;69:136.

12 기억은 어디에 저장될까?

Bédécarrats A, Chen S, Pearce K, et al. RNA from trained Aplysia can induce an epigenetic engram for long-term sensitization in untrained Aplysia.

eNeuro. 2018;5:e0038-18.

Bliss TV, Collingridge GL. A synaptic model of memory: long-term potentiation in the hippocampus. Nature. 1993;361:31-39.

Boettcher LB, Menacho ST. The early argument for prefrontal leucotomy: the collision of frontal lobe theory and psychosurgery at the 1935 International Neurological Congress in London. Neurosurg Focus. 2017 Sep;43:E4.

Brookes J, Chaney J, Wu D, et al. Wilder Penfield (1891-1976). J Invest Surg. 2000;13:237-239.

Carmichael L. Carl Spencer Lashley, experimental psychologist. Science. 1959;129:1410-1412.

Cobb M. The idea of the brain: A history. London: Profile Books. 2021.

Colotla VA, Bach-y-Rita P. Shepherd Ivory Franz: his contributions to neuropsychology and rehabilitation. Cogn Affect Behav Neurosci. 2002;2:141-148.

Cooper SJ. Donald O. Hebb's synapse and learning rule: a history and commentary. Neurosci Biobehav Rev. 2005;28:851-874.

Crick F, Koch C. A framework for consciousness. Nat Neurosci. 2003;6:119-126.

Dringenberg HC. The history of long-term potentiation as a memory mechanism: Controversies, confirmation, and some lessons to remember. Hippocampus. 2020;30:987-1012.

Eichenbaum H. What H.M. taught us. J Cogn Neurosci. 2013;25:14-21.

Gariepy TP. John Farquhar Fulton and the history of science society. Hist Sci Soc;1999:90:S7-S27.

Gavrilov YV, Valko PO. Ivan M. Sechenov (1829-1905). J Neurol. 2015;262:495-497.

Goodenough FL, Edward Lee Thorndike: 1874-1949. Am J Psychol. 1950;63:291-301.

Hertz L, Hansson E, Rönnbäck L. Signaling and gene expression in the neuron-glia unit during brain function and dysfunction: Holger Hyden in memoriam. Neurochem Int. 2001;39:227-252.

Hildebrand R. The Wurzburg anatomist Albert von Koelliker and his relations with Camillo Golgi and Santiago Ramon Cajal. Sudhoffs Arch. 1989;73:145-155.

Josselyn SA, Köhler S, Frankland PW. Heroes of the Engram. J Neurosci. 2017;37:4647-4657.

Kandel ER. In Search of Memory: The Emergence of a New Science of Mind. W. W. Norton & Company. 2006.

Leblanc R. Wilder Penfield and Academic Neurosurgery in North America: 1934-1945. Can J Neurol Sci. 2023;50:99-108.

Morgado I. Optogenetics: its history, fundamentals and relevance in the present and the past. Rev Neurol. 2016;62:123-128.

Moser EI, Kropff E, Moser MB. Place cells, grid cells, and the brain's spatial representation system. Annu Rev Neurosci. 2008;31:69-89.

Nicoll RA. Brief History of Long-Term Potentiation. Neuron. 2017;93:281-290.

O'Keefe J. Place units in the hippocampus of the freely moving rat. Exp Neurol. 1976;51:78-109.

Phillips F, Norman JF, Beers AM. Fechner's aesthetics revisited. Seeing Perceiving. 2010;23:263-271.

Setlow B. Georges Ungar and memory transfer. J Hist Neurosci. 1997;6:181-192.

Squire LR. The Legacy of Patient H.M. for Neuroscience. Neuron. 2009;61:6-9.

Thorne B, Henley T. Hermann Ebbinghaus in Connections in the History and Systems of Psychology 3rd Edition ed. Belmont, CA: Wadsworth Cengage Learning. 2005;211-216.

Wagemans J, Feldman J, Gepshtein S, et al. A century of Gestalt psychology in visual perception: II. Conceptual and theoretical foundation. Psychol Bull. 2012;138:1218-1252.

13 뇌는 잠자는 동안에도 일한다

Cipolla-Neto J, Amaral FGD. Melatonin as a Hormone: New Physiological and Clinical Insights. Endocr Rev. 2018;39:990-1028.

Czeisler CA, Wickwire EM, Barger LK, et al. Sleep-deprived motor vehicle operators are unfit to drive: a multidisciplinary expert consensus statement on drowsy driving. Sleep Health. 2016;2:94-99.

Dement, WC. Remembering Nathaniel Kleitman. Archives Italiennes de Biologie. 2001;139:11-17.

Dement WC. History of sleep medicine. Neurol Clin. 2005;23:945-965.

Diekelmann S, Born J. The memory function of sleep. Nat Rev Neurosci. 2010;11:114-126.

Gunata M, Parlakpinar H, Acet HA. Melatonin: A review of its potential functions and effects on neurological diseases. Rev Neurol (Paris). 2020;176:148-165.

Kleitman. father of sleep research. University of Chicago Chronicle V. University of Chicago. 1999;19.

Macnish R. The philosophy of sleep. Edited by Davidson B. 2002.

Pearce JM. Willis on narcolepsy. J Neurol Neurosurg Psychiatry. 2003;74:76.

Rasch B, Born J. About sleep's role in memory. Physiol Rev. 2013;93:681-766.

Spector R. William Dement, giant in sleep medicine, dies at 91. Stanford Medicine. News Center. June 18, 2020.

14 나는 누구인가?

Bargh J. Before you know it. New York: Atria Books. 2018.

Buckley, Kerry W. Mechanical Man: John Broadus Watson and the Beginnings of Behaviorism. New York: Guilford Press. 1989.

Chalmers DJ. David J. Chalmers. Neuron. 2023;111:3341-3343.

Damasio A. Descartes' Error: Emotion, Reason, and the human brain. New York: Avon Books. 1994.

Damasio A, Carvalho GB. The nature of feelings: evolutionary and neurobiological origins. Nat Rev Neurosci. 2013;14:143-152.

Damasio A. Feeling & knowing: Making minds conscious. Cogn Neurosci. 2021;12:65-66.

Dewsbury DA. Constructing representations of Karl Spencer Lashley. J Hist Behav Sci. 2002;38:225-245.

Eagleman D. The Brain: the history of you. New York: Vintage Books. 2017.

Gazzaniga M. Huma: the science behind what makes us unique. New York: Ecco Press. 2009.

Gazzaniga, Michael S. Who's in charge? free will and the science of the brain. New York: Harper Collins. 2011.

Gomes MM. & Engelhardt E. Claude Bernard: bicentenary of birth and his main contributions to neurology. Arq Neuropsiquiatr. 2014;72:322-325.

Hamlin JK. & Wynn K. Young infants prefer prosocial to antisocial others. Cog Dev. 2011;26:30-39.

Hawkins J. A thousand brains. New York: Basic Books. 2021.

Janković SM, Sokić DV, Levi Z, et al. Dr. John Hughlings Jackson. Srp Arh Celok Lek. 1997;125:381-6.

Joye SR. The Little Book of Consciousness: Pribram's Holonomic Brain Theory and Bohm's Implicate Order, The Viola Institute. 2017.

Koch C. Consciousness: Confessions of a romantic reductionist. MIT. USA, 2012.

Lanzoni S. Empathy: a history. Yale University Press. New Haven, USA, 2018.

Libet B, Gleason CA, Wright EW, et al. Time of Conscious Intention to Act in Relation to Onset of Cerebral Activity (Readiness-Potential)-The Unconscious Initiation of a Freely Voluntary Act. Brain. 1983;106:623-642.

Miller EK, Freedman DJ, Wallis JD. The prefrontal cortex: categories, concepts and cognition. Philos Trans R Soc Lond B Biol Sci. 2002;357:1123-1136.

Nadel L, Maurer AP. Recalling Lashley and reconsolidating Hebb. Hippocampus. 2020;30:776-793.

Overgaard, Morten. Blindsight: recent and historical controversies on the blindness of blindsight. WIREs Cog Sci. 2012;3:607-614.

Pai-Dhungat J. Sherrington: Outstanding Neurophysiologist. J Assoc Physicians India. 2022;70:11-12.

Robinson DK. Fechner's "inner psychophysics". Hist Psychol. 2010;13:424-433.

Sandrone S. & Zanin E. David Ferrier (1843-1928). J Neurol. 2014;261:1247-1248.

Seth A. Being you: A new science of consciousness. UK: Dutton. 2021.

Smith CU. Descartes' pineal neuropsychology. Brain Cogn. 1998;36:57-72.

Sugden R. Beyond sympathy and empathy: Adam Smith's concept of fellow-feeling. Econ Philos. 2002;18:63-87.

Trevarthen C. Roger W. Sperry (1913-1994). Trends Neurosci. 1994;17:402-404.

Wade NJ. Hermann von Helmholtz (1821-1894). Perception. 1994;23:981-989.

Watts G. Mortimer Mishkin. Lancet. 2021;398:1870.

15 우리 존재는 어디로 가고 있나

Anderson ML. Neural reuse: a fundamental organizational principle of the brain. Behav Brain Sci. 2010;33:245-626.

Basu S, Hess S, Nielsen Braad PE, et al. The Basic Principles of FDG-PET/CT Imaging. PET Clin. 2014;9:355-370.

Bennett CM, Miller MB. Ann How reliable are the results from Functional magnetic resonance imaging? NY Acad Sci. 2010;1191:133-155.

Cajigas I, Vedantam A. Brain-Computer Interface, Neuromodulation, and Neurorehabilitation Strategies for Spinal Cord Injury. Neurosurg Clin N Am. 2021;32:407-417.

Cobb M. The idea of the brain: A history. London: Profile Books. 2021.

Collins J. The history of MRI. Semin Roentgenol. 2008;43:259-260.

Eagleman D. The brain: Tthe Story of You. New York: Vintage Books. 2015.

Glover GH. Overview of functional magnetic resonance imaging. Neurosurg Clin N Am. 2011;22:133-139.

Goldman LW. Principles of CT and CT technology. J Nucl Med Technol. 2007;35:115-128.

Hassabis D, Kumaran D, Summerfield C, et al. Neuroscience-inspired artificial intelligence. Neuron. 2017;95:245-258.

Logothetis NK, Wandell BA. Interpreting the BOLD signal. Annu Rev Physiol. 2004;66:735-769.

Minhas AS, Oliver R. Magnetic Resonance Imaging Basics. Adv Exp Med Biol. 2022;1380:47-82.

Ptak R, Doganci N, Bourgeois A. From Action to Cognition: Neural Reuse,

Network Theory and the Emergence of Higher Cognitive Functions. Brain Sci. 2021;11:1652.

Peksa J, Mamchur D. State-of-the-Art on Brain-Computer Interface Technology. Sensors (Basel). 2023 Jun 28;23:6001.

Petrik V, Apok V, Britton JA, et al. Godfrey Hounsfield and the dawn of computed tomography. Neurosurgery. 2006;58:780-787.

Raichle ME. A paradigm shift in functional brain imaging. J Neurosci. 2009;29:12729-12734.

Richards B, Tsao D, Zador A. The application of artificial intelligence to biology and neuroscience. Cell. 2022;185:2640-2643.

Ullman S. Using neuroscience to develop artificial intelligence. Neuroscience. 2019;363:692-693.

BRAIN
HUMANS